"十二五"普通高等教育本科国家级规划教材

普通高等教育"十一五"国家级规划教材

普通高等教育"十五"国家级规划教材

面向 21 世纪课程教材
Textbook Series for 21st Century

园艺植物栽培学

第 3 版

范双喜　李光晨　主编

U0218332

中国农业大学出版社
·北京·

内 容 简 介

本书为"十二五"普通高等教育本科国家级规划教材。教材遵循园艺植物栽培学的固有内容体系,在第2版的基础上作了适当的修改与补充,力求反映园艺绿色、高产、优质栽培最新科学成就,全面系统地阐述园艺植物栽培学的基本概念、基本理论和基本方法等。本次修订增加了数字资源,通过扫描二维码即可在线观看相关内容。

全书共八章。绪论部分主要介绍园艺的概念、园艺业发展历史,我国园艺发展现状、问题与前景展望。基础知识与理论部分包括园艺植物的种类及分类,园艺植物生长及开花坐果、果实发育及产量、品质形成等生育规律,生态环境条件对园艺植物生长发育及产量、品质的影响等。种植技术与栽培管理部分主要包含各类园艺植物适用繁殖方法、壮苗培育、土壤耕作与改良、营养诊断与精准施肥、节水栽培与排水控水、植株调整与整形修剪等种植与管理技术。种植园的规划与设计主要包括种植园的主要类型、园址选择、规划原则、分区定位,建园造园等,目标是力争最优种植效益。设施园艺侧重主要栽培设施种类、性能、环境特点及其调控技术,无土栽培、植物工厂化生产等在园艺高产高效栽培中的技术应用。园艺产品采收和采后处理是保持产品色泽、形态、风味、营养等商品食用属性的收官环节,依据不同园艺产品特性,采用适宜的采收、分级、包装、预冷、贮藏、运输等采后处理技术,以达到预期的商品保鲜和良好的经济和社会效益。

本书是为高等农林院校园艺专业编写的本科用教材,也可做相关专业教学参考书或教材。

图书在版编目(CIP)数据

园艺植物栽培学 / 范双喜,李光晨主编. —3 版. —北京:中国农业大学出版社,2020.12
(2023.10 重印)

"十二五"普通高等教育本科国家级规划教材

ISBN 978-7-5655-2479-0

Ⅰ.①园… Ⅱ.①范…②李… Ⅲ.①园林植物-栽培学-高等学校-教材 Ⅳ.①S6

中国版本图书馆 CIP 数据核字(2020)第 224075 号

书 名	园艺植物栽培学 第 3 版
作 者	范双喜 李光晨 主编

策划编辑	张秀环	责任编辑	张秀环
封面设计	郑 川		
出版发行	中国农业大学出版社		
社 址	北京市海淀区圆明园西路 2 号	邮政编码	100193
电 话	发行部 010-62733489,1190	读者服务部	010-62732336
	编辑部 010-62732617,2618	出 版 部	010-62733440
网 址	http://www.caupress.cn	E-mail	cbsszs @ cau.edu.cn
经 销	新华书店		
印 刷	涿州市星河印刷有限公司		
版 次	2021 年 11 月第 3 版 2023 年 10 月第 3 次印刷		
规 格	787×1 092 16 开本 19.25 印张 480 千字		
定 价	59.00 元		

图书如有质量问题本社发行部负责调换

第3版编写委员会

主　编　范双喜（北京农学院）

李光晨（中国农业大学）

副主编　汪李平（华中农业大学）

胡建芳（中国农业大学）

曾　丽（上海交通大学）

韩莹琰（北京农学院）

编　者　（按姓氏笔画排序）

马　男（中国农业大学）

王世平（上海交通大学）

朱　磊（河南农业大学）

李小燕（内蒙古农业大学）

李光晨（中国农业大学）

李建吾（河南农业大学）

束　胜（南京农业大学）

汪李平（华中农业大学）

沈　漫（北京农学院）

张　文（中国农业大学）

范双喜（北京农学院）

胡建芳（中国农业大学）

祝　军（青岛农业大学）

郭世荣（南京农业大学）

龚荣高（四川农业大学）

韩莹琰（北京农学院）

曾　丽（上海交通大学）

温祥珍（山西农业大学）

第 2 版编写委员会

主　编　范双喜(北京农学院)
　　　　李光晨(中国农业大学)
编　者　(按姓氏笔画排序)
　　　　义鸣放(中国农业大学)
　　　　王世平(上海交通大学)
　　　　王素平(南京农业大学)
　　　　李小燕(内蒙古农业大学)
　　　　李光晨(中国农业大学)
　　　　李建吾(河南农业大学)
　　　　沈红香(北京农学院)
　　　　张　文(中国农业大学)
　　　　范双喜(北京农学院)
　　　　郭世荣(南京农业大学)
　　　　祝　军(莱阳农学院)
　　　　夏国海(河南农业大学)
　　　　温祥珍(山西农业大学)
主　审　高俊平(中国农业大学)
　　　　陈日远(华南农业大学)
　　　　吴国良(山西农业大学)

第1版编写委员会

主　编　范双喜（北京农学院）

李光晨（中国农业大学）

编　者　（按姓氏笔画排序）

义鸣放（中国农业大学）

李光晨（中国农业大学）

李建吾（河南农业大学）

范双喜（北京农学院）

夏国海（河南农业大学）

温祥珍（山西农业大学）

第3版前言

2001年，本教材第1版作为面向21世纪课程教材，首次将果树、蔬菜和观赏植物栽培融于一体，出版了面向园艺本科专业使用的《园艺植物栽培学》教材。随着园艺产业迅速发展和人才培养的新需求，2007年，我们修订出版了第2版普通高等教育国家级规划教材。近年来，园艺产业向着布局区域化、品种多样化、栽培集约化、技术标准化、生产现代化方向快速发展，新技术、新材料、新产品层出不穷，观光、旅游、休闲、体验、生态等园艺新业态不断涌现，为了主动适应园艺产业新发展、紧跟园艺学科新变化，我们修订出版了第3版教材。

修订教材在保持原有知识系统和技术体系的基础上，以园艺"高产、优质、安全、生态"生产为目标，阐明园艺基础知识、基本原理与园艺商品生产共性技术，突出提升园艺产业化水平关键技术和提质增效新特技术，力求凸显园艺生产、生活、生态及艺术有机融合的丰富内涵。

全书按园艺栽培基础知识、基本原理的逻辑性和全产业链技术的系统性，对各章节进行了认真梳理，章节标题与相应的内容也做了较大的变动。全书由上一版的10章精简至8章，第一章 绪论，阐述园艺的概念、园艺产业发展历史，我国园艺发展现状、问题与展望。第二章 园艺植物的种类及分类，对不同园艺植物亲缘关系、植物性状、环境要求等综合归类，为园艺栽培提供理论基础和技术依据。第三章 园艺植物的生长发育，在阐述园艺植物器官结构、特点、功能及营养生长与生殖生长相关性的基础上，着重介绍园艺植物生育规律。第四章 园艺植物的繁殖与育苗，系统阐述各类园艺植物适用繁殖方法，详解培育壮苗关键技术，为果树、花卉和蔬菜培育优良苗木，奠定其高产优质生产技术基础。第五章 种植园的规划与设计，改变园艺种植园传统的农业规划设计模式，注入工业化规划思维理念，严格建园要求与园地选择，精准定位功能分区、细化分区产业内涵，科学制订生产计划，严密组织技术实施，做好生产档案管理。第六章 园艺植物的种植与管理，从现代园艺生产实践出发，系统阐述园艺植物土壤耕作与改良、营养诊断与精准施肥、节水与排水等土、肥、水一体化管理方法及技术，阐明植株调整、整形修剪、观赏造型及植株化控等关键技术。第七章 设施园艺，掌握主要园艺栽培设施的种类、性能及环境调控技术，了解园艺植物工厂主要类型、设施及其应用。第八章 园艺产品采收和采后处理，依据园艺产品特性和保持不同产品色泽、形态、风味、营养等要求，采用分级、包装、预冷、贮藏、运输等整链条采后处理环节与操作程序，以达到预期的商品食用效果与经济社会效益。

参加本教材编写与修订的人员如下：第一章 绪论（范双喜、祝军、沈漫）、第二章 园艺植物的种类及分类（曾丽、温祥珍、张文、沈漫）、第三章 园艺植物的生长发育（李小燕、范双喜、韩莹琰、沈漫）、第四章 园艺植物的繁殖与育苗（沈漫、汪李平、胡建芳）、第五章 种植园的规划与设计（汪李平、祝军）、第六章 园艺植物的种植与管理（温祥珍、李建吾、王世平、张文、马男、龚荣高）、第七章 设施园艺（郭世荣、束胜、范双喜、韩莹琰）、第八章 园艺产品采收和采后处理（李建吾、韩莹琰）、附录（曾丽、朱磊、韩莹琰）。主编范双喜、李光晨共同撰写前言，并负责全书修订统稿工作。

在教材编写过程中，由于编者水平所限，书中难免存在疏漏和不妥之处，敬请广大读者批评指正。

编　者

2020 年 8 月 23 日

第 2 版前言

本教材第 1 版作为首部集果树、蔬菜和观赏植物于一体,面向园艺本科专业使用的栽培学教材,自 2001 年问世以来,至今已 5 年多了。近年来,园艺产业迅速发展,新成果不断出现。为了紧跟园艺学科发展步伐,适应社会经济发展,教材应不断更新,以更好地满足人才培养需求。本教材被遴选为普通高等教育"十一五"国家级规划教材,为教材修订提供了契机。本书修订原则为:拓宽园艺专业口径,增加学科新成就,密切联系园艺生产,理论与实际有机融合。本书基本保持原有体系,注重综合性、系统性和前瞻性,文字力求简洁通顺。

1998 年,教育部按照宽口径、厚基础、重应用的教育改革方向,将传统的果树、蔬菜和观赏园艺专业合并为大口径的园艺专业,为适应新的人才培养需求,我们编写了面向 21 世纪课程教材《园艺植物栽培学》第 1 版。第 1 版教材反映了 20 世纪末至 21 世纪初,特别是"九五"期间园艺学科的成就与发展。"十五"期间,作为生命科学领域中重要学科之一的园艺学科发生了深刻的变化,果树、蔬菜、花卉产业发展迅速。因此,本版教材增添了我国"十五"期间园艺业发展成就,分析了生产现状、面临机遇和亟待解决的问题,从而使教材内容更好地联系实际,为培养高质量合格人才奠定基础。

进入 21 世纪,我国城乡居民食物消费正在向安全、优质方向转变,园艺业也正朝着高产、优质、高效、生态、安全的方向加快发展,园艺植物栽培学教材必然需要涉及绿色食品重要组成部分的绿色园艺产品生产,因此我们增加了此部分内容。遵循保护生态环境、促进可持续发展、保障食品安全、增进消费者健康的绿色食品发展宗旨和理念,在简要介绍无公害食品、绿色食品和有机食品概念、特征及异同点的基础上,着重阐述了绿色园艺产品生产所需环境条件、生产资料使用准则、生产操作规程和产品标准等,并对绿色园艺产品认证程序作了说明。

设施园艺是园艺植物栽培的特色,也是园艺优质高产高效的技术基础。本版教材对此部分做了较大修改。从简易的设施栽培,到塑料大棚、温室栽培,最后讲授工厂化生产技术,设施从低级到高级、技术由易到难,这一调整更符合循序渐进的教学规律。针对近年各种类型园艺设施结构改进、性能优化及在生产中的应用等方面增添了新内容,特别对快速发展的园艺无土栽培技术和园艺植物工厂化生产技术作了重点介绍。

目前,以绿色园艺产品生产为中心,园艺植物栽培技术正在向传统和现代技术的融合方向快速发展。为此,本版教材在园艺植物土肥水管理方面增加了一些新技术,如土壤机械深松技术及土壤改良剂的应用、土壤重金属污染的改良、节水灌溉技术等。园艺植物植株管理增加了应用日益广泛的园艺植物生长发育的嫁接调节和国外应用较多的根域限制栽培。另外，为保证园艺产品产量、品质和采后流通效果，本版教材对园艺产品采收和采后管理部分的主要内容也做了修订。

本教材修订时在第1版参编院校的基础上，又新增了南京农业大学、上海交通大学、内蒙古农业大学等院校的有关教师参与修订工作。参与本教材编写与修订的人员如下：第一章李光晨、祝军，第二章范双喜、李小燕，第三章温祥珍、李光晨、祝军，第四章夏国海、李小燕，第五章温祥珍、李光晨、祝军，第六章义鸣放、张文，第七章李光晨、祝军、王世平，第八章范双喜、温祥珍，第九章范双喜、郭世荣、王素平，第十章李建吾、沈红香。主编范双喜、李光晨共同撰写前言和附录，并负责全书修订统稿工作。

本版教材初稿完成后，承蒙中国农业大学高俊平教授、华南农业大学陈日远教授、山西农业大学吴国良教授等在百忙之中审阅全书，并提出许多宝贵意见，在此深表感谢！

教材需在使用过程中不断更新修改。编者诚恳地希望读者对书中错误和不妥之处及时提出意见，以便再版时修改。谢谢！

编　者
2006 年 12 月 18 日

第1版前言

1998年，教育部按照宽专业、厚基础、重应用的教育改革方向，将过去的果树、蔬菜和观赏园艺专业合并为大口径的园艺专业。1999年6月全国高等农业院校第二届教学指导委员会要求加强教材研究，尽快编写出融果树、蔬菜、观赏园艺于一体的园艺学新教材，以适应培养21世纪高质量人才的需求。为此，我们组织编写组认真学习，深入调查研究，广泛听取各方面意见，逐渐理顺了园艺植物栽培学教学改革内容和教材体系结构，大家通力协作，编写了《园艺植物栽培学》教材。

本教材是教育部面向21世纪教学内容和课程体系改革04-13项目研究成果，也是编著者多年来在园艺植物栽培学教学过程中将产学研有机结合的结晶。编写本教材时，我们力求概念明确，注重夯实理论基础，着力引导创新思维，充分体现农科特色风格。

（1）主动适应社会主义市场经济建设和21世纪国民经济发展所需，充分体现现代园艺业高效、优质、持续发展的新观念，注重素质培养和创新思维能力的提高，使学生在掌握基本理论的基础上，具有较强的触类旁通的适应能力。

（2）我国园艺学科的栽培学教材一直按果树、蔬菜和观赏园艺植物单独编写，专业划分过细，内容交叉重复，知识面窄，系统性差，使学生在全面掌握园艺植物栽培学原理和实践应用中有较大的局限性。本教材以园艺植物生物学、生理学理论知识为依托，首次将果树、蔬菜、观赏园艺栽培有机融合于大园艺中，使园艺植物栽培学真正成为一个独立的园艺学骨干课程。

（3）针对园艺植物内容复杂、种类繁多，在有限的篇幅中既要突出重点，又要兼顾全面的难点问题，我们注重不同园艺植物的内在联系，从中找出其共性，反过来又突出了各植物的特性。如果树嫁接与黄瓜、西瓜等嫁接栽培，蔬菜植株调整与果树修剪、观赏园艺植物整形，草本与木本园艺植物果实丰产与改善品质的途径等均依据相同的原理，但具体应用时因植物种类不同而各有特点，这样归纳对比阐述，可起到举一反三的作用。

（4）近年来，生命科学技术发展迅速，作为生命科学领域中重要学科之一的园艺学科也发生着深刻变化，原有栽培学教材一些内容显得比较陈旧，教材滞后已严重影响了知识更新和教学改革的步伐。我们本着解放思想，求实创新的精神，在阐明基本知识和经典理论的基础上，注意介绍园艺学领域新观念、新技术、新成果，追踪园艺学技术发展前沿动态与趋势，期望能起到开阔视野、拓宽知识面的作用。如园艺植物无土栽培技术发展很快，特别是荷兰、日本等园艺发达国家已全面应用于生产,而我国则刚刚起步,尚处于研究与试验阶段,为促进这一新技术的应用,我们对此做了简明扼要的阐述。

(5)放眼世界,面向未来,特别是正视 21 世纪我国加入关贸总协定给园艺业带来的机遇与挑战,积极与国际接轨。如我国现阶段园艺设施栽培以单栋节能日光温室生产为主,而国外已发展至微机调控现代化大型连栋温室及植物工厂化生产,为兼顾眼前与长远,我们将两者做了较为详细的对比分析,以便更好地应用于生产。此外,面临国际接轨对我国园艺花色品种、产品质量的严峻挑战,本教材也做了重点阐述。

本教材在全国高等农业院校教学指导委员会园艺学组的指导和中国农业大学出版社的支持下,由中国农业大学、北京农学院、河南农业大学、山西农业大学、莱阳农学院等院校的有关教师通力协作编著而成。由李光晨与祝军编写第一章、第七章和第三章、第五章部分内容;范双喜编写第二章、第九章和第八章部分内容;温祥珍编写第三章、第五章、第八章部分内容;夏国海编写第四章;义鸣放编写第六章;李建吾编写第八章;主编李光晨、范双喜共同撰写前言和附录,并负责全书统稿工作。

本书是我国第一部集果树、蔬菜和观赏植物于一体的面向园艺本科专业的栽培学教材。由于知识覆盖面广、涉及学科多、内容庞杂,编写难度较大。虽经编著者共同努力,如期完成了这一艰巨任务,但由于编著者水平有限,加之时间仓促,书中疏漏和不妥之处在所难免,衷心期待诸位同仁志士和读者指正。

编 者

2000 年 11 月 18 日

目　　录

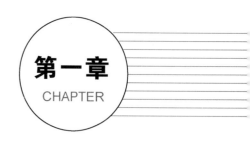

第一章
CHAPTER

绪　　论

内容提要

　　本章阐释园艺的概念和特点、园艺产品的重要价值及园艺生产在人民生活和国民经济中的重要作用。简述园艺的起源、园艺栽培应用、世界园艺业发展及其在人类历史上的作用。重点阐述中国园艺业发展成就、存在问题、机遇与挑战及有机园艺、绿色园艺、设施园艺、分子园艺、社区园艺、家庭园艺等研究热点问题,对未来园艺品种良种化、栽培集约化、技术集成化、管理数字化、产品标准化、生产专业化、供应均衡化等发展趋势作了展望。

第一节　园艺的概念和产业特点

一、园艺的概念及范畴

　　1.园艺(horticulture)　园艺是指园艺植物生产的技艺,主要是栽培管理技术。在现代社会中,园艺既是一门生产技术,又是一门形象艺术。

　　2.园艺学(horticulture science)　园艺学是研究园艺植物的种质资源、遗传育种、生长发育、栽培管理、贮运加工或造型造景等理论与技术的科学。

　　园艺学的范畴:一般包括果树园艺学、蔬菜园艺学、观赏园艺学、造园学4大类,也有学者将园艺学分为5大类,即将苗圃学单列一类。

　　园艺学涉及的主要内容有:园艺植物的资源与分类、品种选育,生物学特性及环境对园艺植物生长的影响,园艺作物种苗培育技术,种植园建立与种植技术,园艺作物土肥水管理,园艺植物的植株与产品器官的管理与调节,园艺植物设施栽培,园艺植物采收与商品化处理等。

　　3.园艺植物(horticulture plants)　园艺植物是一类供人类食用或观赏的植物。狭义上,园艺植物包括果树、蔬菜、观赏植物;广义上,还包括西瓜、甜瓜、茶树、芳香植物、药用植物和食用菌等。

4.园艺植物栽培学(cultivation of horticulture plants) 园艺植物栽培学是园艺学的一部分,主要研究园艺植物的栽培管理技术,是园艺生产的主要理论基础。

5.园艺业(horticulture industry) 园艺业即园艺生产产业,是以园艺植物为中心的农业生产。它包括园艺植物种苗的生产、园艺植物种植园的栽培管理、园艺产品的贮运加工与观赏应用等。在现代农业中,园艺业除了包括园艺植物的物质生产之外,还增加了园艺文化的内容。

园艺业的存在是改善人们生存环境、提高人们生活质量的物质文明与精神文明结合的一种形式,也是人们休闲娱乐、文化素养和精神享受的一部分。

经济与文化发达的国家、地区或城镇农村,不只是园艺生产者从事园艺业,任何社会成员也都会参与园艺业,把它当成生活不可或缺的部分。

二、园艺产品和产业特点

(1)园艺植物种类繁多、产品器官和利用目的多样,生产方式复杂多变。例如荷(*Nelumbo nucifera*),花和叶可观赏,属于观赏植物;地下茎可食用,又属于蔬菜;种子既可食用又可入药,为药食兼用植物。再如玫瑰(*Rosa rugosa*),花用于观赏,属于观赏植物;用于提取玫瑰精油,又为芳香植物。大多数园艺植物都有一定的药用价值,可属于药用植物,只是其利用的部位不同。

(2)园艺产品的利用状态多为生鲜状态,价格较高但变化较大。

(3)园艺产品既是人类必需的食品、营养品,也是重要的工业原料,同时具有绿化美化环境、修身养性的作用乃至明显的医疗作用。因此,园艺业是技术与艺术、科学与文化的"复合体"。

第二节　园艺与国民经济和人民生活

一、园艺产品的重要价值

(一)水果和蔬菜的营养价值

人类食物包括动物性食品和植物性食品。动物性食品包括肉类、乳类和蛋类等,是人体蛋白质、脂肪和脂溶性维生素等的主要来源。植物性食品包括谷物类、水果和蔬菜等。谷物类是人体热能的主要来源,通常称为"主食"(main food);蔬菜和水果是人体维生素、矿物质等的主要来源,相应地称为"副食"(subordinate food)。营养学家提出的年人均膳食标准是:蔬菜120~180 kg,果品75~80 kg,粮食60 kg,肉类45~60 kg。随着人类生活的改善,蔬菜和水果在食物构成中的比例越来越大,并逐步超出其他食物而成为主食,在补充营养、增进健康中发挥重要作用。

1.维生素的主要来源 蔬菜和果品含有人体所需的各种维生素,尤其是水溶性维生素。由于水溶性维生素不易在体内积累,因此需要经常食用蔬菜和水果才能保证供给。我国饮食习惯是把蔬菜烹调后再食用,这样会部分或全部破坏维生素,因此生食的果品在补充人体维生素方面可能有特殊意义。

蔬菜中含丰富的维生素 C,以家常蔬菜番茄($Lycopersicon\ esculentum$)为例,每 100 g 中含维生素 C 11.0 mg,而且番茄中的维生素 C 不易在烹调时被破坏,并含有较高的维生素 PP(烟酸、尼克酸)、维生素 A,对人的消化系统、神经系统、皮肤都有保健功能。鲜枣($Zizyphus\ jujuba$)中维生素 C 尤为丰富,是柑橘($Citrus$ L.)的 10 倍、苹果($Malus\ pumila$)的 100 倍,是中医学认为的益气养血健脾的良药。

蔬菜中还含有丰富的维生素 A 源的胡萝卜素。胡萝卜素被吸入人体内则能转变成维生素 A。胡萝卜素有 α-胡萝卜素、β-胡萝卜素和 γ-胡萝卜素,其中 β-胡萝卜素生物效应最高,每分子 β-胡萝卜素在人体内可分解为两个分子的维生素 A。蔬菜中 β-胡萝卜素含量较高,而橙色蔬菜中 α-胡萝卜素含量较高。

蔬菜中含有维生素 B 族,如维生素 B_1(硫铵酸)、维生素 B_2(核黄素)、维生素 PP、维生素 B_6(吡哆素)、泛酸、叶酸等人体生理所必需的维生素。

2. 矿质营养的重要来源　蔬菜和水果中含有人体需要的各种矿质元素,是人体矿质营养的重要来源,尤其是钙(Ca)、铁(Fe)、磷(P)等元素较为丰富。如番茄,每 100 g 中含钙 8.0 mg、磷 37.0 mg、铁 0.4 mg。

3. 纤维素来源之一　纤维素被人体吸收后能增加肠胃蠕动,因而具有助消化、利便、排毒等作用,可降低直肠癌和结肠癌的发生率,并有减少胆固醇、降血脂和维持血糖正常等功效。蔬菜和果品是纤维素的主要来源之一。

4. 维持人体酸碱平衡　经常食用足量的蔬菜和果品,对于维持人体内生理代谢上的酸碱平衡具有重要作用。随着人们生活水平的提高,肉、蛋、奶摄入量增多,尤其应多食用蔬菜和果品,因为蔬菜和果品中含有的柠檬酸、苹果酸、琥珀酸等酸性成分,多与钾(K)、钠(Na)、钙(Ca)、镁(Mg)等金属离子结合成有机酸盐的形式,故多呈碱性,能中和肉、蛋、奶类在代谢过程中产生的酸性物质,这种调节作用是保证健康不可或缺的。

5. 直接的医疗保健功能　我国传统医学有"医食同源"的说法,也称之为食疗。现代医学也证明许多果品和蔬菜具有特殊的医疗保健功效。果品中,核桃($Juglans\ regia$)仁可顺气补血、温肠补肾、止咳润肤;梨($Pyrus$ spp.)果可清热化痰、滋阴润肺;山楂($Crataegus\ pinnatifi-da$)可消食解毒、提神醒脑;荔枝($Litchi\ chinensis$)可健脾养血;香蕉($Musa\ balbisiana$)可润肠、降压;柑橘可润肺理气;葡萄($Vitis$ spp.)可降血脂;石榴($Punica\ granatum$)可润燥收敛;苦杏($Prunus.\ armeniaca$)仁可止咳化痰;柿($Diospyros\ kaki$)可养胃止血、解酒毒、降血压;栗($Castanea\ mollissima$)可健脾益气、消除湿热;猕猴桃($Actinidia$ spp.)对癌细胞形成有一定的阻遏作用。蔬菜中,大蒜($Allium\ saticum$)有广谱的杀菌功能;大葱($Allium\ fistulosum$)有杀菌、通乳、利便功效;韭菜($Allium\ tuberosum$)有活血、健胃、通瘀、解毒作用;黄瓜($Cucumis\ sativus$)有清热、利尿、解毒、美容、减肥等作用。

有些园艺植物被用来提取医药成分,用于临床试验或制药。茶($Camellia\ sinensis$)叶中的茶多酚可降低血压、杀菌消炎;山楂中的槲皮黄可治疗气管炎;银杏($Ginkgo\ biloba$)叶中的黄酮醇苷可降低血压;杏仁中的杏仁素、柑橘中的苦橙素和枸橼酸可止咳化痰;番石榴($Psidium\ guajava$)可治糖尿病,降低胆固醇,预防冠心病;猕猴桃汁可降胆固醇;番木瓜($Carica\ papaya$)中的蛋白酶、扁桃($Prunus\ amygdalus$)中的仁苷、罗汉果($Siraitia\ grosvenorii$)中的三萜系苷可阻止癌细胞的生长。

(二)花卉的美化与文化价值

花卉生产是园艺生产的重要组成部分,经济效益日趋显著。花卉是色彩的来源,也是最具季节变化的标志植物。同时,花卉还是人类精神文明的反映,其艳丽的色彩、沁人心脾的芳香,令人赏心悦目、心旷神怡,既可陶冶情操,又有利于人们身心健康。

(三)园艺植物的绿化美化环境和生态保护功能

果树、花卉、林木、草坪,甚至蔬菜等园艺植物,既可生产产品,又具有覆盖和绿化土地的功效,其保持水土、改善环境的意义,无可替代。现代社会,无论是城镇还是农村,都特别重视生活环境、生态环境。随着我国乡村振兴战略的实施,城市、乡镇建设中越来越注重村落、绿地、休闲性农场及田园综合体等的规划、配置,其中,园艺植物提供了重要而丰富的植物材料与素材。

1. 绿化美化功能　在园林绿化中,乔木灌木是绿化的基本骨架,而各类绿地中大量的下层植被、裸露地面的植被覆盖、重点地段的美化、室内外小型空间的点缀等都需依赖于丰富多彩的草本观赏植物。大量的一、二年生花卉和球根花卉是花坛、花带等景观的主要材料;宿根花卉是花境、花丛、花群以及地被等景观的主要材料。

2. 环境生态保护功能　所有的绿色植物都能改善环境,包括调节空气温度与湿度、遮阴、防风固沙、保持水土等。花草果树通过吸收二氧化碳,释放氧气,从而净化大气;通过滞尘而使空气变得清新宜人,分泌杀菌素以减少危害人畜的病菌,抵抗并吸收二氧化硫、氟化氢等多种有毒气体,吸收并阻挡噪声污染。水生园艺植物可净化污水,栽植抗性较强的园艺植物还可减轻土壤污染等。一些观赏植物在不良的环境条件中可以很敏感地出现特殊的生态反应,成为监测环境污染的天然监测器,例如百日草(*Zinnia elegans*)、波斯菊(*Cosmos bipinnatus*)等对二氧化硫敏感;萱草(*Hemerocallis fulva*)、唐菖蒲(*Gladiolus gandavensis*)等对氟化氢敏感;紫丁香(*Syringa oblata*)、矮牵牛(*Petunia hybrida*)等对臭氧敏感。

二、园艺生产的重要作用

(一)园艺业是种植业中旺盛的经济增长点

蔬菜、花卉和水果,是人们生活中不可或缺的植物产品。随着人民生活水平的不断提高,特别是解决了温饱而步入小康之后,园艺产品的需求量迅速增加,成为农业产业结构调整和实现农业现代化的重要内容。同时,园艺业的发展还带动诸如基质、肥料、农药、容器、塑料、包装、运输等许多相关产业的发展。

改革开放40多年以来,我国园艺产业迅速发展,数量供应充足,花色品种丰富,质量安全水平显著提高,市场交易活跃。目前,我国果树总面积和水果总产量均居世界首位,水果、蔬菜国内供应量和出口量均居世界第一。花卉产业从无到有,从小到大,已经成为我国农村经济的一个新的增长点,被誉为21世纪的"朝阳产业",中国现已成为世界最大的花卉生产基地、重要的花卉消费国和花卉进出口贸易国。园艺产业在种植业结构调整、农产品出口创汇等方面做出了重要贡献。

20世纪90年代中期以来,设施园艺产业发展迅速,当前我国设施园艺面积占世界设施园艺面积的80%,成为设施园艺大国。目前,我国设施园艺栽培中,设施蔬菜栽培面积占设施园艺栽培总面积的90%以上,其余为设施花卉、设施果树栽培。设施蔬菜、设施花卉和优质特色果品已经成为我国种植业中旺盛的经济增长点。园艺产品的产值通常占农业总产值的60%

以上,有些发达省份,如广东省、山东省、江苏省等,甚至高达 70% 及以上。

(二)园艺产品是重要的出口农产品

园艺产品生产及加工属于典型的劳动和技术密集型产业,我国拥有丰富的劳动力资源,劳动力成本相对较低,园艺产品的生产成本显著低于发达国家,参与国际竞争的回旋余地大,因此在价格上具有比较明显的优势。例如我国优质苹果的生产成本为 1.0 元/kg,为法国、美国、智利等的 1/5～1/3。

加入 WTO 之后,随着国际贸易环境的改善和生产、加工过程质量控制的规范化,我国对外贸易呈现强劲的势头,而且这一趋势在短时期内不会改变,园艺产品及其加工品的出口将长期占据我国出口农产品的主流。

(三)园艺产品是重要的工业原料

园艺产品不仅以新鲜状态供应市场,而且也可以作为食品、饮料与酿造业、药业以及许多化工和轻工业的原料。市场上常见的以园艺植物为原料生产的产品有葡萄酒、果汁、果冻、果醋、果脯、果茶、果酱、水果蔬菜罐头、果菜粉、蔬菜汁、速冻蔬菜、脱水蔬菜等。还有利用园艺植物提取的食用色素、果胶、药品、化妆品等。例如,牡丹(*Paeonia suffruticosa*)、芍药(*Paeonia laciflora*)、桔梗(*Platycodon grandifloras*)、垂盆草(*Sedum sarmentosum*)、菊花(*Chrysanthemum moriflolium*)、鸡冠花(*Celosia cristata*)等既可观赏又可入药,茉莉(*Jasminum sambac*)、玫瑰、代代(*Citrus aurantium* var. *amara*)和珠兰(*Chloranthus spicatus*)可制窨茶,桂花(*Osmanthus fragrans*)、蜡梅(*Chimonanthus praecox*)、栀子花(*Gandenia jasminoides*)、墨红月季(*Rosa hybrida* 'crimson glory')、百合(*Lilium brownii*)、丁香、香叶天竺葵(*Pelargonium graveolens*)等可提取香精,很多山茶属(*Camellia* sp.)植物的种子可榨取食用油,荷、柿、萱草、落葵(*Basella* sp.)、百合等可供食用。有些观赏植物还可提供特种原料,如缫丝花(*Rosa ruxburghii*)的果实(刺梨)能提取极其丰富的维生素 C,为猕猴桃含量的 10 倍;蜀葵(*Althaea rosea*)、万寿菊(*Tagetes erecta*)可提取食品着色剂等。此外,还有利用园艺植物加工副产品制作的饲料添加剂等。

在经济发达国家和地区,园艺产品的加工量占总产量的比例较大,如葡萄、柑橘、豌豆、苹果、菠萝、番茄、马铃薯等加工量均占总产量的 55%～90%。我国园艺产品加工业还比较落后,但随着消费增长的趋势将会进一步推动工业的迅速发展,应用前景十分广阔。

三、园艺、生活与文化

(一)园艺与生活

适当的园艺活动,不仅可以使人活动筋骨、锻炼身体,还可以修身养性、陶冶情操。千百年前,人们就发现,在花园里散步,具有镇静情绪和促进康复的作用。从事园艺劳动有助于减轻精神压力和忧郁症、可降低血压、促进血液循环和保护关节等,已被医学界所认同。近些年来,在美国、英国、德国、加拿大、日本、澳大利亚、新西兰、韩国等国家,"园艺疗法"(horticultural therapy)方兴未艾。

所谓的"园艺疗法",是指以身心具有某些障碍的人群为对象进行治疗和心理指导,使其在从事园艺劳动时,在绿色环境里得到情绪的平复和精神的安慰,在清新空气和浓郁芳香中增添乐趣,从而达到治病、健康和益寿目的的园艺活动。

园艺疗法最早诞生于第二次世界大战后的美国,是一种针对战后身心受到创伤的士兵进行的身体和精神康复的辅助治疗方法,20世纪90年代被日本引进后,用以改善老年人和残疾人的生活。现在,园艺疗法被认为是补充现代医学不足的辅助疗法,能够帮助病人的精神和情绪等方面的多种疾患的康复。在国外不少医院和有条件的家庭利用园艺疗法,让病人特别是一些老年病人、残疾人以及精神病患者从事园艺活动,以争取早日恢复健康。因此,在医院、家庭、社区、公园等专门开辟绿地用于园艺疗法,是园艺应用的新内容。

(二)园艺与文化

园艺文化的内容相当广泛。竹文化、茶文化、酒文化,人们耳熟能详。实际上园艺文化更是早就存在了,如我国云南的山茶和杜鹃花,河南洛阳、山东菏泽的牡丹,山东济南的荷花,莱州的月季,平阴的玫瑰,河北白洋淀的芦苇和菱,北京香山的红叶等,各种媒体早已将其当成"文化"宣传了。

所谓"文化",即指人类在社会发展过程中创造的物质财富和精神财富的总和,特别是后者所包括的文学、艺术、科学、教育等。

园艺文化的表现形式多种多样,有各地的果树节(栖霞苹果艺术节、莱阳梨花节)、花卉节(洛阳牡丹节)、果蔬会(烟台果蔬会、寿光蔬菜博览会);有众多的园艺名优特产(烟台苹果、莱阳梨、温州蜜柑、新疆哈密瓜、吐鲁番葡萄等);有园艺学各学科的科学研究与教育;有园艺业各种产品的流通(交换和销售);有园艺植物在园林建筑、风景名胜中的应用;还有更多是以文学、雕塑、绘画、插花、盆景、舞蹈、诗歌、服饰、装潢等艺术形式表现出来。

中国有着悠久的文明历史,园艺文化的丰富和辉煌是举世公认的。随着经济的发展和人民生活水平的提高,它必将有更美好的未来。

第三节　园艺生产发展简史与现状

一、园艺生产发展简史

园艺的起源与人类的历史有着内在的联系。在原始社会里,人类祖先主要靠食用植物而求生存。因此,园艺的发生与食用和药用植物的采集、驯化和栽培密切相关。快速栽培蔬菜和谷类植物(一季一熟)可能是最早的植物栽培。因此,古代园艺的骨架是那些食用和药用的植物,亦即初始的园艺是功能性的。

随着园艺的发展,蔬菜、果树、药用植物仍属主要的园艺作物之列。观赏园艺是传统园艺学的三个主要门类之一,是随富人和官僚的癖好应运而生的。虽然其历史可以追溯到公元前16世纪的埃及和公元前20世纪的中国,但观赏园艺的发生想必要比功能园艺迟得多,因为观赏园艺对古人的生存来说并非必需品。

当今,人们生活在以三大危机(即世界食物短缺、污染和能源危机)为标识的后工业时代,这些全球性难题以及现代社会不断变化着的需求提醒着园艺学家应该用新的、更广义的术语"合宜园艺"(appropriate horticulture)来替代观赏园艺,并强调在食物和燃料生产上的自给性、都市需要和生态学导向。在合宜园艺活动中,园艺学家通过在家庭花园里栽种食用作物而提出了"食用城市"计划,进行了有机园艺、环境园艺和生态风景园艺的实践,建立起新的交叉学科——社会园艺学。功能园艺复活并被增加了环境的和生态的功能,园艺在人们的精神和文化生活中的作用也将越来越多地引起关注,并将在人们生活质量提高和社会发展中起着重要作用。

园艺栽培应用发展的历史及其在人类历史上的作用,就是从功能园艺到观赏园艺,进而到合宜园艺的历程。

(一)中国园艺植物栽培应用发展状况

园艺植物栽培应用最早从何时开始,目前无法考证。考古学和古人类学的科学家们认为,园艺业是农业中较早兴起的产业。在中国黄河流域,神农氏时期的先民已开始引种驯化芸薹属植物白菜(*Brassica campestris*)、芥菜(*Brassica juncea*),栽培桃(*Prunus persica*)、李(*Prunus* spp.)、柑橘等果树以及禾谷类粮食作物。新石器时期遗址西安半坡原始村落中,发现有菜籽(芸薹属)、榛子、朴树子、栗子、松子,有葫芦形和荷叶边的陶器,距今 7 000 多年;浙江河姆渡遗址中,发掘出 7 000 年前的盆栽陶片,上面有清晰的金粟兰(*Chloranthus spica-tus*)、香蒲(*Typha angustata*)、荷花、葫芦(*Lagenaria siceraria*)、百合科花卉图案;考古还证明,公元前 5000 至公元前 3000 年以前,中国已有了种植蔬菜的石制农具。有文字记载者从殷商时代开始。

- 西周(前 1046—前 771):蔬、果种植发展迅速,蔬菜种类有直根类、薯芋类、嫩菜类、葱类及香生菜类多种;果树有 40 余种;园圃中已开始培育草木;社会生活中也有花卉使用。《诗经》中涉及了多种园艺植物,如葵、葫芦、芹、韭菜、笋、山药(*Dioscorea batatas*)、枣、桃、橙(*Citrus sinensis*)、枳(*Poncirus trifoliate*)、李、梅(*Prunus mume*)、猕猴桃、菊、杜鹃花(*Rhododendron simsii*)、竹、芍药、山茶(*Camellia japonica*)等。远古先民已讲究园艺植物播种前的选种、播种的株行距,已使役牲畜。在西周的栽培蔬菜中,瓜类占有重要地位。

- 春秋战国(前 770—前 221):园艺业发展很快,已出现大面积的梨、橘、枣、姜(*Zingiber officinale*)、韭菜、荷花种植园。有了物候、生态和大规模种植香料的记载。《诗经》中涉及的 132 种植物,其中以蔬食的达 50 多种,但大半是采食的野菜;也记载了许多花卉的故事。这个时期农圃有了分工,园圃经营已有了较高的集约化程度。园圃中较早地实行了井灌,桔槔这种新的灌溉机械,很大程度上是基于园圃业的需要而推广的,而畦这种新的农田形式,也是为了便于灌溉而首先出现于园圃中。

- 秦(前 221—前 206):果树和蔬菜生产已从园圃扩大至山野,出现了一些具有相对规模的果园和菜圃,而且品种开始出现。帝王在著名的阿房宫里大种花木,主要记载有柑橘、枇杷(*Eriobotrya japonica*)、黄栌(*Cotinus coggygria*)、木兰(*Michelia liliflora*)、厚朴(*Michelia officinalis*)等木本植物,使用了许多西安不能露地越冬的植物,说明栽培技术达到了相当水平。

- 汉(前 206—公元 220):汉武帝时期(前 141—前 87)重修上林苑,广种奇花异草,名木奇树花草达 2 000 多种,并有暖房栽种热带、亚热带植物。记载的植物以木本为主,如桂花、龙眼(*Dimocarpus longana*)、荔枝、槟榔(*Areca catheku*),还有梅和桃的不同品种,草本有菖蒲(*Acorus calamus*)、山姜(*Alpinia japonica*),是有史以来最大规模的园艺植物引种驯化试验。西汉张骞出使西域,由"丝绸之路"给西亚和欧洲带去了中国的桃、梅、杏、茶、芥菜、萝卜(*Raphanus sativus*)、甜瓜(*Cucumis melo*)、白菜、百合(*Lily* sp.)等;给中国带回了葡萄、无花果(*Ficus carica*)、苹果、石榴、黄瓜、西瓜(*Citrullus vulgaris*)、芹菜(*Apium graveolens*)等,促进了植物交流,新疆汉代楼兰和尼雅遗址出土的壁画,反映了"丝绸之路"上果树栽培情况(图 1-1)。

图 1-1　新疆汉代楼兰和尼雅遗址出土的壁画

东汉时有"场圃筑前,果园树后"之说,可见园圃业中果树和蔬菜生产的区分已经相当明确了。这个时期引进了不少蔬菜种类并进行人工栽培,辛香调味类蔬菜此时占有很大的比重。至汉代,已有温室应用,嫁接技术中的靠接已被应用于蔬菜(葫芦)生产中。

● 魏晋南北朝(220—581):我国南方栽培果树明显增多,如柚(Citrus grandis)、枇杷、苹婆(Sterculia nobilis)、韶子(Nephelium bassocensee)等,出现一些大规模的果园;栽培的蔬菜增加到 30 多种。西晋嵇含的《南方草木状》描述了中国 81 种南方热带、亚热带植物,如茉莉、睡莲(Nymphaea tetragona)、菖蒲、扶桑(Hibiscus rosa-sinensis)、紫荆(Cercis chinensis)等的产地、形态、花期等,采用实用分类,把植物分成 4 类:草、木、果、竹,分类中还把环境对植物的影响及植物对环境的要求以及花香、色素、滋味等作分类依据,代表了中国古代植物的分类水平。东晋戴凯之的《竹谱》记载了 70 多种竹子,出现了栽培菊,陶渊明的诗集中提及'九华菊'品种。南北朝时期,园林中观赏植物用量加大,种类丰富。北魏贾思勰的《齐民要术》记载了 31 种蔬菜和 17 种果树的品种、繁殖、栽培技术和贮藏加工等,其中一些栽培原理和技术,如嫁接枣和李的原理、方法、砧木接穗选择,催芽技术中浸种和荷花的种皮刻伤,酸枣(Zizyphus jujuba var. spinosa)、榔榆(Ulmus parvifolia)、榆(Ulmus pumila)等作绿篱的方法,蔬菜栽培要点主要是强调精耕细作包括增加复种指数、提高土地利用率、精细整地、畦作、粪大水勤、适时中耕与收获等。

● 隋唐五代(581—960):隋炀帝杨广在今洛阳建西苑,苑内植物的栽植是"杨柳修竹四面郁茂,名花美草隐映轩陛"。唐朝(618—907)园艺相当繁荣,引进了不少果树和蔬菜种类,如莴苣(Lactvca saiva)、菠菜(Spinacia oleracea)、茴香(Foeniculum valgare)等。嫁接技术更加完善。促成栽培技术有了新的发展,利用地热进行蔬菜、瓜果的促成栽培。创造了蜡封果蒂的果品保鲜技术和促使花朵提早开放的"唐花技术",使牡丹、桃等在冬季开花。开始人工培养食用菌。茶叶生产及茶叶栽培技术具有世界性的影响。同时,花文化形成,成为中国花卉栽培与欣赏的一大特点,也促进了花卉的栽培与应用,如借助花文化,牡丹名噪一时,促进了其栽培应用的发展。这个时期我国的园艺技术达到很高水平,许多技术世界领先,而且有造诣很深的花卉园艺著作问世,如王芳庆的《园庭草木疏》、李德裕的《平泉山居草木记》。

● 宋(960—1279):社会稳定,经济繁荣,大兴造园和栽花之风,花卉园艺达到高潮。《临安志》和《武林旧事》中记载宋代在汴京、临安(今杭州)已有果花市场,有大批花农"种花如种粟"。在宋徽宗著名的皇家园林寿山艮岳中的植物有多种种植方式,如在纯林中种植菊、黄精(Polygonatum officinale)等药用植物的"药寮";水体中有蒲、菰、荇、藻、菱、苇、芦、蓼等水生植物;引种栽培了大量南方植物;有野生植物的利用等。这个时期园艺著作繁多,有蔡襄的《荔枝谱》(中国第一部果树专著,记载了32个荔枝品种)、韩彦直的《橘录》(中国第一部柑橘专著,也是世界第一部完整的柑橘栽培学专著,记载了27个柑橘品种或种,全面总结了当时橘农的栽培经验)、王观的《扬州芍药谱》、王贵学的《兰谱》(有兰花的品种分类和栽培)、刘蒙的《菊谱》(有育种中选择的记载)、范成大的《范村梅谱》、陈思的《海棠谱》、欧阳修的《洛阳牡丹记》、陆游的《天彭牡丹谱》、苏颂的《本草图经》(图文并茂,有300多种植物的形态、生长环境等描述,丰富了人们对众多植物的识别,对当时的植物学发展有促进作用)、陈景沂的《全芳备祖》(汇集的各类园艺植物文献最为完备,是中国古代的园艺百科全书,收录花果草木267种)。

● 元(1206—1368):经过辽(907—1125)、西夏(1038—1227)、金(1115—1234)的纷乱到元朝,汉文化低落,整个朝代花卉园艺衰落,但各种蔬菜的类型与品种培育方面取得了显著成就,其中较突出的为白菜、萝卜与莴苣。莴苣在隋唐时被引入后,经过几百年的培育,到元代形成了中国特有的茎用莴苣变种莴笋(*Lactvca saiva* var. *angustanalrish*)。蔬菜的栽培技术多有创新,蔬菜播种已普遍采用了浸种催芽方法。中国盆景在这个时期发生质的飞跃,出现小型化盆景。

● 明(1368—1644):国力恢复,园艺栽培及选种、育种技术有所发展,育苗移栽已是蔬菜栽培中普遍采用的方法,尤其是15—16世纪太湖地区结球白菜的培育成功,更是这一时期蔬菜栽培的重大成就。园艺植物种类和品种有显著增加,辣椒(*Capsicum frutescens*)、番茄、南瓜(*Cucurbita moschata*)、甘蓝类(*Brassica* sp.)被引入中国。同时中国的宽皮橘、甜橙和牡丹、菊花、山茶、茶叶等也传向世界其他国家。明中叶以后,随着商品经济的发展,蔬果、花卉生产基地随之兴起,开始了园艺植物商业化生产栽培。大量花卉园艺专著和综合性著作出现,从王象晋的《群芳谱》中可以看出这个时期在栽培技术上嫁接方法有广泛的应用,对菊花、蔷薇等花卉进行了品种分类,专著有张应文的《兰谱》、杨端的《琼花谱》、陈继儒的《月季新谱》,一般栽培著作有文震亨的《长物志》。

● 清(1644—1911):观赏植物应用种类和方式多样,花卉园艺栽培也繁盛,著作很多。专著有陆廷灿的《艺菊志》、赵学敏的《凤仙谱》、李奎的《菊谱》;综合著作有陈淏子的《花镜》(记述了300多种花卉的繁殖法和栽培法,公认的历史专集中最可贵的花卉书籍,是我国观赏园艺植物学诞生的标志)、汪灏的《广群芳谱》(有100多种栽培及野生的蔬菜及花卉产地、形状、品种栽培及有关的诗词歌赋)等。英国著名的科学史专家李约瑟曾多次指出,在世界园艺科学发展史上上述著作占有极光辉的一页。清代后期,中国南方各地花卉生产兴旺。尤其是清末,在中国花卉资源严重外流的同时,为了满足外国定居者的生活需要,也引入了大量草花和一些果蔬,如杧果(*Mangifera indica*)、菠萝(*Ananas comosus*)、番木瓜、西洋梨、西洋李、西洋樱桃、马铃薯(*Solanum tuberosm*)、结球甘蓝(*Brassica oleracea*)等,以及国外的一些栽培技术、杂交育种、病虫害防治技术等。

● 民国(1912—1949):接受西方近代科学思想,开办农业学校和建立试验农场,讲授和引进西方近代园艺理论及技术,是民国初年近代园艺科技在中国起步的一项重要内容。这些大学和试验机构虽然均处于初创阶段,短期内不可能有可载入史册的科研成果,但却标志着中国园艺事业开始从传统的经验农业向近代实验农业的转变。但由于战争和内乱,这个时期的园艺发展相对缓慢。

● 中华人民共和国(1949—):中国现代园艺业的发展,主要在中华人民共和国成立之后,特别是20世纪80年代以后。20世纪90年代随着农业产业在种植结构上的改革和调整,园艺业得到前所未有的大发展。现在我国农业种植业中,蔬菜总产值已居第二(粮食第一),果树居第三。由此可见,蔬菜、果品在树立大食物观,构建多元化食物供给体系中占有重要地位。我国观赏园艺业的发展起步较晚,90年代之后社会文化生活和环境建设用花促使花卉栽培规模不断扩大,逐渐形成花卉产业并进入快速发展阶段。当前我国已经成为世界果树和蔬菜生产大国(种植面积和产量均居世界第一位),花卉种植面积已居世界第一。

(二)西方园艺植物栽培应用发展状况

据考证,处于旧石器时代晚期的安第斯高原的印第安人已经了解到野生马铃薯有60多个不同类型。进入原始农业阶段人们开始驯养动物和种植植物。公元前9000—前8000年在西亚的新月形地带(现约旦和叙利亚的西部和北部)最早开始了原始农业的发展期,其原始农业的发展先后带动了周边地区农业(包括园艺业)的发展。

● 古埃及(前3100—前332):约在3 500年前,古埃及帝国就已在容器中种植植物。古埃及和叙利亚在3 000年前已开始栽培枣、蔷薇(*Rosa sp.*)和铃兰(*Convallaria majalis*)。由于尼罗河泛滥,自然生长的主要是一年生植物,树木很少见,最初种植埃及榕等乡土植物,后来也种植外来的黄槐(*Cassia surattensis*)、石榴、无花果、洋橄榄(*Olea europaea*)等,使用藤本植物作棚架绿化,葡萄栽培盛行。至埃及文明极盛时期,园艺业有了很大发展,栽植的水果包括枣、葡萄、洋橄榄、无花果、香蕉、柠檬(*Citrus limon*)、石榴和朝鲜蓟(*Cynara scolymus*)、扁豆(*Dolichos lablab*)、洋葱(*Allium cepa*)、大蒜、莴苣、薄荷(*Mentha haplocalyx*)、萝卜及各种甜菜(*Beta vulgaris*)等蔬菜。在宅园、神庙和墓园的水池中栽种睡莲等水生植物,除了规则式种植棕榈(*Trachycarpus fortunei*)等树木外,还以夹竹桃(*Nerium oleander*)、桃金娘(*Rhodomyrtus tomentosa*)等灌木围成植坛,内种虞美人(*Papaver rhoeas*)、牵牛花(*Pharbitis sp.*)、黄雏菊(*Bellis perennis*)、矢车菊(*Centaurea cyanus*)、银莲花(*Anemone cathayensis*)等草花和月季(*Rosa spp.*)、茉莉等,用盆栽罂粟(*Papaver spp.*)布置花园。公元前15世纪埃及人建立了世界第一个植物园。当时埃及人栽花种菜不仅供自用,还供应给市民。

● 古巴比伦(前1900—前331):波斯的巴比伦庭园园艺在公元前15世纪出现,公元前700年,一本亚述(Assyria)植物志记载有900多种植物,其中包括20种蔬菜、果树、药用及油用植物。公元前6世纪,在巴比伦空中花园史料中发现有记载观赏树木和珍奇花卉的种植。人们在屋顶平台上铺设泥土,种植树木、花草、蔓生和垂悬植物,也使用石质容器种植植物。这种类似屋顶花园的植物栽培,从侧面反映了当时观赏园艺发展到了相当的水平。

● 古希腊(前2000—前300):据记载,古希腊园林中种植有油橄榄、无花果、石榴等果树,还有月桂(*Laurus nobilis*)、桃金娘等植物,更重视植物的实用性。公元前5世纪后,因国力增强,除蔷薇外,草本花卉开始盛行,如三色堇(*Viola tricolor*)、荷兰芹、罂粟、番红花(*Crocus sativus*)、风信子(*Hyacinthus orientalis*)、百合。同时,芳香植物受到喜爱。以后植物栽培技术进步,亚里士多德的著作中记载了用芽接技术繁殖蔷薇。提奥弗拉斯特的《植物研究》中记载了500种植物,其中还记载了蔷薇栽培方法和培育重瓣品种。开始重视植物的观赏性。在雅典大街上种植悬铃木(*Platanus sp.*)行道树,这是欧洲最早关于行道树的记载。

● 古罗马(前753—公元405):使用的园艺技术包括嫁接(芽接、劈接)、多种水果和蔬菜的利用,以豆类轮栽、肥力鉴定以及水果贮藏等,在当时的文献中发现以云母片做窗和屋瓦的原始暖房,用于黄瓜和花卉的促成栽培。同时观赏园艺也已迅速发展。罗马人的田园里,不仅种有多种果树,还栽有各类花木,如百合、玫瑰、紫罗兰(*Matthiola incana*)、三色堇、罂粟、鸢尾(*Iris tectorum*)、金鱼草(*Antirrhinum majus*)、万寿菊、悬铃木、梧桐(*Firmiana simplex*)、瑞香($Daphne\ odora$)、月桂、槭树($Acer$ sp.)等。植物修剪技术发展到较高水平,园林中使用修剪成造型的"植物雕塑"。罗马全盛时期,都市花卉园艺甚为发达,出现蔷薇、杜鹃花、鸢尾、牡丹等植物专类园。

● 中世纪(公元5—15世纪):罗马衰亡后,中世纪欧洲进入黑暗时代,一些园艺技能只在修道院花园内幸存,僧侣成为当时唯一的园艺家。修道院中栽培的园艺植物主要供给食用、药用,少量花卉用于装饰教堂和祭坛。许多水果及蔬菜的品系因此而被保存下来,有些甚至经过了改良。这个时期药用植物研究较多,种类收集广泛。园林中常见的园艺植物有鸢尾、百合、月季、梨、月桂、核桃及芳香植物。十字军东征时从东部地中海收集了很多观赏植物,尤其是球根花卉,也将亚洲的蔷薇、郁金香、无花果及亚洲种葡萄带回欧洲,对欧洲花卉和果树种类的增多,起到了一定的促进作用。

● 文艺复兴时期(15—17世纪):欧洲园艺业复苏始于意大利,后经法国传入英国。公元15—16世纪,果园和菜园在修道院外已经很普遍,菜园成为香料和调味品的重要来源,Charles Estienne 和 John Liebault 合著的《乡村农场》是当时的重要园艺著作,记载了有关苹果栽培技术,包括施肥、嫁接、修剪、育种、矮化、移植、昆虫防治、环状剥皮、采收、加工、烹饪及药用。意大利出现了许多用于科学研究的植物园,研究药用植物,同时引种外来植物,丰富了园艺植物种类,促进了庭园设计的兴盛。法国园林中草花的使用量很大,花坛成为花园中的重要元素,大量使用蔷薇、石竹类($Dianthus$ spp.)、郁金香($Tulipa\ gesneriana$)、风信子、水仙类($Narcissus$ spp.)花卉,Lenotre 设计的法国凡尔赛宫成为这个时期的优秀代表作。1492年发现新大陆后,许多园艺植物传入欧洲,包括马铃薯、番茄、辣椒、南瓜、花生($Arachis\ hypogaea$)、菜豆($Phaseolus\ vulgaris$)等蔬菜,蔓越橘($Vaccinium\ vitis-idaea$)、酪梨($Persea\ americana$)、巴西栗($Bertholletia\ excelsa$)、腰果($Anacardlun\ occidentale$)、黑核桃($Juglans\ nigra$)、薄壳山核桃($Carya\ illinoinensis$)、凤梨等果树,还有其他重要的作物,如可可($Theobroma\ cacao$)、烟草($Nicotiana\ tabacum$)等。同时不少园艺植物也传入新大陆。这种园艺植物种类的大量交流,极大地推动了世界园艺业的发展,当今的荷兰球根花卉业、非洲的可可及中南美洲的香蕉和咖啡($Coffea\ arabica$)业,均源于这次植物种类的交流。园艺设施栽培技术也在此时得到了完善和发展。16世纪末法国人利用温水灌溉,促进樱桃($Prunus\ avium$)提早成熟。法国路易十四时代(1640—1710)创建了玻璃温室,用于多种园艺植物的促成栽培,推动了设施园艺的普及和发展。

● 18—19世纪:植物引种成为热潮。美洲、非洲以及澳大利亚、印度、中国的许多植物被引入欧洲。据统计,18世纪已有5 000种植物被引入欧洲。英国在这一时期通过派遣专门的植物采集家广泛收集珍奇花卉,极大地丰富了观赏植物种类,也促进了观赏园艺技术的发展。19世纪公园和城市绿地等出现,成为观赏植物的主要应用场所。19世纪中叶,植物引种热转到北美,当时出现了小玻璃罩,改进了世界各地的植物运输,促进了外来植物的引种和栽培。1871年美洲野葡萄的引进和利用使欧洲葡萄生产免于灭顶之灾。1885年波尔多液的发明,为园艺植物病害的防治提供了一种应用至今的重要杀菌剂。19世纪末,拖拉机的出现、化学肥料工业产生、化学农药被人工合成,极大地提高了农业劳动生产率,同时也促进了近代园艺业的发展。

二、我国园艺发展现状

(一)生产水平

中华人民共和国成立后,特别是1978年改革开放以来,我国现代园艺生产发展迅速。

● 果树:中国果树面积 1952 年为 68 万 hm²,1980 年增加到 178 万 hm²;果树产量从 1952 年的 244 万 t,增加到 1980 年的 679 万 t。从 1993 年后,我国已成为世界第一水果生产大国。2015 年水果面积已达到 1 280 万 hm²,加上干果,面积超过 1 660 万 hm²;2015 年水果产量达到 1.74 亿 t;人均水果占有量超过 120 kg。据 2019 年国家农业统计发布的数据,我国果树产业的年产值约 1 万亿元,从业人口 1 亿人左右,果树种植面积和产量居世界首位,人均果品占有量达 195 kg(2007 年,人均果品占有量 71.5 kg,接近世界人均 75.7 kg 的占有量)。目前,作为果树产业第一大国,我国果品贸易在世界果品市场上占有重要地位,我国水果面积和产量当前居前 6 位的树种分别是柑橘、苹果、梨、桃、葡萄和香蕉。果业成为我国农业的重要组成部分,在种植业中种植面积、产量和产值仅次于粮食、蔬菜,排在第 3 位。据统计,2019 年我国园林水果(不包括西瓜、甜瓜、草莓等瓜果类,核桃、板栗、榛等干果类)面积已达 1 227.67 万 hm²,年产量为 1.90 亿 t。其中柑橘种植面积 261.73 万 hm²、产量 4 584.54 万 t;苹果种植面积 197.81 万 hm²、产量 4 242.54 万 t;梨种植面积 94.07 万 hm²、产量 1 731.35 万 t;葡萄种植面积 72.62 万 hm²、产量 1 419.54 万 t;香蕉种植面积 33.03 万 hm²、产量 1 165.57 万 t。

● 蔬菜:蔬菜是我国农业种植业中的第二大产业,其总产值约占农业总产值的 20%。2006 年,我国蔬菜栽培面积已达 1 776 万 hm²,总产量达 31 328 万 t,分别占世界的 37% 和 40%,稳居世界第一。目前我国蔬菜年人均消费量为 241 kg,是世界年人均消费量的近 2 倍。我国的主要蔬菜种类有番茄、黄瓜、白菜、茄子、辣椒、菠菜、马铃薯等,主要产区有山东、河北、河南、四川、广西等,其中山东是全国蔬菜产业第一大省。我国蔬菜出口额约为 280 亿美元,主要出口日本、韩国等。蔬菜出口结构以冷冻蔬菜为主,近年来干制蔬菜出口比例上升较快。当前蔬菜生产中,设施蔬菜发展迅猛,2013 年蔬菜播种面积 2 093 万 hm²,总产量 7.35 亿 t,其中设施蔬菜 368 万 hm²,总产量 2.51 亿 t,产值 7 800 亿元,占种植业产值 25%。也就是说,我国用 20% 的设施菜地面积,提供了 40% 的蔬菜产量和 50% 以上的产值,经济效益非常可观。此外,1990 年以来我国食用菌产业持续高速增长,2012 年跃升为菜粮果油之后的第五大种植业。根据中国食用菌协会统计数据,2017 年我国食用菌产量 3 712 万 t,约占全球产量的 80%,产值超过 2 700 亿元。

● 观赏植物:我国花卉的大规模商品化生产始于 20 世纪 80 年代初。1985 年以后,商业生产栽培面积不断扩大,主要进行切花生产,但多数使用传统品种和栽培技术。至 20 世纪 90 年代初进入了一个迅猛发展时期,每年生产和销售以 25% 的幅度递增,花卉栽培从观赏栽培为主转向商业生产栽培为主,在这之前稍有规模的花卉栽培多以提炼精油和药用成分为目的。1994 年我国政府将花卉商业化生产正式列为产业,发展花卉产业成为农业结构调整的重要措施,之后社会文化生活和环境建设用花促使花卉栽培规模不断扩大,同时国内外交流频繁,大量引入花卉栽培品种和技术,生产快速发展,产品结构丰富,花卉市场建立。2000 年我国花卉种植面积增至 14.75 万 hm²,已居世界第一,占世界花卉生产面积的 1/3 以上。2001 年我国花卉出口总额 0.8 亿美元,主要是观赏苗木、鲜切花和盆景。目前,我国花卉业的增长方式已由起初的单纯数量型增长转入效益型增长,已经成为我国最具潜力的新兴"朝阳产业"。据中国农业资料统计,到 2007 年,全国花卉种植面积 16.22 万 hm²,销售额 6 136 970.6 万元,出口额近 3.3 亿美元,现有花卉市场 2 485 个,花卉企业 5.4 万家,花农 119 万多户,从业人员达到 367 万多人。30 多年来,我国花卉产业生产总面积增长了 50 多倍,销售额增长了 90 多倍,出口额增长了 300 多倍。我国已成为世界最大的花卉生产基地、重要的花卉消费国和花卉进出口贸易国。

(二)发展成就

1.生产规模日益扩大 我国现代园艺生产经历了3个发展阶段。第一阶段是中华人民共和国成立至20世纪70年代中期,为恢复和缓慢发展阶段;第二阶段是改革开放至20世纪90年代中期,为快速发展阶段;之后为第三阶段,是稳定发展阶段。经过半个世纪的发展,我国果树和蔬菜生产规模不断扩大,面积、产量和产值成倍增长。在许多地区,园艺生产已成为农村经济的支柱产业和特色产业,如新疆的哈密瓜、葡萄,甘肃宁夏的枸杞,山东烟台的苹果、莱阳的梨、潍坊的萝卜,福建漳州的水仙、山东菏泽(曹州)的牡丹、浙江萧山的苗木、江苏苏州的盆景、河北栾城的草坪草、广东顺德的切花都已国内外闻名,是广大农民脱贫致富奔小康的重要途径之一。

2.品种结构明显优化 随着国外园艺植物新品种被大量引种栽培,加之国内优良新品种的推广应用,我国园艺生产的品种结构得到了明显的改善,园艺产品质量不断提高。在满足了国内市场需求的基础上,许多园艺产品还具有较强的出口竞争力。在苹果生产上重点发展了优系红富士、新红星、嘎啦和乔纳金等新优品种,目前全国新优苹果品种面积已占苹果总面积的50%以上,山东省已达80%及以上。市场上的蔬菜新品种不仅数量多,而且更新快,名菜、特菜也备受青睐;在西甜瓜方面,也一改过去只着眼于瓜大、产量高、易坐果等优良农艺性状,提供单一的大型品种,而是考虑市场需要的大小适中、品质优良、花式多样的品种要求,在无籽西瓜的培养和生产上也有突破。花卉新品种更是琳琅满目,甚至出现了极品消费;花卉产业在产量、效益大幅度提高的同时,产品结构也有效地进行了调整,观赏的花卉种类在传统的观花、观叶类的基础上增加了观果、观茎、观根类,并出现了组合盆栽、水培花卉、易拉罐花卉等新型产品。食用、药用、茶用花卉及香化植物、中小型盆景也越来越受到市场青睐。

3.集约化栽培推广加快 在我国,果树集约化栽培是从苹果的矮化密植开始的。20世纪60年代我国选育了苹果矮化砧木,又引进了一系列的国外矮化砧木和短枝型品种;70年代进行了矮化密植协作研究及国内短枝型品种的选育;80年代开始了苹果矮化密植集约化栽培推广应用;90年代达到了高潮,并逐渐推广应用到其他果树种类。在蔬菜生产上,各地因地制宜大力实施"菜篮子工程",加大了投入力度,制定了科学合理的技术操作规程,使蔬菜生产技术标准化、规范化,增加了单产,改善了品质,提高了经济效益。

4.栽培技术不断完善 各地在长期的园艺生产实践中,探索并完善了许多栽培管理技术措施,取得了明显的经济效益。果树生产中的果园覆草、地膜覆盖、穴贮肥水、人工授粉、疏花疏果、果实套袋等,以及果树幼树早果丰产优质栽培技术、果树周年修剪技术等,均已经在生产中大面积推广应用。在蔬菜生产上,应用配方施肥技术、实施病虫害综合防治体系、采用无病毒种苗生产等,不仅提高了产品质量和经济收入,而且取得了良好的社会效益和生态效益。在花卉生产上,广泛应用组织培养,培养和出售无病毒的试管苗;另外,无土栽培、间歇喷雾扦插、电照或遮光调节花期等新技术也在一些花卉业发达的地区得到广泛使用。

5.设施栽培发展迅速 20世纪70年代,塑料薄膜覆盖的兴起和发展,使我国北方地区早春和晚秋喜温蔬菜生产和供应得到改善。80年代,塑料日光温室(塑料大棚)试验成功,使北方地区各个季节喜温蔬菜得以大面积推广。蔬菜设施栽培的快速发展,极大地丰富了蔬菜市场的花色品种,改善了人们的蔬菜消费构成。近年来,为了满足市场对果品时鲜化的需求,果树设施栽培有了很大的发展。据统计,到2013年,设施西瓜、甜瓜(包括地膜覆盖)面积分别占西甜瓜总面积的 43％和 57％;2016 年全国设施园艺生产面积约 476.5 万 hm²(7 148 万亩),产值 14 600 亿元,其中设施蔬菜生产面积约 370 万 hm²(5 552 万亩),占比最大,达 78％(不包括西甜瓜和食用菌)。近年来,为了满足市场对果品时鲜化的需求,果树设施栽培有了很大的发展。2012 年设施果树栽培面积 10.87 万 hm²,占设施栽培总面积的 2.8％,占水果栽培总面积的 0.82％。设施水果品种多样,主要是草莓、葡萄、桃、大樱桃、蓝莓等。花卉中的切花和盆花生产的绝大部分也都在保护设施中进行,在 2013 年花卉设施栽培面积约 13.35 万 hm²,占花卉总面积的 10.9％。目前,以园艺生产为主的设施农业正快速发展。

6.基地建设效益显著 中华人民共和国成立以来,国家各级政府累计拨专款 10 亿元,扶持建设了 2 100 多个名、特、优园艺生产开发项目。在这些项目的带动下,各地相继建设了一大批优质园艺商品生产基地,并继续在园艺生产中起着示范和骨干作用,极大地推动了当地园艺生产的发展。同时,随着我国园艺商品生产基地的建设和园艺产品产量的大幅度增长,相应的园艺产品贮藏、加工、运输业也有了较大的发展,一大批园艺商品生产基地已经形成了生产、贮运、加工、营销的较为完整的综合产业体系。

7.市场供给明显改善 随着园艺生产的快速发展,以及园艺产品贮运加工水平的不断提高,我国园艺产品的市场供应已由卖方市场转变为买方市场,许多园艺产品甚至出现了供大于求的局面,以量取胜的年代已经过去,以质取胜的年代已经到来。目前,我国园艺产品市场品种琳琅满目,花色繁多,包装精美,价格适中,市场供应旺淡季节差别明显缩小。在满足国内市场供应的同时,我国园艺产品的出口量和出口额也在逐年增加。

(三)存在的问题

虽然我国园艺生产取得了长足的发展,但与国外园艺生产发达国家和地区相比还存在一些不容忽视的问题,主要表现在以下几个方面。

(1)园艺生产区域发展缺乏科学合理的规划,某些地区片面追求发展速度,造成宏观发展失控,局部发展缺乏特色。

(2)生产管理粗放,单产低,经济效益不高,劳动生产率较低。

(3)整体上产品质量差,许多产品质量参差不齐,市场竞争力弱,市场价格较低。

(4)品种构成不合理,优良品种比例低,品牌、名牌更少。

(5)从业人员科技素质不高,生产科技含量低。

(6)种苗质量差,无病毒苗木比例低,建园质量不高。

(7)市场体系不够健全,信息不畅通,产销脱节。

(8)贮运加工能力不足,产品损耗严重。

(9)生产机械化、生产社会化、生产专业化和生产产业化程度低,缺乏高效的生产合作组织。

从全国不同行业总的生产情况看,果树生产与世界先进水平的差距较大一些,蔬菜生产的差距较小一些,花卉生产的差距介于二者之间。

(四)面临的机遇

尽管我国园艺生产还存在着诸多的不足,但是我们也面临着许多发展机遇,主要有以下几个方面。

(1)劳动力资源十分充足 园艺生产主要是劳动密集型产业,保证充足的劳动力资源供应是产业发展的基本保证。

（2）植物资源非常丰富　我国是世界园艺植物起源和分布中心,寒、温、热带植物资源丰富,为园艺植物育种提供了得天独厚的条件。

（3）特色园艺植物较多　我国各地经过长期的自然选择和人工驯化栽培,形成了各具特色的传统名优特产园艺植物品种。

（4）生产成本和市场价格相对较低　在目前的生产力水平条件下,我国园艺生产的土地、生产资料、劳动力以及产品价格等与国外发达国家相比相对较低,具有比较价格优势。

（5）生产区域十分广阔　在我国,同一种园艺植物有较大的生产分布区域,因此受环境条件影响生产出现波动的幅度较小,不易出现严重的供求失衡现象。

（6）国内市场潜力巨大　内需是拉动园艺生产发展的主要动力,随着人民生活水平的快速提高,园艺产品的国内需求急剧增大,刺激了园艺生产的快速发展。

（7）出口市场潜力较大　近年来,我国众多的园艺产品由于具有品种、价格和质量的优势,出口量逐年稳步增加,国际市场占有率不断提高,显示出了强劲的发展势头。

第四节　园艺产业发展的热点与未来趋势

一、当前的热点

作为现代农业的最有活力的部分,21世纪的中国园艺业,其发展将主要是高科技的发展,将与农作（粮柏油）业、畜牧业三分天下的产业,园艺业的前景令人鼓舞,当前被人们特别关注的发展热点是:

1.资源的最优化利用　与园艺生产关系最密切的自然资源,一是光能（热力）为核心的地理气象等自然条件;二是植物材料资源,包括园艺植物种类、品种、砧木等。资源最优化利用,通俗地说就是“适地适栽”,即因地制宜地确定栽培作物的种类、品种,以最高效率地开发自然条件的优势,发挥植物种质资源的最优产量和最优品质。例如美国,50%的苹果、80%的柑橘、90%的葡萄分别集中产于占国土面积3%的华盛顿州、5%的佛罗里达州、4%的加利福尼亚州。在意大利、法国、日本等一些面积较小的国家,果树、蔬菜、花卉生产也都有类似的例子。

21世纪以来,我国实施开发西部国土的宏伟战略,对原来农业发达的东部地区也提出了种植结构的调整计划。借此良机,应当在科学规划的指导下,进一步发展区域化种植,充分利用资源的优势,发展各地各有特色的、现代水平的集约化园艺大生产。

资源优势的利用还应当包括继续研究和开发野生园艺植物资源。最近几十年里,野生果树山葡萄、猕猴桃、越橘、酸枣、沙棘（*Hippophae rhamnoides*）、刺梨、树莓（*Rubus* spp.）等,野生蔬菜苋菜（*Amaranthus mangostanus*）、苦荬菜（*Ixeris sonchifolia*）、水飞蓟（*Silybum marianum*）、蕨菜（*Pteridium aquilinum* var. *latiusculum*）、落葵、猴头菇（*Hericium erinaceus*）等,都取得很好的开发成绩,有的已大量人工栽培。野生花卉被利用的例子更不胜枚举。野生资源的利用,今后通过建立植物基因库,一定有更广泛的前景;一些野生植物具有特别强的适应性、抗病性,其基因资源是非常宝贵的财富。

2.观光农业、都市农业、旅游农业和市场农业　观光农业（visiting agriculture）、都市农业（city agriculture）、旅游农业（travelling agriculture）等概念的内涵相近,均是配合休闲、旅游的农业,与人们餐饮、游乐、放松心情等关系更为密切。旅游、观光、休闲等现代服务业同现代农业深度融合,是农旅结合、放大农业多重功能的重要载体。社会的发展,城镇人口的比例越来越大,这些人节假日多、退休早,很多人希望有方便的休闲娱乐场所,有的人还希望亲自参与种植和管理。这种社会需求,在国外一些发达的大城市业以满足。

市场园艺(market gardening),即通常说的自摘果园、自收菜园、自采花圃等,但果、菜、花的种类、品种更多、更丰富。人们可按自身需要自选、自采鲜花、蔬菜或果品,如到仓储式商场购物一样,以满足人们不断增长和变化的个性化需求。

上述各种形式的农业,包括园艺业,不是简单地将种植园搬到近郊或社区,而是要深入研究人们对产品的需求规律,研究其不同于大田环境条件下的种植类型品种、方式方法、栽培管理等特点,并把种植和园艺、鉴赏、娱乐、停车、购物等有机结合,科学设计,统筹规划。应当说,这是一门全新的学问。

3. 社区园艺、家庭园艺、微型园艺　社区园艺(sociedistrict gardening),是一种更贴近居民日常生活的园艺,如在楼宇之间,种植一些果树、蔬菜、花卉等,面积可大可小、品种多种多样。家庭园艺(household gardening),最早是一些有庭院的家庭进行的园艺种植,现在楼顶、阳台等均可种植。微型园艺(miniature gardening),有人把它限定在一定容器内的园艺植物栽培,配置一些小的人工景观,栽植一些观赏价值较高的微型植物;也有人认为在很小的面积内种植园艺植物,具一定的产品或观赏价值,即可称为微型园艺。家庭生产自食芽菜、盆栽蔬菜、家庭盆花等均在微型园艺的范畴。随着人们居住条件的改善,微型园艺已走进千家万户,广受城乡居民欢迎。

社区园艺、家庭园艺、微型园艺,不仅具有园艺植物种植共性,且各有自身特点,特别是应选用与之对应的适宜种类、品种、绿色产品生产所需的肥水管理、病虫防控等技术,值得进一步研究与应用。园艺产品生产也应走减污、扩绿、增长,推进生态优先、节约集约、绿色低碳发展之路。

4. 绿色食品、有机园艺　所谓绿色食品(green food),简言之即安全、营养的食品,这主要是针对工业、交通、农药、化肥等各种土壤、水质、大气污染对农产品的影响而提出的。人民生活水平提高了,生活质量有更高的追求,所以"绿色食品"在市场上必然走俏,园艺工作者应当关注并研究这方面的新问题,以更好地指导和促进生产的发展。

在发展绿色食品生产之际,国外早有人提出有机园艺(organic horticulture)和生态园艺(ecological horticulture)概念,意在禁止使用无机肥料和人工合成的农药、生长调节剂等,提倡应用腐熟的城乡人畜粪便,提倡生物防治病虫害;还有人提出恢复自然农业(natural agriculture),也是针对污染而言的。完全实施有机园艺或自然农业,不是很容易的事,应当因地制宜,逐渐完善。实施绿色食品生产制度,需要全社会的配合,甚至需要立法的保证。

5. 设施园艺、运输园艺　设施园艺(installation horticulture),是指在露地不适于园艺植物生育的季节或地区,利用温室、塑料大棚等保护设施创造适于园艺植物生育的小气候环境,有计划地生产优质、高效园艺产品的一种环境可控农业,又称设施栽培。目前栽培的主要作物是蔬菜、花卉和少量的果树。广义地讲,设施园艺的设施,还包括很多,如遮阳网、防雹网、驱鸟器、防风林、迷雾机、人工制雾机、反光板(墙)等,各种灌溉设施、施肥设施,亦属此例。

有的学者反对人工加能源的温室生产,理由是运输煤或石油增加成本,燃煤或石油又污染空气,还有废渣要处理等。一些专家提倡运输园艺(truck farming 或 transport horticulture),

即安排在自然条件最适宜的地区,建立生产基地,无需设施,露地生产,哪里需求向哪里运输,不仅如此生产园艺产品,园艺种苗也可以这样解决,保护地育苗也省却了。美国大部分园艺产品就是靠远距离运输的。我国高速公路的飞速发展,为运输园艺提供了基础和保证。目前,运输园艺已成为我国园艺生产不可或缺的生产方式。

6.基因育种,分子园艺 园艺作物的品种改良,通过基因育种(genetic breeding)可能是最快、最理想的途径。园艺生产上由于适应性、抗病性、产品采收期及一些特殊的性状要求,品种改良压力巨大。常规的育种要经过很长的时间,而且还带有"偶然性",基因育种可以解决这个本来很复杂、很难解决的问题。几乎全世界的植物育种家都瞄准了这个方向,估计在未来10~20年内会有更加惊人的成就。

分子园艺(molecular horticulture)在分子水平上研究园艺植物,为改良和利用园艺植物增加了一个更为可靠的手段。分子园艺的研究内容包括重要农艺性状的分子标记(RAPD、RFLP、AFLP、SSR、SCAR 等)、数量性状定位(QTLs)、基因作图(gene mapping)、基因组比较、遗传转化等。目前,有众多的园艺植物正在被进行分子操作,某些经过遗传改良的园艺植物已经进入市场,如砖红色的矮牵牛等花卉。

7.园艺业的可持续发展 可持续发展农业(sustainable agriculture)是由经济可持续发展的概念引申来的。整个地球环境的污染,给社会和经济的发展带来了极其严重的挑战。园艺业的可持续发展问题,不只是应对污染的策略,还应当包括水土保持、土壤性状稳定和有高效的肥源;节水和旱作、高效(省工省力)、节约能源等问题。当前最迫切的是节水、减肥和高效问题。旱作农业(dry agriculture),是与灌溉农业(irrigation agriculture)相对应提出来的,它不是简单的不浇水,它是通过节流开源、土壤节水、植物节水、工程节水等一系列的措施后可以不灌溉或最少灌溉的管理体系,是个系统工程;我国是个水资源紧缺的国家,尤其是北方和大西北地区,今后必须发展旱作农业,园艺业也不应当例外。减肥增效对包含园艺在内的整个农业生产都极为重要,实行绿肥制、生草制,或绿肥与作物轮作制,是未来园艺业乃至整个农业解决肥源问题的根本途径。高效,是劳动密集型的园艺业面临的迫切问题,农业生产第一线的劳动力必然越来越少,任何生产操作不能主要靠劳力来解决,要机械化、简易化,最大限度地提高劳动效率。

另外,从整个生产技术体系上说,今后园艺业也必须有大的突破和创新。比如工厂化育苗、无土栽培、果树篱壁式栽培、机械化采收等以及与园艺业相关的产业,会有较快的发展,国内外已有许多成功的经验可借鉴。作为一个农业大国、园艺大国,我们不能照搬别人的现成经验,应走自己的路,在这些方面应当有所发明、有所创造。未来的园艺业,中国定会有长足的进步和快速的发展。

二、未来的趋势

随着科学技术的不断进步和全球经济一体化步伐的不断加快,世界范围内园艺生产的发展已经或者将要呈现下列一些趋势:

1.园艺生产区域化、栽植规模化、栽培集约化、技术集成化 中国这样一个大国,任何一种园艺植物都不能、也不应当全国各地栽培,每一种园艺植物、每一个优良品种有最佳栽培地区,这与各地有自己的名、特、优产品应是一致的。目前,我国花卉产业已形成的重点产区,如云南、上海、广东的鲜切花;广东、福建、海南的观叶植物;天津、山东、河南的盆花;广东、浙江、江苏的绿化苗木;广东、江苏、浙江的盆景;江苏、山东、辽宁的草坪草;北京、内蒙古、陕西的干花等,已成为当地的园艺支柱产业。设施蔬菜产业也已呈明显的优势区域分布状态,环渤海及黄淮地区面积占全国的57%,长江中下游地区面积占20%,西北地区占11%,其他地区占12%。2013年设施西甜瓜(包括地膜覆盖)中,宁夏的地膜覆盖压砂瓜以其独特的风味和口感深受广大消费者的喜爱;全国最大甜瓜生产县河北乐亭的薄皮甜瓜生产效益显著,农民收入相当可观。随着园艺生产规模的不断扩大,区域化特点更加明显,规模效益更加突出。

2.园艺植物品种多样化、良种化、优质化、高档化 为了满足人们对园艺植物品种消费的不同需求,生产上将更加重视选育和推广应用不同用途、成熟期、色泽及口味的优良新品种,品种效益型生产特点更加明显,深入实施种业振兴行动,是抓住良种这一"芯片",确保园艺高产优质的关键。今后,加工专用型或者加工生食兼用型品种将越来越受重视。品种多样化、高档化、名、稀、特产品则要求优质化,园艺产品更加注重品牌效应。

3.园艺产品品质标准化、有机化、绿色化 不同园艺产品的品质有不同的产品标准,不同国家或地区之间也各异。水果类园艺产品的品质通常包括五大方面:一是外观品质,二是内在品质,三是营养品质,四是贮藏品质,五是加工品质。制定园艺产品标准并按照标准进行生产,将会大大促进地区间及国家间园艺产品贸易量的增加。园艺产品的有机化和无公害化是世界各个国家共同提倡的饮食理念,是世界范围内园艺生产的主要发展趋势之一。

4.园艺产品供应周年化 反季节设施栽培是目前延长新鲜园艺产品供应期最为有效的手段。蔬菜、花卉的反季节及周年生产的设施栽培越来越普及,有些品种的生产已没有了季节差异。近年来果树和花木半促成、促成或延迟栽培等反季化设施栽培比重也在逐渐增加。

5.园艺植物苗木繁育无毒化、制度化、规格化 园艺生产的发展对苗木质量的要求越来越高,世界各国普遍重视无病毒苗木繁育和推广工作,生产和利用高质量、高规格的苗木是苗木繁育的必然趋势。采用先进的植物组织培养和脱毒技术,可以生产高质量的无病毒苗木。

6.园艺植物种植园管理机械化、自动化、信息化、数字化 随着工业化进程的不断加快,新一代信息技术、人工智能、生物技术、新能源、新材料、高端装备等一批新的增长引擎正在构建,随之而来,园艺植物种植园管理的机械化和自动化程度迅速提高。以计算机为主要载体的数字化和信息化等高新技术广泛应用,未来,伴随农业科技和装备支撑的进一步强化,园艺植物种植园将大大减小劳动强度,提高劳动生产率,有效节约资源,增加经济效益。

7.园艺生产专业化、合作化、产业化、现代化 专业化和合作化是现代产业经济发展的两个基本特征。园艺生产将形成贸工农一体化、产加销一条龙、内外贸相结合的新产业体系。走园艺生产产业化之路,发展新型园艺产业经营主体和社会化服务,实现现代化,是世界范围内园艺生产发展的总趋势。

思考题

1.如何理解园艺生产在我国经济和社会发展中的重要地位和作用?

2.为什么说中国历史上园艺业在世界园艺发展史上有极光辉的一页?

3.试举出中国古代著名的园艺著作10部。

4.试举例说明中西方园艺植物的交流对世界园艺业发展的作用。

5.中华人民共和国成立以来,我国的园艺生产取得了哪些重要成就?

6.与发达国家相比,我国园艺生产当前存在的问题和面临的发展机遇有哪些?

7.我国园艺生产当前发展的热点和未来发展的趋势有哪些?

8.未来的园艺业中,为什么说资源的最优化利用和发展绿色食品是特别重要的?

参考文献

[1]范双喜,李光晨.园艺植物栽培学.2版.北京:中国农业大学出版社,2007.

[2]罗正荣.普通园艺学.北京:高等教育出版社,2005.

[3]章镇,王秀峰.园艺植物总论.北京:中国农业出版社,2003.

[4]刘燕.园林花卉学.2版.北京:中国林业出版社,2009.

[5]董丽.园林花卉应用设计.2版.北京:中国林业出版社,2009.

[6]董保华,费砚良,刘学忠,等.汉拉英花卉及观赏树木名称.北京:中国农业出版社,1996.

[7]张天麟.园林树木1200种.北京:中国建筑工业出版社,2003.

[8]李瑞云,张华.我国园艺业发展现状、趋势及对策.中国农业资源与区划,2010,31(2):67-70.

[9]李莉.我国园艺产业三十年的回顾与展望.北方园艺,2010(19):201-205.

[10]辜青青,罗来春,徐回林.我国果业生产现状及发展趋势.现代园艺,2009(8):20-21.

[11]郭世荣,孙锦,束胜,等.我国设施园艺概况及发展趋势.中国蔬菜,2012(18):1-14.

[12]张志斌.我国设施园艺发展现状、存在的问题及发展方向.蔬菜,2015(6):1-4.

[13]周武忠.论园艺在人类历史和文化中的作用.南京艺术学院学报:美术与设计,2001(3):70-74,78.

[14]朱丽娜.我国观赏园艺展现状及趋势分析.现代园艺,2015(11):25-26.

[15]邓秀新,束怀瑞,郝玉金,等.果树学科百年发展回顾.农学学报,2018,8(1):24-34.

[16]李天来,许勇,张金霞.我国设施蔬菜、西甜瓜和食用菌产业发展的现状及趋势.中国蔬菜,2019(11):6-9.

[17]国家统计局农村社会经济调查司.2020中国农村统计年鉴.北京:中国统计出版社,2019.

[18]刘凤之,王海波,胡成志.我国主要果树产业现状及"十四五"发展对策.中国果树,2021(1):1-5.

第二章
CHAPTER

园艺植物的种类及分类

内容提要

　　园艺植物种类繁多,有效的分类,对了解其亲缘关系和栽培应用具有重要意义。一是植物学分类法,是以植物形态、习性、生态或用途的一个或几个特点为标准而进行分类的方法,优点是植物不同科、属、种间,在形态、生理、遗传,尤其是系统发生上的亲缘关系十分明确,且双名命名的学名世界通用,不易混淆。二是农业生物学分类法,按园艺植物生态适应性、生长习性及栽培学特性等进行分类,如将蔬菜植物分为十四类。花卉还常按生活周期和原产地气候型不同进行分类。

第一节　植物学分类

一、植物学分类中的各级单位

　　植物学分类就是将不同植物按照一定的分类单位进行排列,以此表示不同植物的系统地位及与其他植物间的亲缘关系。植物分类主要单位有界(Kingdom)、门(division 或 phylum)、纲(class)、目(order)、科(family)、属(genus)和种(species)。

　　植物学分类的基本单位是"种",它是具有一定自然分布区和一定生理、形态特征的生物类群,是生殖上相互隔离的繁殖群体。植物种内个体根据差异,可分为亚种(subspecies,subsp.)、变种(varietas,var.)及变型(forma,f.)。亚种指在不同分布区的同一物种,由于生境不同导致两地物种在形态和生理功能上的差异,如籼稻、粳稻;变种指具有相同分布区的同一物种,由于微环境不同导致物种间有可遗传的差异,通常只有1、2个形态和生理性状差异,如锐齿槲栎是槲栎的变种;变型是指分布没有规律,仅有微小形态或个别性状变异的相同物种的不同个体,如毛的有无,花冠或果实的颜色等。品种(cultivar,cv.)不是植物分类学中的一个分类单位,不存在于野生植物中,但在实际生产中应用很多,是通过培育或人类发现的多基于经济意义和形态上的差异(大小、色、味道等),实质是栽培植物的变种或变型。亲缘关系相近,具有基本相同特征的种组成属,相近的属组成科,科组成目,目组成纲,纲组成门。根据需要,各等级中还可分为亚(sub-)分类单位,如亚门(subdivision)、亚纲(subclass)、亚科(subfamily)、亚族(subtribe)、亚属(sub genus)等。

以萝卜为例,说明它们在植物分类上的各级单位:

界　植物界(Regnum vegetable)

　门　被子植物门(Angiospermae)

　　纲　双子叶植物纲(Dicotyledoneae)

　　　目　白花菜目(Capparales)

　　　　科　十字花科(Cruciferae)

　　　　　属　萝属(*Raphanus*)

　　　　　　种　萝卜(*Raphanus sativus* L.)

二、植物命名法规

不同国家不同地区植物常出现"同物异名"或"同名异物"的现象,每一种植物确定一个全世界统一使用的科学名称即植物学名。植物学名是 1867 年由德堪多(Alphonse de Candolla)等提议,以瑞典植物学家林耐 1753 年创立的双名法命名的,必须遵守《国际植物命名法规》。每种植物名称采用拉丁文命名,第一个单词为属名,为名词,第一个字母大写,斜体;第二个单词是种加词,为形容词,全部小写,斜体;双名后附加命名人的名字,第一个字母大写,正体,命名人林耐缩写为 L.,如银杏 *Ginkgo biloba* L.。

第二节　农业生物学分类

一、果树分类

全世界到底有多少种果树? 实际上这是一个很难回答的问题。据估计全世界大约有果树 2 792 种,包括未在生产中栽培的原生种、砧木和野生树种,分布于 134 科 659 属。中国是世界上果树资源最丰富的国家之一,最重要的果树种类在中国几乎都有。

我国对果树的分类开始较早,早在北魏的《齐民要术》中便有记载,随后德国、日本等相继有了果树分类(classification of fruit trees)。果树按照农业生物学分类方法较多,为了研究方便,性质相近的果树通常被合为一类,最简单的是将果树分为水果和坚果两大类;还可按照是否落叶的特性、果树生态适应性、果树生长习性及果树的栽培学特性进行分类,简介如下。

(一)按秋冬季是否落叶特性分类

(1)落叶果树(deciduous fruit tree)　叶片在秋季和冬季全部脱落,第 2 年春季重新长叶,生长期和休眠期界限分明。如苹果、梨、桃、李、杏、柿、枣、核桃、葡萄、山楂、板栗和樱桃等果树,这些一般多在我国北方栽培的果树都是落叶果树。

(2)常绿果树(evergreen fruit tree)　叶片终年常绿,春季新叶长出后老叶逐渐脱落,常绿果树在年周期活动中无明显的休眠期。如柑橘类、荔枝、龙眼、杧果、椰子、榴梿、菠萝和槟榔等果树,这些一般多在我国南方栽培的果树都是常绿果树。

梅、柿、枣、无花果、梨、桃、李和栗等果树在我国南、北方均有栽培,但即使在南方栽培也属于落叶果树;而果松、越橘多在我国北方栽培(或野生)却为常绿果树。

(二)按生态适应性分类

(1)寒带果树(cold area fruit tree) 一般能耐－40℃以下的低温,适宜在高寒地区栽培,如榛、树莓、醋栗、穗醋栗、山葡萄、果松、越橘、秋子梨和山定子等果树。

(2)温带果树(temperate zone fruit tree) 多是落叶果树,耐涝性较弱,喜冷凉干燥的气候,适宜在温带地区栽培,休眠期需要一段时间的低温。如苹果、梨、桃、杏、李、葡萄、板栗、枣、核桃、柿和樱桃等果树。

(3)亚热带果树(subtropical fruit tree) 既有常绿果树,也有落叶果树,具有一定的抗寒性,能较好地适应水分、温度的变化。这些果树通常在冬季需要短时间的冷凉气候(10℃左右,1～2个月)来促使其萌芽及开花结果。常绿性的亚热带果树有柑橘类、荔枝、龙眼、橄榄、枇杷、番石榴和莲雾等;落叶性的亚热带果树有无花果、猕猴桃和扁桃等;另外,枣、梨、桃、李、柿、板栗、葡萄和中国樱桃等温带树种的南方系也可在亚热带地区栽培。

(4)热带果树(tropical fruit tree) 适宜在热带地区栽培的常绿果树,较耐高温、高湿,对短期低温也有较好的适应能力。如香蕉、菠萝、槟榔、杧果、椰子、蒲桃、番木瓜、番石榴和番荔枝等。一般的热带果树在温暖的南亚热带地区也可以进行栽培,而柑橘、龙眼、荔枝和橄榄等亚热带果树同样可在热带地区栽培。

(三)按生长习性分类

(1)乔木果树(arbor fruit tree) 有明显的主干,树高大或较高大,如苹果、梨、李、杏、荔枝、椰子、核桃、柿和枣等。

(2)灌木果树(bush fruit tree) 丛生或有几个矮小的主干,如石榴、醋栗、穗醋栗、刺梨、树莓和沙棘等。

(3)藤本(蔓生)果树(liana fruit tree) 枝干称藤或蔓,树不能直立,依靠缠绕或攀缘在支持物体上生长,如葡萄和猕猴桃等。

(4)草本果树(perennial herbaceous fruit plant) 具有草质的茎,木质部不发达。多年生,一般在生长季结束后地上部分死亡,如香蕉、菠萝和草莓等。

(四)按果树栽培学分类

在生产和商业上,上述分类法应用很少,常常根据落叶果树和常绿果树,再结合果实构造及果树栽培学特性进行分类,即果树栽培学分类。

1.落叶果树

(1)仁果类果树(pomaceous fruit trees) 按植物学概念,这类果树的果实是假果,食用部分是肉质的花托发育而成的,果心中有多粒种子,如苹果、梨和山楂等。

(2)核果类果树(stone fruit trees) 按植物学概念,这类果树的果实是真果,由子房发育而成,有明显的外、中、内三层果皮;外果皮薄,中果皮肉质,是食用部分,内果皮木质化,成为坚硬的核,如桃、杏、李和樱桃等。

(3)坚果类果树(nut trees) 这类果树的果实或种子外部具有坚硬的外壳,可食部分为种子的子叶或胚乳,如核桃、板栗、银杏、阿月浑子和榛子等。

（4）浆果类果树（berry trees）　这类果树的果实多粒小而多浆，如葡萄、草莓、醋栗、穗醋栗、猕猴桃和树莓等。

（5）柿枣类果树（persimmon and chinese date）　这类果树包括柿、君迁子（黑枣）、枣和酸枣等。

2.常绿果树

（1）柑果类果树（hesperidium fruit trees）　果实为柑果，如橘、柑、柚子、橙、柠檬、枳、黄皮和葡萄柚等。

（2）浆果类果树　果实多汁液，如阳桃、蒲桃、莲雾、番石榴、番木瓜和费约果等。

（3）荔枝类果树（lychee trees）　包括荔枝、龙眼和苔子等。

（4）核果类果树　包括橄榄、油橄榄、杧果、杨梅和余甘子等。

（5）坚果类果树　包括腰果、椰子、香榧、巴西坚果、山竹子（莽吉柿）和榴梿等。

（6）荚果类果树（legume fruit trees）　包括酸豆、角豆树、四棱豆和苹婆等。

（7）聚复果类果树（aggregate fruit trees）　多果聚合或心皮合成的复果，如树菠萝、面包果、番荔枝和刺番荔枝等。

（8）草本类果树　如香蕉和菠萝等。

（9）藤本（蔓生）类果树　如西番莲和南胡颓子等。

二、蔬菜分类

世界蔬菜有数百种，我国栽培的有300余种（含食用菌、西甜瓜），分属70科，常见蔬菜有50～60种，同种蔬菜又有许多变种和品种。为进一步了解和认识它们，人们从不同的角度将其归类，除前面提到的植物学分类外，还可从食用器官、对环境适应性（温度、光照、湿度）和栽培技术的共性（农业生物学分类）进行分类。蔬菜作为栽培作物、商品和食品，在生产和商业流通领域，常用的是产品器官分类和农业生物学分类，简介如下。

（一）按产品器官分类

1.根菜类（root vegetable）　以肥美的肉质根或块根为主要产品器官的一类蔬菜，称之为根菜类蔬菜。这类蔬菜产品形成于地下，要求土质疏松，富含有机质，不适合育苗移植，根据产品组分又分为：

（1）肉质根菜类（fleshy tap root vegetable）　如萝卜、胡萝卜、大头菜、芜菁、芜菁甘蓝、根用甜菜、牛蒡、根芹和美洲防风等。

（2）块根菜类（tuberous root vegetable）　如豆薯、葛和魔芋等。

2.茎菜类（stem vegetable）　以嫩茎或变态茎为主要食用部位的蔬菜，称之为茎菜类蔬菜。这类蔬菜又可分为：

（1）地下茎菜类（subterranean stem）　如马铃薯、姜、菊芋、芋头、莲藕、荸荠和慈姑等。

（2）地上茎菜类（aerial stem）　如球茎甘蓝、茎用芥菜（榨菜）、莴（苣）笋、茭白、石刁柏和竹笋等。

（3）鳞茎菜菜类（bulbous vegetable）　如洋葱、大蒜、韭葱和百合等。

3.叶菜类（leaf vegetable）　以普通叶片或叶球、叶丛、变态叶为主要产品器官的一类蔬菜。这类蔬菜较多，又可分为：

（1）结球叶菜类（corm leaf vegetable）　如结球甘蓝、大白菜、结球莴苣和包心芥菜等。

(2)普通叶菜类(common leaf vegetable)　如小白菜、乌塌菜、菜心、叶用芥菜、莴苣、菠菜、芹菜、蕹菜、苋菜、茼蒿和叶用萝卜等。

(3)香辛叶菜类(aromatic and pungent leaf vegetable)　如葱、韭菜、芫荽、茴香、薄荷和紫苏等。

4.花菜类(flower vegetable)　以花、肥大的花茎或花球为产品器官的一类蔬菜,这类营养价值高,如花椰菜、青花菜(绿菜花)、紫菜薹、金针菜、芥蓝和朝鲜蓟等。

5.果菜类(fruit vegetable)　以嫩果实或成熟的果实、籽粒为产品器官的一类蔬菜。包括浆果类、瓠果类、荚果类、杂果类4大类。

(1)浆果类(solanaceous vegetable)　如番茄、茄子、辣椒和酸浆等。

(2)瓠果类(pepo fruit vegetable)　如黄瓜、南瓜、冬瓜、西瓜、丝瓜、苦瓜、甜瓜、瓠瓜、越瓜、节瓜和蛇瓜等,其中西瓜、甜瓜等以鲜食为主,栽培面积很大。

(3)荚果类(legume vegetable)　主要是豆类蔬菜,包括菜豆、豇豆、刀豆、毛豆、豌豆、蚕豆、眉豆、扁豆和四棱豆等。

(4)杂果类　如甜玉米、菱角和芥子等。

6.菌藻类(edible vegetable)　主要有金耳、银耳、木耳;香菇、平菇、凤尾菇、白灵菇、榆黄蘑、金针菇、松茸;竹荪;蕨菜等。

(二)农业生物学分类

根据蔬菜植物的生物学特性与栽培技术特点,可以将蔬菜分为14类,在生产实际中较为常用,也称栽培学分类。一般将生物学特性相似、栽培技术相近的归为一类。

1.白菜类(chinese cabbage vegetable)　这类蔬菜都是十字花科的植物,包括大白菜、小白菜、叶用芥菜和菜薹等多为二年生的植物,第1年形成产品器官,第2年开花结籽。多原产于中国,种子直播为主,种子春化型。

2.甘蓝类(cabbage vegetable)　原产于地中海的十字花科蔬菜,包括结球甘蓝(圆白菜)、球茎甘蓝、花椰菜、羽衣甘蓝和抱子甘蓝等,二年生蔬菜,幼苗春化型,常育苗移植。

3.根菜类(straight root vegetable)　这类蔬菜以肥大的肉质直根为食用产品,包括萝卜、芜菁、根用芥菜、胡萝卜和根用甜菜等。多为二年生植物,同白菜类。

4.绿叶菜类(green vegetable)　这类蔬菜以幼嫩叶片、叶柄和嫩茎为产品器官,如芹菜、茼蒿、莴苣、苋菜、蕹菜、落葵和冬寒菜等。

5.葱蒜类(bulb vegetable)　这类蔬菜都是百合科的植物,主要是大葱、洋葱、蒜和韭菜等。二年生植物,用种子繁殖或无性繁殖。

6.茄果类　以浆果为食用器官的蔬菜。主要是茄子、番茄和辣椒等一年生植物。多育苗移栽。

7.瓜类(cucurbita vegetable)　以瓠果为食用器官的一类蔬菜。主要包括:黄瓜、冬瓜、南瓜、丝瓜、苦瓜、瓠瓜、葫芦、西瓜和甜瓜等。西瓜、南瓜的成熟种子可以炒食或制作点心食用。

8.豆类(legume vegetable)　豆科植物的蔬菜,以嫩荚或籽粒为食用产品。主要是菜豆、豇豆、豌豆、蚕豆、毛豆、扁豆和刀豆等。菜豆与豇豆一般支架栽培。豌豆幼苗、蚕豆芽均可食用。

9.薯芋类(tuber vegetable)　这是一类富含淀粉的块茎、块根蔬菜,如马铃薯、芋头、山药和姜等。

10.水生蔬菜(aquatic vegetable)　这类蔬菜在池塘或沼泽地栽培,如藕、茭白、慈姑、荸荠、菱角和芡实等。

11.多年生蔬菜(perennial vegetable)　这类蔬菜的产品器官可以连续收获多年,如金针菜、石刁柏、竹笋、百合和香椿等。

12.芽菜类(bud vegetable)　这是一类新开发的蔬菜,用蔬菜种子或粮食作物种子发芽做蔬菜产品,如豌豆芽、荞麦芽、苜蓿芽、萝卜芽和花椒芽等。绿豆芽、黄豆芽等是早就普遍食用的芽菜;有人把香椿、枸杞嫩梢也列为芽菜。

13.食用菌类(edible fungus)　包括蘑菇、草菇、香菇、木耳、银耳(白木耳)和竹荪等。

14.野蔬菜(wild vegetable)　野生蔬菜种类很多,现在较大量采集的有蕨菜、发菜、荠菜和茵陈等,有些野生蔬菜已渐渐栽培化,如苋菜、地肤(扫帚菜)等。

三、花卉分类

花卉是最多样化的一类植物,其种类比蔬菜、果树的种类还多,而且还不断从野生植物中开发出新的种类或品种来。有人估计,全世界40万种植物中有30多万种是大家都能接受的花卉植物。

花卉植物种类多样,首先,从苔藓、蕨类植物到种子植物都有涉及,种和品种繁多;其次,花卉的栽培目的、栽培方式多样,有观赏栽培、标本栽培、生产栽培,也有无土栽培、水培、盆花栽培、切花栽培等;其三,花卉的观赏特性、应用方式多样。这么多种类的花卉植物,人们在生产、栽培、应用中为了方便,对其进行分类是很有必要的。

依据不同的原则对花卉进行分类,就产生了各种分类方案或系统。最常用的花卉分类方案是:按进化途径和亲缘关系为依据的植物分类系统(hierarchy)(自然科属分类)、依花卉的生活周期和形态特征分类、按花卉原产地气候型分类。这里重点介绍后两种分类方案和一些其他实用园艺分类。

(一)依花卉的生活周期和地下形态特征分类

自然界中的草本花卉(herb)有各自的生长发育规律,依生活周期和地下形态特征的不同,可分为以下几种类型。

1.一、二年生花卉

(1)一年生花卉(annuals)　是指当年或在一个生长季内完成全部生活史的花卉,即从种子萌发、开花、结实到死亡均在同一年内完成。一般在春天播种,夏秋开花结实,然后枯死。故一年生花卉又称春播花卉。如凤仙花、鸡冠花、波斯菊、百日草、半枝莲、麦秆菊、万寿菊、千日红、翠菊、蒲包花等。

(2)二年生花卉(biennials)　是指跨年在两个生长季内完成生活史的花卉。当年只生长营养器官,然后必须经过冬季低温,越年后才开花、结实、死亡,整个过程实际可能不足12个月。二年生花卉,一般在秋季播种,次年春夏开花。故常称为秋播花卉。一般比较耐寒。如三色堇、雏菊、金鱼草、花棱草、矢车草、虞美人、须苞石竹、桂竹香、福禄考、羽衣甘蓝、美女樱、紫罗兰、秋葵等。

2.多年生花卉　多年生花卉是指个体寿命超过两年,可以多年生存、多次开花结实的花卉。多年生花卉根据地下形态特征的变化,又可分为宿根花卉和球根花卉。

（1）宿根花卉(perennials)　地下根系形态正常，不发生变态，依其地上部茎叶冬季枯死与否，又分落叶类与常绿类。落叶类如菊花、芍药、蜀葵、楼斗菜、宿根福禄考、铃兰、荷兰菊、玉簪等；常绿类有土麦冬、沿阶草、萱草、君子兰、非洲菊等。

（2）球根花卉(bulbs)　地下器官变态肥大，茎或根形成球状物或块状物。根据地下器官变态的形态，又可分为以下几类。

①鳞茎类(bulb)　又可分为有皮鳞茎(tunicated bulb)，如水仙、郁金香、风信子、朱顶红等；无皮鳞茎(imbricated bulb)，如百合等。

②球茎类(corm)　如小苍兰、唐菖蒲、番红花等。

③块茎类(tuber)　如彩叶芋、马蹄莲、晚香玉、球根秋海棠、仙客来、大岩桐等。

④根茎类(rhizome, tuberous stem)　如美人蕉、蕉藕、荷花、睡莲、鸢尾等。

⑤块根类(tuberous root)　如大丽花、花毛茛等。

球根花卉大多数种类的地上部分每年夏季或冬季枯死，如郁金香、水仙、大丽花；少数种类地上部分可以跨年生存，呈常绿状态，如蟆叶秋海棠、百子莲。

（二）依花卉原产地气候型分类

各种植物的原产地，其环境条件千差万别，使得植物的生长发育特性也各有异，既包括热带植物、温带植物，又有寒带植物及高山植物。了解植物的原产地及相应的植物特性，栽培中给以需要的环境条件和适宜的技术措施，才能保证栽培的成功和最佳的经济效益。

依据 Miller 和日本塚本氏的分类，全球分为 7 个气候区，每个气候区所属地理区域内，由于特有的相似气候条件，形成了某类野生花卉的自然分布中心。花卉依据原产地气候型的分区，可分为以下 7 种类型。

1.中国气候型花卉（大陆东岸气候型花卉）

（1）气候特点　冬寒夏热、年温差较大。

（2）地理范围　除中国外，日本、北美东部、巴西南部、大洋洲东部、非洲东南部等也属这一气候地区。

这一气候型又因冬季气温的高低，分温暖型和冷凉型，各有很多著名的花卉植物。

①温暖型花卉　主要分布在低纬度地区，包括中国长江以南（华东、华中及华南）、日本西南部、北美东南部、巴西南部、大洋洲东部、非洲东南角等地区。在这些同一气候型地区，气候也有一些差异。

原产这一地区的主要花卉有：中国水仙、石蒜、百合、山茶、杜鹃花、南天竹、中国石竹、报春花、凤仙花、矮牵牛、美女樱、福禄考、天人菊、马利筋、半边莲、非洲菊、松叶菊、马蹄莲、唐菖蒲、花烟草、待霄草、一串红、猩猩草、银边翠、麦秆菊等。

②冷凉型花卉　主要分布在高纬度地区，包括中国华北及东北南部、日本东北部，北美洲东北部等地区。

重要的原产花卉有：菊花、芍药、荷包牡丹、荷兰菊、随意草、吊钟柳、翠雀、乌头、金光菊、花毛茛、侧金盏、百合、紫菀、蛇鞭菊、铁线莲、鸢尾、醉鱼草、贴梗海棠等。

2.欧洲气候型花卉（大陆西岸气候型花卉）

（1）气候特点　冬季温暖，夏季也不炎热。雨水四季均有，而西海岸地区雨量较少。

（2）地理范围　欧洲大部分、北美西海岸中部、南美西南角、新西兰南部等属于这一气候地区。

（3）著名花卉有：三色堇、雏菊、银白草、矢车菊、霞草、喇叭水仙、勿忘草、紫罗兰、花羽衣甘蓝、宿根亚麻、洋地黄、铃兰、锦葵、剪秋罗等。

3.地中海气候型花卉

（1）气候特点　秋季至春季是雨季，夏季少雨为干燥期。

（2）地理范围　地中海沿岸、南非好望角附近、大洋洲东南和西南部、南美智利中部、北美加利福尼亚等地属于这一气候地区。

（3）著名花卉有：郁金香、小苍兰、水仙、风信子、鸢尾、仙客来、白头翁、花毛茛、番红花、天竺葵、花菱草、酢浆草、羽扇豆、紫花鼠尾草、猴面花、龙面花、唐菖蒲、石竹、金鱼草、金盏菊、麦秆菊、蒲包花、君子兰、鹤望兰、网球花、虎眼万年青等。

4.墨西哥气候型花卉

（1）气候特点　又称热带高原气候型，周年温差小，温度近于 $14\sim17℃$，降雨量因地区不同，有的雨量充沛均匀，也有集中在夏季的。

（2）地理范围　除墨西哥高原外，还有南美安第斯山脉、非洲中部高山地区、中国云南等地。

（3）原产这一气候型的花卉耐寒性较弱，喜夏季冷凉。主要花卉有：大丽花、晚香玉、老虎花、百日草、波斯菊、一品红、万寿菊、旱金莲、藿香蓟、球根秋海棠、报春、云南山茶、香水月季、常绿杜鹃、月月红等。

5.热带气候型花卉

（1）气候特点　周年高温，温差小，雨量大，但分雨季和旱季。

（2）地理范围　亚洲、非洲、大洋洲、中美洲、南美洲的热带地区。

（3）原产热带的花卉，在温带需要在温室内栽培，一年生草花可以在露地无霜期栽培。

亚洲、非洲和大洋洲热带观赏植物有：虎尾兰、彩叶草、鸡冠花、蟆叶秋海棠、非洲紫罗兰、蝙蝠蕨、猪笼草、变叶木、红桑、万带兰、凤仙花等。

中美洲和南美洲热带观赏植物有：大岩桐、竹芋、紫茉莉、花烛、长春花、美人蕉、胡椒草、牵牛花、秋海棠、水塔花、朱顶红等。

6.沙漠气候型花卉

（1）气候特点　雨量少、干旱，温差大，多位于不毛之地。

（2）地理范围　非洲、阿拉伯、黑海东北部、大洋洲中部、墨西哥西北部、秘鲁和阿根廷部分地区以及中国海南岛西南部地区。

（3）主要花卉有：仙人掌、芦荟、伽蓝菜、十二卷、光棍树、龙舌兰、霸王鞭等。

7.寒带气候型花卉

（1）气候特点　冬季漫长而严寒，夏季短促而凉爽，白天长，风大，夏季植物生长期只2～3个月。植株低矮，生长缓慢，常呈垫状。

（2）地理范围　包括北美阿拉斯加、亚洲西伯利亚和欧洲最北部的斯堪的纳维亚。

（3）代表花卉有：龙胆、细叶百合、绿绒蒿、雪莲、点地梅等。

（三）花卉的其他分类

花卉的生态习性及美学特征决定了它们的应用方式，也影响着花卉分类。花卉可以依据应用地生境、科属、观赏特性等进行分类。把相同习性或对某一生态因子要求一致的花卉归为一类，或把同一科属的花卉归为一类，或把观赏特性相同的花卉归为一类。这些分类方法虽然不系统，但是方便收集、栽培和应用。常见的分类和类别有以下几种。

1. 依栽培和应用生境划分

（1）水生花卉（water plant，aquatic plant，hydrophyte）　水生花卉是指生长在水池、湿地或沼泽地中的花卉，可用于室内和室外园林绿化美化。如荷花、王莲、睡莲、凤眼莲、慈姑、千屈菜、金鱼藻、泽泻、芡、水葱等。

（2）岩生花卉（rock plant）　岩生花卉是指外形低矮、生长缓慢，耐旱耐贫瘠，抗性强，适合在岩石园栽种的花卉。如岩生庭芥、匍生福禄考、报春花类、石竹类、景天类。

（3）温室花卉（greenhouse plant）　温室花卉是指在当地需要在温室中栽培，提供保护才能完成整个生长发育过程的花卉。一般多指原产于热带、亚热带及南方温暖地区的花卉，在北方寒冷地区栽培时，必须在温室内栽培或冬季需要在温室内保护越冬。

温室花卉包括草本花卉，也包括观赏价值很高的一些木本植物。在北京地区的温室花卉有瓜叶菊、蒲包花、君子兰等。

（4）露地花卉（outdoor flower）　露地花卉是指在当地自然条件下，不加保护设施能完成全部生长发育过程的花卉。实际栽培中有些露地花卉冬季也需要简单的保护，如使用阳畦或遮盖物等。

2. 依植物科属或类群划分

（1）观赏蕨类（ferm）　观赏蕨类是指蕨类植物（羊齿植物）中具有较高观赏价值的一类。主要观赏独特的株形、叶形和绿色叶子。如波士顿蕨、鸟巢蕨、鹿角蕨、铁线蕨、肾蕨、长叶蜈蚣草、卷柏、观音莲座蕨等。

（2）兰科花卉（orchid）　兰科植物是指兰科中观赏价值高的花卉。依生态习性不同分为地生兰、附生兰。如春兰、惠兰、建兰、墨兰；石斛、兜兰、蝴蝶兰、卡特兰等。

（3）凤梨科花卉　凤梨科花卉是指凤梨科中观赏价值高的花卉。如铁兰、水塔花等。

（4）棕榈科植物（palm plant）　棕榈科植物是指棕榈科中观赏价值高的花卉。如散尾葵、蒲葵、袖珍椰子等。

3. 依观赏特性划分

（1）食虫植物（insectivorous plant，carnivorous plant）　食虫植物是指外形独特，具有捕获昆虫能力的植物。如猪笼草、瓶子草等。

（2）仙人掌和多浆植物（cacti and succulent）　仙人掌和多浆植物指茎叶具有发达的贮水组织，呈肥厚多汁变态的植物。包括仙人掌科及番杏科、景天科、大戟科、萝藦科、菊科、百合科等。

（3）观叶植物（foliage plant）　观叶植物是指以茎、叶为主要观赏部位的植物。这类植物大多耐阴，适宜在室内绿化，是室内花卉的重要组成部分。如喜林芋、常春藤、龟背竹、竹芋等。

4. 依园林用途划分

（1）室内花卉（houseplant，indoor plant）　室内花卉是指比较耐阴，适合于室内较长时间摆放和观赏的观花和观叶花卉。如非洲紫罗兰、金鱼藤、马拉巴栗、变叶木、朱蕉、蕨类植物、万年青、龟背竹、吊兰等。

（2）盆栽花卉（potted plant）　盆栽花卉是指以盆栽形式装饰室内或园林的花卉，是花卉生产的一类产品。这类花卉一般株丛圆整、开花繁茂、整齐一致，主要观赏盛花时的景观。如菊花、一品红等。

（3）切花花卉（cut flower）　切花花卉是指以切取花枝为目的而栽培的花卉。如菊花、月季、唐菖蒲、香石竹四大切花以及小苍兰、金鱼草、满天星、勿忘我等。

（4）花坛花卉（bedding plant）　花坛花卉有狭义和广义两种含义。狭义的花坛花卉是指用于花坛的材料，广义的花坛花卉是指用于室外园林绿化的草花。如三色堇、美女樱、翠菊、一串红等。

（5）地被花卉（ground-cover plant）　地被花卉是指低矮、抗性强，用作覆盖地面的花卉。如百里香、二月兰、白三叶等。

（6）药用花卉（herb）　药用花卉是指具有药用功能的花卉。如芍药、乌头、桔梗、薰衣草等。

（7）食用花卉（edible plant）　食用花卉是指可以食用的花卉。如兰州百合、黄花菜、荷花、慈姑等。

思考题

1.园艺植物分类方法有哪些？不同分类法的依据是什么？

2.简述种、变种、变型及品种的概念。

3.常用果树园艺学分类包括哪些类型？在果树栽培学的分类中落叶果树和常绿果树分别分为哪几类？

4.蔬菜的分类主要有哪几种？各自的优缺点是什么？举例说明不同类别的代表植物。

5.农业生物学分类将蔬菜分为哪几类？

6.试述一年生花卉、二年生花卉、宿根花卉、球根花卉的含义。并举例说明。

7.花卉依原产地气候型是如何分类的？简述各类气候区的特点，并列举 3～5 种代表花卉。

8.试列举出 15 类不同的花卉。

参考文献

[1]李扬汉.植物学.3 版.上海:上海科学技术出版社,2015.

[2]张宪省,贺学礼.植物学.北京:中国农业出版社,2003.

[3]陆树刚.植物分类学.北京:科学出版社,2015.

[4]曲泽洲,孙云蔚.果树种类论.北京:农业出版社,1990.

[5]范双喜,李光晨.园艺植物栽培学.2 版.北京:中国农业大学出版社,2007.

[6]朱立新,李光晨.园艺通论.5 版.北京:中国农业大学出版社,2020.

[7]邓西民,韩振海,李绍华.果树生物学.北京:高等教育出版社,1999.

[8]韩振海,杨天桥.落叶果树种植资源学.北京:中国农业出版社,1994.

[9]崔大方.园艺植物分类学.北京:中国农业大学出版社,2010.

[10]俞德浚.中国果树分类学.北京:农业出版社,1979.

[11]中国农业百科全书总编辑委员会蔬菜卷编辑委员会.中国农业百科全书:蔬菜卷.北京:农业出版社,1990.

[12]中国农业科学院蔬菜花卉研究所.中国蔬菜栽培学.2版.北京:中国农业出版社,2010.

[13]范双喜.日光温室蔬菜生产栽培.北京:中国农业出版社,1998.

[14]李光晨.园艺通论.北京:中国农业出版社,2000.

[15]浙江农业大学.蔬菜栽培学总论.北京:中国农业出版社,2017.

[16]野菜園芸大事典編集委員会.野菜園芸大事典.東京:株式会社養賢堂発行,1977.

[17]刘燕.园林花卉学.2版.北京:中国林业出版社,2009.

[18]包满珠.花卉学.3版.北京:中国农业出版社,2014.

[19]郭维明,毛龙生.观赏园艺概论.北京:中国农业出版社,2001.

[20]章镇,王秀峰.园艺植物总论.北京:中国农业出版社,2003.

第三章
CHAPTER

园艺植物的生长发育

内容提要

  本章阐述园艺植物根、茎、叶的形态、类型、结构及功能特点,园艺植物开花坐果、果实发育及产量、品质形成规律,阐明园艺植物地上部与地下部、营养生长与生殖生长以及同化器官与贮藏器官的生长相互关系,分析温度、光照、水分、土壤等生态环境条件对园艺植物生长发育及产量、品质的影响,为创造适宜环境条件,达到园艺作物优质、高产、高效栽培目的提供依据。

  园艺植物营养器官根、茎、叶的生长与生殖器官花、果实和种子的发育,一方面决定于植物本身的遗传特性,另一方面决定于外界环境条件。因此,生产上通过育种技术获得具有新的遗传性状的新品种的同时,也要创造适宜的环境条件使生长发育向着人们期待的方向发展。

第一节　园艺植物根、茎、叶的生长

一、根

  根系(root system)是园艺植物的重要器官。土壤管理、灌水和施肥等重要的田间管理,都是为了创造促进根系生长发育的良好条件,以增强根系代谢活力,调节植株上下部平衡、协调生长,从而实现优质、高效生产目的。园艺植物的根系是其整体赖以生存的基础。因此,根系生长优劣是园艺植物能否发挥高产优质潜力的关键。

  (一)根的形态与类型

  1.根的形态　按照发生部位的不同,根可分为主根、侧根和不定根 3 种类型。主根(main root),又叫初生根(primary root),是由种子的胚根发育而成的,一般垂直向下生长。主根上发生的分支及由分支再发生的分支称为侧根(lateral root)。主根和侧根都是从植物体固定的部位发生，属于定根(normal root)。有些植物茎、叶或芽在一定条件下也能生长出根，由于发生的部位不固定，被称为不定根(adventitious root)，其功能和结构与定根相似。生产上利用植物不定根的特性，用扦插、压条等方法快速繁殖，如葡萄、草莓、无花果、月季、菊花等园艺植物的营养繁殖。

植物根的总和称为根系(root system)，根系的形态与植物种类有关。一般可分为直根系和须根系两类(图3-1)。直根系(tap root system)主根粗壮，侧根细，主根和侧根的区别明显，一般双子叶植物及实生苗的根系属于这种类型。须根系(fibrous root system)的主根和侧根的区别不明显，主根在长出不久即停止生长或死亡，根系全部由不定根及侧根组成，单子叶植物的根系属于此类。

2.根的类型　按根系发生来源，可将根系分为以下3种类型(图3-2)。

(1)实生根系(seedling root system)　由种子播种后胚根发育形成的根系。其特点是主根发达，分布较深，生活力和对外界环境条件的适应性强。绝大多数蔬菜、花卉种子直播后形成的根系和果树砧木种子播种后形成的根系属于此类。

(2)茎源根系(cutting root system)　利用植物营养器官的再生能力，采用扦插、压条繁殖所形成的根系。其特点是无明显主根，分布浅，生活力和适应性相对较弱。如蔬菜中的紫背天葵等；果树中的葡萄、无花果等；花卉中的月季、橡皮树、山茶花、桂花天竺葵、八仙花等。

(3)根蘖根系(layering root system)　由根段扦插或根蘖产生的根系。其特点与茎源根系相似。如蔬菜中的韭菜、金针菜等；果树中的枣、山楂、石榴等；花卉中的芍药、秋牡丹、牡丹、海棠、栀子花等。

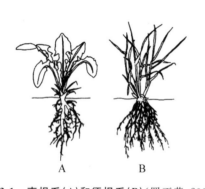

图3-1　直根系(A)和须根系(B)(罗正荣,2005)

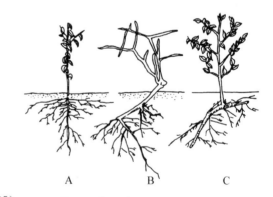

图3-2　根系类型 (罗正荣,2005)

A.实生根系；B.茎源根系；C.根蘖根系

3.根的变态　园艺植物的根系除有固定植株、吸收水肥、合成与运输等功能外，还以不同形态起着贮藏营养与繁殖作用。由于功能改变引起的形态和结构都发生变化的根称为变态根(modified root)。根变态是一种可以稳定遗传的变异。主根、侧根和不定都可以发生变态。园艺植物根的变态主要有以下3类。

(1)肥大直根(fleshy tap root)　萝卜、胡萝卜、甜菜等的肉质根，均是由主根肥大发育而成。从外形上看，其又分3部分：根头，即短缩的茎部，由上胚轴发育而来；根颈则由下胚轴发育而来，这部分不生叶和侧根；真根才是由初生根肥大而形成，其上有很多侧根。一般萝卜着生 2 列侧根，且与子叶展开方向一致；胡萝卜则有 4 列侧根。肉质根的根头、根颈和真根的比例，由于种类不同而有差异。同样，在解剖学上，3 种根菜类又各有不同（图 3-3）。

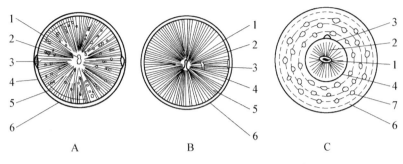

图 3-3　萝卜(A)、胡萝卜(B)及甜菜(C)根的横切面

1.初生木质部　2.次生木质部　3.形成层　4.初生韧皮部　5.次生韧皮部　6.周皮　7.维管束

①萝卜类型　肉质根横切面由外至里依次为周皮层、韧皮部、木质部。韧皮部与木质部之间生长着一层具有分生能力的形成层。直根生长过程中，形成层不断增生次生韧皮部和次生木质部，且形成层活动所产生的细胞以次生木质部最多，也最膨大，占肉质根中绝大部分，也是主要食用部分。

②胡萝卜类型　与萝卜类型相反，肉质根生长过程中，次生韧皮部细胞增生与膨大较次生木质部要强得多。因而胡萝卜的韧皮部远较木质部发达。同时，韧皮部的细胞组织柔嫩，为主要食用部分。

③甜菜类型　与萝卜、胡萝卜不同，肉质根内部具有多轮形成层，每一轮形成层能向内增生木质部，向外增生韧皮部，成为维管束环，环与环之间充满着薄壁细胞。

（2）块根（root tuber）　块根是由植物侧根或不定根膨大而形成的肉质根。块根形状各异，可作繁殖用（图 3-4）。如大丽花地下部分即为粗大纺锤状肉质块根，形似地瓜，故又名地瓜花。大丽花的块根是由茎基部原基发生的不定根肥大而成，虽肥大部分不抽生不定芽，但根颈部分可发生新芽，由此可发育成新的个体。

（3）气生根（air root）　根系不向土壤中下扎，而伸向空气中，称为气生根。气生根因植物种类与功能不同，又分为以下 4 种。

①支柱根（prop root）　起辅助支撑固定植株作用，类似支柱作用的气生根，如菜玉米的气生根即为典型的支柱根。较大的支柱根可见于观赏树木的露兜树属，也常见于榕树、橡皮树，从枝上产生很多不定根，到达地面后即伸入土壤中，再产生侧根，以后由于支柱根的次生生长，产生强大的木质部支柱，起支撑和呼吸的作用。

②攀缘根（climbing root）　起攀缘作用的气生根，多见于一些茎细长柔软不能直立的植物，如常春藤、绿萝、喜林芋、凌霄花、络石、卫矛、爬墙虎等。

③呼吸根（respiratory root）　根系伸向空中，吸收氧气，以弥补地下根系缺氧导致生育不良。呼吸根常发生于生长在水塘边、沼泽地及土壤积水、排水不畅田块的一些观赏树木，如红树、水松、落羽松等。呼吸根的发生是植物对外界环境的一种适应性，呼吸根中常有发达的通气组织，因植物种类、生育环境特别是土壤、水分及空气湿度等不同而异。

④寄生根或附生根（parasitic root）　常见于一些寄生性种子植物，如菟丝花的茎缠绕在

寄主茎上,它们的不定根形成吸器,侵入寄主体内,吸收水分和有机养料;槲寄生、桑寄生的呼吸器则直接寄生到植物枝干上,这种吸器称为寄生根。有些附生植物如仙人掌中的绯牡丹,以气生根附生于树皮上,吸收养料和水分而生活。

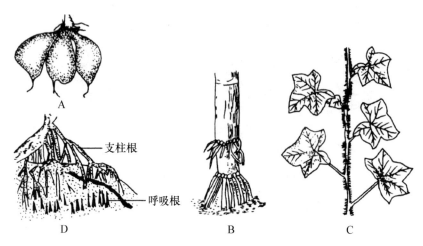

图 3-4 根变态类型(赵梁军,2003)

A.大丽花的贮藏根 B.菜玉米的支柱根 C.常春藤的攀缘根 D.红树的呼吸根

(二)根的生长

园艺植物的根系受植物种类、品种、环境条件及栽培技术等影响,其生长动态常表现出明显的周期性。主要有生命周期性、年生长周期性和昼夜周期性。在不同生长周期中,除了根系体积或质量的消长外,还有根系功能、再生能力等的变化。

1. 生命周期(life periodicity) 对于一年生蔬菜及草本花卉,从种子到种子的生长发育过程即完成了一个生命周期。根系的生长从初生根伸长到水平根衰老,最后垂直根衰老死亡,完成其生命周期。果树是多年生以无性繁殖为主的植株,不同于一年生作物。一般状况下幼树先长垂直根,树冠达一定大小的成年树,水平根迅速向外伸展,至树冠最大时,根系也相应分布最广。当外围枝叶开始枯衰,树冠缩小时,根系生长也减弱,且水平根先衰老,最后垂直根衰老死亡。

2. 年生长周期(yearly growth periodicity) 在全年各生长季节不同器官的生长发育会交错重叠进行,各时期有旺盛生长中心,从而出现高峰和低谷。年生长周期变化与不同园艺植物自身特点及环境条件变化密切相关,其中自然环境因子中尤以土温对根系生长周期性变化影响最大。一般多年生蔬菜、花卉,如石刁柏、金针菜、竹笋、百合等及果树根系在冬季基本不生长。从春季至秋末,根系生长出现周期性变化,生长曲线呈双峰曲线或三峰曲线。如苹果在华北地区从3月上中旬至4月中旬,地温回升,被迫解除休眠,根系利用自身贮藏营养开始生长,出现第1个生长高峰;第2个高峰在5月底至6月份,此时地上部叶面积最大,光合效率高,温光条件良好,从而促进了根系迅速生长,之后地温升高,果实迅速生长,消耗大量营养,根系生长逐渐变缓;第3个高峰出现在秋季,温度适宜,果实已采收或脱落,地上部养分向下转移,促进了根系生长。黄瓜、番茄、菜豆、菊花、牵牛等一年生园艺植物因广泛应用设施栽培,不同生长季节均能创造适宜的温度条件,其根系生长动态主要受自身遗传因子影响而呈现规律性的变化。

3. 昼夜周期(diurnal periodicity) 各种生物居住的环境在一天中总是白天温度高些,晚上温度低些,植物的生活也适应了这种昼热夜凉的环境,特别像西北各地及内蒙古,昼夜温差更大。一般情况下,绝大多数的园艺植物根夜间生长量均大于白天,这与夜间由地上部转移至地下部的光合产物多有关。在植物允许的昼夜温差范围内,提高昼夜温差,降低夜间呼吸消耗,能有效地促进根系生长。番茄、茄子、黄瓜、菜豆、甘蓝等设施栽培时,适当降低夜温,促进幼苗根系健壮生长,对培育壮苗、早熟丰产具有重要意义。

二、茎

茎(stem)一般生长在地面以上(也有生长在地下或水中),是连接叶和根的轴状结构,其上着生叶、花和果实,地上部分的生态环境相对变化较大,因此茎的形态结构比较复杂(图3-5)。

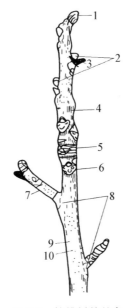

图 3-5 核桃树的枝条

1.混合芽 2.叶芽 3.雄花芽 4.多年生枝 5.顶芽鳞痕 6.叶痕与节
7.一年生枝 8.节间 9.二年生枝 10.皮孔

(一)茎的形态与类型

1.茎的形态 一般园艺植物的茎多为圆柱形,如苹果、柑橘,但也有三棱形的茎如马铃薯,和四棱形的茎如草石蚕、薄荷、益母草,还有多棱形的茎如芹菜等伞形科植物。茎的长短大小差别很大,从数厘米到数百米以上。从茎的质地上看,茎内含木质成分少的称为草本植物(herbaceous plant),而木质化程度高的植物称为木本植物(wood plant),木本植物的茎比较高大。多年生树木的主茎的分枝称为枝条(branch);藤本植物的茎称为蔓或藤(cane,rattan)。

茎上着生叶和芽的位置叫节(node),两节之间叫节间(internode)。有些园艺植物的节很明显,如瓜类和茄类蔬菜、竹类、香石竹、月季、菊花、百合等,节间长短因植物不同差异较大,如甘蓝类、非洲菊、蒲公英的节间极度缩短,称为莲座状植物,而瓜类蔬菜的节间可长达数十厘米。同一植物中也有节间长短不同的茎,如苹果的长枝,节间长,是营养生长时的茎,其上着生叶；而苹果的短枝，节间短，是生殖生长时的茎，其上着生花。但一、二年生草本和一些宿根花卉则表现为营养生长时节间短而生殖生长时节间长，如二月兰、羽衣甘蓝、荷兰菊、香石竹等。

茎顶端和节的叶腋处着生芽（bud），芽萌发后抽生为枝。茎上叶片脱落后留下的痕迹叫叶痕（leaf scar），不同植物的叶痕形态和大小各不相同，在叶痕内可以看到叶柄和茎内维管束断离后留下的痕迹，称为维管束痕，简称束痕（bundle）。在不同植物中，束痕的形状、束数和排列方式也不同。同样，将小枝脱落后在茎上留下的痕迹叫枝痕（branch scar）。有些植物如山毛榉的茎上可见到芽鳞痕（bud scale scar），这是鳞芽开展时，其外的鳞片脱落后留下的痕迹，可以根据茎表面的芽鳞痕来判断枝条的年龄。

有些植物茎表面上可以见到形态各异的裂缝，这是茎上的皮孔，是植物气体交换的通道，皮孔的形态、大小与分布等因植物不同而异，因此落叶乔木和灌木的冬枝，可以利用上述形态特点作为鉴定指标。

2.茎的类型　园艺植物的茎复杂多样。根据其生长习性可分为以下基本类型。

（1）直立茎（erect stem）　茎背地而生，直立。绝大多数木本果树和花卉均为此类。

（2）半直立茎（semi-erect stem）　茎呈半直立性或半蔓生，须借助插架或吊蔓等正常生长。如番茄等。

（3）攀缘茎（climbing stem）　此类茎多以卷须攀缘地物或以卷须的吸盘附着他物而延伸。按它们攀缘结构的性质，又可分为5种：①以卷须攀缘的，如黄瓜、苦瓜、丝瓜、葡萄、南瓜、豌豆等；②以气生根攀缘的，如常春藤、络石、扶芳藤等；③以叶柄攀缘的，如旱金莲、铁线莲等；④以钩刺攀缘的，如藤本月季、花旗藤、白藤等；⑤以吸盘攀缘的，如爬山虎等。

（4）缠绕茎（twining stem）　缠绕茎须借助他物，以缠绕方式向上生长。缠绕茎的缠绕方向，有些是左旋的，即按逆时针方向旋转，如菜豆、豇豆、牵牛花、紫藤、马兜铃等；有些是右旋的，即按顺时针方向旋转，如忍冬、葎草等。有些既可左旋又可右旋生长的，称为中性缠绕茎，如何首乌。

（5）匍匐茎（stolon）　茎匍匐生长，大多茎节处可生不定根，以此进行无性繁殖。如草莓、吊兰、虎耳草、甘薯、结缕草、匍匐箭舌豌豆等。

（6）短缩茎（condensed stem）　茎呈短缩状，如白菜、甘蓝、韭菜、大葱、洋葱、大蒜及菠菜、芹菜、叶用莴苣等绿叶蔬菜在营养生长时期，茎部短缩，至生殖生长时期，短缩茎顶端才抽生花茎。

3.茎的变态　有些园艺植物的茎为了适应不同的功能，形态结构上常发生一些变化，还有的茎主要在地下生长与扩展，形成地下茎及其变态，形成茎的形态多样性。

（1）地上茎变态（图3-6）

①叶状茎（leafy stem）　是一类形状如叶并执行叶功能的绿色茎，能进行光合作用，常用作观赏植物栽培，如竹节蓼、假叶槭、天门冬属和某些兰属的植物。

②肉质茎（fleshy stem）　由地上主茎或茎端膨大而成。如茎用芥菜（榨菜）、茎用莴苣（莴笋）、球茎甘蓝、仙人掌等生长到一定程度，地上茎积累营养物质产生肉质茎；茭白的肉质茎由于受到一种黑粉菌的寄生，茎端受到刺激膨大而成，肉质茎可作为食用器官。

③茎卷须（stem tendril）　卷须是卷曲的纤长结构，具有敏感的触觉和支持植物的攀附作用。茎卷须有2种，南瓜和黄瓜的卷须生于叶腋，是由侧枝变态形成的；而葡萄的卷须与果穗

或嫩茎的位置相当,茎卷须可以帮助植株攀缘向上生长。

④枝刺(stem thorm)或皮刺(bark thorm)　由腋芽变态而来的称为枝刺,如柑橘树、山楂属、小檗属及美洲皂荚等;由茎表皮突出而形成的刺称为皮刺,如月季和蔷薇。有些观赏树木如洋槐和红花刺槐既有枝刺又有皮刺。

（2）地下茎的变态

①根状茎(rhizome)　外形似根,但因其上有明显的节与节间,节上有可成枝的芽,同时节上也能长不定根,故而得名。莲藕、生姜、萱草、玉竹、竹等地下茎均为根状茎。

②球茎(corm)　是一类直立、短而肥大的地下茎,有明显的节与节间,如慈姑、芋、荸荠、番红花、唐菖蒲等。

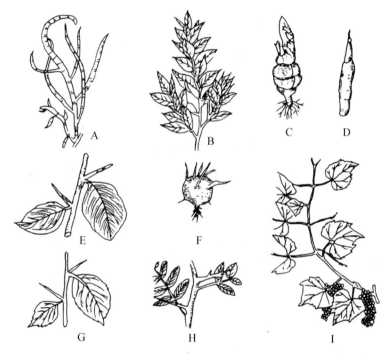

图 3-6　部分园艺植物地上茎的变态(程智慧,2003)

A.竹节蓼的叶状茎　B.假叶槭的叶状茎　C.茎用芥菜的肉质茎　D.茭白的肉质茎　E.刺茎
F.球茎甘蓝的肉质茎　G.山楂的刺茎　H.皂荚的刺茎　I.葡萄的茎卷须

③块茎(stem tuber)　块茎为粗短的肉质地下茎,形状不规则,块茎的表面分布有许多芽眼,呈螺旋排列,在螺旋线上,相邻两个芽眼之间即为节间,每个芽眼里着生 1 至多个腋芽。如马铃薯、山药、菊芋、草石蚕、彩叶芋、仙客来等。

④鳞茎(bulbs)　鳞茎不同于球茎,它的养料贮藏在叶状的鳞片中,茎的部分细小,但至少有一个中央的顶芽,顶芽会产生一个直立的营养枝。此外,至少有一个腋芽,这种腋芽在第二年生长出鳞茎。如水仙、郁金香、风信子、朱顶红、百合等。

4.芽的类型与特性

（1）芽的类型　芽是茎、叶、花的原始体。按照芽着生的位置、性质、构造和生理状态,可把芽分为多种类型。

①按芽的着生位置,可分为定芽(normal bud)和不定芽(adventitious bud)。

a.定芽指生长在茎上一定位置的芽,包括顶芽(terminal bud)和腋芽(axillary bud)。顶芽着生在茎或枝的顶端,腋芽着生在枝的侧面叶腋处,又称侧芽(lateral bud)。

b.不定芽可从枝的节、节间发生,也可从根或叶上发生,如枣、李等果树根上长出的芽,落地生根、秋海棠等花卉的叶上长出的芽。生产上常利用不定芽这一特性进行营养繁殖。

②按芽发育后所形成器官的差异,可分为叶芽(leaf bud)、花芽(flower bud)、花叶兼有的混合芽(mixed bud)。

a.叶芽发育开放后形成枝和叶,又称为枝芽(branch bud),由叶原基和腋芽原基组成(图3-7)。

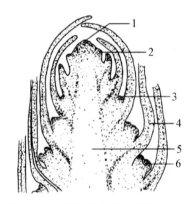

图 3-7 叶芽纵切面(傅承新等,2002)

1.生长锥 2.叶原基 3.腋芽原基 4.幼叶 5.茎轴 6.腋芽

b.花芽发育开放后形成花或花序,由花原基或花序原基组成,没有叶原基和腋芽原基,不抽生枝叶,称为纯花芽(simple flower bud),如桃、李、杏、梅等(图3-8)。

c.混合芽是由叶原基和花原基共同组成,发育成枝叶和花的混合体,如苹果、柑橘、葡萄、梨、柿、石楠、海棠等(图3-9)。

花芽和混合芽通常比较肥大,易与叶芽区分。

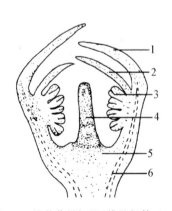

图 3-8 桃花芽纵切面(傅承新等,2002)

1.花萼 2.花冠 3.雄蕊 4.雌蕊 5.茎轴 6.维管束

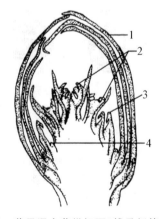

图 3-9 苹果混合芽纵切面(傅承新等,2002)

1.芽鳞片 2.花芽 3.幼叶 4.腋芽原基

③按同一节上着生的芽数,可分为单芽(simple bud)、复芽(compound bud)。

a.单芽是指同一个节上只着生一个明显的芽,如杨梅、枇杷等。

b.复芽是一个节上着生2个或2个以上的芽,如桃、李、杏、金银花等。此外,苹果的腋芽是复芽,通常情况下主芽萌发而侧芽休眠,若受到疏枝等刺激时侧芽萌发成1~2个枝条。

④按芽鳞的有无,可分为裸芽(naked bud)、鳞芽(scaly bud)。

a.裸芽指芽的外面没有鳞片包被,如柑橘、山核桃、元宝枫等的芽属于此类。

b.鳞芽指芽的外面有数层鳞片包裹,起保护作用,多数多年生木本植物的芽属于鳞芽类,如观赏树木中的悬铃木、杨、玉兰、柳等。

⑤按芽的生理状态,可分为活动芽(active bud)、休眠芽(dormant bud)。

a.活动芽又称为活性芽,是生长季节活动的芽,在当年形成新枝、花或花序,一般一年生的园艺植物其植株上多数芽是活动芽。有些活动芽在生长过程中发育成枝,称其为早熟性芽(early maturity bud)。

b.休眠芽　在当年生长季节中不萌发,暂时保持休眠状态的芽称为休眠芽。休眠芽在环境条件适宜时可能萌发,也可能始终处于休眠状态或逐渐死亡。柑橘类和绝大多数落叶观叶树木具有休眠芽。

(2)芽的特性

①芽的异质性　枝条或茎上不同部位生长的芽由于形成时期、环境因子及营养状况等不同,造成芽的生长势及其他特性存在差异,称为芽的异质性(heterogeneity)。一般枝条中上部多形成饱满芽,其具有萌发早和萌发势强的潜力,是良好的营养繁殖材料。而枝条基部的芽发育程度低,质量差,多为瘪芽。一年中新梢生长旺盛期形成的芽质量较好,而生长低峰期形成的芽多为质量差的芽。

②芽的早熟性和晚熟性　新梢上当年形成的芽当年就能够萌发成枝,这一特性叫芽的早熟性。这些园艺植物一年内能多次分枝,形成二次、三次或四次枝,如桃、葡萄、枣等果树。另一类园艺植物当年新梢上形成的芽,当年不萌发,待到第二年春季才萌芽,这一特性叫芽的晚熟性。如苹果、梨、核桃、柿、板栗等果树。

③萌芽力和成枝力　茎或枝条上芽的萌发能力称为萌芽力(sprouting ability)。萌芽力高低一般用茎或枝条上萌发的芽数占总芽数的百分率表示,萌芽力因园艺植物种类、品种及栽培技术不同而异。如葡萄、桃、李、杏等萌芽力较苹果、核桃强。采用拉枝、刻伤、植物生长抑制剂处理等技术措施能提高萌芽力。生产中,不同园艺植物对萌芽力有不同要求。如黄瓜、西瓜早熟高产以主蔓结瓜为主,则应摘除侧芽萌发的多余侧蔓,而甜瓜雌花在主蔓上发生很迟,在子蔓或孙蔓上则发生早,栽培上常采取摘心的方法,促进发生侧蔓以提早结瓜。对果树来讲,萌芽力强的种类或品种往往结果早。多年生树木,芽萌发后,有长成长枝的能力,称成枝力(branching ability),用茎或枝上抽生长枝的数占总芽数的百分率表示。

④潜伏力　潜伏力包含两层意思:其一为潜伏芽的寿命长短;其二是潜伏芽的萌芽力与成枝力强弱。一般潜伏芽寿命长的园艺植物,寿命长,植株易更新复壮;相反,萌芽力强,潜伏芽少且寿命短的植株易衰老。改善植物营养状况,调节新陈代谢水平,采取配套技术措施,能延长潜伏芽寿命,提高潜伏芽萌芽力和成枝力。

5.枝(梢)的类型　枝(梢)类型的划分主要依据果树而进行的。依据抽梢的季节,可分为春梢、夏梢、秋梢和冬梢。依据枝的生长结果特性,将枝分为结果枝(fruit bearing branch)、结果母枝(fruiting cane)、营养枝(vegetative shoot)3种类型。

(1)结果枝 结果枝指直接着生花或花序并能结果的枝。结果枝依据年龄可分为一年生结果枝、二年生结果枝和多年生结果枝;依据枝的长短可分为长果枝、中果枝、短果枝和花束状果枝等。以长果枝结果为主的树种有柿、桃的多数品种;以短果枝结果为主的有梨、苹果等。

(2)结果母枝 结果母枝指着生结果的枝。一些果树上一年的结果枝形成混合花芽,次年长出新的结果枝,原来的结果枝就成为结果母枝。苹果、梨、柿等果树着生花芽的枝通常称为结果枝,实质上是结果母枝。

(3)营养枝 营养枝指只长叶不开花结果的枝,其中芽体饱满、生长健壮充实的称为普通营养枝,是构成树冠和抽生结果枝或结果母枝的主要枝梢,普通营养枝上叶片肥大,合成积累的养分多,可为整个植株的生长、开花结果提供营养,生产上应通过肥水管理和修剪等措施尽量多培育这类营养枝;生长特别旺盛、叶大而薄、节间长、芽不饱满且组织不充实的枝称为徒长枝,这类枝生长迅速,易造成树冠郁闭,不利于结果;还有一类枝,生长纤细、芽少、叶少,称为细弱枝,多发生在树冠的内部和下部;节间非常短,许多叶丛生在一起,一般只有一个顶芽的枝称为叶丛枝,在较好的条件下,叶丛枝也可转化为结果枝。

(二)茎的生长

茎的加长生长和增粗生长分别是通过枝条顶端的分生组织活动和侧生分生组织的活动来完成的。其中加长生长所持续时间短于加粗生长。

对于多年生的观赏植物来说,在一年中,茎的加长生长可以分为开始生长、旺盛生长、停止生长和组织成熟4个时期,温度和光照是影响各阶段长短的主要因素,也可根据栽培目的加以控制。

茎的生长过程中表现出明显的顶端优势(apical dominance)特性,即顶端分生组织或茎尖抑制下部侧芽发育的现象,所以主茎生长很快,侧枝从上到下的生长速度不同,距茎尖越近,被抑制越强,因此许多针叶观赏树木如松、柏、杉等树冠都明显地呈宝塔形。

茎的增粗生长依赖于形成层细胞的活动状态。对于北方多年生落叶观赏树木,休眠是从根颈开始,逐渐上移,但细胞的分裂活动却首先在生长点开始,它所产生的生长素刺激了形成层细胞的分裂,所以增粗生长略晚于加长生长。

由于花卉植物茎的种类多样,观赏用途各异,因此对茎的调控成为花卉栽培管理技术的重要内容。如在各种切花生长中,总是千方百计增加花梗的长度,生长中采用前期培养壮苗,而在花莛发生之时,适当提高温度,加强肥水。在月季生产中,除了控制肥水和温度外,还应用修剪方法,打破顶端优势,促进侧芽形成旺盛的侧枝,增加花量。

三、叶

叶(leaf)一般由叶片(leaf blade)、叶柄(petiole)和托叶(stipule)3部分组成,这类叶称为完全叶(complete leaf),如桃、梨等的叶片。凡缺少一部分或两部分的叶称为不完全叶(incomplete leaf),如莴苣、荠菜等叶无叶柄和托叶,柑橘、丁香、泡桐、白蜡、香樟等的叶无托叶。

(一)叶的形态与类型

1.叶的类型 叶的基本类型可分为单叶和复叶。

(1)单叶(single leaf) 每个叶柄上只有1个叶片称单叶。如苹果、葡萄、桃、茄子、甜椒、黄瓜、菊花、一串红、牵牛花等。

(2)复叶(compound leaf)　复叶是指每个叶柄上有2个及以上小叶片(leaflet)。如番茄、马铃薯、枣、核桃、国槐、洋槐、草莓、荔枝、月季、南天竹、含羞草、醉蝶花等园艺植物的叶都是复叶。不同植物复叶类型各有不同(图3-10)。按照小叶片数量和着生方式,又可将复叶分为以下4种。

①羽状复叶　小叶多数,对生于总叶轴两侧成羽毛状,其中有顶生小叶,小叶数为奇数者称为奇数羽状复叶,如绣线菊、槐、火炬树、白蜡等;无顶生小叶,小叶数为偶数者称为偶数羽状复叶,如香椿、合欢、大叶桃花心木、黄连木等。如果总叶轴两侧有羽状分枝,分枝上再生羽状排列的小叶,称为二回羽状复叶,如芹菜、栾树等;依次还有三回羽状复叶和多回羽状复叶,如楝树等。

②掌状复叶　多个小叶皆生于总叶轴顶端。如七叶树、羽扇豆等。

③三出复叶　仅有3个小叶生于总叶柄上。3个小叶若皆生于总叶柄顶,为掌状三出复叶,如红车轴草;若顶生小叶生于总叶柄顶端,2个侧生小叶生于总叶柄顶端以下,称为羽状三出复叶,如重阳木、秋枫、豇豆、草莓等。

④单身复叶　两个侧生小叶退化,而其总叶柄与顶生小叶连接处有关节。如柑橘、柠檬、佛手等。

马铃薯则最先出土的初生叶为单叶,以后长出的叶为奇数羽状复叶,最顶端的叶又为单叶。

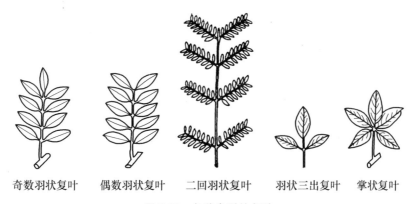

奇数羽状复叶　　偶数羽状复叶　　二回羽状复叶　　羽状三出复叶　　掌状复叶

图3-10　各种类型的复叶

2.叶的形态　叶片的形状,叶尖、叶基、叶缘形态,叶脉分布和叶序等特征是园艺植物分类和品种识别的重要依据之一,同时,也赋予了许多观赏园艺植物多姿多彩和极具个性化的鉴赏内涵。

(1)叶片的形状(leaf shape)　主要有线形、披针形、椭圆形、卵圆形、倒卵圆形等。如韭菜、兰花、萱草等为线形;苹果、杏、月季、落葵、甜椒、茄子等叶为卵形或卵圆形。

(2)叶尖(leaf apex)的形态　主要有长尖、短尖、圆钝、截状、急尖等。

(3)叶缘(leaf margin)的形态　主要有全缘、锯齿、波纹、深裂等。

(4)叶基(leaf base)的形态　主要有楔形、矢形、矛形、盾形等。

常见园艺植物叶片形状与特征如图3-11所示。

(5)叶脉分布(leaf venation)　也是园艺植物叶片的特征之一。叶脉有平行脉和网状脉之分。前者有初生脉伸入叶片彼此平行而无明显的联合。而在网状脉中,叶脉构成复杂的网状。

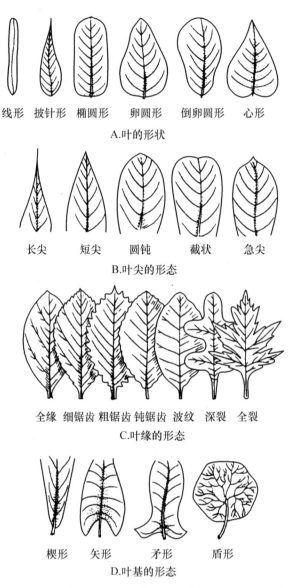

线形　披针形　椭圆形　卵圆形　倒卵圆形　心形

A.叶的形状

长尖　　短尖　　圆钝　　截状　　急尖

B.叶尖的形态

全缘　细锯齿　粗锯齿　钝锯齿　波纹　深裂　全裂

C.叶缘的形态

楔形　　矢形　　矛形　　盾形

D.叶基的形态

图 3-11　叶的形状和形态特征

双子叶园艺植物的叶脉主要有两种:其一为羽状叶脉(pinnate venation),侧脉从中脉分出,形似羽毛,故而得名,如苹果、枇杷的叶片;其二为掌状叶脉(palmate venation),侧脉从中脉基部分出,形状如手掌,如葡萄、黄瓜、冬瓜的叶脉即为掌状叶脉。

　　(6)叶序(phyllotaxy)　是指叶在茎上的着生次序,有互生叶序、对生叶序和轮生叶序。同种园艺植物,叶序常是恒定的,可作为种类鉴别的指标。互生叶序(alternate phyllotaxy),每节上只长 1 片叶,叶在茎轴上呈螺旋排列,一个螺旋周上,不同种类的园艺植物叶片数目不同,因而相邻两叶间隔夹角也不同。如 2/5 叶序表示一个完整的螺旋周排列中含有 5 片叶,也就是在茎上经历 2 圈,共有 5 叶。自任何一片叶开始,其第 6 叶与第 1 叶位于同一条垂直的线上。梨的互生叶序为 1/3,相邻两叶间隔 120°;葡萄的互生叶序为 1/2,相邻两叶间隔 180°。单子叶蔬菜其叶序多为 1/2,双子叶蔬菜 2/5 是最普遍的叶序。对生叶序(opposite phyllotaxy)

指每个茎节上有两个叶相互对生,相邻两节的对生叶相互垂直,互不遮光,如丁香、薄荷、石榴等。轮生叶序(verticillate phyllotaxy),每个茎节上着生 3 片或 3 片以上叶,如夹竹桃、银杏、番木瓜、栀子等。园艺植物的主要叶序见图 3-12。

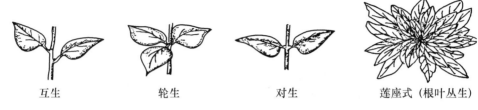

互生　　　　　轮生　　　　　对生　　　　莲座式（根叶丛生）

图 3-12　园艺植物的主要叶序

3.叶的变态和异形叶性

(1)叶的变态　常见叶的变态有以下几种类型(图 3-13)。

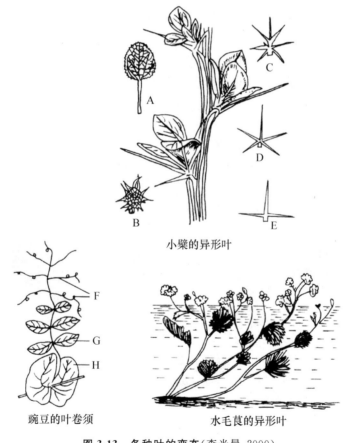

小檗的异形叶

豌豆的叶卷须　　　　　水毛茛的异形叶

图 3-13　各种叶的变态(李光晨,2000)

A～E.表示叶在个体发育过程中逐渐变为刺形　F.卷须　G.小叶　H.托叶

①叶状针(leaf spine,insectivorus leaf)　叶的一部分尖端突起特化成刺状。如仙人掌、小檗的刺是叶变态,刺槐的刺是叶柄变态。

②叶卷须(leaf tendril)　叶特化成卷须用于攀缘。如香豌豆、叶豌豆等。

③鳞片叶(scaly leaf)　叶特化成肉质肥厚多汁,能贮藏大量营养的鳞叶。如百合等无皮鳞茎的地下鳞叶和有皮鳞茎的风信子、朱顶红等。

④叶状柄(phyllode)　叶柄变成扁平的叶状体,代替叶的功能。如台湾相思树,仅在幼苗期有几片叶,之后仅有叶状柄。

⑤球状叶(spherical)　叶片球形,如菊科的绿铃(seneci rowleyanus)等。

⑥总苞片(involucre)和苞片(bract)　即叶变成佛焰苞,如花卉中的圣诞红、火鹤、一叶兰等。

⑦囊状叶(pitcher)　叶特化成囊状或盘状,用来捕虫。盘状的如茅膏菜,瓶状的有狸藻、猪笼草等。由于这种变态叶具有独特的观赏价值,因而食虫植物构成一个特殊的观赏类群。

(2)异形叶性(heterophylly)　观赏植物的叶还有异形性,即同一植物不同部位的叶在不同环境会出现形态差异。如水毛茛,位于水下的叶呈丝状以增加叶与水的接触面和浮力,水上的气生叶则呈浅裂状圆形;慈姑具有3种叶形,水中叶呈带状,水面叶呈椭圆形,气生叶则为箭头形;有些花卉植物的异形叶性与叶的发育年龄有关,如猪笼草属的囊状叶有二形性(dimorphism),生长在下方的体积小为细筒状,生长在上方的体积大为袋状;龟背竹的幼叶为心形而成龄叶片上会形成很大的穿孔或发生羽裂;桉树的老枝上的叶为披针形而徒长枝上的叶片为卵形;桧柏有针形叶和鳞状叶2种;紫菀在营养生长期的叶为披针形、开花枝上的叶为针形;变叶木和胡杨的叶片形态则更多。

另外,有些观赏树木的叶片会出现扭曲或卷曲,如龙爪红松(*Pinus koraiensis* cv. Tortusa)和龙爪五针松(*Pinus paruviflora* cv. Tortusa)的针叶回旋呈龙爪状。

(二)叶的生长

叶的发生始于茎尖的叶原基(leaf primodium)。茎顶端的分生组织,按叶序在一定的部位上,形成叶原基。叶原基是芽和顶端分生组织外围细胞分裂分化形成的。最初是靠近顶端的亚表皮细胞分裂和体积膨大产生隆起,随着细胞继续分裂、生长和分化形成叶原基。叶原基的先端部分继续生长发育成为叶片和叶柄,基部分生细胞分裂产生托叶。芽萌发前,芽内一些叶原基已经形成雏叶(幼叶);芽萌发后,雏叶向叶轴两边扩展成为叶片,并从基部分化产生叶脉。

就每种园艺植物单片叶的形态发生来看,则有几种分生组织同时或顺序地发生作用,其中有顶生分生组织、近轴分生组织、边缘分生组织、板状分生组织和居间分生组织。不同园艺植物或同一种园艺植物在不同时期或不同环境条件下,导致叶片形状与大小变化的主要原因即是这些组织的相对活动和持续活动的结果。

叶的生长首先是纵向生长,其次是横向扩展。幼叶顶端分生组织的细胞分裂和体积增大促使叶片增加长度。其后,幼叶的边缘分生组织的细胞分裂分化和体积增大扩大叶面积和增加厚度。一般叶尖和基部先成熟,生长停止得早;中部生长停止得晚,形成的表面积较大。靠近主叶脉的细胞停止分裂早;而叶缘细胞分裂持续的时间长,不断产生新细胞,扩大叶片表面积。上表皮细胞分裂停止最早,然后依次是海绵组织、下表皮和栅栏组织停止细胞分裂。叶细胞体积增大一直持续到叶完全展开时为止。当叶充分展开成熟后,不再扩大生长,但在相当一段时间仍维持正常生理功能。

不同园艺植物展叶时间、叶片生长量及同一植株不同叶位叶面积扩展、叶重增加均不同。如巨峰葡萄展叶需要15～32 d,猕猴桃展叶需要20～35 d。青菜生长初期单叶面积增加与叶重增加几乎是平行的,但生长后期,叶重增加比叶面积增加大,其中主要是作为贮藏器官的叶柄及中肋质量的增加。不同叶位叶面积增长速度与叶重增加速度基本相同,但增幅有差别,造成不同叶位叶片大小、叶重不同。

第二节　园艺植物花器官的形成与发育

在营养器官生长的基础上,在适宜的外界条件下,植物即进入生殖生长阶段,分化出生殖器官。花是被子植物的繁殖器官,由于其高度的保守性,常用作分类的重要依据,反映植物属的特性,甚至是科的特性。花又是大多数观赏植物最醒目的部位,其色、形、香等性状均能给人以美的享受。

一、花的植物学特征

植物的花(flower)是适宜生殖的变态短枝。

(一)花的形态结构

园艺植物的花按组成可分完全花(complete flower)与不完全花(incomplete flower)。一朵典型的完全花(complete flower)是由花梗(pedicel)、花托(receptacle)、花萼(calyx)、花冠(corolla)、雄蕊群(androecium)、雌蕊群(gynoecium)组成(图 3-14)。缺少任一部分者即为不完全花。

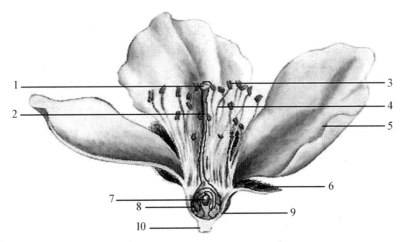

图 3-14　完全花(两性花)的形态结构

1.柱头　2.花柱　3.花药　4.花丝　5.花瓣　6.萼片　7.胚珠　8.子房　9.花托　10.花柄

(1)花梗(花柄)　花梗(花柄)指着生每一朵花的小枝,为连接花与枝间的通道,起支撑花和运输营养物质的作用,果实形成后即为果柄。

(2)花托　花托是花柄顶端着生花萼、花冠、雌蕊和雄蕊的部分。多数园艺植物的花托只起支撑作用,而有些园艺植物的花托却膨大而成果实的主要部分,如草莓、苹果、梨等仁果类果树。许多虫媒花的花托在花期能分泌糖液引诱昆虫传粉。

(3)花萼　花萼由若干萼片(sepals)组成。大多数植物开花后萼片脱落,如桃、柑橘等,果实上看不到萼片痕迹;一些植物开花后萼片一直存留在果实上(下)方,称宿存萼(persistent calyx)，如番茄、茄子、石榴、山楂、月季、玫瑰等。

（4）花冠　花冠由若干花瓣（petals）组成。花萼和花冠构成了花被（perianth）。花瓣因含有花青素或有色体而呈现各种色彩，有些园艺植物在花瓣内有芳香腺，能分泌特殊香味的挥发油引诱昆虫传粉。花瓣则具有保护雌雄蕊的作用。

（5）雄蕊群　一般一朵花中有多个雄蕊，总称为雄蕊群。雄蕊的数目随着植物种类的不同而异。每个雄蕊由花药（anther）和花丝（filament）组成，花药一般有 2～4 个花粉囊（pollen sac），开花时花药开裂，其内产生花粉（pollen）。

（6）雌蕊群　雌蕊位于花的中央，由柱头（stigma）、花柱（style）和子房（ovary）3 部分组成。柱头除截获花粉、为花粉发芽提供温床外，还对花粉有亲和选择性；花柱是花粉经柱头进入子房的通道，具有诱导和刺激花粉管伸长以达到子房的作用；胚珠着生在子房内，花粉管沿子房内壁或胎座继续生长到达胚珠而进入胚囊，从而花粉管释放一个精子与卵子结合发育成胚，另一个精子与中央细胞的两个核结合发育成胚乳，子房发育成果实。

具有上述完整结构的称为完全花，缺少一部分或几个部分的称为不完全花。根据花中雌雄蕊的有无，将花分为 3 类：两性花（bisexual flower）、单性花（unisexual flower）、无性花（中性花，neutral flower）。

两性花指具有发育健全的雄蕊和雌蕊的花。如柑橘、苹果、梨、枣、葡萄、番茄、茄子、月季、牡丹等。

单性花指只有雄蕊或雌蕊的花。如核桃、杨梅、猕猴桃、黄瓜、南瓜、菠菜等。单性花又可分为雌花（pistillate flower）和雄花（staminate flower）两种。在同一株上既着生雌花又着生雄花的，称为雌雄同株（monoecius）异花，如黄瓜、南瓜、丝瓜、石楠、核桃、松树等。植株上只着生雄花或只着生雌花的类型称为雌雄异株（dioecius），如猕猴桃、银杏、石刁柏、菠菜等。

（二）花的形态多样性

对于观赏植物来说，其花的基本结构与普通植物相同，但长期的栽培与品种选育，使得花的构成与形态极为丰富，是最具有多样性的器官。

1. 花器官的多样性

（1）花梗（花柄）　花梗一般不具有观赏性，但花梗的有无、长短、着生方式可使花的姿态发生变化，观赏价值大不相同。花梗的形态有以下类型。

①无梗花：梅花一般无花梗，此外还有贴梗海棠、蜡梅等。

②花梗和花冠均向上直立：多数观赏植物，如波斯菊、虞美人等。

③花梗直立，花心和花瓣下垂：雪滴花、垂笑君子兰、钓钟柳等。

④花梗直立，花心向下，花瓣上翻：仙客来，嘉兰等。

⑤花梗、花朵均下垂：倒挂金钟、悬铃花（*Malvaviscus arboreus*）、金玲花（*Abutilom striatum*）、吊钟花（*Enkianthus quinqueflorus*）、宝莲花（*Medinilla magnifica*）、垂丝海棠等。

（2）花萼　花萼通常呈绿色，也有些观赏植物的花萼大而色艳，呈花瓣状。如一串红的红色花萼，补血草的膜质彩色花萼，鹤望兰的橙黄色花萼，秋海棠的与花瓣同色的两枚花萼，耧斗菜5 枚与花瓣同色的花萼，倒挂金钟钟罩形的白色花萼，龙吐珠的白色花萼，铁线莲具有绿色条纹的 6 枚乳白色瓣化的花萼，而紫茉莉（*Mirabilis jalapa*）花冠退化，花萼发达并瓣化成花冠，苞片貌似花萼（图 3-15），仙人掌（*Echinoereus fendleri*）的花萼片与花瓣难以区分（图 3-16）。

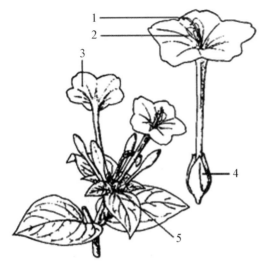

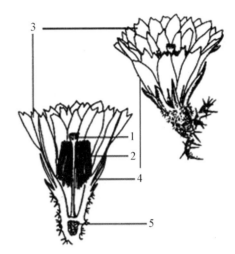

图 3-15　无花瓣的紫茉莉(赵梁军,2002)　　图 3-16　花萼与花瓣连在一起的仙人掌(赵梁军,2002)

1.雌蕊　2.雄蕊　3.萼片貌似花瓣　　　　　1.雌蕊　2.雄蕊　3.花瓣　4.萼片　5.子房

4.苞片　5.苞片貌似花萼片

（3）花冠　花冠是大多数花卉植物最具观赏价值的部位,通常具色彩和芳香。花冠的形态差异非常大,花瓣的大小、数量、质地和色彩都决定其观赏特性。

金鱼草的花冠有两个裂片,形似嘴唇,筒部似喉,俗称龙口花。蒲包花也是二唇形花冠,上唇小而前伸,下唇则膨大成荷包状。

荷包牡丹的花瓣有 4 枚,外侧两枚基部囊状,形似荷包,玫瑰红色,内侧两枚瘦长,突出于外,色粉红。紫薇的花瓣有长爪,瓣边皱波状。三色堇的花瓣 5 枚,两侧对称,一瓣具短而钝的锯,上面 3 枚花瓣下方常具深色花斑,酷似双眼和嘴,故有"猫儿脸""鬼脸花"之称。

（4）花被　萼、瓣不分的花被一般具有较高的观赏价值,如百合、郁金香、君子兰等。葡萄、风信子总状花序上小花的花被片小,呈坛状,顶端紧缩,又有"蓝壶花"之称。鸢尾的花被片 6 枚,外轮 3 片是大而外弯或下垂的垂瓣,内轮 3 片是小而直立或呈拱形的旗瓣,整个花型极富动感,又称"蓝蝴蝶"。

（5）花蕊　少数花卉如醉蝶花、火炬花、石蒜、忽地笑、网球花、金丝桃、扶桑、悬铃花、倒挂金钟、杜鹃花、合欢、红千层等的雌雄蕊突出,具有较高的观赏价值。

美人蕉的花不整齐,花萼苞片状,花瓣花萼状,而 5 枚雄蕊瓣化为最具观赏价值的部分,雌蕊也瓣化。

鸢尾的花柱三裂并瓣化,色彩与花被片同,也可供观赏。

（6）苞片　有些花卉的花朵下部或整个花序的下部着生有起保护功能的变态叶,即花苞片。有些花卉的花苞片形大色艳,具有吸引昆虫传粉受精的作用,如千日红的红色干膜质苞片、宝莲花、鹤望兰、蝎尾蕉、垂花火鸟蕉、凤梨、一品红、金苞花、虾衣花、叶子花、马蹄莲、火鹤、珙桐等的主要观赏部位均为花苞片。

2.花序的多样性　有些园艺植物的花单独着生在茎上,称为单花(simple flower),如玉兰、桃、月季、西瓜、甜瓜、莲的花;而大多数园艺植物的花不是单花,而是由几朵甚至几百朵花按一定顺序排列在一个花轴(总花柄)上,形成花序(inflorescence)。

花序又可分为两大类:一类是无限花序(indefinite inflorescence),另一类是有限花序(definite inflorescence)。两者的区别在于,无限花序从基部向顶端依次开放或从边缘向中央依次开放。而有限花序则是花序顶端或中心花先开,然后由顶向基或由内向外开放。除伞房花序和聚伞花序为有限花序外,其余花序类型均为无限花序。

常见的观赏植物花序类型见图3-17。

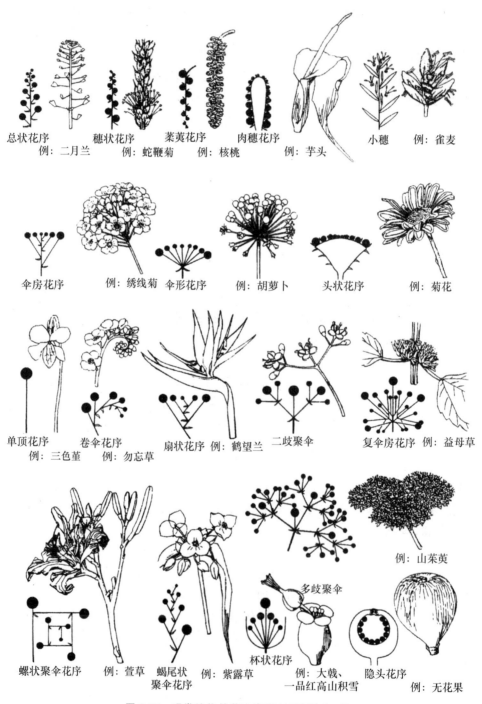

图3-17 观赏植物的花序类型(赵梁军,2002)

3.花重瓣类型的多样性　重瓣花(double flower)现象主要发生在观赏植物中。由于自然选择的结果,在野生状态下,植物的重瓣花类型极少,即使是在栽培植物中,凡是以收获种子、果实、营养器官的植物,重瓣花也很少见。由于花瓣是观花植物的重要观赏部位,其数量的多少直接改变花的观赏特性。

花的重瓣性一般指花瓣或花轮(合瓣花)数量的增加,但有些重瓣花只是由于曲折、重叠增加了花瓣的表面积而造成重瓣的效果;还有些重瓣花实际只是一个花序。观赏植物花瓣数量由少到多,经历了从单瓣花(single flower)经复瓣花(半重瓣,semi-double flower)最后发展到重瓣花的历程。从形态起源的角度来看,花的重瓣化类型有以下 7 种。

(1)营养器官突变　由花器官以外的其他营养器官(主要是花苞片)突变成类似花瓣的彩色结构,从而形成重瓣状的花朵。如重瓣马蹄莲有两层瓣化的佛焰苞片、重瓣一品红多数瓣化的花苞片。

(2)花萼瓣化　由花萼彩化、瓣化形成重瓣花类型。如欧洲银莲花、山茶等。

(3)花瓣或花冠裂片累积　单瓣花的花瓣或花冠裂片的数目偶尔出现少量的增加,经过若干代人工选择,可使其数目逐代增加,直至最后形成重瓣花。这种起源类型的重瓣花在半支莲、芍药、牡丹、月季、山茶、梅花中比较常见。

(4)花冠重复　花的萼片、雄蕊、雌蕊均正常,而合瓣花的花冠呈套筒状,其两轮(少见三轮)花冠的结构和外形完全相同,是真正意义上的重瓣花类型。如合瓣花的矮牵牛、曼陀罗、杜鹃花、丁香、桔梗等,还有离瓣花的木槿。

(5)雌雄蕊瓣化　由于雌雄蕊瓣化使花瓣数量增加而形成重瓣花的类型最为常见。许多观赏价值高的花卉都有这种重瓣花,如金鱼草、香石竹、郁金香、仙客来、朱顶红、花毛茛、荷花、睡莲、芍药、牡丹、梅花、桃花、山茶、蜀葵、扶桑、芙蓉、木槿等。木槿同时存在雄蕊瓣化(图3-18)和雌蕊瓣化(图3-19)的现象。

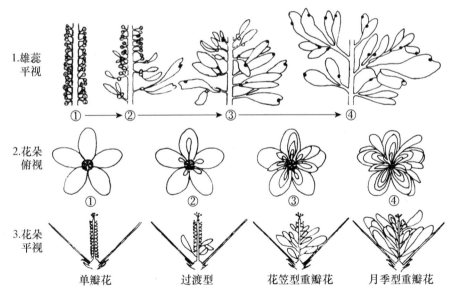

图 3-18　木槿雄蕊瓣化进程(赵梁军,2002)

①花药正常　②部分花药变成小花瓣　③大部分花药瓣化　④瓣化程度加大,花瓣数量增加

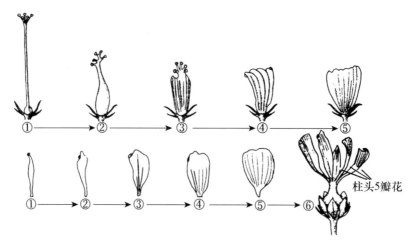

柱头5瓣花

图 3-19　木槿雌蕊瓣化进程(赵梁军,2002)

上:雌蕊变成一个花瓣的过程(①~⑤);下:雌蕊变成 5 个花瓣的过程(①~⑥)

这种类型的瓣化通常先发生在靠近花瓣的雄蕊,然后才是雌蕊。由于瓣化的程度不同,其花型可出现 3 种形式:ⓐ部分雄蕊瓣化;ⓑ雄蕊全部瓣化;ⓒ雌雄蕊全部瓣化。

(6)"台阁"　由于两朵花着生的节间极度缩短,使花朵叠生,形成花中有花的重瓣类型。这种重瓣花的特点是有两层花蕊,在梅花、牡丹、芍药中较为常见。这种重瓣花的性状因营养状况而变化,不稳定。

(7)花序缩短　由多朵单瓣的小花组成的花序形成重瓣花。最典型的是菊科的头状花序:当边花只有 1~3 轮舌状花,心花均为筒状花时,为单瓣花;若心花部分或全部变成舌状花时,成为重瓣花。此外还有一些重瓣扶桑、重瓣'丽格'海棠等,由于花序轴极度缩短,使得同一花序上的几朵花簇拥在一起,外观上呈现重瓣。

二、花芽分化及调控

(一)花芽分化的过程

花和花序均由花芽发育而来。花芽分化(flower bud differentiation)是指叶芽的生理和组织状态向花芽的生理和组织状态转化的过程,是植物由营养生长转向生殖生长的转折点。花芽分化全过程一般从芽内生长点向花芽方向发展开始,直至雌、雄蕊完全形成为止。它主要包括 3 个阶段:一是生理分化(physiological differentiation),即在植物生长点内部发生成花所必需的一系列生理的和生物化学的变化。常由外界条件作为信号触发植物体的细胞内发生变化,即所谓花的触发或启动(floral evocation),这时的信号触发又称花诱导(floral induction 或 flower bud induction)。二是形态分化(morphological differentiation 或 morphogenesis),从肉眼识别生长点突起肥大,花芽分化开始,至花芽的各器官出现,即花芽的发育(flower development)过程。三是性细胞形成(sex cell formation),前一年花芽分化一般分化到雌蕊和雄蕊即进入休眠,翌年春季从萌芽开始到开花前为止,经过胚囊和花药的发育,形成花粉细胞和卵细胞。此阶段若树体营养不良或环境条件恶劣,极易引起生殖细胞发育不良或退化,从而影响授粉受精和坐果。

花芽经过生理分化阶段后进入形态分化时期。植物花芽分化过程一般是在花芽原基上由外向内的顺序分化,即首先分化最外层的萼片原基,然后在其内侧分化花瓣原基,再在花瓣原基内侧分化雄蕊原基,最后在中央分化雌蕊原基(图3-20),如梅花花芽分化的顺序为萼片原基分化、花瓣原基分化、雄蕊原基分化、雌蕊原基分化;麝香、百合花芽分化的顺序为:外层花瓣原基形成、内层花瓣原基形成、雌雄蕊形成。但也有些植物的花芽分化顺序略有不同,如甘蓝(图3-21、图 3-22)、大白菜的花芽分化顺序是萼片原基分化、雄蕊原基分化、雌蕊原基分化,在雌蕊原基分化的同时或其后分化成花瓣原基。牡丹属植物多轮雄蕊的分化是由内至外进行的。

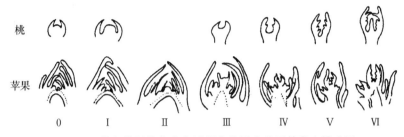

图 3-20　桃和苹果花芽分化过程中花器官的原基发生模式图

0.未分化的生长点　Ⅰ.花发端(分化初期状态)　Ⅱ.花序原基发生期　Ⅲ.花萼原基发生期
Ⅳ.花冠原基发生期　Ⅴ.雄蕊原基发生期　Ⅵ.雌蕊原基发生期

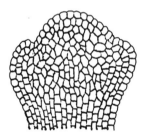

花芽分化初期,萼片开始从
边缘凸起 (实际横径0.18 mm)

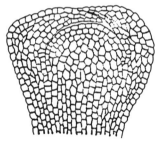

花芽进一步分化,萼片向内弯曲,
雄蕊与心皮尚未明显分化
(实际横径0.23 mm)

图 3-21　甘蓝花芽分化

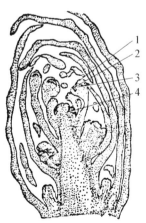

取自截薹切口的上部
(实际横径2.39 mm)

取自截薹切口的下部
(实际横径1.30 mm)

图 3-22　甘蓝的花芽与叶芽

1.萼片　2.雄蕊　3.心皮　4.中轴

(二)成花诱导

植物的叶芽向花芽转化之前对环境的反应非常敏感。适宜的环境条件能诱导开花,称为成花诱导(floral induction)作用。一般来说,成花诱导的条件主要是温度和光周期。低温对成花诱导的作用叫春化作用(vernalization)。不同园艺植物的春化作用低温值和通过低温的阶段各不相同。

1. 温度 根据成花诱导所要求的低温值的不同,园艺植物可分为3种类型。

(1)冬性植物 在通过春化阶段时要求低温,在0~10℃的温度下,能够在30~70 d的时间内完成春化阶段。二年生花卉如月见草、洋地黄、毛蕊花、罂粟(Papaver somniferum)、虞美人(Papaver rhoeas)、蜀葵(Althaea rosea)及矢车菊(Centaurea moschata)等在秋季播种后,以幼苗状态度过严寒的冬季,满足其对低温的要求而通过春化阶段,若在春季气温已暖时播种,便不能正常开花;早春开花的多年生花卉如鸢尾、芍药等,通过春化阶段也要求低温。

(2)春性植物 在通过春化阶段时,要求的低温值比冬性植物高,为5~12℃,即需要较高的温度诱导才能开花,同时完成春化作用所需要的时间亦比较短,为5~15 d。一般的,一年生花卉、秋季开花的多年生草花为春性植物。

(3)半冬性植物 在上述两种类型之间,还有许多植物种类在通过春化阶段时对于温度的要求不甚敏感,在15℃的温度下也能够完成春化作用,但最低温度不能低于3℃,其通过春化阶段的时间为15~20 d。

不同园艺植物品种间对春化作用的反应性也有明显差异,有的对春化要求性很强,有的要求不强,有的则无春化要求。

不同园艺植物通过春化阶段的方式也不相同,按春化作用进行的时期和部位不同,可分为两大类。一是种子春化类型,以萌芽种子通过春化阶段,如白菜、芥菜、萝卜、菠菜、莴苣等种子处在萌动状态(1/3~1/2种子露胚根)时,放入一定的低温下处理10~30 d即可通过春化阶段,通常白菜、芥菜类春化温度在0~8℃范围内均有效。二是绿体春化类型,以具一定生育期的植物体通过春化阶段,多数花卉种类是以植物体方式通过春化阶段的,如十字花科的紫罗兰、香雪球等,蔬菜如甘蓝、芹菜、大葱、洋葱、大蒜等只有一定大小的植株才能感应春化。

2. 光周期 光周期对成花诱导的作用叫光周期诱导(photoperiod induction)。依据园艺植物对日照长度反应的不同,可划分为长日照植物(long day plant,LDP)、短日照植物(short day plant,SDP)和中性植物(day neutral plant,DNP)3种类型。

(1)长日照植物 要求大于某一临界日长才能成花,一般要求每天有14~16 h的日照,可以促进开花,若在昼夜不间断的光照下,能起更好的促进作用。这类植物大多原产温带,自然花期在春夏季,如金盏菊、雏菊、金光菊、瓜叶菊(Senecio cruentus)、紫罗兰(Matthiola incana)、锥花福禄考(Phlox paniculata)、锥花丝石竹、大岩桐、唐菖蒲等。

(2)短日照植物 要求短于某一临界日长才能成花,通常要求每天有8~12 h的日照。如波斯菊(Cosmos bipinnatus)、秋菊、一品红、叶子花等。

(3)中性植物 不受日照长短影响而开花的植物。如凤仙花、非洲菊(Gerbera jamesonii)、香石竹、大花天竺葵(Pelargonium grandiflorum)、美人蕉、扶桑、月季、白兰等。

(三)花芽分化的类型

花芽开始分化的时间及完成分化全过程所需时间的长短,随园艺植物种类、品种、生态条件、栽培技术等的影响而变化较大,园艺植物的花芽分化可分为以下几个类型。

1.夏秋分化类型　花芽分化一年1次,在6~9月份高温季节进行,至秋末花器的主要部分已完成后进入休眠状态,第二年早春或春天开花,但其性细胞的形成必须经过低温。许多落叶果树、观赏树木、秋植球根花卉均属此类。如苹果、桃、牡丹、丁香、梅花、榆叶梅(*Prunus triloba*)、山茶、杜鹃花、垂丝海棠、郁金香、水仙等。常绿果树中的枇杷和杨梅也属于这种类型,但花芽分化似乎不经过休眠阶段,开花早,结果也早。

2.冬春分化类型　原产温暖地区的一些常绿果树、某些木本花卉以及一些二年生花卉、蔬菜,春季开花的宿根花卉多属于此类。如柑橘类从12月份至翌年3月份进行花芽分化,其特点是分化时间短并连续进行,春天开花。

3.当年一次分化、一次开花类型　一些当年夏秋开花的蔬菜和花卉,包括一些一年生花卉、春植球根花卉、夏秋开花的宿根花卉萱草、菊花、芙蓉葵等,一些木本花卉如紫薇、木槿、木芙蓉等在当年枝的新梢上或花茎顶端形成花芽,也属此类。

4.多次分化类型　一年中多次发枝,每次枝顶均能形成花芽并开花。如茉莉、月季、倒挂金钟、香石竹等。果树中的枣、四季橘和葡萄等也属此类。这些植物的主茎生长到一定高度或受到一定刺激,能多次成花,多次结实。

5.不定期分化类型　每年只分化1次花芽,但无一定时期,只要达到一定的叶面积就能成花和开花,主要视植物体自身养分的积累程度而异,如果树中的凤梨科和芭蕉科的一些植物,蔬菜中的瓜类、茄果类、豆类,花卉中的万寿菊、孔雀草、百日草等属于此类。

此外,有些果树如核桃、柿等,当年不能完成全部花器官原基的分化过程,在萼片原基形成后即停止生长,次年萌发后至开花前继续分化出花的其他原基。不论哪种花芽分化类型,就某一特定的植物而言,在某一特定的环境条件下,花芽分化时期具有相对集中性和相对稳定性,是制定相对稳定栽培管理措施的依据。

(四)花芽分化的影响因素

花芽分化首先受到园艺植物自身遗传特性的制约。不同园艺植物以及同一种类不同品种间花芽分化早晚、花芽数量及质量均有较大差别。如苹果、柿、龙眼、荔枝等花芽形成较困难,易形成大小年。而葡萄、桃等因每年均能形成足量的花芽,故大小年现象不太明显。此外,温度、光照、水分、土壤营养等环境因素对花芽分化也有重要影响。

1.光照　光照对花芽分化的影响主要是光周期的作用。各种园艺植物成花对日照长短要求不一。花芽分化除了与光照时间长短有关外,光照强度和光质对花芽分化也有影响。光照强度主要通过影响光合作用来影响花芽分化,强光下光合作用旺盛,制造的营养物质多,有利于花芽分化;而弱光下光合作用降低,营养物质的积累减少,不利于花芽分化。从光质上看,紫外光可促进花芽分化,因此高海拔地区的果树结果早,产量高。

2.温度　各种园艺植物花芽分化的最适宜温度不尽相同。许多越冬性植物和多年生木本植物,冬季低温是必需的。

3.水分　一般来说,土壤水分状况较好,植株营养旺盛时不利于花芽分化;而土壤较为干旱,营养生长停止或缓慢时,有利于花芽分化。因此,在园艺植物进入花芽分化期后,通常适当控水,以促进花芽分化。

(五)控制花芽分化及花期的措施

1.温度调节　温度对园艺植物花期的直接调控主要包括低温对花芽分化的促进(即春化作用)和温度对花芽发育进程的影响;间接的调控则表现在打破休眠,使叶芽或花芽提前萌动,从而促进开花。

(1) 加温处理　对于正在休眠越冬的园艺植物,可以起到催醒休眠、缩短休眠期的作用,也可以促进那些已完成休眠的园艺植物的花芽形成,如对于夏秋高温进行花芽分化、冬春低温时休眠、春季开花的木本落叶花卉梅花、杜鹃花、八仙花、牡丹、迎春、碧桃等,则可在其完成花芽分化后,接受低温,然后逐渐提高环境温度打破休眠,提早开花。对小苍兰等一些秋植球根花卉,可以采用提前起球,给予花芽分化所需的高温的方法打破休眠,使其提前开花。

(2) 低温处理　可以强迫植物提前休眠,使冬季休眠早春开花的种类在秋季开花,如牡丹的促成栽培。二年生花卉一般在幼苗期进行低温处理,就能促进花芽分化,如紫罗兰、报春花、瓜叶菊等。对于冬春低温下进行花芽分化、春夏开花的木本花卉,采用低温处理可提早进入花芽分化期,促进开花,如银芽柳、碧桃、贴梗海棠等。对一些春植球根花卉采用起球后预先低温冷藏的方法,可打破休眠起到春化诱导花芽的作用,再在高温下促进花芽发育,达到提早开花的目的。

2. 光照调节

(1) 光周期调节　包括长日照处理、短日照处理和光暗颠倒处理 3 种方式。

①长日照处理　为了使长日照花卉在短日照条件下,完成光照阶段而提前开花,必须用灯光来补充光照。采取长日照处理也可以使短日照条件下开花的花卉延迟开花。

②短日照处理　能促使短日照花卉提前开花和使长日照花卉延迟开花。如菊花、一品红为典型的短日照花卉,可以在夏、秋季进行短日照处理,使其提前开花。采用短日照处理可促进草莓的花芽分化,使草莓提前到元旦前后上市。

③光暗颠倒　可以改变夜间开花的习性。"昙花一现"说明昙花的花期很短,但是,更重要的是昙花的自然花期是在夏季的 21~23 时,使人们欣赏昙花受到限制。如果当昙花花蕾形成,长达 8 cm 左右的时候,白天遮光,夜晚开灯照明,就可使昙花在白天开放,且能延长开放的时间。

(2) 光强调节　有些花卉如堇菜属(Viola)中的某些品种对光周期不敏感,但光照强度对其开花可起到一定的调控作用,光照越强,开花需时越短;光照弱则发育慢开花迟。杂种天竺葵的花芽形成也与光强有关,光强越强,花芽形成需时越短。此外,研究发现强光照能显著增加楼斗菜的开花进程,其可能的机理是由强光照引起叶片温度的升高加速了发育的进程。

(3) 光质调节　有报道光质对花期有一定的影响,如蓝光可使菊花'白莲'提前花期 12 d 并提高观赏品质。

3. 化学药剂调节

植物生长调节剂对于打破园艺植物的休眠、促进茎叶生长、促进花芽分化和开花有重要意义。常用的药剂有:赤霉素(GA_3)、萘乙酸(NAA)、2,4-D、吲哚丁酸(IBA)、6-苄基腺嘌呤(6-BA)、乙烯利、矮壮素(CCC)、丁酰肼(B_9)、多效唑、脱落酸(ABA)及乙醚等。

(1) 赤霉素　许多观赏植物都可应用 GA_3 打破休眠,从而达到提早开花的目的,如芍药、桔梗、蛇鞭菊、杜鹃花、牡丹等;GA_3 可代替二年生花卉及秋植球根花卉所需低温完成春化作用,从而促进开花,如紫罗兰、郁金香、小苍兰,GA_3 还可代替 30 多种长日照及少数短日照植物的成花诱导。

(2) 生长素　吲哚丁酸、萘乙酸、2,4-D 等生长激素一方面抑制开花,处理后可延迟开花;另一方面,由于高浓度的生长素能诱导植物体内产生大量乙烯,而乙烯可诱导一些园艺植物开花,因此高浓度的生长素可促进某些植物开花,如柠檬。

(3)细胞分裂素　有类似赤霉素诱导一些长日照植物在非诱导光周期环境中开花的作用,对另一些短日照植物也有类似的作用。6-BA 是应用最广的细胞分裂素,可促进杜鹃花、连翘、樱花等木本花卉的开花,但必须在花芽开始分化后处理才有效。

(4)植物生长延缓剂　矮壮素、丁酰肼、多效唑等对园艺植物的开花作用因植物种类而异。在植物花芽诱导期间喷施一定浓度的多效唑可以增加花芽的数量。

(5)其他化学药剂　乙醚、三氯一碳烷、乙炔气、碳化钙等均有促进植物花芽分化的作用。如碳化钙注入凤梨科植物筒状叶丛内能促进花芽分化。

4.栽培调节　包括调节种植时间、整形修剪、水肥管理等。

(1)调节种植时间　在适宜的环境条件下,根据花期的需要改变种植时间,可使花期相应地提前或延迟。蔬菜中的结球甘蓝在幼苗温度过低时很容易通过春化阶段,容易产生先期抽薹现象,生产上可以适当调整播种期,来防止先期抽薹的产生。通过不同栽培措施控制营养生长,使养分合理流向,是调控花芽分化的有效手段。特别对大小年现象较为严重的果树,在大年花诱导期之前疏花疏果,能增加小年的花芽数量。

(2)整形修剪　促进花芽分化可以通过适当的修剪措施和选用矮化砧木等手段,如幼树经过修剪可以促进花芽分化;将幼树枝条嫁接到矮化砧木上可以提前结果。抑制花芽分化的措施与促进花芽分化的措施相反。摘心一般会使观赏植物的花期延迟,而抹芽则会提前。

(3)水肥管理　减少氮肥供应量、减少土壤供水可促进花芽分化。而增施磷钾肥则可促进开花。

第三节　园艺植物果实与种子的形成与发育

果树和茄果类、瓜类、豆类等蔬菜类栽培的目的是为了获得大量的优质果实,所以植株适时开始转入生殖生长阶段,是实现高产优质生产的基本前提。

一、开花与坐果

(一)园艺植物花的结构特点

园艺植物的花按组成可分完全花(complete flower)与不完全花(incomplete flower)。花柄、花托、花萼、花冠、雄蕊群、雌蕊群等几部分均俱全的花称为完全花;缺少任一部分者即为不完全花。花各器官的结构不同,功能各异。花柄(pedicel)为连接花与枝的通道,起支撑花的作用,坐果后即为果柄。花托(receptacle)是花柄顶端着生花萼、花冠、雌蕊和雄蕊的部分,草莓、苹果、梨等仁果类果树花托膨大而成果实部分。许多虫媒花的花托在花期能分泌糖液引诱昆虫传粉。花萼(calyx)由若干萼片(sepals)组成;花冠(corolla)由若干花瓣(petals)组成。花萼和花冠构成了花被(perianth)。大多数植物开花后萼片脱落,如桃、柑橘等,果实上看不到萼片痕迹;一些植物开花后萼片一直存留在果实上(下)方,称宿存萼(persistent calyx),如番茄、茄子、石榴、山楂、月季、玫瑰等。而花瓣则具有保护雌雄蕊的作用,并以绚丽的色彩和分泌特殊香味的挥发油引诱昆虫传粉。雄蕊(stamen)由花药(anther)和花丝(filament)组成,花药一般有 2~4 个花粉囊(pollen sac),开花时花药开裂,其内产生花粉(pollen)。雌蕊(pistil)由柱头(stigma)、花柱(style)和子房(ovary)3 部分组成。柱头除截获花粉、为花粉发芽提供温床外,还对花粉有亲和选择性;花柱是花粉经柱头进入子房的通道,具有诱导和刺激花粉管伸长以达到子房的作用;胚珠着生在子房内,花粉管沿子房内壁或胎座继续生长到达胚珠而进入胚囊,从而花粉管释放一个精子与卵子结合发育成胚,另一个精子与中央细胞的两个核结合发育成胚乳,子房发育成果实。

大多数园艺植物如番茄、茄子、甜椒、苹果、梨、桃、菠萝等属两性花,同时具有雄蕊和雌蕊。但因花柱长短不同,又分为长柱花、中柱花及短柱花(图 3-23)。如茄子长柱花的花柱高出花药,花大色深,为健全花,能正常授粉结果;短柱花的花柱低于花药或退化,花小,花梗细,为不健全花,一般不能正常结果。

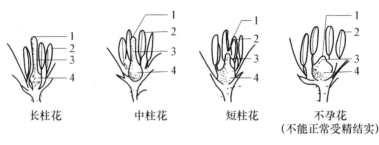

图 3-23　茄子的花型

1.柱头　2.花药　3.花柱　4.子房

一些园艺植物部分花是雄花,部分为雌花。如黄瓜、西葫芦、南瓜、核桃、石榴、板栗、榛等为雌雄同株异花(monoecious)植物。瓜类作物雌花与雄花同株,均着生于叶腋,或单生,或簇生,或呈总状花序,一般雄花发生往往先于雌花。值得注意的是,黄瓜、葫芦、西瓜和甜瓜的一些品种时有两性花出现。据寿诚学等(1957)观察,葫芦的两性花多着生在子蔓和孙蔓上,而西瓜的两性花多出现在圆瓜小籽型的品种。黄瓜、葫芦两性花结成的果实短小或呈畸形,商品价值不高。但西瓜雌型两性花的小孢子发育完全,其花粉粒大小、能育率和发芽力与单性雄花无太大区别,自然状态下可以正常结果。瓜类雌型两性花及自交结实问题在瓜类植物杂交育种中应引起充分注意。与上述园艺植物不同,杨梅、银杏、猕猴桃、阿月浑子、石刁柏等为雌雄异株(dioecious)植物。由于同种植物雌株与雄株在性状及生产性能上有差异,应区别使用。如银杏用作行道树时,宜选雄株,以防种实污染行人衣物。而在大型绿地中结合生产可多选雌株。石刁柏是典型的雌雄异株植物,种子播种后,自然状态下雌株与雄株数大体相等。但雄株嫩茎抽生早,产量高,不易早衰,生产上应优先选用雄株。目前欧美各国广泛采用花药培养及雄株茎尖组培快繁技术,培育全雄植株,产量可望提高 20%～30%,并保持较长的旺盛生长年限,取得了显著的经济效益。目前我国的育种家们已培育出石刁柏全雄新品种。

还有一些园艺植物如番木瓜、菠菜等的株性较为复杂,有雄株、雌株和两性株。雄株上的花缺少雌蕊,雌株上的花缺少雄蕊。菠菜生产上一般分 4 种株形:一是绝对雄株,花茎上仅生雄花,位于花茎先端,为圆锥花序。绝对雄株抽薹最早,供应期短,为低产株形,应及早拔除,以免授粉后引起品种退化。尖叶类型菠菜绝对雄株较多。二是营养雄株,花茎上也仅生雄花,但抽薹较绝对雄株迟,供应期较长,为高产株形,且与雌株花期相近,采种时作为授粉株加以保留。圆叶类型菠菜营养雄株较多。三是雌株,花茎上仅生雌花,簇生于叶腋中,抽薹较雄株迟,为高产株形。四是雌雄同株,即在同一株上着生雌花和雄花,抽薹晚,花期与雌株相近。雌、雄花的比例不一致,有雄花较多或雌花较多的现象,或早期生雌花,后期生少量雄花。通常两性花株上所开花的类型受温度影响发生变化,超过适宜生长温度范围以上,随温度增高,趋雄程度增加。

(二)园艺植物的开花与坐果

1. 开花 花的形成是果实形成的前提,延迟开花必然会推迟坐果。花在发育过程中若遇环境不适或栽培技术不当,可能引起落花(shedding of flowers),从而无果实的形成。园艺植物不同种类,开花习性差异很大。如木本植物的果树、观赏树木与草本花卉、蔬菜有较大区别。即使同种植物的不同品种也不尽相同。如番茄按开花习性不同分为有限生长类型品种和无限生长类型品种。前者一般主茎生长至 6~7 片真叶时开始生第 1 花序,以后每隔一两叶形成1 个花序,通常主茎上发生 2~4 层花序后花序下位的侧芽停止发育,不再抽枝,也不发生新的花序。后者主茎在 8~13 片叶时出现第 1 花序,以后每隔两三叶着生 1 花序,只要条件适宜可无限着生花序,不断开花结果。荷兰、以色列、日本等国利用番茄这一特性,采用现代化温室可全年一茬到底生产优质番茄,大大提高了生产效率,减少了育苗环节,降低了生产成本,取得了显著效果。尽管不同园艺植物开花习性千差万别,但就从花芽萌发至开花来看,又有着类似的发育历程。下边以苹果为例,通过几个互相联系又显著区别的发育阶段,阐述其生育进程(图 3-24)。

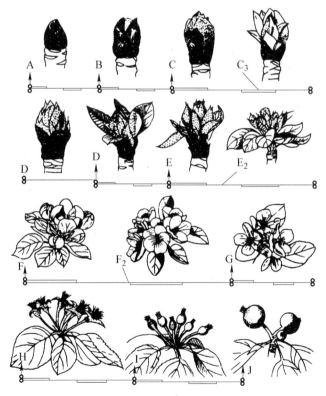

图 3-24 苹果生殖器官的发育进程(J. Fleckinger,引自 Contanceau,1962)

A.萌芽期 B.开绽期 C,C₃.花序伸出期 D.花序分离期 E,E₂.露瓣期
F,F₂.开花期 G.落瓣期 H.终花期;I,J.果实发育期

由图 3-24 看出,可以把苹果开花划分成 8 个时期。

①萌芽期(A)　芽片膨大,鳞片错裂。

②开绽期(B)　芽先端裂开,露出绿色。

③花序伸出期(C)　花序伸出鳞片,基部有卷曲状的莲座状叶。

④花序分离期(D)　花序分离,花朵显露。

⑤露瓣期(E)　花朵呈气球状,花瓣显露。

⑥开花期(F)　花朵开花。按开花数量依次又分为初花期、盛花期和盛花末期。从第 1 朵花开放到全树 25% 花序的第 1 朵花开放为初花,全树 25%～75% 花序的第 1 朵花开放为盛花期。

⑦落瓣期(G)　第 1 朵花的花瓣开始脱落至 75% 的花序有花瓣脱落。

⑧终花期(H)　75% 的花序由花瓣脱落到所有的花的花瓣脱尽。此期过后,则进入果实发育期(I 和 J)。

2.授粉与坐果　植物开花之后还有一系列的生理过程,如授粉、受精、果实生长发育等。但通常在开花前雌雄性细胞已迅速发育,且在开花时花药、胚囊才完全成熟。因此,花朵的开放与雄蕊和胚囊的成熟密切相关。当花粉发育成熟后,在适宜的条件下,花朵开放(闭花授粉的花朵不开放),花粉落在雌蕊花柱的柱头上,这就是授粉的开始。授粉(pollination)分自花授粉和异花授粉。同一品种内的授粉称自花授粉(self pollination),一个品种的花粉传到另一个品种的柱头上即不同品种间授粉则称为异花授粉(cross pollination)。授粉后能否受精结籽用授粉亲和性(pollination compatibility)描述。能受精结籽的称为亲和,否则为不亲和。自花授粉后能正常结果,并能满足生产上对产量的要求,称自花亲和(self compatibility),即能自花结实(self fruitfulness);反之则为自花不亲和(self incompatibility),又称异花亲和(cross compatibility)或异花结实(cross fruitfulness)。葡萄、桃、柑橘、番茄、茄子、甜椒等多为自花结实,苹果、梨、甜樱桃及油橄榄的大多数品种为自花不亲和,生产上需配置一定量的授粉品种,并注意选择花期相近、能相互授粉、经济性状良好的品种。

3.受精与坐果　园艺植物授粉后,花粉管沿花柱进入胚囊,释出精核并与胚囊中的卵细胞进行受精作用。换句话讲,受精(fertilization)就是雄性配子(精子)与雌配子(卵子)融合、形成合子(受精卵)的过程。一些园艺植物子房未受精而形成果实,这种现象叫单性结实(parthenocarpy)。单性结实又分天然的单性结实和刺激性单性结实两类。无须授粉和任何其他刺激、子房能自然发育成果实的为天然单性结实,如香蕉、蜜柑、菠萝、柿、无花果及黄瓜的一些品种。刺激性单性结实是指必须给以某种刺激才能产生无籽果实的。生产上常根据需要用植物生长调节剂处理。生长素可诱导一些园艺植物如番茄、茄子、甜椒、西瓜及无花果等单性结实。赤霉素也可诱导单性结实,但生长素与赤霉素在此方面有着不同的作用,如两者均能诱导番茄和无花果的单性结实,但赤霉素对苹果、桃的一些品种有效,而生长素则完全无效。

二、果实形成发育

(一)果实的类型

园艺植物的果实(fruit)是花的子房或子房与花的其他部分一起发育生成的器官。园艺植物种类很多,果实形态多样,依分类方法不同,有以下类型。

1.真果和假果 真果(true fruit)是完全由花的子房发育形成的果实,如油菜、落葵、木兰、葡萄、桃、枣、甜橙、荔枝、阿月浑子等;假果(spurious fruit)则是指由子房和其他花器一起发育形成的果实,如草莓、苹果、梨、香蕉、石榴、菠萝、核桃、板栗、黄瓜、西瓜、南瓜等。

2.单果、聚合果与复果 单果(simple fruit)是指由1朵单雌蕊花发育形成的果实,如番茄、茄子、甜椒、苹果、荔枝、桃、枣、橙、柚等。聚合果(aggregate fruit)是指由1朵花的多个离生雌蕊共同发育形成的果实,如树莓;或多个离生雌蕊和花托一起发育形成的果实,如草莓、黑莓等。复果(multiple fruit)也称为聚花果,是由1个花序的许多花及其他花器一起发育形成的果实,如菠萝、无花果等。

3.干果和水果 根据果皮是否肉质化可将果实分为干果和水果两大类。干果(dry fruit)的特点是成熟时果皮干燥,食用部分为种子,且种子外面多有坚硬的外壳,如核桃、板栗、椰子、榛等;水果又称肉质果(fleshy fruit),成熟时果肉肥厚多汁,果皮为肉质化。水果按果肉结构不同又分为5种类型。一是浆果(berry fruit):浆果是由子房或子房与其他花器一起发育成的柔软多汁的真果或假果,常见的有番茄、西瓜、甜瓜、茄子、南瓜、葡萄、猕猴桃、柿、香蕉、无花果等。二是核果(drupe fruit或stone fruit):核果是由单心皮上位子房发育形成的真果,具有肉质中果皮和木质化内果皮硬核,如樱桃、杧果、桃、李、杏、梅、枣等。三是仁果(pome fruit):仁果是由多心皮下位子房与部分花被发育形成的假果,常见的有苹果、梨、山楂、木瓜、枇杷等。四是柑果(hesperidium):柑果是由多心皮上位子房发育形成的真果,具有肥大多汁的多个瓤囊,如橙、柚、柑橘、柠檬等。五是荔枝果(litchi fruit):荔枝果是由上位子房发育形成的真果,其食用部分是肥大、肉质、多汁的假种皮,常见的有荔枝、龙眼、苕子等。

(二)果实的解剖结构

果实由外皮、果肉、种子3部分组成。果实外皮(peel或fruit skin)可分为表皮(epidermis)和亚表皮(subepidermis)。其中表皮大多只有1层厚壁细胞,而亚表皮则由几层厚壁细胞或厚角细胞组成。果肉(fruit flesh)即果实肉质部分,主要由薄壁细胞组成。种子(seed)由种皮(seed coat或testa)包裹着胚(embryo)或胚与胚乳(endosperm),分别称其为无胚乳或有胚乳种子。种子与果皮连接处为子房心皮边缘着生胚珠的部位,称为胎座。

1.干果的解剖结构 干果依果实成熟时果皮是否开裂,分为裂果(dehiscent fruit)和闭果(indehiscent fruit)。主要开裂的干果为荚果(legume)、蒴果(capsule)、长角果(silique)、短角果(silicle)及蓇葖果(follicle)等。荚果主要有菜豆、豇豆、豌豆等。百合、牵牛的果实为蒴果。油菜、白菜是长角果,荠菜、独行菜为短角果。蓇葖果则主要有牡丹、芍药、八角茴香等园艺植物。闭果则以核桃的坚果最有代表性。现以裂果中的荚果(图3-25,以菜豆为例)和闭果中的坚果(图3-26,以核桃为例)对比阐述两者的区别。

由图3-25可以看出,荚果的荚壁由外表皮、外果皮、中果皮、内果皮、内表皮组成。外表皮与外果皮联合生长不易分开。内果皮系由多层薄壁细胞所组成,为主要食用部分。中果皮随着荚的成熟、细胞壁的增厚而逐渐硬化。图3-26所示核桃雌花的总苞发育形成果实外层肉质的表皮(外果壳,husk)。子房壁形成非常坚硬的核壳(shell)。胚着生在基底胎座(basal placenta)上。发育成熟的种子有1层薄种皮,肥厚的子叶富含脂肪和蛋白质。

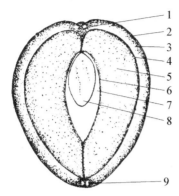

图 3-25　豆荚横切面(四川农学院,1981)

1.腹维管束　2.外表皮　3.外果皮　4.中果皮　5.内果皮
6.内表皮　7.子室腔　8.种子　9.背维管束

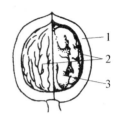

图 3-26　核桃的结构

1.总苞(无刺)　2.果皮(核壳)　3.胚

2.浆果的解剖结构　以香蕉果实(图 3-27)为例。其革质化外皮中分布有许多纵向的维管束和乳腺(laticifer),内侧有 1 层通气细胞,再接 1 层横向的维管束。果肉由子房壁和心室中隔(partition)发育形成。果肉中分布有纵向主维管束以及分支维管束。果实具中轴胎座。

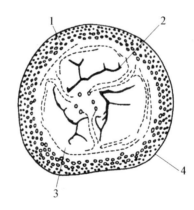

图 3-27　香蕉果实的横剖面结构(Esau,1979)

1.维管束　2.闭合心室　3.果肉　4.外皮

3.核果的解剖结构　核果主要由外皮、果肉、果核等组成。外皮为膜质化外果皮(exocarp),很薄,主要由数层厚角组织组成;果肉为肉质化中果皮(mesocarp),由多汁的薄壁组织细胞组成,肉质肥厚;坚硬的果核为木质化内果皮(endocarp),由厚壁组织组成,其间分布有维管束。核果具边缘胎座(marginal placenta),心皮边缘内侧着生胚珠。核内有种子一两枚(图3-28)。

4.仁果的解剖结构　苹果为典型的仁果,切开果实可见果心线(core line),是外果皮与花被组织间的分界线。果心线外侧果肉薄壁细胞间分布有花瓣维管束和萼片维管束,内侧果肉薄壁细胞间分布有心皮背维管束(dorsal bundle)和腹维管束(ventral bundle),革质化的内果皮后细胞组成心皮室。苹果果心有 5 个心室,为中轴胎座(axile placenta)。每个心室有种子一两枚(图 3-29)。

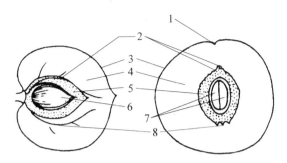

图 3-28　桃果实的纵剖面(左)和横剖面(右)结构

1.缝合线　2.腹维管束　3.外果皮　4.中果皮　5.内果皮　6.种子　7.子叶　8.背维管束

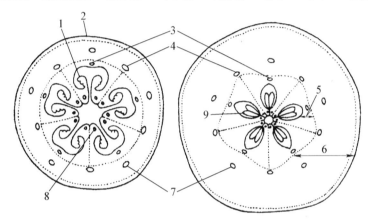

图 3-29　苹果幼果(左)和成熟果实(右)的横剖面结构

1.胚珠　2.外皮　3.心皮背维管束　4.花瓣维管束　5.果皮　6.果肉(花被)　7.萼片维管束　8.心皮腹维管束　9.种子

5.柑果的解剖结构　柑果主要由外皮和瓤囊等组成。外皮由黄皮层(flavedo)和白皮层(albedo)组成。黄皮层为外果皮,果实幼小时外皮细胞含叶绿体,果实成熟时,细胞叶绿体转变为有色体,外果皮颜色随之由绿转为橙黄或橙红色(有的品种绿色不变)。白皮层为中果皮,细胞间隙大,间有一些通气组织(aerenchyma)。瓤囊又称囊瓣,相互间由中隔(partition)分开。瓤囊内包含种子和汁泡(juicy sac),每个瓤囊内有数粒种子(图 3-30)。

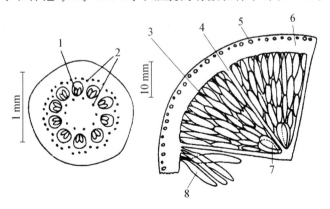

图 3-30　橙幼果(左)和成熟果实(右,局部)的横剖面结构(Esau,1979)

1.胚珠　2.维管束　3.瓤囊　4.中隔　5.油腺　6.果皮　7.种子　8.汁泡

(三)果实的生长发育

1.**果实的生长**　果实的生长发育起始于产生它的花器原基分化形成时。从子房发育膨大成为一个食用果实,可以分为细胞分裂及细胞膨大两个阶段。其中细胞分裂期比较短暂,一般在子房发育初期即开花期已基本停止了,但停止的时期因果实的部位不同而异,通常内部细胞分裂停止较早,外侧细胞分裂停止较迟。整个果实的生长过程常用累加生长曲线和生长速率曲线表示。

果实累加生长曲线(cumulative growth curve)是以果实的体积或直径、鲜重、干重等为纵坐标、时间为横坐标绘制的曲线,可分两种类型:一种是单 S 形的(single sigmoid pattern)曲线,早期生长缓慢,中期生长较快,后期生长又较慢。番茄、茄子、甜椒、草莓、苹果、核桃、香蕉、菠萝、荔枝等果实的生长进程属于此类。对茄子果实不同果形的生长进程分析发现,各果形果实生长完全遵循 S 形生长曲线(图 3-31),只是长果型品种纵径的中期生长较快,而横径的中期生长较慢;圆果型品种则横径与纵径生长速度几乎相同。另一种是双 S 形的(double sigmoid pattern)曲线,其生长过程可分 3 个阶段:一是从开花后开始进入果实迅速生长期,此期主要是果实内果皮体积迅速增大。该期过半时,果实细胞分裂活动停止。二是生长中期,果实体积增大缓慢,内果皮木质化变硬。三是果实恢复生长,再次进入果实迅速生长期,此期中果皮的细胞体积增大,果实体积迅速膨大。大部分核果类及葡萄、橄榄、阿月浑子、番荔枝、无花果等均属此类。单 S 形曲线与双 S 形曲线的主要区别在于前者只有 1 个快速生长期,后者则有 2 个生长高峰(图 3-32)。

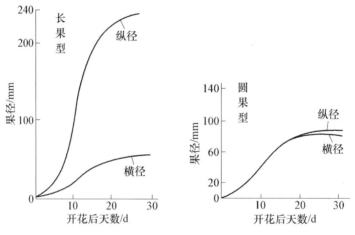

图 3-31　茄子果实不同果形的生长

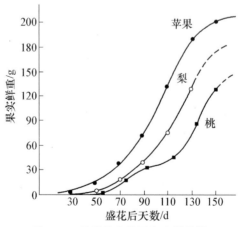

图 3-32　几种果实的累加生长曲线

果实生长速率曲线（growth rate curve）以单位时间内果实直径、质量或体积等指标的净增长来表示，可由累加生长曲线推出。计算公式为：

$$Rg=(W_2-W_1)/(t_2-t_1)$$

式中：Rg表示生长速率，W_2和W_1分别表示在时间t_2和t_1测得的果实直径、质量或体积。以桃果实生长过程为例，将累加生长曲线和生长速率曲线放在同一坐标中（图3-33），对比分析看出：桃果实直径的生长速率曲线与果实累加生长曲线类似，也表现出2个高峰。第1次高峰出现在果实内果皮体积增大阶段，第2次高峰出现在中果皮体积增大阶段。

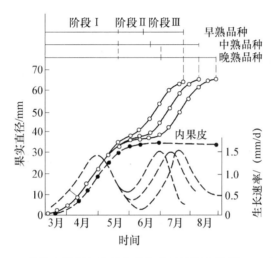

图3-33 桃果实的累加生长曲线和生长速率曲线（Ryugo，1988）

2.果实的发育与成熟 果实在生长过程中不断积累有机物，这些有机物大部分来自营养器官，也有一部分由果实本身制造。当果实长到一定大小时，果肉中贮存的有机养料要经过一系列的生理生化变化过程，逐渐进入成熟阶段。成熟（maturation）是果实生长发育中的一个重要阶段，是果实生长后期充分发育的过程。成熟的果实有以下变化：一是果实变甜，成熟后期呼吸峰出现后，原来在未成熟果实中贮存的许多淀粉转变为还原糖、蔗糖等可溶性糖，使果实变甜。二是酸味减少，未成熟果实中含有许多有机酸，如柑橘中有柠檬酸，苹果中有苹果酸，葡萄中有酒石酸，因而有酸味。在成熟过程中，有机酸会转变为糖，或被K^+、Ca^{2+}等中和，也有一些因呼吸作用氧化成CO_2及H_2O，造成成熟果实酸味下降。三是涩味消失，未成熟的柿子、李子等果实因含有单宁而有涩味。当果实成熟时，单宁被过氧化物酶氧化成无涩味的过氧化物或单宁凝结成不溶于水的胶状物质，因此涩味消失。四是香味产生，果实成熟时产生一些具有香味的物质，这些物质主要是酯类和一些特殊的醛类。如橘子中的香味是柠檬醛；香蕉的特殊香味是乙酸戊酯。五是由硬变软，果实成熟过程中果肉细胞中层的果胶质变为可溶性的果胶，使果肉细胞相互分离，所以果肉变软。六是果皮色泽变艳，苹果、柑橘、香蕉等果实成熟过程中，果皮中叶绿素酶含量逐渐增多，叶绿素逐渐被破坏丧失绿色，而由于叶绿体中原有的类胡萝卜素呈现黄色或者由于形成花色苷而呈现红色。这就是成熟果实果皮多呈黄、红或橙色的原因。

不同园艺植物果实成熟的特征与表现不同，采收标准也不一。但采收的依据均以果实成熟度（maturity）为基准，其又分生理成熟度（physiological maturity）和园艺成熟度（horticultural maturity）。生理成熟的果实脱离母株仍可继续进行并完成其个体发育。园艺成熟度则是将果实作为商品,达到其不同用途而划分的标准,主要可分为3种:一为可采成熟度:果实已完成生理成熟过程,但其应有的外观品质和风味品质尚未充分表现出来。需贮运及加工的果实应在此范围内采收。二为食用成熟度:果实达到完熟,充分表现出其应有的色香味品质和营养品质,此时采收的果实品质最佳。三为衰老成熟度:果实已过了完熟期,呈衰老趋势,果肉质地松绵,风味淡薄,不宜食用,但核桃、板栗等坚果类这一时期种子充分发育,粒大饱满,品质最佳。

三、果实品质形成及影响因素

(一)果实的色泽发育

决定果实色泽发育的色素主要有叶绿素、类胡萝卜素、花青素以及黄酮素。

1.叶绿素 含于叶绿体内,与胡萝卜素共存(3.5∶1)。叶绿素的形成需有光和必要的矿质元素,并受某些激素的影响,生长素、赤霉素、细胞分裂素可使果蒂和果皮保持绿色,乙烯和脱落酸与赤霉素相拮抗,可使果实褪绿上色。

2.类胡萝卜素 存在于质体内,常与叶绿素并存,但非绿色部分也能存在。包括胡萝卜素和番茄红素。随着果实的成熟,叶绿素消失,类胡萝卜素增加,果实显现出黄色或红色。类胡萝卜素的形成,受各种外界条件的影响,温度过高抑制其形成,如番茄红素形成适温 $19\sim24℃$,$30℃$ 以上不易形成。一般果实成熟过程中受光少,类胡萝卜素含量也少,但有的果实上色期遮光反而上色好。

3.花青素 水溶性色素,存在于细胞液或细胞质中,pH 低时显红色,中性时淡紫色,碱性时蓝色,与金属离子结合呈现各种颜色,使果实和花表现红、蓝、紫等各种颜色。一般随着果实发育,绿色减退,花青素增多。花青素的形成与多种因素有关,花青素的形成需有可溶性碳水化合物的积累;光照与碳水化合物形成有关,可间接刺激花青素形成,其中紫外线对上色有利;矿质营养中氮多减少红色,缺钾和铁果实上色不良;一般干燥利于上色,但干旱地灌水后上色鲜艳;昼夜温差大,夜温低,有利于糖分积累,红色品种上色好;某些植物生长调节剂可通过直接或间接的作用促进果实上色。

(二)果实的质地

1.决定果实硬度的内因 细胞间的结合力、细胞构成物质的机械强度和细胞膨压是决定果实硬度的内因。细胞间结合力受果胶影响,随着果实成熟,可溶性果胶增多,原果胶比例下降,细胞间失去结合力,果肉变软。细胞壁的构成物中以纤维素含量与硬度关系最为密切,一般采收时硬的品种比软的品种纤维素含量明显高,细胞壁成分中的果胶质(主要为原果胶)具保持纤维素的作用,它的变化与果实质地也有很大关系。细胞壁中的木质素和其他多糖类物质与细胞的机械强度有关。

2.影响果实硬度的外因 叶片含氮量与果实硬度呈负相关,含氮量高,果实硬度低,钾肥也有类似效应。水分高、果个大,果肉细胞体积大,果肉硬度低;旱地果实比灌溉地果实硬度大。采收后和采后温度对果实硬度有很大影响,果肉变软的速度在 $21℃$ 时比 $10℃$ 时要快2倍。使用激素也影响果实硬度,一般催熟激素使果肉较早变软。

(三)果实的风味

果实的风味包括甜味和香气等因素。

1.果实的甜味 果实中所含的糖主要有葡萄糖、果糖、蔗糖。果糖最甜,蔗糖次之,葡萄糖更次,但葡萄糖风味好。不同树种品种的果实中糖的种类和比例不同,因此果实风味千差万别。果实中糖和淀粉的形成有一定的联系,以苹果和梨为例,幼果中淀粉少或无,中期含量上升,以后随果实成熟,淀粉水解,含糖量增加,淀粉全部消失或残留一部分。淀粉的积累自果皮下开始向果心进行,近成熟时由内向外消失。

2.果实的酸味　果实内二羧酸和三羧酸含量最多,大多为呼吸产物,也可由蛋白质和氨基酸分解而来。不同树种品种间含酸种类和含量变化很大,一般果实在发育过程中酸的变化趋势是幼果开始生长时低,随果实生长,有机酸含量增加,至成熟时酸减少。

3.果实糖酸比及影响因子　随着果实逐渐成熟,酸含量下降。淀粉水解为糖及叶内糖分向果实内移动积累,糖含量增加,糖酸比提高,影响果实糖酸比有以下几个因子。

(1)温度　气温高,糖含量不高,但糖酸比较大,气温低,糖酸比低。因酸的吸收分解需要一定的温度,达不到一定的温度有机酸难以分解,因此果实味酸。

(2)光照　光照好,糖分积累多,成熟期阴雨绵绵则糖含量下降。

(3)叶果比　叶果比大,枝叶停止生长早的含糖量多,同时叶果比大,也可使果实含酸量高,但果实内含酸量并不完全与叶果比成比例增长。

(4)矿质营养　氮素过多,枝叶徒长,新梢停止生长晚,糖积累少,酸含量多。氮水平高时,钾与氮等量或倍量可提高糖含量。磷适量糖多酸少,缺磷果实中酸多。

4.果实的香气　果实的香气多为微量挥发成分。构成香气的因子很复杂,一种果实可判别的香气成分已知可达 100~200 种,随着果实的成熟,经过酶或非酶的作用,各成分急速变化,产生特有的香味。成分不同差异极大,同一成分浓度不同香味也不一样,且各成分之间又相互作用,另外香味也受酸、糖等有味物质的影响。

5.果实的苦味　果实中因含一些特殊物质而表现出苦味,苦味过重则不堪食用。苦味程度因产地、砧木、成熟程度不同而异,如用不同砧木,可改变苦味的浓度。

6.果实的涩味　主要是单宁类物质,随着果实的成熟,单宁含量下降。

7.石细胞　石细胞含量多影响口感,如梨的石细胞是一种戊糖,分解后形成木糖和阿拉伯糖。

四、园艺植物种子形成与发育

(一)种子的类别

园艺植物生产所采用的种子含义比较广,泛指所有的播种材料。总括起来有 4 类:第 1 类是真正的种子,仅由胚珠形成,如豆类、茄果类、西瓜、甜瓜等。第 2 类种子属于果实,由胚珠和子房构成,如菊科、伞形科、藜科等园艺植物。果实的类型有瘦果,如菊花、莴苣;坚果,如菱果;双悬果,如胡萝卜、芹菜、芫荽;聚合果,如根甜菜、叶甜菜等及果树中的核桃。第 3 类种子属于营养器官,有鳞茎(郁金香、风信子、百合、洋葱、大蒜等)、球茎(唐菖蒲、慈姑、芋头等)、根状茎(美人蕉、香蒲、紫菀、韭菜、生姜、莲藕等)、块茎(马铃薯、山药、菊芋、仙客来等)。第 4 类为真菌的菌丝组织,如蘑菇、草菇、木耳等。《中华人民共和国种子法》中,"种子"还包括嫁接繁殖植物的接穗、扦插繁殖植物的插条等,世界许多国家亦如此。本节所述"种子"主要是植物学上的"种子",即上述 4 类。

(二)种子的形态与结构

种子的形态是鉴别园艺植物种类,判断种子品质及老、嫩、新、陈的重要依据。种子的形态特征包括种子的外形、大小、色泽及表面的光洁度、沟、棱、毛刺、网纹、蜡质、突起物等。园艺植物种子外形、大小差异很大,有粒径在 50 mm 以上的大粒种子,如西瓜、南瓜、牵牛、牡丹等;也有粒径在 0.9 mm 以下的微粒种子,如四季秋海棠、金鱼草、苋菜等。种子大小与播种质量、苗期管理等密切相关,而种皮厚度及坚韧度与萌发条件有关。为促进种子萌发可采用浸种催芽、刻伤种皮等处理方法。此外,种子表面毛、翅、沟、刺等附属物有助于种实传递。成熟的种子色泽较深,具蜡质;幼嫩的种子则色泽浅,皱瘪。新种子色泽鲜艳光洁,具香味;陈种子则色泽灰暗,具霉味。这些可作为判断种子质量的重要标准。

园艺植物种子的结构包括种皮和胚,一些种子还含有胚乳。种皮将种子内部组织与外界隔离开来,起保护作用。依种子类别不同,种皮的结构亦不相同。真种子的种皮是由珠被形成,属于果实的种子,所谓种皮主要是由子房所形成的果皮,而真正的种皮有的成为薄膜,如芹菜、菠菜种子,有的因挤压破碎,黏附于果皮的内壁而混为一体,如莴苣种子。种皮的细胞组成和结构,是鉴别园艺植物种与变种的重要特征之一。胚是幼苗的雏体,处在种子中心,由子叶、上胚轴、下胚轴、幼根和夹于子叶间的初生叶或者它的原基所组成。除种皮和胚外,按有无胚乳划分,园艺植物种子又分有胚乳种子和无胚乳种子两种。图 3-34 为两类种子的断面结构图。由图可看出,有胚乳种子的胚常埋藏在胚乳之中,种子在发芽过程中,幼胚依靠子叶和胚乳提供所需营养物质进行生长。常见有胚乳园艺植物种子有番茄、芹菜、菠菜、韭菜、葱等。

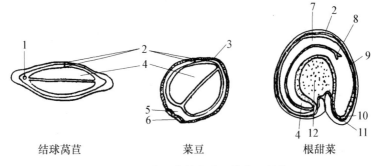

结球莴苣   菜豆   根甜菜

图 3-34 几种园艺植物种子的断面结构

1.维管束 2.种皮 3.栅栏组织层 4.子叶 5.管胞层 6.脐 7.胚 8.上胚轴分生组织
9.角质层 10.下胚轴 11.胚乳 12.外胚乳

(三)种子的形成与发育

从卵细胞完成授粉、受精作用之后所形成的结合子,一般要经过短暂的休眠期,然后便进入受精卵细胞的分裂分化阶段。在此过程中,合子在其形态和生理上均要发生一系列的极为复杂的变化,最后才发育成种子。因此,种子是植物有性生殖的产物,它既是前一代植物有机体发育的最后阶段,又是新一代植物个体生长发育的开始。种子作为积蓄亲本遗传物质的器官,其形成和发育是一个非常复杂的生命形成过程,受各种内外因素的影响和制约。首先由于雌、雄生殖器官发育不完善或自交不亲和,常常造成授粉不受精或受精不结实现象的发生;其次,由于父母本双方亲缘关系太远而造成杂交不亲和性或杂种不稔性。此外,环境条件如高低温障碍、阴雨连绵或干燥、病虫危害等均能不同程度地影响种子的形成和发育,生产上应通过环境调控、栽培管理措施创造适宜种子形成和发育的综合条件,从而达到预定的目的。

第四节　园艺植物器官生长的相关性

生长相关性(growth interaction)是指同一植株个体中的一部分或一个器官与另一部分或另一器官的相互关系。植物的生长发育具有整体性和连贯性。其整体性主要表现在生长发育过程中各器官的生长密切相关、相互影响;其连贯性则表现为在整个生育过程中,前一生长期为后一生长期打基础,后一生长期则是前一生长期的继续和发展。园艺植物器官生长相互关系主要包括地上部与地下部的生长相关,营养生长与生殖生长的相关,以及同化器官与贮藏器官的生长相关。

一、营养生长与生殖生长的相关性

营养器官的生长是生殖器官生长的基础,其为生殖器官的生长发育提供必要的碳水化合物、矿质营养和水分等,在此前提下生殖器官才能正常生长发育。这是两者相互协调、互为连贯的一面。另一方面,营养生长与生殖生长又存在着互相制约、互相影响的问题。如营养生长差,没有一定的同化面积,果实生长也不会好。而营养生长过旺,不易坐果或延迟坐果,同样难以高产。特别是坐果后,由于果实与种子对养分强有力的竞争,使营养需求中心由原来的以茎叶生长为主转向以果实和种子的发育为中心,从而制约了营养生长。因此,植物的营养生长与生殖生长始终存在着既相关又竞争的关系。

(一)营养生长对生殖生长的影响

没有生长就没有发育,这是生长发育的基本规律。在不徒长的前提下,营养生长旺盛,叶面积大,光合产物多,果实才能高产;反之,若营养生长不良,叶面积小,花器发育不完全,果实发育迟缓,果实小,产量低。叶片在营养器官中作为主要同化器官,对生殖生长具有重要影响。因此,叶片生长快慢、叶面积大小及功能叶发育好坏是衡量植株营养生长状况的重要指标。在一定范围内,叶面积与产量的关系是正的相关关系,即叶面积的扩大会刺激果实的增加。但由于叶片在植株的叶层或称冠层中相互遮蔽,随着叶面积的增加,单位叶面积的平均光合生产率反而下降,甚至无补于干物质的积累。因此,一般果菜类或果树的叶面积指数以 4～6 较宜。值得注意的是,营养生长对生殖生长的影响,因植物种类或品种不同而有较大差异。如同为番茄,有限生长类型营养生长对生殖生长制约作用较小,而无限生长类型则制约作用较大。生产上无限生长型番茄坐果前肥水过多,常引起徒长,导致坐果率降低,即是例证。

(二)生殖生长对营养生长的影响

生殖生长对营养生长的影响表现在两个方面:其一,由于植株开花结果,同化作用的产物和无机营养同时要输入营养体和生殖器官,从而生长受到一定程度的抑制。因此,过早进入生殖生长,就会抑制营养生长;受抑制的营养生长,反过来又制约生殖生长。如白菜类、甘蓝类、根菜类、葱蒜类等二年生植物,栽培前期应促进营养生长,以免过早进入生殖生长,致使其与根、茎、叶等营养器官竞争养分,影响叶球、肉质根、鳞茎等产品器官的形成。生产上系统地摘除花蕾、花、幼果,可促进植株营养生长,对平衡营养生长与生殖生长关系具有重要作用。其二,由于蕾、花及幼果等生殖器官处于不同的发育阶段,对营养生长的反应也不同。生殖生长在受精过程中不仅对子房的膨大有促进作用,而且对植株的营养生长也有一定的刺激作用。如黄瓜去掉的是人工无籽果实,因为其没有经过受精,所以和去花的效果相同。

园艺植物营养生长与生殖生长这两种既相适应又相矛盾的过程,主要是由于养分运转分配所致。因此,调整某些园艺植物植株的有关器官以控制其营养生长、生殖生长并协调其相互关系,是获得高产优质产品的关键。

二、地上部与地下部的生长相关性

植株主要由地上、地下两大部分组成,因此维持植株地上部与地下部的生长平衡是园艺植物优质丰产的关键。而植株地上、地下相互依赖关系主要表现在两方面。其一是物质相互交流。一方面根系吸收水分、矿质元素等经根系运至地上供给叶、茎、新梢等新生器官的建造和蒸腾;另一方面根系生长和吸收活动又有赖于地上部叶片光合作用形成同化物质及通过茎从上往下的传导。温度、光照、水分、营养及植株调整等均影响根、茎、叶的生长,从而导致地上部与地下部的比例不断变动。其二是激素物质起着重要的调节作用。正在生长的茎尖合成生长素,运到地下部根中,促进根系生长。而根尖合成细胞分裂素运到地上部,促进芽的分化和茎的生长,并防止早衰。激素类物质一般通过影响营养物质分配,以保证生长中心的物质供应和顶端优势的形成。

每一棵果树或每一株鲜花、每一株蔬菜本身都是一个整体,植株上任何器官的消长,都会影响到其他器官的消长。因此,摘除1片叶子或剪掉1个枝条,对整个植株的关系,并不是单纯地少了1片叶子或1个枝条,同时也影响到未摘除的叶、枝条及其他器官的生长发育。果树的修剪调节及蔬菜、花卉的整枝、摘心、打杈、摘叶、吊蔓等植株调整工作由于能有效调整各器官的比例,提高单位叶面积的光合效率,促进生育平衡,因此在园艺植物优质、高效生产中发挥着重要作用。

三、同化器官与贮藏器官的生长相关性

以叶片为主的同化器官与贮藏器官也存在密切的相关性。许多贮藏器官为变态根、茎、叶,已失去了原有的生理功能而变为贮藏营养物质的器官。一些以叶球、块茎、块根、球茎、肉质根、鳞茎等为产品器官的蔬菜、花卉等,其产品器官同时又是贮藏器官,与其吸收养分的正常根及同化器官密切相关。如大白菜的叶球及以萝卜为代表的根菜类肉质根的形成必须有生长健壮的莲座叶形成为前提,这些肉质根、叶球的质量,往往与同化器官的质量成正比。因此,叶面积较大,叶片生长良好,同化作用旺盛,碳水化合物合成多,运输到贮藏器官的营养也就多,从而促进贮藏器官的形成和生长发育。反之,则相反。另一方面,贮藏器官的生长,改变了原来的"源—库"关系,在一定程度上能提高同化器官的功能,增强光合作用,提高同化产物合成和转运能力,进一步促进贮藏器官的形成。随着同化器官的机能减弱,光合产物逐渐减少,但贮藏器官的营养需求却不断增加,势必加速同化器官衰老,贮藏器官生长则逐渐减慢,直至生长结束。生产上可采取相应措施,调节同化器官与贮藏器官的协调平衡生长,使其朝着人们预期的目标发展,以达到提高产量、改善品质的目的。

第五节　园艺植物的生长发育周期

植物的生长发育并非以一个稳定的速率进行,而是随着季节和昼夜的变化而发生着节奏性和周期性的变化,并表现出一定的间歇性,这就是生长发育的周期性。植物生长发育的全过程称为生命周期(life cycle)。根据生命周期的长短,可将植物分为一年生、二年生和多年生3 类。其中,多年生植物的生命周期又包括许多个年生长周期(annual growth cycle),它是指一年内随着气候变化,植物表现出有一定规律性的生命活动过程。

一、园艺植物生命周期

(一)一年生园艺植物的生命周期

一年生园艺植物,在播种的当年形成产品并开花结实完成生育周期。如茄果类、瓜类、豆类,绿叶蔬菜中的苋菜、蕹菜、落葵、番杏,以及许多一年生花卉植物鸡冠花、凤仙花、一串红、万寿菊、百日草等。其生长发育分为以下 4 个阶段。

1. 种子发芽期　从种子萌动至子叶充分展开、真叶露心为种子发芽期。栽培上应选择发芽能力强而饱满的种子,保证最合适的发芽条件。

2. 幼苗期　种子发芽以后,即进入幼苗期。园艺植物幼苗生长的好坏,对以后的生长及发育有很大影响。如茄果类、豆类苗期已分化花芽,瓜类则主要节位性型基本确定。因此,应尽量创造适宜的环境条件,培育适龄壮苗。

3. 营养生长旺盛期　此期根、茎、叶等器官加速生长,为以后开花结实奠定营养基础。不同种类及同一种类的不同品种营养生长期长短有较大差异。生产上要保持健壮而旺盛的营养生长,有针对性地防止植株徒长或营养不良,抑制植株生长现象,以及时进入下一时期。

4. 开花结果期　从植株显蕾、开花到生长结果。这一时期根、茎、叶等营养器官继续迅速生长,同时不断开花结果。因此,存在着营养生长和生殖生长的矛盾。特别像瓜类、茄果类、豆类植物,多次结果、多次采收,更要精细管理,以保证营养生长与生殖生长协调平衡发展。

(二)二年生园艺植物的生命周期

二年生园艺植物一般播种当年为营养生长,越冬后翌年春夏季抽薹、开花、结实。这类园艺植物以蔬菜居多,也包括部分草本花卉,如白菜类、甘蓝类、根菜类、葱蒜类、菠菜、芹菜、莴苣及大花三色堇、桂竹香等。二年生园艺植物多耐寒或半耐寒,营养生长过渡到生殖生长需要一段低温过程,通过春化阶段和较长的日照完成光照阶段而抽薹开花。因此,其生命过程可分为明显的两个阶段。

1. 营养生长阶段　营养生长前期经过发芽期、幼苗期及叶簇生长期,不断分化叶片,增加叶数,扩大叶面积,为产品器官形成和生长奠定基础。进入产品器官形成期,一方面,根、茎、叶继续生长;另一方面,同化产物迅速向贮藏器官转移,使之膨大充实,形成叶球(白菜类与甘蓝类)、肉质根(萝卜、胡萝卜等)、鳞茎(葱蒜类)等产品器官。

二年生园艺植物产品器官采收后,一些种类存在程度不同的生理休眠,如马铃薯的块茎、洋葱的鳞茎等。但大部分种类无生理休眠期,只是由于环境条件不宜,处于被动休眠状态。

2.生殖生长阶段 花芽分化是植物由营养生长过渡到生殖生长的形态标志。对于二年生园艺植物来讲,通过了一定的发育阶段以后,在生长点引起花芽分化,然后现蕾、开花、结实。需要说明的是,由于二年生园艺植物的抽薹一般要求高温长日条件。因此,一些植物如白菜虽在深秋已开始花芽分化,但不会马上抽薹,而须等到翌年春季高温长日来临时才能抽薹开花。

(三)多年生园艺植物的生命周期

多年生园艺植物按植物种类不同可分为多年生木本植物和多年生草本植物;按繁殖方式不同可分为有性繁殖类型和无性繁殖类型。

1.多年生木本植物 有性繁殖的多年生木本植物是指由胚珠受精产生的种子萌发而长成的个体,其生命周期一般分为3个阶段。第1阶段为童期(juvenile phase),指从种子播种后萌发开始,到实生苗(seedling)具有分化花芽潜力和开花结实能力为止所经历的时期。处于童期的果树,主要是营养生长,其间无论采取何种措施都不能使其开花结果,它是有性繁殖木本植物个体发育中必须经过的一个阶段。童期长短因树种而异,桃、杏、枣、葡萄等童期较短,为3~4年;山核桃、荔枝、银杏等实生树开花则需9~10年或更长时间。第2阶段为成年期(adult phase),指从植株具有稳定持续开花结果能力时起,到开始出现衰老特征时结束,依结果状况又分为结果初期、结果盛期和结果后期。成年期应加强肥水管理,合理修剪,适当疏花疏果,最大限度地延长盛果年限,延缓树体衰老,争取丰产优质。第3阶段为衰老期(senescence phase),指从树势明显衰退开始到树体最终死亡为止。实际生产中树体寿命并不采用自然寿命,而是根据其经济效益状况,提前或延后经济寿命。

无性繁殖的木本植物由于是利用母体上已具备开花结果能力的营养器官再生培养而成,因此,不需度过较长的童期。但为保证高产、稳产,延长树体寿命,必须经过一段时间的旺盛营养生长期,以积累足够的养分,促进开花结果。严格地讲,多年生无性繁殖木本植物的营养生长期(vegetative growth phase)一般是指从无性繁殖苗木定植后到开花结果前的一段生长时间,其时间长短因树种或品种而异。番木瓜栽后10个月开花,树莓和醋栗一年后开花,枣、桃、杏和板栗等需要2~3年,苹果、梨等3~5年,荔枝3~4年,椰子则要6~8年。营养生长期结束后,陆续进入结果期、衰老期,后两个阶段与有性繁殖木本植物基本类同,不再赘述。

2.多年生草本植物 多年生草本植物是指一次播种或栽植以后可以采收多年,不需每年繁殖。如草莓、香蕉、韭菜、黄花菜、石刁柏、菊花、芍药和草坪植物等,播种或栽植后一般当年即可开花、结果或形成产品,当冬季来临时,地上部枯死,完成一个生命周期。这一点与一年生植物相似,但由于其地下部能以休眠形式越冬,次年春暖时重新发芽生长,进行下一个周期的生命活动,这样不断重复,年复一年,类似多年生木本植物。

园艺植物的生命周期并非一成不变,随着环境条件、栽培技术等改变,会有较大变化。如结球白菜和萝卜等,秋播时是典型的二年生植物,早春播种时,受低温影响,营养器官未充分膨大即抽薹开花,成为一年生植物;又如二年生植物甘蓝在温室条件下未经低温春化,可始终停留在营养生长状态,成为多年生植物。此外,金鱼草、瓜叶菊、一串红、石竹等花卉原本为多年生植物,而在北方地区常作一、二年生植物栽培。

二、园艺植物年周期

年生长周期是指每年随着气候变化,植物的生长发育表现出与外界环境因子相适应的形态和生理变化,并呈现出一定的规律性。在年生长周期中,这种与季节性气候变化相适应的植物器官的形态变化时期称为物候期(phenological period)。不同园艺植物种类、不同品种物候期有明显的差异。环境条件、栽培技术也会改变或影响物候期。生产上常以此来调节控制植物生长发育向着人们期望的方向发展。

年生长周期变化在落叶果树和落叶观赏树木中有明显的生长期和休眠期之分;常绿树木在年生长周期中无明显的休眠期。一年生植物仅有生长期。二年生植物中部分有明显的休眠期,有些则没有。现以多年生木本植物为例,阐述园艺植物年生长周期特点。

(一)生长期

生长期(growth period)是指植物各部分器官表现出显著形态特征和生理功能的时期。落叶树木自春季萌芽开始,至秋季落叶为止,主要包括萌芽、营养生长、开花坐果、果实发育和成熟、花芽分化和落叶等物候期。而常绿树木由于开花、营养生长、花芽分化及果实发育可同时进行,老叶的脱落又多发生在新叶展开之后,一年内可多次萌发新梢。有些树木可多次花芽分化,多次开花结果,其物候期更为错综复杂。尽管如此,同一植物年生长周期顺序是基本不变的,各物候期出现的早晚则受气候条件影响而变化,尤以温度影响最大。

(二)休眠期

休眠期(dormant period)是指植物的芽、种子或其他器官生命活动微弱、生长发育表现停滞的时期。植物的休眠器官主要是种子和芽。如苹果、桃、板栗、牡丹等种子须低温层积处理,减少种皮及胚乳中抑制发芽物质后才能发芽。而芽的休眠则包括落叶树木越冬时的休眠、大蒜和马铃薯等的鳞茎、块茎休眠。

1.落叶果树的休眠　果树休眠是适应不良的生态环境,如低温、高温、干旱时所表现的一种特性。落叶果树休眠主要是对冬季低温的适应。落叶果树的休眠期通常指秋季落叶后至来年春季萌芽前的一段时期。冬季休眠期中树体内仍进行着一系列的生理活动,如呼吸、蒸腾、根的吸收、合成,芽的进一步分化,营养物质的运转和转化等,但比生长期微弱得多。根据休眠期果树的生态表现和生理活动特点,可分为自然休眠和被迫休眠两个阶段。自然休眠指在环境的诱导下果树进入休眠,此时给予适宜生长的环境条件,仍不能萌芽生长,必须有一定的低温条件才能通过休眠。这是果树长期以来对自然环境适应的结果。被迫休眠指果树通过自然休眠后,完成了生长所需的准备,但因外界生态条件不适宜其萌芽生长而呈休眠状态。休眠期长短因树种、品种、原产地环境及当地自然气候条件等而异。一般原产寒带的植物,休眠期长,要求温度也较低。当地气候条件中尤以温度高低影响最大,直接左右休眠期的长短。通常温度越低,休眠时间越短;温度越高,休眠时间越长。落叶树木所需要的低温一般为 $0.6 \sim 4.4 \, ℃$ 。

2.块茎、鳞茎的休眠　马铃薯的休眠实际上始于块茎开始膨大的时刻,但休眠期的计算则是从收获到幼芽萌发的天数,其为自然休眠,在 $25 \, ℃$ 左右温度下,可休眠 $1 \sim 3$ 个月。自然休眠结束后,至播种前,尚需在 $0 \sim 4 \, ℃$ 继续被迫休眠。洋葱、大蒜等的休眠与马铃薯类似。

3.常绿果树、观赏林木等的休眠　常绿木本植物一般无明显的自然休眠,但外界环境变化时也可导致其短暂的休眠,如低温、高温、干旱等使树体进入被迫休眠状态。一旦不良环境解除,即可迅速恢复生长。

三、园艺植物昼夜生长周期

所有活跃生长着的植物器官在生长速率上都具有生长的昼夜周期性(daily periodicity)。影响植物昼夜生长的因子主要有温度、植物体内水分状况和光照。其中,植物生长速率和湿度关系最密切。在水分供应正常的前提下,园艺植物地上部在温暖白天的生长较黑夜快,一天内生长速率有两个高峰,通常一个在午前,另一个在傍晚。与此相反,根系由于夜间地上部营养物质向地下运送较多,及夜间土壤水分和湿度变化较小,利于根系的吸收、合成,因此生长量与发根量都多于白天。果实生长昼夜变化主要遵循昼缩夜胀的变化规律,其中光合产物在果实内的积累主要是前半夜,后半夜果实的增大主要是吸水。

第六节　生态环境条件对园艺植物生长发育的影响

一、温度

(一)园艺植物对温度的要求

温度是园艺植物生长发育最重要的环境条件之一。各种园艺植物对温度都有一定的要求,即最低温度、最适温度及最高温度,称为3基点温度。按对温度需求不同,园艺植物可分为以下5类。

1.耐寒的多年生宿根园艺植物　有木本与草本之分。落叶果树冬季地上部枯黄脱落,进入休眠期,此时地下部可耐 $-12\sim-10$℃的低温。而大多数常绿果树、常绿观赏树木能忍耐 $-7\sim-5$℃低温。金针菜、石刁柏、茭白、蜀葵、槭葵、玉簪、金光菊及一枝黄花等宿根草本园艺植物,当冬季严寒到来时,地上部全部干枯,到翌年春季又复萌发新芽,其地下宿根能耐0℃以下甚至 $-10\sim-5$℃的低温。

2.耐寒园艺植物　金鱼草、蛇目菊、三色堇、菠菜、大葱、大蒜等园艺植物,能耐 $-2\sim-1$℃的低温,短期内可以忍耐 $-10\sim-5$℃。在我国除高寒地区以外的地带可以露地越冬。

3.半耐寒园艺植物　金盏花、紫罗兰、桂竹香、萝卜、胡萝卜、芹菜、莴苣、豌豆、蚕豆、甘蓝类、白菜类等,不能忍耐长期 $-2\sim-1$℃的低温,在北方冬季需采用防寒保温措施才可安全越冬。

4.喜温园艺植物　生育最适温度为 $20\sim30$℃。超过40℃,生长几乎停止;低于10℃,生长不良。如热带睡莲、筒凤梨、变叶木、黄瓜、番茄、茄子、甜椒、菜豆等均属此类。

5.耐热园艺植物　如西瓜、甜瓜、丝瓜、南瓜、豇豆等,在40℃的高温下仍能正常生长。

(二)园艺植物适宜的温周期

温度并不是一成不变的,而是呈周期性的变化,称为温周期。有季节的变化及昼夜的变化。一天中白昼温度较高,光合作用旺盛,同化物积累较多;夜间温度较低,减少呼吸消耗。因而这种昼高夜低的变温对植物生长有利。但不同植物适宜的昼夜温差范围不同。通常热带植物昼夜温差应在 $3\sim6$℃,温带植物 $5\sim7$℃,而沙漠植物则要相差10℃以上。

此外,果实生长后期昼夜温差是影响果实品质的一个重要因素。如新疆、甘肃等地由于昼夜温差较大,西瓜、甜瓜含糖量高,品质优良,是我国著名的西瓜、甜瓜生产基地。而"砀山酥梨"在黄河故道地区可溶性固形物仅 10%～12%,在陕北黄土高原则高达 15%。

(三)高温及低温障碍

当园艺植物所处的环境温度超过其正常生长发育所需温度上限时,蒸腾作用加强,水分平衡失调,发生萎蔫(wilt)或永久萎蔫(permanent wilt),同时,植物光合作用下降而呼吸作用增强,同化物积累减少。气温过高常导致冬瓜、南瓜、西瓜、番茄、甜椒等果实发生"日伤"现象,也会使苹果、番茄等果实着色不良,果肉松绵,成熟提前,贮藏性能降低。土壤高温首先影响根系生长,进而影响整株的正常生长发育。一般土壤高温造成根系木栓化速度加快,根系有效吸收面积大幅度降低,根系正常代谢活动减缓,甚至停止。此外,由于高温妨碍了花粉的发芽与花粉管的伸长,常导致落花落果。

与高温障碍不同,低温对园艺植物的影响有低温冷害与低温冻害之分。冷害是指植物在 0℃ 以上的低温下受到伤害。起源于热带的喜温植物,如黄瓜、番茄、香石竹、天竺葵类等在 10℃ 以下时,就会受到冷害。近年来,各地相继发展的日光温室在北方冬春连续阴雨或阴雪天气夜间最低温常在 6～8℃,导致黄瓜、番茄等喜温园艺植物大幅度减产,甚至绝收,成为设施栽培中亟待解决的问题。而冻害则是温度下降到 0℃ 以下、植物体内水分结冰产生的冷害。不同园艺植物,甚至同种园艺植物在不同的生长季节及栽培条件下,对低温的适应性不同,因而抗寒性也不同。一般处于休眠期的植物抗寒性增强。如落叶果树在休眠期地上部可忍耐 −30℃～−25℃ 的低温,石刁柏、金针菜等宿根越冬植物的地下根可忍受 −10℃ 低温,但若正常生长季节遇到 0～5℃ 低温,就会发生低温冷害。此外,利用自然低温或人工方法进行抗寒锻炼可有效提高植物的抗寒性。如生产上将喜温园艺植物刚萌动露白的种子置于稍高于 0℃ 的低温下处理,可大大提高其抗寒性。番茄、黄瓜、甜椒、香石竹、仙客来等育苗定植前,逐渐降低苗床温度,使其适应定植后的环境,即育苗期间加强抗寒锻炼,提高幼苗抗寒性,促进定植后缓苗,是生产上常用的方法,也是最经济有效的技术措施。

二、光照

光照是园艺植物生长发育的重要环境条件,光强、光质和日照时间长短影响光合作用及光合产物,从而制约着植物的生长发育、产量和品质。

(一)光照度

光照度(light intensity)常依地理位置、地势高低、云量及雨量等的不同而呈规律性的变化,即随纬度的增加而减弱,随海拔的升高而增强。一年之中以夏季光照最强,冬季光照最弱;一天之中以中午光照最强,早晚光照最弱。不同园艺植物对光照度反应不一,据此可将其分为以下几类。

1.阳生植物(heliophyte) 此类植物在较强的光照下生长良好。桃、杏、枣、扁桃、苹果、阿月浑子等绝大多数落叶果树,多数露地一、二年生花卉及宿根花卉,仙人掌科、景天科和番杏科等多浆植物,茄果类及瓜类等均属此类。

2.阴生植物(sciophyte) 此类植物不能忍受强烈的直射光线,需在适度荫蔽下才能生长良好。如蕨类、兰科、苦苣苔科、凤梨科、姜科、天南星科及秋海棠等均为阴性植物。也有一些园艺植物如菠菜、莴苣、茼蒿等绿叶菜类在光照充足时能良好生长,但在较弱的光照下生长快、品质柔嫩。利用此特性,生产上常常合理密植或适当间套作,以提高产量,改善品质。

3. 中生植物(mesophyte)　此类植物对光照度的要求介于上述两者之间,或对日照长短不甚敏感,通常喜欢日光充足,但在微阴下也能正常生长。如萱菜、桔梗、白菜、萝卜、甘蓝、葱蒜类等。

(二)光质

光质(light quality)又称光的组成,是指具有不同波长的太阳光谱成分,其中波长为380～760 nm的光(即红、橙、黄、绿、蓝、紫)是太阳辐射光谱中具有生理活性的波段,称为光合有效辐射。而在此范围内的光对植物生长发育的作用也不尽相同。植物同化作用吸收最多的是红光,其次为黄光,蓝紫光的同化效率仅为红光的14%。红光不仅有利于植物碳水化合物的合成,还能加速长日照植物的发育;相反,蓝紫光则加速短日照植物发育,并促进蛋白质和有机酸的合成;而短波的蓝紫光和紫外线能抑制茎节间伸长,促进多发侧枝和芽的分化,且有助于花色素和维生素的合成。高山及高海拔地区因紫外线较多,所以高山花卉色彩更加浓艳,果色更加艳丽,品质更佳。

(三)日照长度

日照长度(length of day 或 duration of sunshine)首先影响植物花芽分化、开花、结实;其次还影响到分枝习性、叶片发育,甚至地下贮藏器官如块茎、块根、球茎、鳞茎等的形成以及花青素等的合成。按对日照长短反应不同,可将园艺植物分为3类。

1. 长光性植物　长日照植物(long day plant)又称短夜植物(short night plant),在较长的光照条件下(一般为12～14 h及以上)促进开花,而在较短的日照下不开花或延迟开花。如白菜、甘蓝、芥菜、萝卜、胡萝卜、芹菜、菠菜、莴苣、大葱、大蒜等一、二年生园艺植物,在露地自然栽培条件下多在春季长日照下抽薹开花。

2. 短光性植物　短日照植物(short day plant)又称长夜植物(long night plant),在较短的光照条件下(一般在10～12 h以下)促进开花结实;而在较长的日照下不开花或延迟开花。如菊花、一串红、绣球花、豇豆、扁豆、刀豆、茼蒿、苋菜、蕹菜、草莓、黑穗状醋栗等,它们大多在秋季短日照下开花结实。

3. 中光性植物(day natural plant)　一些园艺植物对每天日照时数要求不严,在长短不同的日照环境中均能正常孕蕾开花。大多数果树对日照长短不像一些一、二年生草本植物那么敏感。番茄、甜椒、黄瓜、菜豆等只要温度适宜,一年四季均可开花结实。北方地区秋冬季节利用高效节能日光温室,对日照长短要求不严,增温保温,成功地栽培了果菜类,实现了周年生产、均衡供应的目标。此外,一些花卉植物,如矮牵牛、香石竹、大丽花等,虽也对日照时数要求不严格,但以在昼夜长短较接近时适应性最好。

三、水分

水是园艺植物进行光合作用的原料,也是养分进入植物时的外部介质(如很多主动吸收的离子)或载体(大多数被动吸收过程),同时也是维持植株体内物质分配、代谢和运输的重要因素。其中,园艺植物吸收的大部分水分用于蒸腾,通过蒸腾引力促使根系吸收水分和养分,并有效调节体温,排出有害物质。

(一)园艺植物的需水特性

不同园艺植物对水分的亏缺反应不同,即对干旱的忍耐能力或适应性有差异。园艺植物的需水特性主要受遗传性决定，由吸收水分的能力和对水分消耗量的多少两方面来支配。根据需水特性通常可将园艺植物分为以下 3 类。

1. 旱生植物（xerophyte）　这类植物耐旱性强，能忍受较低的空气湿度和干燥的土壤。其耐旱性表现在：一方面具有旱生形态结构，如叶片小或叶片退化变成刺毛状、针状，表皮层角质层加厚，气孔下陷，气孔少，叶片具厚茸毛等，以减少植物体水分蒸腾，如石榴、沙枣、仙人掌、大葱、洋葱、大蒜等；另一方面具有强大的根系，吸水能力强，耐旱力强，如葡萄、杏、南瓜、西瓜、甜瓜等。

2. 湿生植物（hygrophyte）　该类植物耐旱性弱，需要较高的空气湿度和土壤含水量，才能正常生长发育。其形态特征为：叶面积较大，组织柔嫩，消耗水分较多，而根系入土不深，吸水能力不强。如黄瓜、白菜、甘蓝、芹菜、菠菜、香蕉、枇杷、杨梅及一些热带兰类、蕨类和凤梨科植物等。藕、茭白、荷花、睡莲、王莲等水生植物属于典型的湿生植物类。

3. 中生植物（mesophyte）　此类植物对水分的需求介于上述两者之间，一些种类的生态习性偏于旱生植物的特征，另一些则偏向湿生植物的特征。茄子、甜椒、菜豆、萝卜、苹果、梨、柿、李、梅、樱桃及大多数露地花卉均属此类。

（二）园艺植物不同生育期对水分要求的变化

同种园艺植物不同生育期对水分需要量也不同。种子萌发时，需要充足的水分，以利于胚根伸出。幼苗期因根系弱小，在土壤中分布较浅，抗旱力较弱，须经常保持土壤湿润，但水分过多，幼苗长势过旺，易形成徒长苗。生产上园艺植物育苗常适当蹲苗，以控制土壤水分，促进根系下扎，增强幼苗抗逆能力。但若蹲苗过度，控水过严，易形成"小老苗"，即使定植后其他条件正常，也很难恢复正常生长。大多数园艺植物旺盛生长期均需要充足的水分，此时若水分不足，叶片及叶柄皱缩下垂，植株呈萎蔫现象，暂时萎蔫可通过栽培措施补救；相反，水分过多，由于根系生理代谢活动受阻，吸水能力降低，会导致叶片发黄、植株徒长等类似干旱症状。通常开花结果期要求较低的空气湿度和较高的土壤含水量，一方面满足开花与传粉所需空气湿度，另一方面充足的水分又有利于果实发育。各种园艺植物在生育期中对水分的需要均有关键时期和非关键时期，非关键时期是节水栽培或旱作的适宜时期。

四、土壤

大多数果树、木本观赏植物、南瓜、西瓜等根系入土深而广，与土壤接触面大。按质地土壤可分为沙质土、壤质土、黏质土、砾质土等。沙质土常作为扦插用土及西瓜、甜瓜、桃、枣、梨等实现早熟丰产优质理想用土；壤质土因质地均匀，松黏适中，通透性好，保水保肥力强，几乎适用于所有园艺植物的商品生产；黏质土、砾质土等与沙质土类似，宜适当进行土壤改良后栽种。通常将土壤中有机质及矿物质营养元素的高低作为表示土壤肥力（soil fertility）的主要指标。土壤有机质含量应在 2% 以上才能满足园艺植物高产优质生产所需。化肥用量过多，土壤肥力下降，有机质含量多在 0.5%～1%。因此，大力推广有机生态农业，改善矿质营养水平，提高土壤中有机质含量，是实现园艺产品高效、优质、丰产的重要措施。土壤酸碱度影响植物养分的有效性及植株生理代谢水平，不同园艺植物有其不同的适宜土壤酸碱度范围（表3-1）。

表 3-1　主要园艺植物对土壤酸碱度的适应范围

园艺植物种类	适宜 pH	园艺植物种类	适宜 pH	园艺植物种类	适宜 pH
苹果	5.5～7.0	甘蓝	6.0～6.5	紫罗兰	5.5～7.5
梨	5.6～7.2	大白菜	6.5～7.0	雏菊	5.5～7.0
桃	5.2～6.5	胡萝卜	5.0～8.0	石竹	7.0～8.0
栗	5.5～6.5	洋葱	6.0～8.0	风信子	6.5～7.5
枣	5.2～8.0	莴苣	5.5～7.0	百合	5.0～6.0
柿	6.0～7.0	黄瓜	6.5	水仙	6.5～7.5
杏	5.6～7.5	番茄	6.5～6.9	郁金香	6.5～7.5
葡萄	6.5～8.0	菜豆	6.2～7.0	美人蕉	6.0～7.0
柑橘	6.0～6.5	南瓜	5.5～6.8	仙客来	5.5～6.5
山楂	6.5～7.0	马铃薯	5.5～6.0	文竹	6.0～7.0

园艺植物与其他植物一样,最重要的营养元素为氮、磷、钾,其次是钙、镁。微量元素虽需要量较小,但也为植物所必需。园艺植物种类繁多,对营养元素需求也存在一定差异。而且即使同一种类、同一品种,因生育期不同,对营养条件要求也各异。因此,了解各种园艺植物生理特性,采取相应的措施是栽培成功与否的关键。

五、地势和海拔

地势地形是影响园艺植物生长发育的间接环境因素,它通过改变光、温、水、热等在地面上的分配而影响园艺植物生长发育、产量形成与品质变化。

(一)地势

地势(relief of surface configuration)是指地面形状、高低变化的程度,包括海拔高度、坡度、坡向等,其中尤以海拔高度影响最为显著。海拔高度(sea level elevation 或 above sea level)每垂直升高 100 m,气温下降 0.6～0.8℃,光强平均增加 4.5%,紫外线增加 3%～4%。同时,降水量与相对湿度也发生相应变化。其次,坡度(slope gradient 或 degree of slope)主要通过影响太阳辐射的接受量、水分再分配及土壤的水热状况,对园艺植物生长发育产生不同程度的影响。一般认为 5°～20° 的斜坡是发展果树及木本观赏园艺植物的良好坡地。此外,坡向(aspect of slope)不同,接受太阳辐射量不同,其光、热、水条件有明显差异,因而对园艺植物生长发育有不同的影响。如在北半球,南向坡接受的太阳辐射最大,北坡最少,东坡与西坡介于两者之间。

(二)海拔

光、热、水等主要生态因子皆随海拔高度变化而对果树的生长发育、产量品质产生相应的生态影响。一般果实形状和色泽发育良好,蜡质层增厚,糖、酸、维生素 C 等含量增加,果胶酶活性降低,果实细胞胶体黏性增强,硬度增大,采收适期延长,耐贮性和抗寒、抗旱性增强。

地形(topography 或 surface relief)是指所涉及地块纵剖面的形态,具有直、凹、凸及阶形坡等不同类型。地形不同,所在地块光、温度、湿度等条件各异。如低凹地块,冬春夜间冷空气下沉、积聚,易形成冷气潮或霜眼,造成较平地更易受晚霜危害。

思考题

1.园艺植物的根主要有哪些类型？简述它们的特点。

2.园艺植物根的变态主要有哪几类？

3.简述园艺植物根生长的三大周期规律。

4.园艺植物的茎根据其生长习性可分为哪几种基本类型？

5.园艺植物的地上茎和地下茎变态类型主要有哪几类？列举出每类代表性植物3种。

6.园艺植物的芽主要有哪些类型？

7.园艺植物的芽有哪些特性？

8.常见叶的变态主要有哪几种类型？

9.什么是园艺植物的异形叶性？列举3个实例加以说明。

10.举例说明观赏植物花形态的多样性。

11.简述无限花序和有限花序的区别。

12.从形态起源的角度,举例说明观赏植物花重瓣化类型主要有哪几类？各有何特点？

13.根据园艺植物成花对春化低温要求的不同,可分为哪几种类型？

14.园艺植物花芽分化主要有哪些类型？各有什么特点？

15.结合实例,论述园艺植物花芽分化及花期调控的途径。

16.简述主要园艺植物果实类型与解剖特点。

17.试述园艺植物果实形成与生育规律。

18.园艺植物高低温障碍产生原因是什么？怎样克服？

19.园艺植物不同器官生长间有哪些相关性？各有何特点？生产上如何应用？

20.园艺植物生长发育周期包括哪些主要内容？各有何特点？

参考文献

[1]罗正荣.普通园艺学.北京:高等教育出版社,2005.

[2]赵梁军.观赏植物生物学.北京:中国农业大学出版社,2002.

[3]范双喜,李光晨.园艺植物栽培学.2版.北京:中国农业大学出版社,2007.

[4]程智慧.园艺学概论.北京:中国农业出版社,2003.

[5]李光晨.园艺通论.北京:中国农业大学出版社,2000.

[6]刘燕.园林花卉学.2版.北京:中国林业出版社,2009.

[7]傅承新,丁炳扬.植物学.杭州:浙江大学出版社,2002.

[8]张玉星.果树栽培学各论(北方本).3版.北京:中国农业出版社,2006.

[9]陈杰忠.果树栽培学各论(南方本).4版.北京:中国农业出版社,2011.

[10]张玉星.果树栽培学总论.4版.北京:中国农业出版社,2011.

第四章
CHAPTER

园艺植物的繁殖与育苗

内容提要

　　园艺植物的繁殖与育苗是果树、蔬菜和花卉生产的基础,苗木质量直接影响园艺植物的生长发育以及产量和品质形成,也是决定园艺植物生产成败的一个关键因素。园艺植物繁殖分有性繁殖和无性繁殖,包括种子繁殖及分生、扦插、嫁接、压条等繁殖方法,本章系统阐述各类园艺植物适用繁殖方法,阐明园艺植物壮苗培育的理论和关键技术,为园艺植物高产优质生产奠定基础。

第一节　园艺植物的繁殖

　　园艺植物的繁殖方式通常可分为有性繁殖和无性繁殖两大类。有性繁殖(sexual propagation)即种子繁殖(seed propagation)或称实生繁殖;无性繁殖(asexual propagation)又称营养器官繁殖(nutrition organ propagation),即利用植物营养体的再生能力,采用根、茎、叶等营养器官,在人工辅助之下培育成独立新个体的繁殖方式。

　　此外,对于蕨类植物(ferns)来说,除采用无性繁殖的分株方法外,也可采用蕨类特有的孢子繁殖(spore propagation)方法。这种繁殖方法与种子繁殖和常规的无性繁殖有本质的区别。

一、种子繁殖

　　植物营养生长期后进入生殖生长期,经双受精后,由合子发育成胚,由受精的极核发育成胚乳,由珠被发育成种皮,即通过有性繁殖过程形成种子。利用种子进行繁殖的方法称有性繁殖,凡由种子播种长成的苗称实生苗。

(一)种子繁殖的特点与应用

1.种子繁殖的优点

(1)种子体积小、质量轻,适宜采收、运输及长期贮藏。

(2)种子来源广,播种方法简便,易于掌握,繁殖系数高,便于大量繁殖。

(3)实生苗根系发达,通常具有主根,生长旺盛,寿命较长。

(4)实生苗对环境适应性强,并有免疫病毒病的能力。

2.种子繁殖的缺点

(1)木本的果树、花卉及某些多年生草本植物采用种子繁殖开花结实较晚。

(2)对母株的性状通常不能完全遗传,后代易出现变异,从而失去原有的优良性状,F_1 代植株必然发生性状分离,在蔬菜、花卉生产上常出现品种退化问题。

(3)不能用于繁殖自花不孕植物及无籽植物,如葡萄、柑橘、香蕉及许多重瓣花卉植物。

3.种子繁殖在生产上的主要用途

(1)大部分蔬菜,一、二年生花卉及地被植物用种子繁殖。

(2)实生苗常用于果树及某些木本花卉的砧木。

(3)杂交育种必须使用播种来繁殖,并且可以利用杂交优势获得比父母本更优良的性状。种子繁殖的一般程序是:采种→贮藏→种子活力测定→播种→播后管理。每一个环节都有其具体的管理要求。

(二)种子采收与贮藏

1.种子的采收与处理　种子有形态成熟和生理成熟两方面。生产上所称的成熟种子指形态成熟的种子。生理成熟的种子指已具有良好发芽能力的种子。大多数植物种子的生理成熟和形态成熟是同步的,形态成熟的种子已具备了良好的发芽能力,如菊花、报春花属花卉。但有些植物的生理成熟和形态成熟不一定同步,如禾本科植物、蔷薇属及许多木本花卉的种子。

种子采收前,首先要选择适宜的留种母株,只有从品种纯正、生长健壮、发育良好、无病虫害的植株上才可能采收到高品质的种子。其次要适时采收。种子达到形态成熟时必须及时采收并处理,以防散落、霉烂或丧失发芽力。采收过早,种子贮藏物质尚未充分积累,生理上也未成熟,干燥后皱缩成瘦小、干瘪、发芽力低并不耐贮藏的低品质种子。理论上,采收的种子越成熟越好,故种子应在已完全成熟、果实已开裂或自落时采收最佳。

(1)干果类　包括蒴果、蓇葖果、荚果、角果、瘦果、坚果等。

对于大粒种子,可在果实开裂时自植株上收集或脱落后立即由地面上收集。但对小粒、易于开裂的干果类和球果类种子,一经脱落则不易采集,且易遭鸟虫啄食,或因不能及时干燥而易在植株上萌发,从而导致品质下降。生产上一般在果实行将开裂时,于清晨空气湿度较大时采收。对开花结实期长,种子陆续成熟脱落的花卉,宜分批采收;对于成熟后挂在植株上长期不开裂、亦不散落者,可在整株全部成熟后,一次性采收,草本可全株拔起。

干果类种子采收后,宜置于浅盘中或薄层敞放在通风处 1～3 周使其尽快风干。某些种子成熟较一致且不易散落的花卉,如千日红、桂竹香、矮雪轮等,可将果枝剪下,装于薄纸袋内或成束悬挂在室内通风处干燥。种子经过初步干燥后,及时脱粒并筛选或风选,清除发育不良的种子和其他杂物,最后再进一步干燥使含水量达到安全标准(8%～15%)。多雨或高湿季节需加热促使快速干燥,一般含水量高的种子烘烤温度不超过 32℃,含水量低的种子也不宜超过

43℃。干燥过快会使种子皱缩或裂口,导致贮藏力下降。

(2)肉果类 肉质果成熟时果皮含水多,一般不开裂,成熟后自母体脱落或逐渐腐烂,常见的有浆果、核果、柑果等。

有许多假果的果实本身虽然是干燥的瘦果或小坚果,但包被于肉质的花托、花被或花序轴中,也被视为肉质果实。君子兰、石榴、忍冬属、女贞属、冬青属、李属等有真正的肉质果,蔷薇属、无花果属是干果的假肉质果。肉质果成熟的标志是果实变色、变软。肉质果要及时采收,否则过熟会自落或遭鸟虫啄食。但若果皮干燥后才采收,会加深种子的休眠或霉菌侵染。

肉质果采收后,先在室内放置几天使种子充分成熟,腐烂前用清水将果肉洗净,并去掉浮于水面的不饱满种子。将果肉短期发酵(21℃下 4 d)后,果肉更易清洗。果肉必须及时洗净。洗净后的种子干燥后再贮藏。

2.种子的寿命与贮藏

(1)种子的寿命 种子的寿命的终结是以发芽力的丧失为标志。生产上将种子发芽率降低到原发芽率的50%时的时间段判定为种子的寿命。

①种子寿命的类型 在自然条件下,园艺植物种子寿命按其长短,可分为以下 3 类。

短命种子(short-life seed):寿命在 3 年以内。常见于以下几类植物:原产于高温高湿地区无休眠期的植物;水生植物;子叶肥大、种子含水量高的;种子在早春成熟的多年生园艺植物。如棕榈科、兰科、天南星科、睡莲科(荷花除外)、天门冬属等。有些园艺植物的种子如果不在特殊条件下保存,则保持生活力的时间不超过 1 年,如报春花类、秋海棠类发芽力只能保持数个月,非洲菊更短。

中寿种子(middle-life seed):寿命在 3~15 年。大多数园艺植物属于此类。

长寿种子(long-life seed):寿命在 15~100 年或更长。常见于以下几类园艺植物:豆科植物;前述部分硬实种子,如莲、美人蕉属;部分锦葵科植物;寒带生长季短的植物等。

②影响种子寿命的主要因素 种子寿命的缩短是种子自身衰败(deterioration)引起的,衰败也称为老化。这个过程是不可逆转的,既受种子内在因素(遗传和生理生化)的影响,也受环境条件,特别是温度和湿度的影响。

内在因素:种子含水量是影响种子寿命的重要因子。种子的水分平衡(moisture equilibrim)首先取决于种子的含水量与环境相对湿度之间的差异。不同贮藏方法都有一个安全含水量,不同植物种子又有差别,如飞燕草的种子,在一般贮藏条件下,寿命是 2 年,充分干燥后密封于-15℃条件下,18 年后仍保持54%的发芽率;另外一些花卉种子,如牡丹、芍药、王莲等,过度干燥时迅速失去发芽力。常规贮藏时,大多数种子含水量在 5%~6%时寿命最长。

环境因素:影响种子寿命的环境因素主要有:空气湿度,对大多数园艺植物种子来说,干燥贮藏时,相对湿度维持在 30%~60%为宜;温度,低温可以抑制种子的呼吸作用,大多数园艺植物种子在干燥密封后,贮存在 1~5℃的低温下为宜;氧气,可促进种子的呼吸作用,降低氧气含量能延长种子的寿命。

(2)种子的贮藏 种子贮藏(storage)的基本原理是在低温、干燥的条件下,尽量降低种子的呼吸强度,减少营养消耗,从而保持种子的生命力。贮藏的方法,依据种子的性质主要有以下几种。

①干藏法(dry storage)　通常分为:

a.室温干藏:将耐干燥的一、二年生草本园艺植物种子,在自然风干后,装入纸袋、布袋或纸箱中,置于室温下通风处贮藏。适宜次年就播种的短期保存。

b.低温及密封干藏(low temperature storage,sealed dry storage):将干燥到安全含水量(10%～13%)的种子置于密封容器中于0～5℃的低温下贮藏。容器中可放入约占种子量 1/10 的吸水剂,常用的吸水剂有硅胶、氯化钙、生石灰、木炭等。可较长时间保存种子。

c.超干贮藏:采用一定技术,将种子含水量降低至 5% 以下,然后真空包装后存于常温库长期贮藏,是目前国内外种子贮藏的新技术。

②湿藏法(wet storage)　通常有:

a.层积湿藏(stratification):将种子与湿沙(含水 15%,也可混入一些水苔)按1:3质量比交互作层状堆积后,于0～10℃低温湿藏。适用于生理后熟的休眠种子及一些干藏效果不佳的种子,如牡丹、芍药的种子。

b.水藏(water storage):某些水生花卉的种子,如睡莲、王莲等必须将种子直接贮藏于水中才能保持其发芽力。某些其他种子也可密封于一定深度的水中进行贮藏。

c.顽拗种子贮藏:根据种子的贮藏特性,可将种子分为正常种子和顽拗种子两类。正常种子(orthodox seed),通常低温干燥下可长期保存。顽拗种子(recelcitrant seed)是含水量低于一定值(12%～31%)则发芽率迅速下降的种子,其特点是:千粒重大于 500 g,个别可大于 13 000 g;成熟时含水量较高(40%～60%);具有薄而不透的种皮;不耐低温,不易干燥。只要干燥程度适宜,可短期贮藏。常见的顽拗种子有:橡皮树、红毛丹、榴梿、龙眼、木菠萝、南洋杉、杧果、佛手瓜以及柑橘属等。

(三)种子质量的检验

为明确计划播种量,并保证出苗健壮整齐,一般播种前须对种子做质量检查。检测指标主要有种子含水量、净度、千粒重、发芽力、生活力等。常用以下方法进行。

1.种子含水量测定　种子含水量是指种子中所含水分质量(100～105℃所消除的水分含量)与种子质量的百分比。它是种子安全贮藏、运输及分级的指标之一。其算式为:

种子含水量=(干燥前供检种子质量-干燥后供检种子质量)/干燥前供检种子质量×100%

2.种子净度和千粒重测定　种子净度又称种子纯度,指纯净种子的质量占供检种子总质量的百分比。其算式为:

种子净度=(种子总质量-杂质质量)/种子总质量×100%

千粒重是指 1 000 粒种子的质量(g/千粒)。根据千粒重可以衡量种子的大小与饱满程度,也是计算播种量的依据之一。

3.种子发芽力的测定　种子发芽力用发芽率和发芽势两个指标衡量,可用发芽试验来测得。

种子发芽率是在最适宜发芽的环境条件下,在规定的时间内(延续时间依不同植物种类而异),正常发芽的种子占供试种子总数的百分比,反映种子的生命力。其算式为:

发芽率=萌发的种子数/供试种子总数×100%

发芽势是指种子自开始发芽至发芽最高峰时的粒数占供试种子总数的百分率。发芽势高即说明种子萌发快,萌芽整齐。

4.种子生活力测定　种子生活力是指种子发芽的潜在能力。主要测定方法如下：

(1)目测法　直接观察种子的外部形态，凡种粒饱满，种皮有光泽，粒重，剥皮后胚及子叶乳白色、不透明并具弹性的，为有活力的种子。若种子皮皱发暗，粒小，剥皮后胚呈透明状甚至变为褐色，则是失去活力的种子。

(2)TTC(氯化三苯基四氮唑)法　取种子100粒，剥皮，剖为两半，取胚完整的片放在器皿中，倒入0.5％TTC溶液淹没种子，置30～35℃黑暗条件下3～5 h。具有生活力的种子、胚芽及子叶背面均能染色，子叶腹面染色较轻，周缘部分色深。无发芽力的种子腹面、周缘不着色，或腹面中心部分染成不规则交错的斑块。

(3)靛蓝染色法　先将种子水浸数小时，待种子吸胀后，小心剥去种皮，浸入0.1％～0.2％的靛蓝溶液(亦可用0.1％曙红或者5％的红墨水)中染色2～4 h，取出用清水洗净。然后观察种子上色情况，凡不上色者为有生命力的种子，凡全部上色或胚已着色者，则表明种子或者胚已失去生命力。

(四)影响种子萌发的因素

1.环境因素

(1)水分　种子萌发需要吸收大量水分，使种皮软化、破裂，呼吸强度增大，各种酶活性也随之加强，蛋白质及淀粉等贮藏物质进行分解、转化，营养物质被输送到胚，使胚开始生长。种子的吸水能力随种子的结构不同差异较大。如文殊兰的种子，胚乳本身含有较多的水分，播种中吸水量就少。播种前的种子处理很多情况就是为了促进吸水，以利于萌发。常见的播种用土含水量要比花卉正常生长高3倍。土壤水分过多，埋土深度不当，常使土壤通气不良而造成种子霉烂。

(2)温度　种子萌发需要适宜的温度，依园艺植物种类及原产地的不同而有差异。通常原产热带的园艺植物需要温度较高，而亚热带和温带次之，原产温带北部的园艺植物则需要一定的低温才易萌发。如原产美洲热带的王莲在30～35℃水池中经10～12 d才萌发。而原产南欧的大花葱是一种低温发芽型的球根花卉，在2～7℃条件下较长时间才能萌发，高于10℃则几乎不能萌发。一般园艺植物种子萌发适温比其生育适温要高3～5℃。原产温带的一、二年生园艺植物萌芽适温为20～25℃，如鸡冠花、半支莲等，适于春播；也有一些园艺植物的萌芽适温为15～20℃，如金鱼草、三色堇等，适于秋播。

(3)氧气　从生理上讲，种子在萌发过程中的呼吸作用最强，需要充足的氧气。因此，播种用土一定要疏松，排水透气良好，播种后覆土不能过厚。但对于水生蔬菜和花卉来说，只需少量氧气就可以满足种子萌发需要。

(4)光照　大多数园艺植物的种子萌发对光不敏感，只要有足够的水分、适宜的温度和一定的氧气，都可以萌发。但有些观赏植物种子的萌发受光照影响。

①需光性种子(light seed)　又称喜光性种子，指必须在有光的条件下发芽或发芽更好的种子。这类种子常是小粒的，发芽靠近土壤表面，幼苗能很快出土并开始进行光合作用。这类种子没有从深层土中伸出的能力，因此播种时覆土要薄。如报春花、洋地黄、瓶子草类等。

②嫌光性种子(light-inhibited seed)　指必须在无光或黑暗条件下才能发芽或发芽更好的种子。如雁来红、黑种草、仙客来、福禄考、飞燕草、蔓长春花等。因此，直接播于露地苗床的应采取避光遮阳措施，播于各种容器的应把容器置于无光处，待出苗后逐渐移到有直射光的地方。

2.种子休眠因素　种子有生活力,但即使给予适宜的环境条件仍不能发芽,此种现象称种子的休眠。种子休眠是长期自然选择的结果。在温带,春季成熟的种子立即发芽,幼苗当年可以成长。但是秋季成熟的种子则要度过寒冷的冬季,到第二年春季才会发芽,否则幼苗在冬季将会被冻死,如许多落叶树木的种子具有自然休眠的特性。种子的休眠有利于植物适应外界自然环境以保持物种繁衍,但是这种特性会给播种育苗带来一定的困难。

引起种子休眠的原因是多方面的,它们相互作用,共同抑制种子的萌发过程。即使其中一种因素被解除,其他因素依然可以导致种子不能萌发。这些因素主要有:种皮或果皮结构障碍、种胚发育不全、化学物质抑制等。

(1)种胚发育情况　有些园艺植物如银杏等,在种子发育过程中,胚与周围组织的发育速度不一致,因而在种子成熟时,种胚很少发育(只有 0.14 cm),需要在采后经过 4~5 个月的生长才可以达到成熟水平(0.95 cm)。

(2)种子后熟　有些园艺植物种子脱离了母体,从形态上看种胚已充分发育,但尚未完成最后生理成熟阶段,种子内部还需要完成一系列的生理生化转化过程,使内部不可被摄取状态的营养物质转化为可被胚吸收的水溶性物质,种皮的透水透气性也逐渐增加,种子便进入等待"时机"而发芽。采收的种子的成熟度越高,需要后熟的日数就越少。

(3)种皮的不透水性　有些种子种皮极为坚硬或很厚,无法透水,种子因不能吸胀而不能萌发,这些种子叫硬实。有些科很多属的种子都会产生硬实,最多的是豆科植物。此外,藜科、茄科、旋花科、锦葵科以及苋科等种子也常出现硬实现象。硬实种子往往在未完全成熟状态下比完全成熟时容易发芽,即种皮的不透水性,硬实种子萌发的百分率随种子的成熟度而提高。

(4)干种皮的不透气性　影响种皮不透气的原因是多方面的,但主要是幼胚被种皮紧紧包被所致,其次种皮表面附生的脂类和绒毛也直接阻碍氧气进入胚部。这类种子的后熟程度也由种皮的透氧性决定。

(5)种皮的机械作用　有些种子的种皮透水性和透气性均好,但由于其种皮外部存在的机械阻力,妨碍了胚向外生长,从而导致了种子处于休眠状态。例如,苋菜的种皮如果始终处于水饱和状态,种子就会长久休眠下去,但是种子一旦得以干燥,种皮细胞壁胶体成分迅速发生变化,种皮的机械阻力也被解除,这时种子吸胀后便会迅速发芽。有些种子外面存在坚硬的内果皮,如桃、李等,往往因为机械作用阻碍胚的萌发。

(6)发芽抑制物质　许多植物种子内部,包括其种皮、胚乳和胚细胞,在种子成熟过程中逐渐积累了大量的萌发抑制物质,如内源激素脱落酸(ABA),种子的萌发受到抑制。只有经过低温后熟过程,ABA 含量逐渐下降,同时促进种子萌发的激素物质如赤霉素(GA)、细胞分裂素(CTK)含量逐渐增加,种子才能脱休眠。

3.解除种子休眠的处理方法　解除种子休眠,是种子播种前需要进行的工作,目的是保证种子迅速、整齐的萌发。处理方法主要有以下几种。

(1)物理机械处理法

①温度处理　温水浸种是发芽缓慢的种子常使用的方法。一般采用温水(30℃以下)浸种 24~48 h,使种子吸水膨胀,稍阴干后再播,可使发芽迅速整齐。如月光花、牵牛花、香豌豆等。也可采用热水(70~75℃)浸种和变温(90~100℃,20℃以下)浸种,这两种适宜有厚硬壳的种

子,如核桃、山桃、山杏、山楂、油松等,可将种子在开水中浸泡数秒钟,再在流水中浸泡2~3 d,待种壳一半裂口时播种,但切勿烫伤种胚。

②机械处理 通过机械摩擦破坏种皮,常用于种皮厚硬的种子,如山楂、樱桃、山杏、荷花、美人蕉的种子。可搓去部分种皮,以利于透气吸水,从而促进发芽。砂纸磨、锤砸、碾子碾及老虎钳夹等方法适用于少量大粒种子。对于大量种子,则需要用特殊的机械破皮。

③去除种子附属物 种皮结构特殊的种子,如种子被毛、翅、钩、刺等,易相互粘连,影响均匀播种。对于自动播种机的种子,可采用以下处理方法。

a. 脱化处理:指经过脱毛、脱翼、脱尾处理细、长、卷曲、扁平、具尖锐边沿或毛刺等不规则种子,如罂粟牡丹、藿香蓟、毛茛、万寿菊等。

b. 包衣处理(coated seed):在种子外部喷上一层较薄的含杀菌剂、杀虫剂、植物生长调节剂及荧光颜料但不改变种子形状的涂层,使种子在播种机中更易流动,在穴盘中更易检查发芽效果。如凤仙花、万寿菊、大丽菊、毛茛和罂粟牡丹等。

c. 球形处理(spherical seed):指在种子外部包裹一层带凝固剂的黏土料,其他涂料同包衣处理,以改变种子形状,增加小粒种子或不规则种子的大小和均匀度,并提高畸形种子的流动性。如矮牵牛、秋海棠、草原龙胆、雪叶莲等。

d. 水化处理(hydrated seed):指对已机械加工的种子渗透性调控处理,即用渗透液激活发芽有关的代谢活动,同时防止种子的生根。生根前要干至水化前状况,再播种。如三色堇、石竹、美女樱、凤仙花、蔓长春花、金鸡菊、雪叶莲、大丽菊和球根秋海棠等。

(2)化学物质处理法 种壳坚硬或种皮有蜡质的种子(如山楂、酸枣及花椒等),亦可浸入有腐蚀性的浓硫酸(95%)或氢氧化钠(10%)溶液中,经过短时间的处理,使种皮变薄、蜡质消除、透性增加,利于萌芽。浸后清水洗净播种。同样,对种皮坚硬的芍药、美人蕉可用2%~3%的盐酸或浓盐酸浸种到种皮柔软,用清水洗净播种。而结缕草种子需用0.5%氢氧化钠溶液处理,发芽率显著提高。

(3)植物生长调节剂处理法 牡丹的种子具有上胚轴休眠的特性,秋播当年只生出幼根,必须经过冬季低温阶段,上胚轴才能在春季伸出土面。若用50℃温水浸种24 h,埋于湿沙中,在20℃条件下,约30 d生根。把生根的种子用50~100 μL/L赤霉素涂抹胚轴,10~15 d就可长出茎。除了牡丹外,芍药、天香百合、加拿大百合、日本百合等也有上胚轴休眠现象。对于完成生理后熟要求低温的种子,用赤霉素处理有替代低温的作用,如大花牵牛的种子,播种前用10~25 μL/L赤霉素溶液浸种,可以促其发芽。

(4)层积处理法 许多温带落叶果树种子如苹果、梨、桃、李等在秋季成熟后,种子含水量降低,贮藏的营养物质已合成不易溶解的高分子物质而进入休眠状态,种子需要一定的需冷量,在低温、通气、湿润条件下经过一定时间的层积处理,使种子内部发生一系列的生理生化变化,才能解除休眠而萌发。

层积处理是将种子与潮湿的介质(通常为湿沙)一起贮放在低温条件下(0~5℃),以保证其顺利通过后熟,也称沙藏处理(图4-1)。

春播种子常用此种方法来促进萌芽。对要求低温和湿润条件下完成休眠的种子,如蔷薇、桃花、牡丹、芍药等,在入冬前将种子与湿沙均匀混合,置于冷室保存,次年取出播种。也可采用室外窖藏的方法。层积后的种子通常脱落酸等发芽抑制物含量明显降低,而促进发芽物质赤霉素与细胞分裂素含量明显上升。

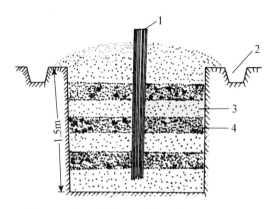

图 4-1 种子室外层积沙藏法(杨松龄,2000)

1.通气孔 2.排水沟 3.湿沙 4.1 份种粒＋3 份湿沙

层积前先用水浸泡种子 5～24 h,待种子充分吸水后,取出晾干,再与洁净河沙混匀,沙的用量是:中小粒种子一般为种子体积的 3～5 倍,大粒种子为 5～10 倍。沙的湿度以手捏成团不滴水即可,约为沙最大持水量的 50%。

种子量大时用沟藏法,选择背阴干燥不积水处,挖深 50～100 cm,宽 40～50 cm,长度视种子多少而定,沟底先铺 5 cm 厚的湿沙,然后将已拌好的种子放入沟内,到距地面 10 cm 处,用河沙覆盖,一般要高出地面呈屋脊状,上面再用草或草垫盖好(图 4-2)。种子量小的时候可用花盆或木箱层积。层积日数因种类不同而异,如八棱海棠 40～60 d,毛桃 80～100 d,山楂200～300 d。层积期间要注意检查温、湿度,特别是春节以后更要注意防霉烂、过干或过早发芽,春季大部分种子露白时及时播种。

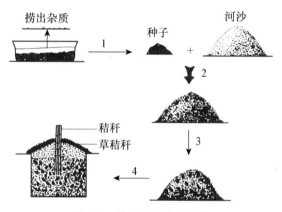

图 4-2 种子层积处理过程

1.水浸 2.混合 3.拌匀 4.入坑

播种技术和播后管理的内容见本章第二节"园艺植物的育苗",这里不再重复。

二、分生繁殖

分生繁殖(distinction propagation)是利用特殊营养器官来完成的,即人为地将植物体分生出来的幼植体(吸芽、珠芽、根蘖等)或者植物营养器官的一部分(变态茎等)进行分离或分割,脱离母体而形成若干独立植株的办法。这些变态的植物器官主要功能是贮存营养,如一些多年生草本植物,生长季末期地上部死亡,而植株却以休眠状态在地下继续生存,来年有芽的肉质器官再形成新的茎叶。其第二个功能是繁殖。凡新的植株自然和母株分开的,称作分离(分株);凡人为将其与母株割开的,称为分割。此法繁殖的新植株,容易成活,成苗较快,繁殖简便,但繁殖系数低。

1.匍匐茎与走茎　由短缩的茎部或由叶轴的基部长出长蔓,蔓上有节,节部可以生根发芽,产生幼小植株,分离栽植即可成新植株。节间较短、横走地面的为匍匐茎(stolon),多见于草坪植物如狗牙根、野牛草等。草莓是典型的以匍匐茎繁殖的果树。吊兰的节间较长、不贴地面的为走茎(runner)(图4-3),还有虎耳草等。

图4-3　吊兰的走茎繁殖

2.蘖枝　有些植物根上可以生不定芽,萌发成根蘖苗,与母株分离后可成新株。如山楂、枣、杜梨、海棠、树莓、石榴、樱桃、萱草、玉簪、蜀葵、一枝黄花等。生产上通常在春、秋季节,利用自然根蘖进行分株繁殖。为促使多发根蘖,可人工处理,一般于休眠期或发芽前,将母株树冠外围部分骨干根切断或创伤,刺激产生不定芽。生长期保证肥水,使根蘖苗旺盛生长发根,秋季或来年春与母体截离(图4-4)。

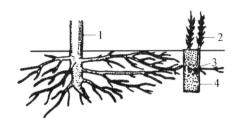

图4-4　梨树断根繁殖根蘖

1.母株　2.切断口发生根蘖　3.根蘖发根状况　4.开沟断根后填入土

3.吸芽　吸芽(offsets)是某些植物根际或地上茎叶腋间自然发生的短缩、肥厚呈莲座状短枝。吸芽的下部可自然生根,故可分离而成新株。菠萝的地上茎叶腋间能抽生吸芽(图4-5);多浆植物中的芦荟、景天、拟石莲花等常在根际处着生吸芽。

4.珠芽及零余子　珠芽(bulblets)为某些植物所具有的特殊形式的芽,生于叶腋间,如卷丹。零余子(tubercle)是某些植物的生于花序中的特殊形式的芽,呈鳞茎状(如观赏葱类)或块茎状(如薯蓣类)。珠芽及零余子脱离母株后自然落地即可生根(图 4-6)。

5.鳞茎　有短缩而扁盘状的鳞茎(bulbs)盘,肥厚多肉的鳞叶着生在鳞茎盘上,鳞叶之间可发生腋芽,每年可从腋芽中形成 1 个至数个子鳞茎并从老鳞茎旁分离开。如百合、水仙(图 4-7)、风信子、郁金香、大蒜、韭菜等可用此法繁殖。

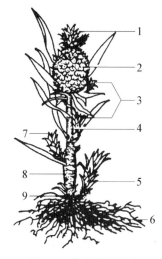

图 4-5　菠萝植株形态

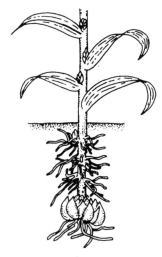

图 4-6　卷丹的鳞茎与珠芽

1.冠芽　2.果实　3.裔芽　4.果柄　5.蘖芽
6.根　7.吸芽　8.地上茎　9.地下茎

6.球茎　球茎(corms)为短缩肥厚近球状的地下茎,茎上有节和节间,节上有干膜状的鳞片叶和腋芽供繁殖用时,可分离新球和子球,或切块繁殖。如唐菖蒲(图 4-8)、荸荠、慈姑可用此法。

7.根茎　根茎(rhizome)为在地下水平生长的圆柱形的茎,有节和节间,节上有小而退化的鳞片叶,叶腋中有腋芽,由此发育为地上枝,并产生不定根。具根茎的植物可将根茎切成数段进行繁殖。一般于春季发芽之前进行分植。莲、美人蕉、香蒲、紫苑、虎尾兰(图 4-9)等多用此法繁殖。

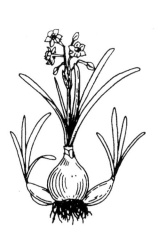

图 4-7　水仙的鳞茎

图 4-8　唐菖蒲的球茎

1.新球　2.子球　3.老球

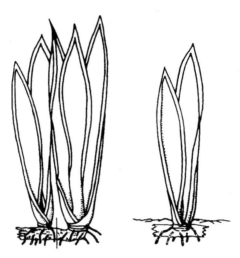

图 4-9　虎尾兰的根茎

8.块茎　块茎(tuber)形状不一,多近于块状,肉质,顶端有芽眼,根系自块茎底部发生。繁殖方法有整个块茎繁殖如山药、秋海棠的小块茎,可于秋季采下,贮藏到第 2 年春季种植。亦可将块茎分割繁殖,如马铃薯、菊芋等,切成 25～50 g 的种块,每块带一个或几个芽或芽眼。种块不宜过小,否则会因营养不足影响新植株的扎根和生长。

9.块根　块根(tuberous roots)为由不定根(营养繁殖的植株)或侧根(实生繁殖植株)经过增粗生长而形成的肉质贮藏根。在块根上易发生不定芽,可以用于繁殖。既可用整个块根繁殖(如大丽花的繁殖)(图 4-10),也可将块根切块繁殖。

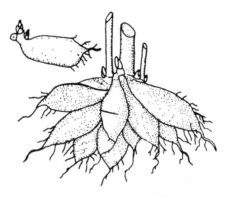

图 4-10　大丽花的块根

三、扦插繁殖

扦插繁殖(cuttage propagation)是切取植物的枝条、叶片或根的一部分,插入基质中,使其生根、萌芽、抽枝,长成为新植株的繁殖方法。扦插与压条、分株等无性繁殖方法统称自根繁殖。由自根繁殖方法培育的苗木统称自根苗,其特点是:变异性较小,能保持母株的优良性状和特性;幼苗期短,结果早,投产快;繁殖方法简单,成苗迅速。故是园艺植物育苗的重要途径。

（一）扦插繁殖的生物学基础

扦插是以植物的再生能力为基础，这种再生能力也是植物细胞全能性的一种表现形式。植物细胞全能性是指植物每个细胞都具有该植物体全部的遗传信息和发育成完整植株的能力。因此，理论上植物的枝条、叶片、根等组织具有分化成完整植株的能力。但是并不是所有的植物都能够完成这一过程。还受到自身遗传、发育阶段、生理状态、环境因素等影响。扦插能否成活与插条不定根和不定芽的分化具有密切关系。

1.不定根的发生类型　利用枝条做为插穗进行扦插时，插穗上带的芽向上抽生枝条，插穗基部则向下分化出根，从而形成完整的植株。在这一过程中，不定根的发生类型有两种情况，一是由潜伏根原基发育形成根。潜伏根原基是在枝条离体前就已发生，只是处于休眠状态或者分化较慢。当枝条离体后则在适宜的环境条件下，潜伏根原基继续分化发育并很快形成根。一般如果枝条中存在较多潜伏根原基的植物种类扦插容易生根成活。第二种方式是通过诱导形成新根原基。当插条受到外界刺激或环境诱导时，具有分生能力的薄壁细胞（如愈伤组织细胞、形成层细胞、射线细胞、韧皮部薄壁细胞等）分化形成根原基。这种不定根的形成所需要的时间相对较长，生根也缓慢。植物扦插之后，两种生根方式经常并存。

2.不定芽的形成　芽通常着生在茎的叶腋间（即"节"上），不定芽的着生部位却不固定，在根、茎、叶上都有可能发生，尤以根上较为常见。许多植物的根在没有脱离母体时，特别是在根受伤的情况下容易形成不定芽。一般在年幼的根上，不定芽是在中柱鞘靠近维管形成层附近产生；而在年老的根上，不定芽常常从木拴形成层或射线增生的类似愈伤组织里发生；在受伤的根上，不定芽主要在伤口附近或伤口的愈伤组织中形成。

3.插条极性　在扦插繁殖过程中器官的生长发育均具有一定的极性现象。枝条总是在其形态学顶端抽生新梢，形态学下端发生新根。用根段扦插时在根段远离根颈的部位形成根，而在靠近根颈的部位发出新梢。因此，在扦插时注意极性，不能倒插。

（二）影响扦插生根的因素

1.遗传因素　不同植物种和品种其插条生根的能力存在较大差异。极易生根的有柳树、黑杨、青杨、小叶黄杨、木槿、常春藤、南天竹、紫穗槐、连翘、番茄、月季等。较易生根的植物有毛白杨、枫、茶花、竹子、悬铃木、五加、杜鹃、罗汉柏、樱桃、石榴、无花果、葡萄、柑橘、夹竹桃、野蔷薇、女贞，绣线菊、金缕梅、珍珠梅、花椒、石楠等。较难生根的植物有君迁子、赤杨、苦楝、臭椿、挪威云杉等。极难生根的植物有核桃、板栗、柿树、马尾松等。同一种植物不同品种枝插发根难易也不同，美洲葡萄中的杰西卡和爱地朗发根较难。

2.扦插材料的发育状况　不同树龄、枝龄和生长节位的枝条其扦插成活率也存在不同。一般枝龄越小，扦插越易成活。树龄越大，插条生根越难。对于实生树体其基部生长的一年生枝条扦插较易发根。常绿树种，春、夏、秋、冬四季均可扦插。落叶树种夏、秋扦插，以树体中上部枝条为宜；冬、春扦插以枝条的中、下部为好。

3.枝条的发育状况　发育充实的枝条，其营养物质比较丰富，扦插容易成活，生长也较好。嫩枝扦插应在插条刚开始木质化即半木质化时采取；硬枝扦插多在秋末冬初，营养状况较好的情况下采条；草本植物应在植株生长旺盛时采条。

4.贮藏营养状况　枝条中贮藏营养物质的含量和组分与生根难易密切相关。通常枝条糖类越多，生根就越容易。枝条中氮含量过高减少生根数，氮含量较低可以增加生根数，但是缺氮则会抑制生根。硼对插条的生根和根系生长有良好的促进作用，可以对插穗的母株补充硼。

5.环境条件

(1)湿度 插条在生根前失水干枯是扦插失败的主要原因之一。因为新根尚未生成,无法顺利供给水分,而插条的枝段和叶片因蒸腾作用而不断失水。因此要尽可能保持较高的空气湿度,以减少插条和插床水分消耗,尤其嫩枝扦插,高湿可减少叶面水分蒸腾,使叶子不致萎蔫。插床湿度要适宜,又要透气良好,一般维持土壤最大持水量的 60%~80% 为宜。利用自动控制的间歇性喷雾装置,可维持空气中高湿度而使叶面保持一层水膜,降低叶面温度。其他如遮阴、塑料薄膜覆盖等方法,也能维持一定的空气湿度。

(2)温度 一般树种扦插时,白天气温达到 21~25℃,夜间 15℃,就能满足生根需要。在土温 10~12℃ 条件下可以萌芽,但生根则要求土温 18~25℃ 或略高于平均气温 3~5℃。如果土温偏低,或气温高于土温,扦插虽能萌芽但不能生根,由于先长枝叶大量消耗营养,反而会抑制根系发生,导致死亡。在我国北方,春季气温高于土温,扦插时要采取措施提高土壤温度,使插条先发根,如用火炕加热,或马粪酿热,有条件的还可用电热温床,以提供最适的温度。南方早春土温回升快于气温,要掌握时机抓紧扦插。

(3)光照 光对根系的发生有抑制作用,因此,必须使枝条基部埋于土中避光,才可刺激生根。同时,扦插后适当遮阴,可以减少圃地水分蒸发和插条水分蒸腾,使插条保持水分平衡。但遮阴过度,又会影响土壤温度。嫩枝带叶扦插需要有适当的光照,以利于光合制造养分,促进生根,但仍要避免日光直射。

(4)氧气 扦插生根需要氧气。插床中水分、温度、氧气三者是相互依存、相互制约的。土壤中水分多,会引起土壤温度降低,并挤出土壤中的空气,造成缺氧,不利于插条愈合生根,也易导致插条腐烂。插条在形成根原体时要求比较少的氧,而生长时需氧较多。一般土壤气体中以含 15% 以上的氧气而保有适当水分为宜。

(5)生根基质 理想的生根基质要求通水、透气性良好、pH 适宜,可提供营养元素,既能保持适当的湿度又能在浇水或大雨后不积水,而且不带有害的细菌和真菌。

(三)促进扦插生根的方法

1.机械处理 可采用剥皮、纵伤、环剥等方法提高生根率,促进成活。

(1)剥皮 对于木栓组织比较发达的枝条或较难发根的木本园艺植物,扦插前可将表皮木栓层剥去,对促进发根有效。剥皮后能增加插条韧皮部吸水能力,容易长出幼根。

(2)纵伤 用利刀或手锯在插条基部刻划 5~6 道纵切口,深达木质部,可促进节部和茎部切口周围发根。

(3)环剥 在取插条之前 15~20 d,对母株上准备采用的枝条基部剥去宽 1.5 cm 左右的一圈树皮,在其环剥口长出愈伤组织而又未完全愈合时,即可剪下进行扦插。

2.黄化处理 对不易生根的枝条在其生长初期用黑纸、黑布或黑色塑料薄膜等包扎基部,使之黄化,可促进生根。

3.浸水处理 休眠期扦插,插前将插条置于清水中浸泡 12 h 左右,使之充分吸水,达到饱和生理湿度,插后可促进根原始体形成,提高扦插成活率。

4.加温催根处理 扦插时气温高、土温低,插条先发芽,但难以生根而易干枯死亡,是导致扦插失败的主要原因之一。为此,可人为地提高插条下端生根部位的温度,降低上端发芽部位的温度,使插条先发根后发芽。常用的方法有阳畦催根、电热温床催根、火炕催根等。

5.药物处理 应用人工合成的各种植物生长调节剂对插条进行扦插前处理,不仅生根率、生根数和根的粗度、长度等都有显著提高,而且苗木生根期缩短,生根整齐。常用的植物生长调节剂有吲哚丁酸(IBA)、萘乙酸(NAA)等,ABT 生根粉是多种生长调节剂的混合物,是一种高效、广谱性促根剂,可应用于许多园艺植物扦插促根。维生素 B 和维生素 C 对某些种类的插条生根有促进作用。硼可促进插条生根,与植物生长调节剂合用效果显著,蔗糖、高锰酸钾处理也有促进生根和巩固成活的效果。

(四)插条的采集、贮藏与扦插方式

1.插条采集、贮藏与剪截

(1)插条采集　硬枝扦插用插条可在冬季休眠期获得,一般常常结合冬季修剪进行采集。葡萄在埋土之前与冬季修剪同时进行。绿枝扦插用插穗一般是随采随用,不宜放置时间过长,以免影响成活率。采集插穗时应选择丰产、生长健壮、品质优良的树体作采条母树,不可在未结果的幼树或结果后表现不良的劣树上剪取插条。采取的插条必须是充分成熟、粗壮而充实的枝条。芽体饱满,无病虫害等。

(2)插条贮藏　硬枝扦插的插条若不立即扦插,可按每插条长度 60～70 cm 长剪截,每 50 根或 100 根打捆,并标明品种、数量、采集日期及地点。选地势较高、排水良好的地方挖沟或建窖以湿沙贮藏;短期贮藏置阴凉处湿沙埋放(图 4-11)。

(3)插条剪截　扦插繁殖中插条剪截的长短对成活及生长有一定的作用。在扦插材料较少时,为节省插条,需寻求扦插插条

图 4-11　插条的沙藏

最适宜的规格。一般来讲,草本插条长 7～10 cm,落叶休眠枝长 15～20 cm,常绿阔叶树枝长 10～15 cm。插条的切口,下端可剪削成马蹄形,上端在芽上方 1～1.5 cm 处平剪。剪口整齐,不带毛刺。

2.扦插时期与方式

(1)扦插时期　不同种类的植物扦插时期不一。一般落叶阔叶树硬枝扦插在 3 月份,绿枝扦插在 6～8 月份,常绿阔叶树多夏季 7～8 月份扦插,常绿针叶树以早春为好,草本类一年四季均可。

(2)扦插方式

①露地扦插　露地扦插分畦插与垄插。

畦插:一般畦床宽 1 m,长 8～10 m,株行距(12～15)cm×(50～60)cm。每公顷插 120 000～150 000 条,插条斜插于土中,地面留 1 个芽。

垄插:垄宽约 30 cm,高 15 cm,垄距 50～60 cm,株距 12～15 cm。每公顷插 120 000～150 000 条。插条全部插于垄内,插后在垄沟内灌水。

②全光照弥雾扦插　国外近年发展最快、应用最为广泛的育苗新技术。方法是采用先进的自动间歇喷雾装置,于植物生长季节,在室外带叶嫩枝扦插,使插条的光合作用与生根同时进行,由自己的叶片制造营养,供本身生根和生长需要,明显地提高了扦插的生根率和成活率,尤其是对难生根的果树效果更为明显。

(五)扦插的种类及方法

园艺植物按照扦插的材料、插穗成熟度分为叶插(全叶插和片叶插)、茎插(芽叶插、嫩枝扦插和硬枝扦插)、根插(图 4-12)。

图 4-12　扦插的分类

1. 扦插方法

(1)叶插(leaf cutting)　用于能自叶上发生不定芽及不定根的园艺植物种类。以花卉居多,大都具有粗壮的叶柄、叶脉或肥厚的叶片。叶插须选取发育充实的叶片,在设备良好的繁殖床内进行,以维持适宜的温度和湿度,才能获得良好的效果。如白菜、芥菜、萝卜球兰、大岩桐、虎尾兰、秋海棠、橡皮树、非洲紫罗兰等,叶插又分为全叶插和片叶插。

①全叶插　全叶插就是以完整叶片为插穗。一是平置法,切去叶柄,将叶片平铺于沙面上,以铁针或竹针固定于沙面上,下面与沙面紧接。用此法进行繁殖的有大叶落地生根、螺叶秋海棠、彩纹秋海棠。二是直插法,也称叶柄插法,将叶柄插入基质中,叶片立于面上,叶柄基部就发生不定芽。用此法进行繁殖的有非洲紫罗兰、球兰、虎尾兰等(图 4-13)。

图 4-13　全叶插

②片叶插　片叶插是将一个叶片分切为数块,分别进行扦插,使每块叶片上形成不定芽。用此法进行繁殖的有螺叶秋海棠、豆瓣绿、虎尾兰、八仙花等。

(2)枝(茎)插(stem cutting)　可分为芽叶插、嫩枝扦插和硬枝扦插。

①芽叶插　插穗仅有一芽附一片叶,芽下部带有盾形茎部一片,或一小段茎,然后插入沙床中,仅露芽尖即可。插后最好盖一玻璃罩,防止水分过量蒸发。叶插不易产生不定芽的种类,宜采用此法,如桂花、山茶花、天竺葵、宿根福禄考、橡皮树、八仙花和菊花等(图 4-14)。

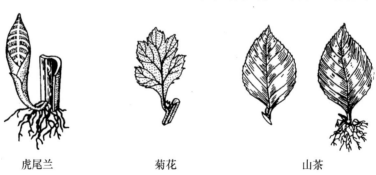

虎尾兰　　　　　菊花　　　　　山茶

图 4-14　芽叶插

②硬枝扦插　指使用已经木质化的成熟枝条进行的扦插,如葡萄、石榴、无花果、月季等。

③嫩枝扦插　又称绿枝扦插。采用当年生的嫩枝或半木质化的枝条做插穗,插穗长 10～15 cm,嫩枝扦插必须保留一部分叶片,若全部去掉叶片则难以生根,叶片较大的种类,为避免水分过度蒸腾可将叶片剪掉一部分。切口位置应靠近节下方,切面光滑。多数植物宜于扦插之前剪取插条,但多浆植物必须待切口干燥 0.5 d 至数天后扦插,以防腐烂。常用此法繁殖的园艺植物有茶花、杜鹃、柑橘、虎刺梅等(图 4-15)。

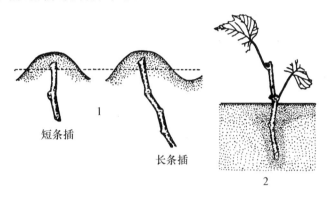

图 4-15　硬枝与嫩枝扦插

1.硬枝扦插　2.嫩枝扦插

(3)根插(root cutting)　根插是利用园艺植物的根系进行扦插繁殖的方法。一些果树和宿根花卉种类可以利用根系具有形成不定芽的能力采用此法,如枣、柿、山楂、梨、李、苹果等果树,薯草、牛舌草、秋牡丹、肥皂草、毛恋花、剪秋罗、宿根福禄考、芍药、补血草、荷包牡丹、博落回等花卉。

根插时植物材料一般选取粗度不应小于 2 mm,剪成长 5～10 cm 的根段进行扦插。

2.插床基质与扦插深度

(1)插床基质　对于容易生根的类型一般对苗床基质要求不严,大田壤土即可。但对于生根慢或绿枝扦插时,对基质的要求较高,常用蛭石、珍珠岩、草炭土等。用过的基质需要再利用时可经过熏蒸、杀菌剂消毒后使用。苗圃地扦插时,要灌足底水,成活期根据墒情及时补水。浇水后及时中耕松土。插后覆膜是一项有效的保水措施。苗木独立生长后,除继续保证水分外,还要追肥,中耕除草。在苗木进入木质化时要停止浇水施肥,以免苗木徒长。

(2)扦插深度与角度　扦插深度要适宜,露地硬枝插过深,地温低,氧气供应不足;过浅易使插条失水。一般硬枝春插时上顶芽与地面平,夏插或盐碱地插使顶芽露出地表,干旱地区扦插,插条顶芽与地面平或稍低于地面。绿枝扦插时,插条插入基质中 1/3 或 1/2。扦插角度一般为直插,插条长者可斜插,但角度不宜超过 45°。

(六)扦插后的管理

扦插后到插条下部生根,上部发芽、展叶,新生的扦插苗能独立生长时为成活期。此阶段关键是水分管理,尤其绿枝扦插最好有喷雾条件。苗圃地扦插要灌足底水,成活期根据墒情及时补水。浇水后及时中耕松土。插后覆膜是一项有效的保水措施。苗木独立生长后,除继续保证水分外,还要追肥、中耕除草。在苗木进入硬化期,苗干木质化时要停止浇水施肥,以免苗木徒长。

四、嫁接繁殖

嫁接(grafting)即人们有目的地将一株植物上的枝条或芽,接到另一株植物的枝、干或根上,使之愈合生长在一起,形成一个新的植株。利用嫁接培育出的苗木称嫁接苗。嫁接苗通常由接穗(用来嫁接的枝、芽或根)和砧木(用于承受接穗的植株)两部分组成。嫁接用符号"十"表示,即砧木十接穗;也可用"/"来表示,但它的意义与"十"表示的相反,一般接穗放在"/"之前。如桃/山桃,或山桃十桃。

(一)嫁接苗的特点

1.保持优良种性　嫁接苗能保持优良品种接穗的性状,且生长快,树势强,结果早,因此,利于加速新品种的推广应用。

2.提高抗逆性　可以利用砧木的某些性状如抗旱、抗寒、耐涝、耐盐碱、抗病虫等增强栽培品种的适应性和抗逆性,以扩大栽培范围或降低生产成本。

3.调节树势　在果树和花木生产中,可利用砧木调节树势,使树体矮化或乔化,以满足栽培上或消费上的不同需求。

4.快速育苗　嫁接是一种快速繁殖无性系的手段,只要嫁接成活,1个芽就能发展成1棵植株,1棵良种植株,通过嫁接就可以发展成多棵植株。

(二)嫁接成活的原理与影响因素

1.嫁接成活过程　当接穗嫁接到砧木上后,两者的伤口表面由受伤细胞形成一层薄膜,当温度和湿度适宜时,切口处的细胞开始活跃,接穗与砧木形成层细胞旺盛分裂,形成愈伤组织,并逐渐填满接穗和砧木之间的隙缝,表面膜消失,砧穗愈伤组织相互连接,将两者的形成层连接起来。愈合组织不断分化,形成层细胞向内形成新的木质部,向外形成新的韧皮部,砧穗之间的维管系统进而相互沟通,愈伤组织外部细胞分化成新的栓皮细胞,两者栓皮细胞相连愈合为新植株(图4-16)。

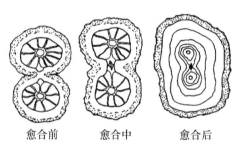

愈合前　　　愈合中　　　愈合后

图 4-16　嫁接愈合过程

芽接的愈合过程与枝接基本相似。芽接时是将芽片内面贴在砧木露出的木质部和形成层上,芽插入后削面上的细胞也形成一层薄膜,芽片周围开始产生愈伤组织,大部分愈伤组织是从砧木木质部外部产生的,逐渐填满砧穗之间的空隙,随后砧木和接芽间的形成层连接起来,愈伤组织开始木质化,并出现独立的筛管组织,砧木和接穗逐渐连接起来。

2.影响嫁接成活的因素

(1)嫁接亲和力(graft affinity)　指砧木和接穗经嫁接能愈合并正常生长的能力。砧木与接穗的亲和力是影响成活的主要因素,嫁接亲和力高,嫁接愈合性越好,成活率越高,嫁接苗生长越好。

砧、穗不亲和或亲和力低的表现形式有：

①愈合不良　嫁接后不能愈合，不成活；或愈合能力差，成活率低。有的虽能愈合，但接芽不萌发；或愈合的牢固性很差，萌发后极易断裂。

②生长结果不正常　嫁接后虽能生长，但枝叶黄化，叶片小而簇生，生长衰弱，以致枯死。有的早期形成大量花芽，或果实发育不正常，肉质变劣，果实畸形。

③生长不协调　砧穗接口上下生长不协调，造成"大脚""小脚"或"环缢"现象（图 4-17）。

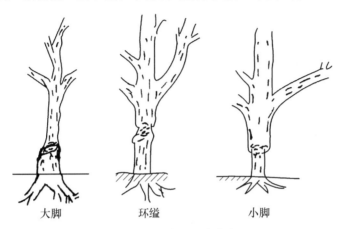

大脚　　　　　环缢　　　　　小脚

图 4-17　嫁接亲和不良的表现

④后期不亲和　有些嫁接组合接口愈合良好，能正常生长结果，但经过若干年后表现严重不亲和。如桃嫁接到毛樱桃砧上，进入结果期后不久，即出现叶片黄化、焦梢、枝干甚至整株衰老枯死现象。

亲和力的强弱，取决于砧、穗之间亲缘关系的远近。一般亲缘关系越近，亲和力越强。同种或同品种间的亲和力最强，如板栗接板栗、秋子梨接南果梨等；同属不同种间的亲和力较不同科不同属的强。

此外，砧穗组织结构、代谢状况及生理生化特性与嫁接亲和力大小有很大的关系。如中国栗接在日本栗上，由于后者吸收无机盐较多，因而产生不亲和，而中国板栗嫁接在中国板栗上则亲和良好。嫁接柿、核桃时常因单宁类物质较多而影响成活。

（2）砧穗发育的生理状态　砧木植株生理状态越活跃，嫁接口越容易愈合。接穗上芽相对静止有利于嫁接成活。在果树生产实践中，一般在根系已经开始活动而接穗处于相对休眠状态时进行枝接。枝接用的接穗一般保存于低温条件下，待春季树液流动后再行嫁接。而芽接多在生长的夏秋季，形成层细胞活跃时进行。

（3）砧木、接穗质量和嫁接技术　嫁接口愈合需要一定的养分，如果砧穗贮藏养分多，则易成活。在一定的生长时期内，砧穗的本质化程度与植物组织内的含糖量呈正相关。因此，选择木质化程度较高或发育充实的芽和枝进行嫁接，则易成活，草本植物或木本植物的未木质化嫩梢也可以嫁接，但要求较高的技术，如野生西瓜嫁接无籽西瓜，嫁接技术要求快、平、准、紧、严，即速度快、削面平、形成层对准、包扎紧及封口严。

（4）环境条件　嫁接成败的主要环境影响因子是温度和湿度。研究表明，在 5～30℃ 时，随着温度上升，伤口愈合加快。过低或过高的温度均不利于伤口愈合。一般以 20～25℃ 为宜。但不同树种对温度的要求不同。如核桃嫁接后形成愈伤组织的最适温为 26～29℃；葡萄室内嫁接的最适温度是 24～27℃,超过 29℃则形成的愈伤组织柔嫩,栽植时易损坏,低于21℃愈合组织形成缓慢。

接穗的含水量也会影响形成层细胞的活动,接穗含水量越少则越难成活。保持较高的湿度利于愈伤组织形成,但不要浸入水中。

3.砧木选择及接穗的采集和贮运

(1)砧木选择　砧木是嫁接的基础,砧木与接穗的亲和力、质量等对嫁接成活、园艺植物的生长结实等均有重要的影响。因此,应慎重选择砧木,并培育健壮砧木。

优良的砧木应具备以下条件:①与接穗有良好的亲和力。②对接穗生长、结果有良好影响,如生长健壮、早结果、丰产、优质、长寿等。③对栽培地区的环境条件适应能力强,如抗寒、抗旱、抗涝、耐盐碱等。④能满足特殊要求,如矮化、乔化、抗病。⑤资源丰富,易于大量繁殖。

(2)接穗采集　应选择生长健壮,具备丰产、稳产、优质的性状,且无检疫性病虫害的母树采集接穗;接穗本身必须生长健壮充实,芽体饱满,无病虫害;为保证品种纯正,应从良种资源圃或经鉴定的营养繁殖系的成年母树上采集接穗;嫁接时期、嫁接方法和树种的不同,用作接穗的枝条要求也不一样。秋季芽接,用当年生的发育枝;春季嫁接多用一年生的枝条,夏季嫁接,可用贮藏的一年生或多年生枝条,也可用当年生新梢。

(3)接穗贮藏　硬枝嫁接或春季芽接用的接穗,可结合冬季修剪工作采集。采下后接穗要立即用罐贮、井贮、窖贮等方法(图4-18)贮存起来,温度以 0～10℃ 为宜。少量的接穗可放在冰箱中。一般采用蜡封接穗贮存。生长季进行嫁接(芽接或绿枝接)用的接穗,采下后要立即剪除叶片,保留叶柄,以减少水分蒸发。每百枝打捆,挂标签,写明品种与采集日期,用湿草、湿麻袋或湿布包扎,最好在外面裹塑料薄膜保湿,但要注意通风。

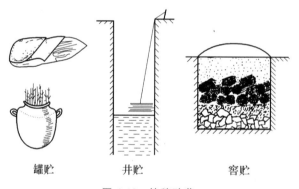

罐贮　　　　　　井贮　　　　　　　窖贮

图 4-18　接穗贮藏

(4)接穗运输　异地引种的接穗必须做好贮运工作。蜡封接穗,可直接运输,不必经特殊包装。未蜡封的接穗及芽接、绿枝接的接穗及常绿果树接穗要保湿运输。将接穗用锯木屑或清洁的刨花包埋在铺有塑料薄膜的竹筐或有通气孔的木箱内。接穗量少时可用湿草纸、湿布、湿麻袋包卷,外包塑料薄膜,留通气孔,随身携带,注意勿使受压。运输中应严防日晒、雨淋。夏秋高温期最好能冷藏运输,途中要注意检查湿度和通气状况。接穗运到后,要立即打开检查,安排嫁接和贮藏。

4.嫁接的时期

(1)枝接时期　枝接一般在早春树液开始流动、芽尚未萌动时为宜。北方落叶树在3月下旬至5月上旬,南方落叶树在2～4月份,常绿树在早春发芽前及每次枝梢老熟后均可进行。

北方落叶树在夏季也可用嫩枝进行枝接。

（2）芽接时期　芽接可在春、夏、秋3季进行，但一般以夏秋芽接为主。绝大多数芽接方法都要求砧木和接穗离皮（指木质部与韧皮部易分离），且接穗芽体充实饱满时进行为宜。落叶树在7～9月份、常绿树9～11月份进行。当砧木和接穗都不离皮时可采用嵌芽接法。

5.嫁接方法　嫁接根据接穗材料不同可分为芽接、枝接、根接3大类（图4-19）。

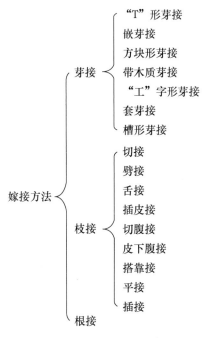

图4-19　嫁接方法分类

（1）芽接（bud grafting）　凡是用一个芽作接穗的嫁接方法称芽接。优点是操作简便，嫁接速度快，接穗利用率高，一年生砧木苗即可嫁接而且容易愈合，接合牢固，成活率高，成苗快，适合于大量繁殖苗木。适宜芽接的时期长，且嫁接时不剪断砧木，一次接不活，还可进行补接。

①"T"形芽接　称盾形芽接，"T"形芽接是果树育苗上应用广泛的嫁接方法，也是操作简便、速度快和嫁接成活率最高的方法。芽片长1.5～2.5 cm，宽0.6 cm左右；砧木直径在0.6～2.5 cm，砧木过粗、树皮增厚反而影响成活。具体操作如图4-20所示。

削芽：左手拿接穗，右手拿嫁接刀。选接穗上的饱满芽，先在芽上方0.5 cm处横切1刀，切透皮层，横切口长0.8 cm左右。再在芽以下1～1.2 cm处向上斜削1刀，由浅入深，深入木质部，并与芽上的横切口相交。然后用右手抠取盾形芽片。

开砧：在砧木距地面5～6 cm处，选一光滑无分枝处横切1刀，深度以切断皮层达木质部为宜。再于横切口中间向下竖切1刀，长1～1.5 cm。

接合：用芽接刀尖将砧木皮层挑开，把芽片插入"T"形切口内，使芽片的横切口与砧木横切口对齐嵌实。

绑缚：用塑料条捆扎。先在芽上方扎紧一道，再在芽下方捆紧一道，然后连缠三四下，系活扣。注意露出叶柄，露芽不露芽均可。

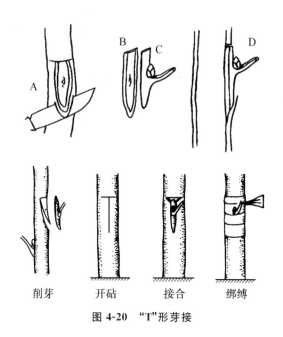

图 4-20 "T"形芽接

A.削芽　B.切透皮层的接穗　C.削下的芽片　D.削下的芽片插入砧木皮层

②嵌芽接　对于枝梢具有棱角或沟纹的树种,如板栗、枣等,或其他植物材料砧木和接穗均不离皮时,可用嵌芽接法(图 4-21)。用刀在接穗芽的上方 0.8～1 cm 处向下斜切 1 刀,深入木质部,长约 1.5 cm,然后在芽下方 0.5～0.6 cm 处斜切呈 30°角与第 1 刀的切口相接,取下倒盾形芽片。砧木的切口比芽片稍长,插入芽片后,应注意芽片上端必须露出 1 线宽窄的砧木皮层。最后用塑料条绑紧。

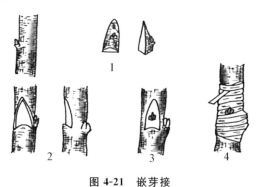

图 4-21 嵌芽接

1.削接穗　2.削砧木接口　3.插入接芽　4.绑缚

③方块形芽接　在砧木和芽片容易剥离皮层时可进行方块形芽接。从接穗枝条切取不带木质部的方形皮芽,紧贴在与芽片大小相同的砧木上(图 4-22)。

此外还有"工"字形芽接、套芽接、槽形芽接等方法。

(2)枝接(stem grafting)　把带有数芽或 1 芽的枝条接到砧木上称枝接。枝接的优点是成活率高,嫁接苗生长快。在砧木较粗、砧穗均不离皮的条件下多用枝接,如春季对秋季芽接未成活的砧木进行补接。根接和室内嫁接,也多采用枝接法。枝接的缺点是,操作技术不如芽接容易掌握,而且用的接穗多,对砧木有一定的粗度要求。常见的枝接方法有切接、劈接、舌

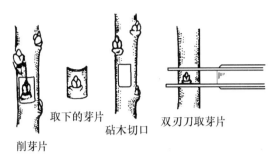

削芽片　　取下的芽片　　砧木切口　　双刃刀取芽片

图 4-22　方块形芽接

接、插皮接和腹接等。

①切接　此法适用于根颈 1～2 cm 粗的砧木坐地嫁接,是枝接中一种常用的方法(图 4-23)。

削接穗:接穗通常长 5～8 cm,以具三四个芽为宜。把接穗下部削成 2 个削面,一长一短,长面在侧芽的同侧,削掉 1/3 以上的木质部,长 3 cm 左右,在长面的对面削一马蹄形小斜面,长度在 1 cm 左右。

劈砧木:在离地面 3～4 cm 处剪断砧干。选砧皮厚、光滑、纹理顺的地方,把砧木切面削平,然后在木质部的边缘向下直切。切口宽度与接穗直径相等,深一般 2～3 cm。

接合:把接穗大削面向里,插入砧木切口。使接穗与砧木的形成层对准靠齐。如果不能两边都对齐,对齐一边也可。

绑缚:用塑料条缠紧,要将劈缝和截口全都包严实。注意绑扎时不要碰动接穗。

②劈接　是一种古老的嫁接方法,应用很广泛。对于较细的砧木也可采用,并很适合于果树高接(图 4-24)。

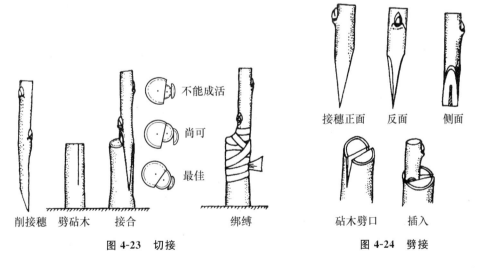

图 4-23　切接　　　　　　　　　**图 4-24　劈接**

削接穗:接穗削成楔形,有 2 个对称的削面,长 3～5 cm。接穗的外侧应稍厚于内侧。如砧木过粗,夹力太大的,可以内外厚度一致或内侧稍厚,以防夹伤接合面。接穗的削面要求平直光滑,粗糙不平的削面不易紧密结合。削接穗时,应用左手握稳接穗,右手推刀斜切入接穗。推刀用力要均匀,前后一致,推刀的方向要保持与下刀的方向一致。如果用力不均匀,前后用力不一致,会使削面不平滑,而中途方向向上偏会使削面不直。一刀削不平,可再补一两刀,使削面达到要求。

砧木处理:将砧木在嫁接部位剪断或锯断。截口的位置很重要,要使留下的树桩表面光滑,纹理通直,至少在上、下6 cm内无伤疤,否则劈缝不直,木质部裂向一面。待嫁接部位选好剪断后,用劈刀在砧木中心纵劈1刀,使劈口深3～4 cm。

接合与绑缚:用劈刀的楔部把砧木劈口撬开,将接穗轻轻地插入砧内,使接穗厚侧面在外,薄侧面在里,然后轻轻撤去劈刀。插时要特别注意使砧木形成层和接穗形成层对准。

一般砧木的皮层常较接穗的皮层厚,所以接穗的外表面要比砧木的外表面稍微靠里,这样形成层能互相对齐。

也可以木质部为标准,使砧木与接穗木质部表面对齐,形成层也就对上了。插接穗时不要把削面全部插进去,要外露0.5 cm左右的削面。这样接穗和砧木的形成层接触面较大,有利于分生组织的形成和愈合。较粗的砧木可以插2个接穗,一边一个。然后用塑料条绑紧即可。

③舌接 常用于葡萄的枝接,一般适宜砧木直径1 cm左右,并且砧穗粗细大体相同的嫁接(图4-25)。

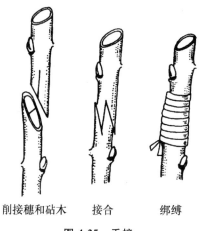

削接穗和砧木　　接合　　绑缚

图 4-25　舌接

在接穗下芽背面削成约3 cm长的斜面,然后,在削面由下往上1/3处,顺着枝条往上劈,劈口长约1 cm,呈舌状。砧木也削成3 cm左右长的斜面,斜面由上向下1/3处,顺着砧木往下劈,劈口长约1 cm,和接穗的斜面部位相对应。把接穗的劈口插入砧木的劈口中,使砧木和接穗的舌状交叉起来,然后对准形成层,向内插紧。如果砧穗粗度不一致,形成层对准一边也可。接合好后,绑缚即可。

④其他枝接方法 此外还有皮下枝接、皮下腹接、切腹接等方法(图4-26至图4-30)。

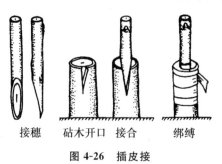

接穗　　砧木开口　　接合　　绑缚

图 4-26　插皮接

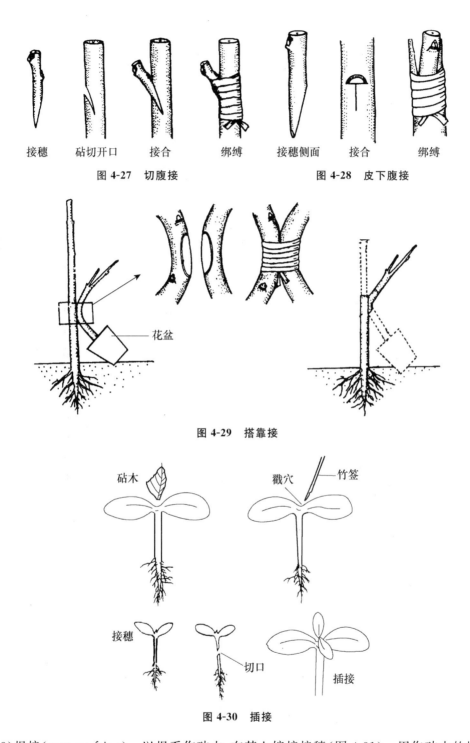

接穗　砧切开口　接合　绑缚　　接穗侧面　接合　绑缚

图 4-27　切腹接　　　　　　　　图 4-28　皮下腹接

图 4-29　搭靠接

砧木　　　　　　戳穴　竹签

接穗　　　　切口　　　插接

图 4-30　插接

（3）根接（root grafting）　以根系作砧木，在其上嫁接接穗（图 4-31）。用作砧木的根可以是完整的根系，也可以是一个根段。如果是露地嫁接，可选生长粗壮的根在平滑处剪断，用劈接、插皮接等方法嫁接。也可将粗度 0.5 cm 以上的根系，截成 8～10 cm 长的根段，移入室内，在冬闲时用劈接、切接、插皮接、腹接等方法嫁接。若砧根比接穗粗，可把接穗削好插入砧根内；若砧根比接穗细，可把砧根插入接穗。接好绑缚后，用湿沙分层沟藏，早春植于苗圃。

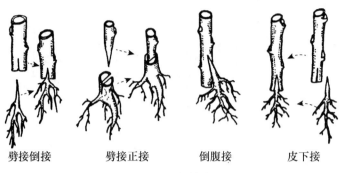

图 4-31　根接法

6. 嫁接苗的管理

（1）检查成活、解绑及补接　嫁接后 7～15 d，即可检查成活情况，芽接接芽新鲜，叶柄一触即落者为已成活；枝接者需待接穗萌芽后有一定的生长量时才能确定是否成活。成活的要及时解除绑缚物，未成活的要在其上或其下补接。

（2）剪砧　夏末和秋季芽接的在翌春发芽前及时剪去接芽以上砧木，以促进接芽萌发（图4-32）。春季芽接的随即剪砧，夏季芽接的一般 10 d 之后解绑剪砧。剪砧时，修枝剪的刀刃应迎向接芽的一面，在芽片上 0.3～0.4 cm 处剪下。剪口向芽背面稍微倾斜，有利于剪口愈合和接芽萌发生长，但剪口不可过低，以防伤害接芽。

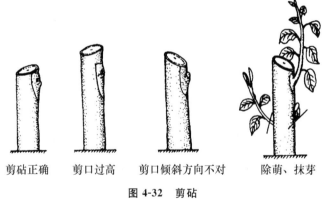

图 4-32　剪砧

（3）除萌　剪砧后砧木基部会发生许多萌蘖，须及时除去，以免消耗水分和养分。

（4）设立支柱　接穗成活、萌发后，遇有大风易被吹折或吹歪，而影响成活和正常生长。需将接穗用绳捆在立于其旁的支柱上，直至生长牢固为止。一般在新梢长到 5～8 cm 时，紧贴砧木立一支棍，将新梢绑于支棍上，不要过紧或过松。

（5）圃内整形　某些树种和品种的半成苗，发芽后在生长期间，会萌发副梢即二次梢或多次梢，如桃树可在当年萌发 2～4 次副梢。可以利用副梢进行圃内整形，培养优质成形的大苗。

（6）其他管理　在嫁接苗生长过程中要注意中耕除草、追肥灌水、防治病虫等工作。

五、压条繁殖

压条（layerage）繁殖是在枝条不与母株分离的情况下，将枝梢部分埋入土中，或包裹在能发根的基质中，促进枝梢生根，然后再与母株分离成独立植株的繁殖方法。这种方法不仅适用于扦插易活的园艺植物,对于扦插难以生根的树种、品种也可采用。因为新植株在生根前,其养分、水分和激素等均可由母株提供,且新梢埋入土中又有黄化作用,故较易生根。其缺点是繁殖系数低。果树上应用较多,花卉中仅有一些温室花木类采用高压法繁殖。

采用一些方法可以促进压条生根,如刻伤、环剥、绑缚、扭枝、黄化处理、生长调节剂处理等。

压条方法有直立压条、曲枝压条和空中压条。

(一)直立压条

直立压条又称垂直压条或培土压条(图4-33)。苹果和梨的矮化砧、石榴、无花果、木槿、玉兰、夹竹桃、樱花等,均可采用直立压条法繁殖。

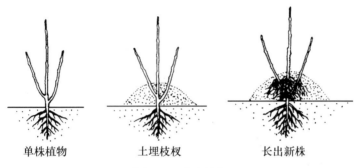

| 单株植物 | 土埋枝杈 | 长出新株 |

图 4-33　直立压条

现以苹果矮化砧的压条繁殖为例说明如下。

第 1 年春天,栽矮化砧自根苗,按 2 m 行距开沟做垄,沟深、宽均为 30～40 cm,垄高 30～50 cm。定植当年因长势较弱,粗度不足时,可不进行培土压条。

第 2 年春天,腋芽萌动前或开始萌动时,母株上的枝条留 2 cm 左右剪截,促使基部发生萌蘖。当新梢长到 15～20 cm 时,进行第 1 次培土,培土高度约 10 cm,宽约 25 cm。培土前要先灌水,并在行间撒施腐熟有机肥和磷肥。培土时对过于密集的萌蘖新梢进行适当分散,使之通风透光。培土后注意保持土堆湿润。约 1 个月后新梢长到 40 cm 时第 2 次培土,培土高约 20 cm,宽约 40 cm。一般培土后 20 d 左右生根。入冬前即可分株起苗。起苗时先扒开土堆,自每根萌蘖基部,靠近母株处留 2 cm 短桩剪截,未生根萌蘖梢也同时短截。起苗后盖土。翌年扒开培土,继续进行繁殖。

直立压条法培土简单,建圃初期繁殖系数较低,以后随母株年龄的增长,繁殖系数会相应提高。

(二)曲枝压条

葡萄、猕猴桃、醋栗、穗状醋栗、树莓、苹果、梨和樱桃等果树以及西府海棠、丁香等观赏树木,均可采用此法繁殖。可在春季萌芽前进行,也可在生长季节枝条已半木质化时进行。由于曲枝方法不同又分水平压条法、普通压条法和先端压条法。

1.水平压条法　采用水平压条时,母株按行距 1.5 m,株距 30～50 cm 定植。定植时顺行向与沟底呈 45°角倾斜栽植。定植当年即可压条。压条时将枝条呈水平状态压入 5 cm 左右的浅沟,用枝杈固定,上覆浅土。待新梢生长至 15～20 cm 时第 1 次培土,培土高约 10 cm,宽约 20 cm。1 个月左右后新梢长到 25～30 cm 时第 2 次培土,培土高 15～20 cm,宽约 30 cm。枝条基部未压入土内的芽处于优势地位,应及时抹去强旺萌蘖。至秋季落叶后分株,靠近母株基部的地方应保留一两株,供来年再次水平压条用(图4-34)。

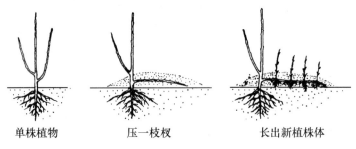

单株植物　　　　压一枝杈　　　　长出新植株体

图 4-34　水平压条

水平压条在母株定植当年即可用来繁殖,而且初期繁殖系数较高,但须用枝杈,比较费工。

2.普通压条法　有些藤本果树如葡萄可采用普通压条法繁殖(图4-35)。即从供压条母株中选靠近地面的一年生枝条,在其附近挖沟,沟与母株的距离以能将枝条的中、下部弯压在沟内为宜,沟的深度与宽度一般为15~20 cm。沟挖好以后,将待压枝条的中部弯曲压入沟底,用带有分叉的枝棍将其固定。固定之前先在弯曲处进行环剥,以利于生根。环剥宽度以枝蔓粗度的1/10左右为宜。枝蔓的中段压入土中后,其顶端要露出沟外,在弯曲部分填土压平,使枝蔓埋入土中的部分生根,露在地面的部分则继续生长。秋末冬初将生根枝条与母株剪离,即成一独立植株。

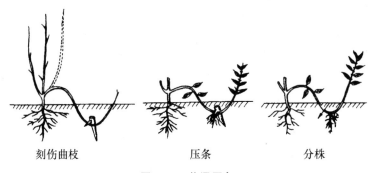

刻伤曲枝　　　　压条　　　　分株

图 4-35　普通压条

3.先端压条法　果树中的黑树莓、紫树莓,花卉中的刺梅、迎春花等,其枝条既能长梢又能在梢基部生根,通常在早春将枝条上部剪截,促发较多新梢,于夏季新梢尖端停止生长时,将先端压入土中。如果压入过早,新梢不能形成顶芽而继续生长;压入太晚则根系生长差。压条生根后,即可在距地面10 cm处剪离母体,成为独立的新植株(图4-36)。

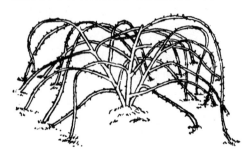

图 4-36　先端压条

(三)空中压条

通称高压法,因在我国古代早已用此法繁殖石榴、葡萄、柑橘、荔枝、龙眼、人心果、树菠萝等,所以又叫中国压条法。此法技术简单,成活率高,但对母株损伤太重。

空中压条在整个生长季节都可进行,但以春季和雨季为好。办法是选充实的二、三年生枝条,在适宜部位进行环剥,环剥后用 5 000 mg/L 的吲哚丁酸或萘乙酸涂抹伤口,以利伤口愈合生根,再于环剥处敷以保湿生根基质,用塑料薄膜包紧。两三个月后即可生根。待发根后即可剪离母体而成为一个新的独立的植株(图 4-37)。

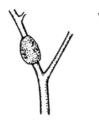

用"基质"包扎　　包扎塑料薄膜

图 4-37　空中压条

六、组织培养繁殖

植物组织培养(tissue culture propagation)是指通过无菌操作,把植物体的器官、组织或细胞(即外植体)接种于人工配制的培养基上,在人工控制的环境条件下培养,使之生长、发育成植株的技术与方法。又称为微体繁殖(Micropropagation)。由于培养物是脱离植物母体,在试管中进行培养,所以也叫离体培养。

组织培养从根本上来说也是营养繁殖的一种方法。组织繁殖的特点是繁殖系数大,速度快,质量好,易脱毒,对于一些珍贵植物或材料较少的植物种类的繁殖具有极高的价值。

(一)组织培养的类型与应用

1.植物组织培养的类型　按其外植体来源及特性不同,植物组织培养可分为以下几种。

(1)植株培养,即幼苗及较大的完整植株的培养。

(2)胎胚培养,包括原胚和成熟胚培养,即胚、胚乳、胚珠、珠心、子房培养及试管受精等。

(3)器官培养,包括根、茎、叶、花及果实等构成植物体的各种器官的离体培养。

(4)愈伤组织培养,即从植物各个部分来的离体材料增殖而形成的愈伤组织的培养。

(5)组织培养,构成植物体的各种组织的离体培养,如分生组织、输导组织、薄壁组织等离体组织的培养。

(6)细胞培养,包括单细胞、多细胞或悬浮细胞的培养。

(7)原生质体培养,用酵素去除细胞壁,单独培养细胞原生质,也可使细胞壁再生。

2.植物组织培养的应用领域　近年来,随着组织培养技术的不断发展,其应用的范围也日益广泛。它的应用领域主要有以下几个方面。

(1)无性系的快速大量繁殖。如采用茎尖培养的方法,一个兰花的茎尖一年内可育成 400 万个球茎,一个草莓茎尖一年内可育出成苗 3 000 万株。目前,兰花、马铃薯、柑橘、香蕉、菠萝、香石竹、马蹄莲、玉簪等多种园艺植物,均已采用组织培养进行快速繁殖。

（2）无病毒苗木的培育。

（3）繁殖材料的长距离寄送和无性系材料的长期贮藏。

（4）细胞次生代谢物的生产，并应用于生物制药工业。

（5）细胞工程和基因工程等生物技术育种。

（6）遗传学和生物学基础理论的研究。

（二）茎尖与茎段的培养

茎尖和茎段都是器官培养的一种方式，器官培养还包括块茎、球茎、叶片、子叶、花序、花瓣、子房、花托、果实、种子等的培养，而茎尖和茎段是园艺植物离体培养中最常采用的材料之一。茎尖的培养含义比较广泛，包括小到仅 0.1～1.0 mm 的茎尖分生组织，大到几十毫米的茎尖或更大芽的培养。茎段培养是利用茎段可产生愈伤组织并能不断地继代培养，用以研究植物的生长与发育、脱分化与再分化、遗传变异与育种。

1. 培养过程

（1）第一阶段：建立无菌材料即外植体。

（2）第二阶段：外植体增殖，即茎尖增殖新梢的过程。

（3）第三阶段：离体茎生根和炼苗。

（4）第四阶段：小苗移植驯化，入土小植株迅速生长发育。

2. 培养方法和程序

（1）无菌培养物建立的准备

①母体植株的管理　母体植株的管理要从 2 个方面来考虑。首先，通过管理措施，防止母株感菌并发病；其次，控制外植体的生理状况。通过人为措施，保持每株健壮、生长。

②外植体的选择　茎尖培养应在旺盛生长的植株上取外植体，未萌发的侧芽生长点和顶端芽均是常用的。大小从 1～5 mm 茎尖分生组织到数厘米的茎尖。

③外植体的消毒　将采到的茎尖切成 0.5～1 cm 长，并将大叶除去。休眠芽先剥除鳞片。茎尖的消毒是在流水中冲洗 2～4 h 后，在 70% 的酒精中浸渍极短时间，然后用 0.1% 次氯酸钠溶液表面消毒 5 min，再用无菌水冲洗。这些消毒方法在工作中应灵活运用，以便适应具体的实验体系。

④组织的分离　在剖取茎尖时，要把茎芽置于解剖镜下，一手用一把镊子将其按住，另一手用解剖针将叶片的叶原基去掉，使生长点露出来，通常切下顶端 0.1～0.2 mm（含一两个叶原基）长的部分做培养材料，接种在培养基上，切取分生组织的大小，由培养的目的来决定。要除去病毒，最好尽量小些。如果不考虑去除病毒，只注重快速繁殖，则可取 0.5～1 cm 长的茎尖，也可以取整个芽。

（2）培养技术

①培养基制备　树种不同，适用的培养基也不同。近年来，多数茎尖培养均用 MS 作为基本培养基，或修改，或补加其他物质。常用的培养基还有 White、Heller、Gautheret 等。

②培养条件　接种于琼脂培养基上的茎尖，应置于有光的恒温箱或照明的培养室中进行培养，每天照光 12～16 h，光照强度 1 000～5 000 lx，培养室的温度是 25℃±2℃。但是有些植物的离体培养需要低温处理以打破休眠，使外植体启动萌发。如天竺葵经 16℃ 低温处理，可以显著提高茎尖培养的诱导率及其增殖率。

③接种　外植体经过严格的消毒，培养基经过高压灭菌后，在超净台或接种箱内进行无菌

操作。无菌接种外植体要求迅速、准确,暴露的时间尽可能短,防止接种外植体变干。

④继代培养　茎长至长 1 cm 以上的可以切下,转入生根培养基中诱导生根,余下的新梢,切成若干小段,转入到增殖培养基中,30 d 左右,或当新梢高 1～2 cm 时,又可把较大的切下生根,较小的再切成小段转入新培养基,这样一代一代继续培养下去,既可得到较大新梢以诱导生根,又可维持茎尖的无性系。

⑤诱导生根并形成完整植株　这一过程培养的目的是促进生根,逐步使试管植株的生理类型由异养型向自养型转变,以适应移栽和最后定植的温室或露地环境条件。有 3 种基本的方法诱导生根:ⓐ将新梢基部浸入 150 μL 或 100 μL IBA 溶液中处理 48 h,然后转移至无激素的生根培养基中;ⓑ直接移入含有生长素的培养基中培养 4～6 d 后转入无激素的生根培养基中;ⓒ直接移入含有生长素的生根培养基中。上述 3 种方法均能诱导新梢生根,但前 2 种方法对幼根的生长发育更有利,第 3 种方法对幼根的生长发育似有抑制作用。

⑥小植株移栽入土　植株移栽是试管苗内由异养生长状态转变为试管外自然环境下自养生长,是一个很大的转变。这一转变要有一个锻炼及适应过程。试管苗的移栽应在植株生根后不久,细小根系尚未停止生长之前及时进行。移植前一两天,要加强光照,打开瓶盖进行炼苗,使小苗逐渐适应外界环境。

(三)无病毒苗的培育

近年来,随着园艺业的不断发展,果树病毒及其危害,日益为人们所重视。病毒病的危害给园艺生产带来巨大损失,草莓病毒曾使日本草莓严重减产,几乎使草莓生产遭到灭顶之灾;柑橘衰退病曾经毁灭了巴西大部分柑橘园;圣保罗州 80% 的甜橙因病毒死亡。迄今尚无有效药剂和方法可以治愈受侵染的植物,所以通过各种措施来培育无病毒苗木是预防病毒病的重要途径。

1. 获得无病毒苗的技术

(1)热处理法脱毒　长期以来,人们发现温汤(49～52℃)浸种能杀死病菌和有害病原微生物,如患枯萎病(为病毒病)的甘蔗放入 50～52℃ 的热水中保持 30 min,甘蔗就可去病生长良好,这是最早脱毒成功的例子。热处理之所以能清除病毒其基本原理是,在高于正常的温度下,植物组织中的很多病毒可以被部分地或完全地钝化,但很少伤害甚至不伤害寄主组织。

热处理可通过热水浸泡或湿热空气进行。热水浸泡对休眠芽效果较好,湿热空气对活跃生长的茎尖效果较好,既能消除病毒又能使寄主植物有较高的存活机会。热空气处理比较容易进行,把旺盛生长的植物移入一个热疗室中,在 35～40℃ 下处理一段时间即可,处理时间的长短,可由几分钟到数月不等。热处理的方法有恒温处理和变温处理,处理的材料可以是植株,也可以是接穗。处理时,最初几天空气、温度应逐步增高,直到达到要求的温度为止。若钝化病毒所需要的连续高温处理会伤害寄主组织,则应当试验高低温交替的效果,也就是变温热处理。

(2)茎尖培养脱毒　White 于 1943 年首先发现在感染烟草花叶病毒的烟草生长点附近病毒的浓度很低,甚至没有病毒。这一发现为茎尖培养脱除病毒提供了理论依据。据研究,植物体内某一部分组织器官不带病毒的原因是:分生组织的细胞生长速度快,病毒在植物体内繁殖的速度相对较慢,而且病毒的传播是靠筛管组织进行转移或通过细胞间连丝传递给其他细胞,因此病毒的传递扩散也受到一定限制,这样便造成植物体的部分组织细胞没有病毒。根据这个原理,可以利用茎尖培养来培育无病毒苗木。

在茎尖脱毒培养时,外植体大小可以决定茎尖存活率和脱毒效果。外植体越大,产生植株的机会越多,但脱毒的效果也越差。茎尖大小选择的原则是:外植体大到足以能够脱除病毒,小到足以能发育成一个完整的植株。故一般切取 0.2～1.5 mm,带一两个叶原基的茎尖作为繁殖材料。

为了提高茎尖脱毒效果,往往和热处理结合使用,如大樱桃置于 45℃ 的恒温培养室内,培养 35 d,再切取 0.2～0.4 mm 的茎尖培养,平均脱毒率为 98%。

(3)茎尖嫁接脱毒 茎尖嫁接是组织培养与嫁接方法相结合,用以获得无病毒苗木的一种新技术,也称微体嫁接。它是将 0.1～0.2 mm 的茎尖(常经过热处理之后采集)作为接穗,在解剖镜下嫁接到试管中培养出来的无病毒实生砧木上,并移栽到有滤纸桥的液体培养基中。茎尖愈合后开始生长,然后切除砧木上发生的萌蘖。生长 1 个月左右,再移栽到培养土中。茎尖嫁接脱毒法最早在柑橘上获得成功,以后在苹果、桃、梨、葡萄等上得到进一步应用。因其脱毒效果好、遗传变异小、无生根难问题,已成为木本果树植物的主要脱毒方法。

(4)珠心胚脱毒 柑橘的珠心胚一般不带病毒,用组织培养的方法培养其珠心胚,可得到无病毒的植株。培养出来的幼苗先在温室内栽培 2 年,观察其形态上的变异。没有发生遗传变异的苗木可作母本,嫁接繁殖无病毒植株。珠心胚培养无病毒苗木简单易行,其缺点是有 20%～30% 的变异,童期长,要 6～8 年才能结果。

(5)愈伤组织培养脱毒 通过植物器官或组织诱导产生愈伤组织,然后从愈伤组织再诱导分化芽,长成植株,可以获得脱毒苗。这在天竺葵、马铃薯、大蒜、草莓、枸杞等植物上已先后获得成功。利用诱导各器官愈伤组织培育无病毒苗的机制,可能有以下几种:ⓐ病毒在植物体内不同器官或组织分布不均;ⓑ病毒复制能力衰退或丢失;ⓒ继代培养的愈伤组织抗性变异。

2.无病毒苗的鉴定 从上述途径培育得到的植株,必须经过严格的鉴定,证明确实无病毒存在,是真正的无病毒苗,才可以提供给园艺生产应用。鉴定的方法有多种,主要是依据其生物学特性和其分子组成而开发的。

(1)指示植物法 用嫁接或摩擦等方法接种于敏感的指示植物上,观察是否发病,不发病者为无病毒苗。

(2)电子显微镜鉴定法 通过电子显微镜在病毒的薄样品或部分纯化的病毒悬浮液中,可以容易地观察到病毒微粒。采用电子显微镜,则与指示植物法和抗血清法不同,可以直接观察,检查出有无病毒存在,并可得知有关病毒颗粒的大小、形状和结构,由于这些特征是相当稳定的,故对病毒鉴定是很重要的。这是一种较为先进的方法,但需一定的设备和技术。

(3)抗血清鉴定法 植物病毒是较好的抗原(antigen),当动物被病毒感染或人工注射异体蛋白后会产生抗体,这种抗原和抗体的结合即为血清反应。因此用已知病毒的抗血清可以来鉴定未知病毒的种类。这种抗血清在病毒的鉴定中成为一种高度专化性的试剂,且其特异性高,测定速度快,一般几小时甚至几分钟可以完成,同时此方法还可以用来做病毒的定量分析,所以抗血清法成为植物病毒鉴定中最有用的方法之一,具有灵敏度高的特点,在植物病毒的鉴定、定量和定位分析中得到广泛的应用。

(4)分子生物学方法 目前,常用的方法有核酸分析和核酸杂交技术。

(5)酶联免疫吸附法(ELISA) 是采用酶标记抗原或抗体的微量测定法。

总之,目前用于病毒检测的方法有很多种,在实际应用中,采用单一鉴定法往往并不十分可靠,特别是对一些特异性病毒,单一鉴定方法可靠性更差,最好几种方法同时鉴定,才可以获得理想的结果。

七、孢子繁殖

孢子是由苔藓、蕨类植物孢子体直接产生的,不经过两性结合,因此与种子的形成有本质的不同。蕨类植物中的不少种类为重要的观叶植物,除采用分株繁殖方法外,也采用孢子体繁殖(spore propagation)。如荚果蕨、波斯顿肾蕨、铁线蕨等。

(一)孢子繁殖的过程

蕨类植物是一群进化水平最高的孢子植物。孢子体和配子体独立生活。孢子体发达,可以进行光合作用。配子体微小,多为心形或垫状叶状体,绿色自养或与真菌共生,无根、茎、叶的分化,有性生殖器官为精子器和颈卵器。无种子,用孢子进行有性繁殖。

孢子来自孢子囊。蕨类植物繁殖时,孢子体上有些叶的背面出现成群分布的孢子囊,这类叶子称为孢子叶,其他叶称为营养叶。孢子成熟后,孢子囊开裂,散出孢子。孢子在适宜的条件下萌发生长为微小的配子体,又称为原叶体(prothallism,prothallus),其上的精子器和颈卵器同体或异体而生,大多生于叶状体的腹面。精子借助外界水的帮助,进入颈卵器与卵结合,形成合子。合子发育为胚,胚在颈卵器中直接发育成孢子体,分化出根、茎、叶,成为观赏的蕨类植物(图 4-38)。

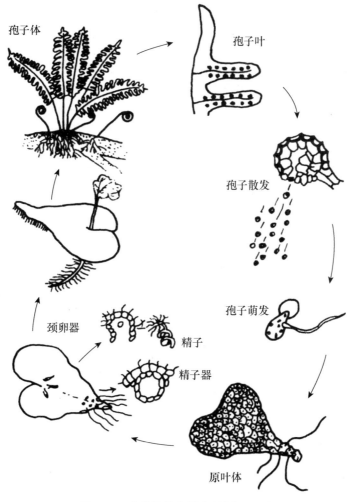

图 4-38 蕨类植物生活史(刘燕,2009)

(二)孢子繁殖的方法

当孢子囊群变褐,孢子即将散出时,给孢子叶套袋,连叶一起剪下,在 20℃下干燥,抖动叶子,帮助孢子从囊壳中散出,收集孢子。然后将孢子均匀撒播在浅盆表面,盆内以 2 份泥炭藓和 1 份珍珠岩混合作为基质。也可以用孢子叶直接在播种基质上抖动撒播孢子。以浸盆法灌水,保持清洁,并盖上玻璃片。将盆置于 20～30℃的温室荫蔽处,经常喷水保湿,3～4 周"发芽",并产生原叶体(叶状体)。此时第一次移植,用镊子钳出一小片原叶体,待产生出具有初生叶和根的微小孢子体植物时,再次移植。

蕨类植物孢子的播种,常用双盆法。把孢子播种在小瓦盆内,再把小盆置于盛有湿润水苔的大盆内,小盆借助盆壁吸取水苔中的水分,更有利于孢子的萌发。

第二节　园艺植物的育苗

育苗(seedling nursery 或 raise seedling)是园艺植物栽培的重要环节和园艺植物生产的特色之一,绝大多数的园艺植物都适合于育苗移栽,以达到苗齐、苗壮和提早栽培的目的。如瓜类、茄果类,大多数白菜类、甘蓝类和葱蒜类,绿叶蔬菜中的芹菜、莴苣,根菜类中的芜菁、根用芥菜等,此外菜用玉米、芦笋、黄秋葵等也适合育苗移栽;大多数的一、二年生草本花卉,如切花菊、非洲菊、万寿菊、翠菊、银叶菊、康乃馨、丝石竹、郁金香、观赏南瓜、羽衣甘蓝、鸡冠花、一串红、矮牵牛、三色堇、鼠尾草、孔雀草、紫罗兰、荷包花。但也有一些园艺植物不适合育苗,如根菜类蔬菜中的萝卜、胡萝卜等,移栽会导致主根容易受损或折断,从而使肉质根形成分叉及畸形,降低产品质量;瓜类及豆类等蔬菜可以育苗移栽,但根系恢复力较弱,因此苗龄不宜过大,且应注意保护根系,防止移栽时伤根而影响缓苗;另外有些单个植株较小、生长快、种植时密度大的蔬菜和部分草本花卉也不适合育苗,如菠菜、茼蒿、芫荽等绿叶蔬菜,大面积粗放栽培的虞美人、花菱草、二月兰、紫茉莉及一些锦葵科的花卉或容器内栽培的矮牵牛、孔雀草、花菱草等,生产上多用直播栽培。

农谚"苗好三成收"。健壮的秧苗是高产稳产的基础,要在精心呵护下,按照秧苗生长发育规律,从种子收藏、处理、播种、培养直到移栽大田,经过一系列相适应的措施才能培养成功。现代园艺植物的种苗多于温室或保护地中的控制条件下进行规范化生产。

一、种子播种育苗

1.育苗方法　园艺植物的育苗方法很多,每种方法都有其特点,适用于一定的育苗要求及条件。从不同角度大致可以分为以下几种类型。

(1)依据育苗设施分类　根据育苗设施的有无,可分为露地育苗和保护地育苗。保护地育苗包括温室育苗、温床育苗、塑料薄膜拱棚育苗等防寒保温育苗以及遮阴育苗、避雨育苗、防虫育苗等。

(2)依据增温方式分类　根据增温方式及热源不同,可分为临时炉火加温育苗、暖气加温育苗、暖风加温育苗、电热加温育苗及太阳能增温育苗等。

(3)依据育苗基质分类　根据育苗基质不同可分为有土育苗和无土育苗。有土育苗又可分为草炭土育苗、混合土育苗、营养土育苗等;无土育苗又可分为固体基质(蛭石、珍珠岩、碳化稻壳、炉渣、砂砾、椰子壳纤维、锯末、芦苇末、甘蔗渣,甚至农作物秸秆、畜禽粪便的堆制发酵产物等)育苗、水培育苗(含岩棉育苗、聚氨酯泡沫块育苗)及气培育苗。

(4)依据幼苗根系保护方法分类　根据幼苗根系保护方法可分为塑料钵(杯)育苗、纸(塑料)袋育苗、割块育苗、营养块育苗、穴盘育苗、容器育苗等。

(5)依据繁殖器官分类　根据育苗繁殖器官不同可分为种子育苗法、扦插育苗法、嫁接育苗法、组织培养育苗法等。

虽然依据不同分类,蔬菜育苗方法有多种,但在实际育苗中,往往是多种育苗方法配合应用。例如,可以在暖风加温温室中行西瓜的穴盘混合固体基质(泥炭∶蛭石∶珍珠岩＝1∶1∶1)嫁接育苗,也可以在遮阴棚内行茶叶的穴盘营养土扦插育苗。

2.育苗设施设备

(1)基质(营养土)处理、装盘(钵)及播种场所　园艺作物育苗需要基质或营养土,这些基质或营养土多为当地来源方便的几种固体基质或营养土复合混配的,因此,需要有专门场所(地)来进行配制、混合、搅拌、混匀。现代工厂化育苗还要配套搅拌机、消毒机等设备。

基质或营养土混配好后,进行装盘(钵)及播种,还需要有装盘(钵)及播种的场所及设备。基质处理场所和装盘(钵)及播种场所可在一起,也可分开。工厂化育苗还可直接购买配制好的基质而省去基质处理场所。园艺作物的育苗基质目前国内外均有商业化生产,如美国的Speedling有限责任公司、丹麦的Pindstrup公司、德国的Floragard基质公司,我国的山东鲁青种苗有限公司、宁夏天缘园艺高新技术开发有限公司、浙江杭州锦海农业科技有限公司等。

普通育苗的基质处理场所和装盘(钵)及播种场所多为简易棚(轻钢遮阴防雨棚)或直接利用育苗温室一角。而工厂化育苗多配套有固定的育苗播种车间。在这个车间里,基质混合搅拌机、装盘装钵机(或制块机)、播种机等是连在一起的,形成一条自动化的精量播种生产线,因此,在育苗播种车间,可完成自基质混合搅拌、装盘装钵至播种、覆土、洒水等全过程。

播种车间占地面积视育苗数量和播种机的体积而定,一般面积为100 m²,主要放置精量播种流水线和一部分的基质、肥料、育苗车、育苗盘等,播种车间要求有足够的空间,便于播种操作,使操作人员和育苗车的出入快速顺畅,不发生拥堵。同时要求车间内的水、电、暖设备完备,不出故障。

(2)播种和催芽的设施设备

①播种容器　园艺植物秧苗定植后缓苗情况好坏,除了与育苗环境调控及秧苗大小有关外,与秧苗根系的保护措施有无及方法也有很大关系。保护根系的最有效措施就是容器育苗。

育苗筒:由塑料薄膜或纸制作而成。根据生产需要可以制成各种规格,一般直径为7～8 cm,筒高11～13 cm,不低于8.5 cm。用塑料育苗筒,定植时需将其取下,洗净后收藏,可多次利用。纸筒定植时连同秧苗一起栽入大田。塑料筒保水性优于纸筒。

育苗钵:指培育秧苗用的钵状容器,按钵体材料分为塑料钵、泥炭钵、纸钵等。目前我国生产上多采用上大下小的圆形钵,有多种规格,可依据育苗作物的种类和成苗大小选用。

营养块:营养块是由草炭、蛭石等基础原料添加缓释肥料、处理后的农业残渣和特定的辅助剂制成的育苗块,具有营养全面、无病菌虫卵、操作简便、节约用种、定植后缓苗快、成活率高等优点,是营养钵育苗的替代品。

育苗盘:用塑料制成,也可用木板、泡沫板等制作。育苗盘既可用于播种育苗,也可用于分苗。它便于搬运,且适于立体育苗。目前工厂化育苗都采用国际上通用的塑料穴盘,其外形和孔穴的大小采用国际统一标准,穴盘宽 27.9 cm,长 54.4 cm,高 3.5~5.5 cm,每盘孔穴数有 50、72、98、128、200、288、392、512 等多种规格,根据穴盘自身质量,有 130 g 轻型盘、170 g 普通盘和 200 g 以上的重型盘。

②播种设备　一般的普通育苗不需要更多设备,但专业的工厂化育苗需要配套有穴盘精量播种设备。穴盘精量播种设备是现代工厂化育苗的核心设备,主要设备由育苗穴盘摆放机、送料及基质装盘机、压穴及精量播种机、覆土机和喷淋机等部分组成。它包括每小时播种 700~1 000 盘速度的拌料、育苗基质装盘、刮平、打洞、精量播种、覆盖、喷淋全过程的生产流水线,整个过程实现了机械化和自动化。

③催芽设备　工厂化育苗一般都配备有催芽室,可用于大量催芽和播种出苗。此外,规模较小的非商业育苗时也可采用发芽箱、生物培养箱、催芽缸、电热毯、催芽器等小型催芽设备。

催芽室一般包括保温设施、环境调控设备、环境控制系统、育苗盘架、育苗盘等。

催芽室的保温设施类型很多,简易的催芽室,一般建在温室内,由双层钢筋骨架覆盖塑料薄膜构成,利用太阳能增温保温为主;现代工厂化育苗配套的催芽室,一般建在轻钢结构的播种车间内,其外壳采用聚氨酯夹芯板保温材料,门也用保温门。

催芽室环境调控设备主要包括温度、光照、湿度等调节设备,其中简易催芽室主要利用电热线加温,光照靠自然光,湿度靠人工浇水或洒水;现代化催芽室则用空调调控温度,光照为人工光源,湿度采用自动喷水调节。环境控制系统是指控温、控湿、控光等系统,它包括环境测试、环境指标设定、环境控制判断及警报等,简易催芽室可自动控制加温,但光照、湿度等靠人为控制;现代化催芽室环境因子靠电子计算机实行自动化控制。

催芽室的育苗床架高度可在 180 cm,上下分成 10~12 层,层间距离 15 cm 左右,床架宽度 60 cm,长 200 cm,铁架下面装 4 个橡胶轮,便于推进推出。具体规格应与催芽室相匹配。

催芽盘用塑料育苗盘最好,也可用木板等制作。育苗盘摆放在床架上。

标准的催芽室是具有良好的隔热保温性能的箱体,内设加温、喷雾装置和摆放育苗盘的层架,同时设有加热、增湿和空气交换等自动控制和显示系统,室内温度在 20~35℃ 可以调节,相对湿度能保持在 85%~90%,催芽室内外、上下温、湿度在允许范围内相对均匀一致。

(3)组织培养室　园艺植物快繁育苗和脱毒育苗属于组织培养,它是工厂化育苗的一种方法。兰花、马铃薯、柑橘、香蕉、菠萝、香石竹、马蹄莲、玉簪等多种园艺作物,均已采用组织培养进行快速繁殖。

组织培养育苗可分为组织培养期、驯化期和幼苗培育期,其中组织培养期需要在组织培养室内进行。

组织培养室由培养基准备室、消毒室、无菌接种室、培养室等组成。培养基准备室内需要有实验台和培养基配制所需的仪器设备;消毒室内需要有灭菌锅和摆放培养瓶或试管的台子或架子;无菌接种室需要有超净工作台和室内消毒灯器具;培养室需要有培养架、日光灯、温度调控设备等。组织培养室的规模应根据育苗规模而定。

(4)绿化、驯化、幼苗培育的设施设备

①设施　主要包括温室、塑料薄膜拱棚、温床、遮阳棚等(详见本书第七章第一节)。现代工厂化育苗温室内均配备有外遮阳系统、内保温幕系统、覆盖系统、电动自然通风系统、湿帘风机降温系统、微喷系统或行走式喷淋系统、防虫网系统、采暖系统、补光系统、配电系统等。

②设备

a.育苗床架:育苗床架的设置一是为育苗从业人员操作方便,二是可以提高基质温度,三是可以防止幼苗根系扎入地下,有利于根坨的形成,四是避免病害蔓延。床架高度可根据需要而定,生产上多为 50~70 cm。为充分利用育苗温室的空间,工厂化育苗多采用可左右移动的床架。

b.灌水施肥设备:小面积育苗用喷壶浇水即可,工厂化育苗温室或大棚内的喷水系统一般采用行走式喷淋装置,既可喷水、喷肥,又可喷洒农药。行走式喷淋系统包括供水管道、喷水装置、传动装置、水源等。喷水装置由钢管每隔 50 cm 安装 1 个喷头构成,一般安装在温室骨架的滑道上;供水管道用胶管或塑管一头连接在喷水管上,另一头接在自来水管上;传动装置用电机和牵引绳索与喷水装置连接。通过采用继电器装置控制喷灌机的行走及灌水。移动喷灌机喷头采用进口单嘴喷头(用户可以选择不同流量喷嘴:3~120 L/h),配有优质过滤器,不易堵塞。喷杆采用铅架塑制喷杆,高低可调,供水管路接头均采用优质工程塑料制造,耐农药及肥料的腐蚀。用户可以根据种苗的种类及生长阶段对灌溉的间隔时间进行设定,在喷灌机运行受阻时还可自动停机以策安全。基本型移动喷灌机的速度可调,有遥控操纵功能,极大地方便了用户的操作,提高了整机的安全性。可设计成在温室各跨之间转移,一台喷灌机可以控制多跨温室以降低投资。如武汉如意种苗高科技开发有限公司移动喷灌机的技术参数:喷灌机最大控制宽度 12 m,最大行程 56 m(端部供水);喷灌机配有 200 W 可变速直流电机,运行速度 1~25 m/min,电源为 220 V/50Hz;喷灌机额定工作压力 0.28 MPa,最大允许流量 5 000 L/h;喷头流量:120 L/h,喷头标准间距 355 mm。

c.补光装置:在日照时间短、光照强度弱的冬季育苗时,常常出现幼苗发育不良,尤其是遇阴雨雪天秧苗生长更差,而采用人工补光,则可以取得良好的效果。补光光源有日光灯、白炽灯、高压汞灯、高压钠灯、生物效应灯和农用荧光灯等多种。但以生物效应灯和农用荧光灯补光效果最好。生物效应灯光谱类似太阳光,产生连续光谱,具有 80 lm/W 高光效,它热量损耗小,光照强度均匀,适于秧苗补光,和白炽灯搭配使用效果更好。

d.CO_2 气肥发生装置:根据 CO_2 源的不同,CO_2 气肥发生装置也不同。燃烧含碳物质的 CO_2 气肥发生装置需要有燃烧室、鼓风机、燃料贮存罐、点火装置等。以液化气为原料的 CO_2 气肥发生装置,每小时产生 1.2 kg CO_2。以焦炭或木炭为原料的 NC-A 型农用 CO_2 发生器,每小时产生 9 m³ CO_2。碳酸氢铵和硫酸反应的 CO_2 气肥发生装置需要有反应罐、药品贮藏罐、气体传输管道等。液化 CO_2 气肥发生装置需要有钢瓶、减压阀、气体传输管道和定时装置等。

二、苗床准备

(一)育苗场地的条件

常规露地苗圃应满足以下条件。

(1)交通方便,地势平坦,阳光充足。果树苗圃应选在背风处,蔬菜苗圃则应适当通风。

(2)土壤肥沃,酸碱度适宜。壤土、沙壤土及轻黏壤土保肥水能力强,通气条件好,有利于种子发芽和幼苗生长。熟土层厚度应在 30 cm 以上,并含有丰富的腐殖质而呈团粒结构。土壤 pH 应为 6.5~7.5。

(3)水源充足,排灌方便。地下水位应在 1 m 以下,低洼易积水和遭霜冻的地方,不宜建设育苗床。

(4)无严重危害病虫害。立枯病、根头癌肿病、蛴螬、金针虫、线虫及根瘤蚜等病虫害严重的土壤和地区不宜建立苗圃。

(二)育苗场地的规划

苗圃地确定后,还要根据圃地的任务和性质分区。现代化专业苗圃的分区主要包括资源区、繁殖区及辅助区。

(1)资源区 又称母本园。主要任务是提供繁殖材料,如良种圃提供果树、花木优良品种的接穗或插条;砧木圃提供砧木种子或自根砧木的繁殖材料;采种圃提供草本花卉及蔬菜种子等。

(2)繁殖区 根据所培育的种苗类型而分为实生苗培育区、自根苗培育区、嫁接苗培育区及名贵苗培育区等。为便于耕作管理,应结合地形划分成小区,一般长度不短于 100 m,宽度可为长度的 1/3~1/2。

(3)辅助区

①道路 结合区划进行设置,要求四通八达,畅通无阻。主干路为苗圃中心与外部联系的主要通道,宽度 6 m 左右。支路宽 3~4 m,标高高出育苗区约 10 cm,如兼做排水使用,亦可低于苗区 10~20 cm。步路宽在 2 m 以内。

②排灌系统 应沿主要道路设置。利用河流、塘坝、水库等进行自流灌溉时,渠道应高于苗圃地,其比降通常不超过 0.1%,以减少冲刷。需地下水灌溉时,一般 1.33~2.69 hm^2 地打一眼水井。从节水、提高土地利用率和保持水土的角度出发,应逐步发展喷灌和滴灌。低洼易涝地区,应开设排水沟。

③防护林 苗圃周围应建立高大宽厚的绿色林网,以营造适宜的小气候条件,防止苗木受风沙危害。

④房舍建筑 包括办公室、宿舍、农具室、贮藏室及厩舍等。应选位置适中、交通方便的地点建造。

(三)营养土的配制与床土消毒

(1)营养土的配制 营养土是人工按一定比例配成适合于幼苗生长的土壤。营养土是供给幼苗生长发育所需要的水分、营养和空气的基础,秧苗生长发育的好坏与床土质量有着密切的关系。

培养土要求:一是富含有机质,以改善和协调土壤中水、肥、气、热之间的关系;二是营养成分完全,具备 N、P、K、Ca 等营养元素;三是微酸性和中性 pH,以利于根系的吸收活动;四是不含病菌虫卵,无杂草种子(进行土壤消毒、预先堆制);五是具有良好的物理结构,干裂时不裂纹(拉伤根系),浇水后不板结(透气),且具有一定黏性以利移植秧苗时根系能多带土。

配制培养土可因地制宜,就地取材。基本原料是土壤(菜园土、大田土)和肥料(腐熟有机肥、灰粪及化肥等)。蔬菜育苗多用 6 份大田土(无病菌虫卵)加 4 份腐熟的堆肥、厩肥等进行调制。每立方米培养土中另加腐熟过筛的鸡粪 25 kg,过磷酸钙 1 kg,草木灰 10 kg。调匀后于播种床内铺垫 8~10 cm,分苗床 10~12 cm。或于播前制作营养土块或装入纸钵、草钵、塑料营养钵、塑料穴盘内待播种。

(2)床土消毒 福尔马林(40%甲醛)消毒:福尔马林加水配成 100 倍液向苗床上喷洒,1 kg 福尔马林对水 100 kg 可喷洒 4 000~5 000 kg(1 m^3)培养土,喷后把床土拌匀,并在土堆上覆盖塑料薄膜闷 2～3 d,充分杀死土中病菌,然后揭开塑料薄膜,经 7～14 d,土壤中药气散发完再使用。

多菌灵(50%可湿性粉剂)消毒:把多菌灵(或代森锌、托布津)配成水溶液(稀释 300～400 倍)后,按每 1 000 kg 床土 25～30 g 的多菌灵喷洒,喷后把床土拌匀用塑料薄膜严密覆盖,2～3 d后即可杀死土壤中的枯萎病等病原菌。

药土消毒:按每平方米苗床用 70%五氯硝基苯 5 g,65%的代森锌 5 g 与 15 kg 半干细土拌匀,也可用 50%多菌灵 10 g、70%的托布津 10 g 各与 15 kg 半干细土拌匀,做成药土,于播种时做底土或盖籽土。

基质消毒机:基质消毒分干热消毒和蒸汽消毒两种。干热消毒是用燃料加热机内空气,基质在消毒机进出过程中由热空气加热消毒。蒸汽消毒由蒸汽锅炉产生的蒸汽加热基质进行消毒。基质用量少时,可采用大铁锅上放蒸笼的方式进行基质消毒。

三、种子处理

种子处理是园艺植物育苗中的重要环节,其目的是增进种子后熟、促进吸水萌发、打破种子休眠、提高种子活力、消灭种子带菌、增加种子营养、利于机械化精量播种等。

(一)清水浸种

清水浸泡种子可软化种皮,除去发芽抑制物,促进种子萌发。水浸种时的水温和浸泡时间是重要条件,有凉水(25～30℃)浸种、温水(55℃)浸种、热水(70～75℃)浸种和变温(90～100℃,20℃以下)浸种等。后两种适宜有厚硬壳的种子,如核桃、山桃、山杏、山楂、油松等,可将种子在开水中浸泡数秒钟,再在流水中浸泡 2～3 d,待种壳一半裂口时播种,但切勿烫伤种胚。

(二)促进萌发

对于种皮(果皮)坚硬的种子采取划破种子表壳、摩擦或去皮(壳)的方法,使其容易吸水发芽。如对伞形科的胡萝卜、芹菜、茴香、防风等蔬菜种子进行机械摩擦,使果皮产生裂痕以利吸水;用砂纸磨、锤砸、碾子碾及老虎钳夹开山楂、樱桃、山杏等的坚硬种皮,可提高透水透气,从而促进发芽;西瓜、特别是小粒种或多倍体种子,可采用嗑开种皮(或另加包衣)的方法,以利于吸水发芽。另外,也可将种壳坚硬或种皮有蜡质的种子(如山楂、酸枣及花椒等)浸入有腐蚀性的浓硫酸(95%)或氢氧化钠(10%)溶液中,经过短时间的处理,使种皮变薄,蜡质消除,透性增加,利于萌芽,但浸后的种子必须用清水冲洗干净。

(三)打破休眠

据试验,H_2O_2、硫脲、KNO_3、赤霉素等对打破种子休眠有效。如黄瓜种子用 0.3%～1% H_2O_2 浸泡 24 h,可显著提高刚采收的种子的发芽率与发芽势;0.2%硫脲对促进莴苣、萝卜、芸薹属、牛蒡、茼蒿等种子发芽均有效;赤霉素(GA_3)对茄子(100 mg/L)、芹菜(66～330 mg/L)、莴苣(20 mg/L)以及深休眠的紫苏(330 mg/L)均有效;用 0.5～1 mg/L 赤霉素处理马铃薯打破休眠已广泛应用于生产。

(四)提高活力

在高温或低温季节播种前,利用无机盐类如 KNO_3、K_3PO_4、NaH_2PO_4 等处理某些蔬菜种子,有提高种子活力和发芽率的作用,使其发芽整齐。常用的浓度为 1%～3%,温度条件为20～25℃,时间约 1 周。微量元素浸种处理对种子活力也有一定影响,常用的微量元素有硼

(B)、锰(Mn)、锌(Zn)、铜(Cu)和钼(Mo)等。据报道,用 0.3 g/L 的硼砂或钼酸氨处理辣椒种子,明显提高发芽率和减少发芽天数。用硼溶液浸种,可提高萝卜、甘蓝种子的活力;钼可促进白菜、番茄、花椰菜等种子的萌发。用 25%聚乙二醇(PEG)处理甜椒、辣椒、茄子、冬瓜等发芽出土困难的蔬菜种子,可在较低温度下使种子出土提前,出土百分率提高,且幼苗健壮。

(五)种子消毒

种子消毒可杀死种子所带病菌,并保护种子在土壤中不受病虫危害。方法有药剂浸种和药粉拌种。药剂浸种消毒应严格掌握用药浓度和浸种时间,浸种后须用清水冲洗种子。如用福尔马林 100 倍水溶液浸种 15～20 min,捞出后将种子密闭熏蒸 2～3 h,最后用清水冲洗;用 10%磷酸三钠或 2%氢氧化钠水溶液浸种 15 min,捞出洗净,有钝化番茄花叶病毒的作用。药粉拌种用 70%敌克松、50%退菌特、90%敌百虫,用量占种子质量的 0.2%～0.3%。此外温汤浸种、种子干热处理等也有较好的消毒作用。

(六)种子包衣

薄膜包衣技术从 20 世纪 80 年代开始有了重大的发展。所用包衣胶粘剂是水溶性可分散的多糖类及其衍生物(如藻酸盐、淀粉、半乳甘露聚糖及纤维素)或合成聚合物(如聚乙环氧乙烷、聚乙烯醇和聚乙烯吡啶烷酮)。所以,种子包衣对水和空气是可以渗透的。包衣处理的种子可以小至苋菜、大至蚕豆。杀虫剂、杀菌剂、除草剂、营养物质、根瘤菌或激素等都可混入包衣剂中,种子包衣后在土壤中遇水只能吸胀而几乎不被溶解,从而使药剂或营养物质等逐步释放,延长持效期,提高种子质量,节省药、肥,减少施药次数。

(七)种子丸粒化

种子的丸粒化是一项综合性的新技术,指的是通过种子丸粒化机械,利用各种丸粒化材料使质量较轻或表面不规则的种子具有一定强度、形状、质量,从而达到小种子大粒化、轻种子重粒化、不规则的种子规则化的效果,以利于机械的精量播种。丸粒化时可加入胶粘剂、杀菌虫剂、生长促进剂等,可显著地提高种子对不良环境的抵抗能力。

(八)种子催芽处理

临播种前保证种子吸足水分,促使种子中养分迅速分解运转,以供给幼胚生长所需称催芽。催芽过程的技术关键是保持充足的氧气和饱和空气相对湿度,以及为各类种子的发芽提供适宜温度。保水可采用多层潮湿的纱布、麻袋布、毛巾等包裹种子。可用火炕、地热线和电热毯等维持所需的温度,一般要求 18～25℃。

四、播种技术

(一)播种时期

何时播种应根据各类园艺作物的生长发育特性,对环境的不同要求,计划上市的时间,当地环境条件及对环境条件的控制程度而定。在人工可控的设施栽培条件下,可按需要时期播种,在自然环境下,依园艺作物种子发芽所需温度及将来的生长条件,结合当地气候来确定。适时播种能节约管理费用,且出苗整齐,能培育出优质的产品,获得更好的效益。

一般园艺植物的播种期可分为春播和秋播两种,春播从土壤解冻后开始,以 2～4 月份为宜,秋播多在 8～9 月份,至冬初土壤封冻前为止。温室蔬菜和花卉没有严格季节限制,常随需要而定。露地蔬菜和花卉主要是春、秋两季。果树一般早春播种,冬季温暖地带可晚秋播。亚热带和热带可全年播种,以幼苗避开暴雨与台风季节为宜。

（二）直播与育苗

种子播种可分为大田直播和苗床育苗两种方式。大田直播是指播后不行移栽，就地长成苗或供作砧木进行嫁接培养成嫁接苗出圃。苗床育苗一般在露地苗床或设施内集中育苗，经分苗培养后定植田间。

（三）播种方式

有撒播、条播、点播（穴播）3 种方式。

（1）撒播　一般用于生长期短、营养面积小、种子较小的园艺作物直播或简易苗床育苗。这种方式可经济利用土地面积，但不利于机械化耕作管理。同时，对土壤的质地、圃地的整理、撒籽的技术、覆土的厚度等都要求比较严格。

（2）条播　一般用于生长期较长和营养面积较大，以及需要中耕培土的园艺作物。速生叶菜、小萝卜、茄果类简易苗床育苗等也可进行条播。这种方式便于机械化的耕作管理，灌溉用水量经济，土壤透气性较好。

（3）点播（穴播）　一般用于生长期长、营养面积大的园艺作物，以及需要丛植的园艺作物，如韭菜、豆类等。点播的优点在于能够造成局部的发芽所需的水、温、气条件，有利于在不良条件下播种而保证苗全苗壮。如在干旱炎热时，可以按穴浇水后点播，再加厚覆土保墒放热，待要出苗时再扒去部分覆土，以保证出苗。点播用种量最省，也便于机械化的耕作管理。

（四）播种方法

播种或用干种子，或用浸泡过的种子，或用催出芽的种子，因此它们的播种方法也有所不同。

干籽播种一般用于湿润地区或干旱地区的湿润季节，趁雨后土壤墒情合适，能满足发芽期对水分的需要时播种。播种时，根据种子大小、土质、天气等，穴播的用锄开穴、条播的先开 1～3 cm 深的浅沟、撒播的可用钉齿耙拉播沟，然后播种。播种后用耙耙平沟土盖住种子，并进行适当土面镇压，让种子和土壤紧紧贴合以利种子吸水萌发。如果土壤墒情不足，或播后天气炎热干旱，则在播种后需要连续浇水，始终保持土面湿润状态直到出苗。但浇水会引起土壤表面板结，使出苗时间延长和不整齐。为防止土壤表面浇水后板结，可于床面铺碎草进行喷灌。

浸种和催芽的种子须播于湿润的土壤中，墒情不够时，应事先浇水造好墒情再行播种。播法与干籽相同。

（五）播种量

单位面积内所用种子的量称为播种量，通常用 g/亩表示。播前必须确定适宜的播种量，其算式为：

$$播种量 = \frac{亩/(株距 \times 行距) \times 每穴粒数}{每克粒数 \times 种子纯净度 \times 种子发芽率}$$

在生产实际中，播种量应视土壤质地、气候冷暖、病虫草害、雨量多少、种子大小、直播或育苗、播种方式（点播、条播及撒播）、耕作水平等情况，适当增加播种量。

（六）播种深度

播种深度依种子大小、气候条件和土壤性质而定，一般为种子横径的 2～5 倍，如核桃等大粒种子播种深为 4～6 cm，海棠、杜梨 2～3 cm，甘蓝、石竹、香椿 0.5 cm 为宜，草莓、无花果等播后不覆土，只需稍加镇压或筛以微薄细沙土，不见种子即可。总之，在不妨碍种子发芽的前提下,以较浅为宜。土壤干燥,可适当加深。秋、冬播种要比春季播种稍深,沙土比黏土要适当深播。为保持湿度,可在覆土后盖稻草、地膜等。种子发芽出土后撤除或开口使苗长出。

五、苗期管理

(一)温度管理

适宜的温度、充足的水分和氧气是种子萌发的三要素。不同园艺作物种类以及作物不同的生长阶段对温度有不同的要求。一些主要蔬菜的催芽温度和催芽时间如表4-1所示。催芽室的空气湿度要保持在90%以上。

表4-1　部分蔬菜催芽室温度和时间

蔬菜种类	催芽室温度/℃	时间/d
茄子	28~30	5
辣椒	28~30	4
番茄	25~28	4
黄瓜	28~30	2
甜瓜	28~30	2
西瓜	28~30	2
生菜	20~22	3
甘蓝	22~25	2
花椰菜	20~22	3
芹菜	15~20	7~10

蔬菜或花卉幼苗生长期间的温度应控制在适合的范围内,见表4-2。

表4-2　部分蔬菜幼苗生长期对温度的要求

蔬菜种类	白天温度/℃	夜间温度/℃
茄子	25~28	15~18
辣椒	25~28	15~18
番茄	22~25	13~15
黄瓜	22~25	13~16
甜瓜	23~26	15~18
西瓜	23~26	15~18
生菜	18~22	10~12
甘蓝	18~22	10~12
花椰菜	18~22	10~12
芹菜	20~25	15~20

种子播种后需要适宜的条件才能迅速萌芽。发芽期要求水分充足、温度高,冬春季节可于播种后立即覆盖农用塑料薄膜,以增温保湿,当大部分幼芽出土后,应及时划膜或揭膜放苗。出苗前若床土干旱,应及时喷水或渗灌,切勿大水漫灌,以防表土板结闷苗。

(二)光照管理

光照影响着幼苗生长发育的质量,是培育壮苗不可缺少的因素。光照条件包括光照强度和光照时数,二者对幼苗的生长发育和秧苗质量有着很大的影响。园艺作物种类不同,对光照强度的要求也不相同,但基本要求在其光饱和点以下,光补偿点以上,在这个范围内,当温度、CO_2 等环境条件适宜时,植物体的光合作用强度随着光照强度增加而增加。

表 4-3 部分蔬菜瓜果光饱和点和光补偿点   klx

光照要求	番茄	茄子	甜椒	黄瓜	西瓜	甜瓜	甘蓝	芹菜	莴苣	菜豆
光补偿点	2	2	1.5	2	4	3	2	2	1.5	1.5
光饱和点	70	40	30	55	80	55	40	45	25	25

光照时间的长短也影响着养分的积累和幼苗的花芽分化,正常条件下,随着光照时间的增长,养分积累增加,利于花芽分化,秧苗素质提高。若幼苗长时间处于弱光的条件下,易于形成徒长苗。对于穴盘苗来说,由于单株营养面积相对较小,幼苗密度大,对光照强度的要求更加严格。一般工厂化育苗在苗床上部配置光通量 1.6 万 lx、光谱波长 550～600 nm 的高压钠灯,在自然光照不足时,开启补光系统可增加光照强度,满足各种园艺作物幼苗健壮生长的要求。

光照条件直接影响秧苗的质量,秧苗干物质的 90%～95% 来自光合作用,而光合作用的强弱主要受光照条件影响。冬、春季日照时间短,自然光照弱,阴天时温室内光照强度更弱。在目前大多数育苗温室内尚无人工补光条件下,如果温度条件允许,争取早揭、晚盖不透明保温覆盖物,以延长光照时间,在阴雨雪天气,也应揭开。同时应选用防尘无滴膜做覆盖材料,定期冲刷膜上灰尘,以保证秧苗对光照的需求。夏季育苗光照强度超过了光饱和点,需要用遮阳网遮阴,达到降温防病、秧苗苗壮生长的目的。

(三)营养液配方与管理

幼苗生长过程中,要适时适量补肥、浇水。

育苗过程中营养液的添加决定于基质成分和育苗时间,采用以草炭、生物有机肥料和复合肥合成的专用基质,育苗期间以浇水为主,适当补充一些大量元素即可。采用草炭、蛭石、珍珠岩作为育苗基质,营养液配方和施肥量是决定种苗质量的重要因素。

(1)营养液的配方 园艺作物无土育苗的营养液配方各地介绍很多,一般在育苗过程中营养液配方以大量元素为主,微量元素由育苗基质提供。使用时注意浓度和调节 EC,pH(表 4-4)。

表 4-4 工厂化育苗大量元素的营养液配方

	成分	用量/g	浓度
A	$Ca(NO_3)_2$	500	单独配置成 100 倍液
B	$CO(NH_2)_2$	250	混合配制成 100 倍母液
	KH_2PO_4	100	
	$(NH_4)H_2PO_4$	500	
	$MgSO_4$	500	
	KNO_3	500	

(2)营养液的管理 蔬菜、瓜果工厂化育苗的营养液管理包括营养液的浓度、EC、pH 以及供液的时间、次数等。一般情况下,育苗期的营养液浓度相当于成株期浓度的 50%～70%,EC 为 0.8～1.3 mS/cm,配置时应注意当地的水质条件、温度以及幼苗的大小。灌溉水的 EC 过

高会影响离子的溶解度;温度较高时降低营养液浓度,较低时可考虑营养液浓度的上限;子叶期和真叶发生期以浇水为主或取营养液浓度的低限,随着幼苗的生长逐渐增加营养液的浓度;营养液的pH随园艺作物种类不同而稍有变化,苗期的适应范围为5.5~7.0,适宜值为6.0~6.5。营养液的使用时间及次数决定于基质的理化性质、天气状况以及幼苗的生长状态,原则上掌握晴天多用、阴雨天少用或不用;气温高多用、气温低少用;大苗多用、小苗少用。工厂化育苗的肥水运筹和自动化控制,应建立在环境(光照、温度、湿度等)与幼苗生长的相关模型的基础上。

(四)肥水供给系统

喷水、喷肥设备是工厂化育苗的必要设备之一。喷水、喷肥设备的应用可以减少劳动强度,提高劳动效率,操作简便,有利于实现自动化管理。喷水、喷肥设备可分为行走式和固定式两种。行走式又有悬挂式行走喷水喷肥车和轨道式行走喷水喷肥车之分。悬挂式行走喷水喷肥车比轨道式行走喷水喷肥车节省占用地面积,但是对温室骨架要求严格,必须结构合理、坚固耐用。固定式喷水喷肥设备是在苗床架上安装固定的管道和喷头。

在没有条件的地方,也可以利用自来水管或水泵,接上软管和喷头,进行水分的供给。需要喷肥时,在水管上安放加肥装置,利用虹吸作用,进行养分的供给。

(五)分苗、补苗

由于种子质量和育苗温室环境条件影响,穴盘中会出现空穴现象,对于一次成苗的园艺作物,需在第1片真叶展开时,抓紧将缺苗补齐。在寒冷季节育苗,可先将种子播在288孔苗盘内,当小苗长至1~2片真叶时,移至72孔苗盘内,这样可提高前期温室利用率,减少能耗。

(六)定植前炼苗

秧苗在移出育苗温室前必须进行炼苗,以适应定植地点的环境。如果幼苗定植于有加热设施的温室中,只需保持运输过程中的环境温度;幼苗若定植于没有加热设施的塑料大棚内,应提前3~5 d降温、通风、炼苗;定植于露地无保护设施的秧苗,必须严格做好炼苗工作,定植前7~10 d逐渐降温,使温室内的温度逐渐与露地相近,防止幼苗定植时因不适应环境而发生冷害。另外,幼苗移出育苗温室前2~3 d应施一次肥水,并进行杀菌、杀虫剂的喷洒,做到带肥、带药出室。

(七)苗期病害防治

瓜果蔬菜及花卉育苗过程中都有一个子叶内贮存营养大部分消耗、而新根尚未发育完全、吸收能力很弱的断乳期,此时幼苗的自养能力较弱,抵抗力低,易感染各种病害。园艺作物幼苗期易感染的病害主要有猝倒病、立枯病、灰霉病、病毒病、霜霉病、菌核病、疫病等;以及由于环境因素引起的生理性病害有寒害、冻害、热害、烧苗、旱害、涝害、盐害、沤根、有害气体毒害、药害等。

对于以上各种病理性和生理性的病害要以预防为主,做好综合防治工作,即提高幼苗素质,控制育苗环境,及时调整并杜绝各种传染途径,做好穴盘、器具、基质、种子以及进出人员和温室环境的消毒工作,再辅以经常检查,尽早发现病害症状,及时进行适当的化学药剂防治。

育苗期间常用的化学农药有75%的百菌清粉剂600~800倍液,可防治猝倒病、立枯病、霜霉病、白粉病等;50%的多菌灵800倍液可防治猝倒病、立枯病、炭疽病、灰霉病等;以及64%杀毒矾M8的600~800倍液,25%的甲霜灵1 000~1 200倍液,70%的甲基托布津1 000倍液和72%的普力克400~600倍液等对蔬菜瓜果的苗期病害防治都有较好的效果。化学防治过程中注意秧苗的大小和天气的变化,小苗用较低的浓度,大苗用较高的浓度;一次用药后连续晴天可以间隔 10 d 左右再用一次,如连续阴雨天则间隔 5～7 d 再用一次;用药时必须将药液直接喷洒到发病部位;为降低育苗温室空间及基质湿度,打药时间以上午为宜。对于猝倒病等发生于幼苗基部的病害,如基质及空气湿度大,则可用药土覆盖方法防治,即用基质配成 400～500 倍多菌灵毒土撒于发病中心周围幼苗基部,同时拔除病苗,清除出育苗温室,集中处理。对于环境因素引起的病害,应加强温、湿、光、水、肥的管理,严格检查,以防为主,保证各项管理措施到位。

六、苗木出圃

(一)适龄壮苗

适龄壮苗是获得园艺作物高产优质高效的基础,培育适龄壮苗是整个育苗期的主攻目标。育苗生产中分为适龄壮苗、徒长苗和老化苗。老化苗和徒长苗的形成是育苗环境差、管理不当所造成。

(1)壮苗特征

形态特征:表现为茎秆粗壮、节间短,叶色浓绿。叶片舒展而肥厚,根系发达洁白,发育平衡无病虫害。

生理特征:表现为干物质含量高,同化功能旺盛,表皮组织中角质层发达,水分不易蒸发,对栽培环境适应性强,具有较强的抗逆能力,耐旱、耐寒性好,果菜类的花芽分化早,花芽数量多,并且具有较好的素质,根系活力旺盛,定植后缓苗快,适时开花,果实丰硕产量高。

在适宜的环境条件下,不同季节、不同瓜果蔬菜其日历苗龄及生理苗龄不同。不同蔬菜瓜果穴盘育苗适龄壮苗标准见表 4-5。

表 4-5　部分蔬菜瓜果工厂化穴盘育苗适龄壮苗标准

蔬菜作物	日历苗龄/d	生理苗龄(叶片数)/片
冬春季茄子	70 左右	6～7
冬春季甜(辣)椒	70 左右	8～10
夏季甜(辣)椒	35 左右	3～4
冬春季番茄	60 左右	6～7
夏季番茄	20 左右	3 叶 1 心
黄瓜	30 左右	3～4
甜瓜	30 左右	3～4
西葫芦	20 左右	2 叶 1 心
西瓜	30 左右	3～4
冬春季甘蓝	60 左右	5～6
冬春季青花菜	40 左右	3 叶 1 心
夏季青花菜	25 左右	3 叶 1 心
冬春季花椰菜	60 左右	5～6
芹菜	60 左右	5～6
生菜	35 左右	4～5

（2）徒长苗特征

形态特征：表现为茎细、节间长、叶色淡、叶片薄，根系发育弱、根量少，植株外观呈瘦长型。

生理特征：表现为植株营养物质含量低，细胞液浓度低，同化功能差，表皮组织中细胞排列疏松，水分易蒸发，对环境条件的适应性和抗逆性差，不耐旱，遇轻霜易受冻，抗病能力弱，果菜类秧苗花芽分化迟缓，根系活力衰弱，定植后缓苗慢，成活率低。由于营养生长不良，生殖生长受到影响，易落花落果，给早熟高产造成威胁。

（3）老化苗特征

形态特征：表现为植株矮小，茎脆无弹性并出现木质化，叶面积小且不舒展，叶色暗绿，根系木栓化，根毛呈棕黄色，黄瓜苗出现花打顶现象。

生理特征：表现为细胞液中水分含量少，致使光合作用能力下降，同化产物减少，营养生长速度缓慢，根系木栓化造成根系活力低下，定植后缓苗慢，果菜类的老化苗虽然定植后开花较早，但由于营养体小，叶面积小，合成产物少，故果实膨大受影响，致使产量低，植株易早衰。

（二）工厂化育苗工艺流程

工厂化育苗的基本程序为：播种→催芽→成苗培育。具体工艺流程如图4-39所示。

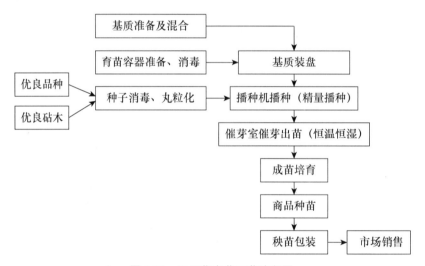

图 4-39　工厂化育苗工艺流程图

（三）种苗的经营与销售

1. 种苗商品的标准化技术　种苗商品的标准化技术包括种苗生产过程中技术参数的标准化、工厂化生产技术操作规程的标准化和种苗商品规格、包装、运输的标准化。种苗生产过程中需要确定温度、基质和空气湿度、光照强度等环境控制的技术参数，不同种类蔬菜种苗的育苗周期、操作管理规程、技术规范、单位面积的种苗产率、茬口安排等技术参数，这些技术参数的标准化是实现工厂化种苗生产的保证。建立各种种苗商品标准、包装标准、运输标准是培育国内种苗市场、面向国际种苗市场、形成规范的园艺种苗营销体系的基础。种苗企业应形成自己的品牌并进行注册，尽快得到社会的认同。

2. 商品种苗的包装和运输技术　种苗的包装技术包括包装材料的选择、包装设计、包装装潢、包装技术标准等。包装材料可以根据运输要求选择硬质塑料或瓦楞纸；包装设计应根据种苗的大小、运输距离的长短、运输条件等，确定包装规格尺寸、包装装潢、包装技术说明等。

营养块育苗的秧苗运输可选用塑料筐,将秧苗直立码放在塑料筐中,塑料筐的高度应高于秧苗。码放秧苗时应轻拿轻放,避免散坨。

穴盘育苗的秧苗取苗前浇一透水,有利于秧苗从苗盘中拔出而不会出现散坨现象,也避免长途运输时缺水。取苗时,可将秧苗一排排、一层层倒放在纸箱或筐里。早春季节,穴盘苗的远距离运输要防止幼苗受寒,要有保温措施。近距离定植的可直接将育苗盘一起运到地里,但要注意防止苗盘的损伤。

3.商品种苗销售的广告策划　目前,我国多数地区尚未形成种苗市场,农户和园艺场等生产企业尚未形成购买种苗的习惯。因此,商品种苗销售的广告策划工作是培育种苗市场的关键。要通过各种新闻媒介宣传工厂化育苗的优势和优点,根据农业、农民、农村的特点进行广告策划,以实物、现场、效益分析等方式把蔬菜种苗商品尽快推进市场。

4.商品种苗供应示范和售后服务体系　选择目标用户进行商品种苗的生产示范,有利于生产者直观了解商品种苗的生产优势和使用技术,并且由此宣传优质良种,生产管理技术和市场信息,使科教兴农工作更上一个台阶。种苗生产企业和农业推广部门共同建立蔬菜商品种苗供应的售后服务体系,指导农民如何定植移栽穴盘种苗、肥水管理要求,保证优质种苗生产出优质产品。种苗企业的销售人员应随种苗一起下乡,指导帮助生产者用好商品苗。

思考题

1.园艺植物繁殖的主要方式有哪些? 简述它们的特点与应用。

2.不同类型的种子在采收时有哪些要求?

3.种子贮藏的方法有哪些?

4.衡量园艺植物种子质量的指标有哪些? 如何测定种子的生活力?

5.简述引发园艺植物种子休眠的主要因素。

6.简述促进园艺植物种子发芽的主要措施。

7.什么是分生繁殖? 变态茎繁殖的类型有几种?

8.扦插繁殖主要有哪几种?

9.如何利用生长调节剂促进插条生根?

10.简述嫁接原理。

11.影响嫁接成活率的因素有哪些?

12.试述嫁接苗管理的关键技术。

13.什么是压条繁殖? 简述直立压条的方法。

14.简述组织培养的类型及应用领域。

15.简述获得无病毒种苗的几个主要措施。

16.简述孢子繁殖的过程与方法。

17.有部分园艺植物不适合育苗,举例说明其原因。

18.园艺植物的育苗方法有哪些类型?

19.简述工厂化育苗主要设施设备及其作用。

20.举例说明种子处理的主要方法及其作用。

21.决定园艺植物播种期的因素有哪些?

22.试述撒播、条播和点播三种播种方式的优缺点。

23.试述园艺植物种苗生产的管理技术要点。

24.试述工厂化育苗的工艺流程。

参考文献

[1]郭维明,毛龙生.观赏园艺概论.北京:中国农业出版社,2001.

[2]章镇,王秀峰.园艺植物总论.北京:中国农业出版社,2003.

[3]刘燕.园林花卉学.2版.北京:中国林业出版社,2009.

[4]贾稀.现代花卉.北京:中国农业科技出版社,2004.

[5]包满珠.花卉学.北京:中国农业出版社,2003.

[6]刘国杰.园艺植物栽培学总论.北京:中央广播电视大学出版社,2010.

[7]罗正荣.普通园艺学.北京:高等教育出版社,2005.

[8]郗荣庭.果树栽培学总论.北京:中国农业出版社,1983.

[9]马凯,侯喜林.园艺通论.北京:高等教育出版社,2005.

[10]浙江农业大学.蔬菜栽培学总论.2版.北京:中国农业出版社,2017.

[11]喻景权,王秀峰.蔬菜栽培学总论.3版.北京:中国农业出版社,2014.

[12]范双喜,李光晨.园艺植物栽培学.2版.北京:中国农业大学出版社,2007.

[13]李式军,郭世荣.设施园艺学.2版.北京:中国农业出版社,2011.

[14]张福墁.设施园艺学.2版.北京:中国农业大学出版社,2007.

[15]高丽红,郭世荣.现代设施园艺与蔬菜科学研究.北京:科学出版社,2015.

[16]李新峥.现代农业园区新型蔬菜生产.北京:化学工业出版社,2011.

[17]张振贤.蔬菜栽培学.修订版.北京:中国农业大学出版社,2013.

[18]方智远.蔬菜学.南京:江苏科学技术出版社,2004.

[19]朱立新,李光晨.园艺通论.5版.北京:中国农业大学出版社,2020.

[20]罗正荣.普通园艺学.北京:高等教育出版社,2005.

[21]农业部种植业管理司,全国农业技术推广服务中心,国家蔬菜产业技术体系.蔬菜标准园生产技术.北京:中国农业出版社,2010.

[22]陈杰忠.果树栽培学各论(南方本).4版.北京:中国农业出版社,2011.

[23]包满珠.花卉学.3版.北京:中国农业出版社,2011.

第五章
CHAPTER

种植园的规划与设计

内容提要

　　简述园艺植物种植园的主要类型、园址选择依据、规划原则,依据种植作物、栽培设施、立地条件、经营目的等规划设计,定位功能分区,合理建园造园。阐明园艺植物种植制度的概念及类型,合理配置种植结构、种植方式、栽培季节和茬口安排,科学制定生产计划、严密组织生产计划实施,建立生产技术档案,规范记录生产操作过程。种植园规划设计与实施的目标是确保园艺植物种植具有较好的经济、社会和生态效益。

　　园艺植物的种植园,即通常生产上的果园、菜园、花卉圃、苗圃、风景绿化区或绿地等。这些种植园的规划设计、建园造园以及种植制度、茬口衔接、生产计划等,都要事先制定具有科学性、前瞻性和可操作性的规划设计方案,并在业内专家可行性论证基础上,形成科学合理的,适合区域环境和市场需求的实施方案,盲目地建园或生搬硬套别人的方案建园将会给后期的生产管理带来混乱,并可能造成人力物力财力的巨大损失,是现代化农业所不允许的。种植园的建设与建一幢大楼、修一座大桥一样,施工前都要有地址勘测、图纸设计、施工方案制定等缜密细致的前期规划设计,才能确保新建或改扩建种植园区得以可持续发展,使之具有明显的经济效益、社会效益和生态效益。

第一节　种植园的规划

　　园艺植物有草本、木本、藤本等,有多年生与一、二年生之分,在管理技术、建园要求上各有特点,共同之处也很多。园艺植物种植园规划设计是种植园的基础性工程,一定规模的现代化园艺植物园必须在建园前,根据自然条件、社会经济条件和市场需求等因素综合考虑,全面规划,精心组织实施,使之既符合现代商品生产要求,又具有现实可行性和可操作性。多年生果树和观赏树木定植后生长多年,大型园艺设施建造后需使用多年,在规划设计时更应考虑周全。

　　建园直接关系到园艺生产效益的高低,甚至投资的成败。种植园规划涉及多项科学技术

(园艺学、地理学、气象学、生态学、人文科学、经济学、市场营销学、建筑学、法律学等)的综合配套,既要考虑园艺植物本身及环境条件,又要关注市场销售和流通,任何决策错误都会带来重大损失。

一、园地选择

园艺植物种植园园址选择最主要的是依据气候、土壤、水源和社会因素等,其中气候为优先考虑的前置条件。园址选择必须以较大范围的生态区划为依据,选择园艺植物最适合生长的气候区域,在灾害性天气频繁发生、而且目前又无有效办法预防的地区不宜建园。

蔬菜和花卉都是对肥水需求比较多的植物,需肥沃的土壤、充足的水源等条件。同时,建园时还应考虑地下水位的高低,如果一年中有半个月以上时间地下水位高于 0.5～1.0 m,则不宜建园,对一些易内涝的地块也不宜建园。同时由于鲜嫩蔬菜、花卉不耐运输、贮藏,所以便利的交通条件,对于降低生产成本,促进生产不断发展也十分重要。

各类果树对立地条件的要求参见表5-1。果树为多年生植物,因此,慎重选择园地,对于大面积果园的建立具有极其重要的意义。对果园园地评价的高低,一般以气候、土壤肥力、地下水位和交通、社会经济、加工厂、劳动力、技术力量等条件为标准。但各种条件中,首先应当考虑的是气候。气候条件中主要是温度,温度引起的冻害、冷害、霜害等常常使多年经营的果园毁于一旦,造成巨大损失。

例如,我国北方年平均温度在 6℃ 以下的地带,苹果冬季常常遭受冻害;在南方年平均温度 18℃ 以下的地区,柑橘也常受冻害。美国柑橘园经过几次大冻害以后,近数十年主要是在偏南的几个比较安全的地方发展柑橘。至于在土壤不良或地下水位过高或缺乏水源处建园,尚可逐步加以改进。

在我国,根据"人多耕地少"的国情,果树发展的方针是"上山下滩,不与粮棉油争地";沿海滩涂地、河滩沙荒地建立果园要注意改土治盐(碱),使土壤含盐量在 0.2% 以下,土壤有机质达到 1% 以上再建园;丘陵、山地建园,需了解丘陵、山地的自然资源状况,如海拔高度、坡向、坡度。高海拔地区,坡度大的山地或局部丘陵地块不宜建园。具备建园条件的山地、丘陵地首先要做好水土保持工程。

园艺植物发展还应遵循可持续发展原则,绿色果品、绿色蔬菜是今后发展的方向。严禁在风口地块、低洼山谷、交通主干路两侧、工矿和垃圾场附近建园,确保生产的产品安全、优质、营养。

二、园区类型

园艺种植园类型很多,从不同角度大致可以分为以下几种类型。

1.依据种植作物分类　根据栽培的园艺作物不同,可分为果园、菜园、花卉园、树木园、茶园等。同时也可依据种植的目的分为苗圃(种苗工厂)、种质资源圃、育种(留种)圃、良种繁育圃、无病毒采穗圃、商品化生产园、加工原料园等。

2.依据栽培设施分类　根据栽培设施的有无,可分为露地种植园和设施种植园。露地种植园也可细分为矮化栽培、棚架栽培、匍匐栽培、立体栽培、间作栽培等多种方式;设施种植园是指利用各类塑料棚、温室、人工气候室等设施及配套设备进行蔬菜、花卉、瓜果类的栽培,能在局部范围内改造和创造最优的园艺植物生长发育的环境条件而进行高产、优质、高效生产。与传统的露地种植园相比,设施种植园具有受气候影响小、生产季节不受限制、生产效益高的特点。

表 5-1 果树作物对立地条件的要求

果树种类		土壤	pH 最适范围	光照	年均温/℃	极限低温/℃	适宜年降雨/mm	地下水位	风霜
仁果类	苹果	沙质土、中性壤土最好	5.4~6.3	需高光照强	7.5~14	-30	450~660	1 m 以下不能积水	抗风能力中弱,需防风林
	梨	不严格	5.6~7.2	需高光照强	7.2~15	-30~-25	500~800	1 m 以下不能积水	抗风能力中弱,需防风林,不抗晚霜
	山楂	不严格	5.7~7.1	需高光照强	2.4~22.6	-35~-30	450~600	1 m 以下不能积水	抗晚霜能力强,抗晚霜能力中强
核果类	桃	沙质土、中性壤土	5.2~6.8	喜光性强	8~17	-23~-20	450~650	1.5 m 以下不能水淹	抗风能力一般
	杏	不严格	6.8~7.5	喜光性强	3~20	-30~-25	200~1 200	1.5 m 以下不耐水淹	抗风能力一般,不抗晚霜
	李	不严格	5.8~7.5	喜光性中强	1~18	-30~-25	450~1 000	1.5 m 以下不耐水淹	抗风能力一般
	樱桃	沙质土、中性壤土	5.6~7.0	喜光性强	10~12	-18	600~700	1.5 m 以下不能积水	抗风能力中强
坚果类	核桃	土层深厚壤土	6~7.5	喜光性强	9~16	-28	600~800	1.5 m 以下不能积水	抗风能力中强
	板栗	喜锰、土层通透要好	5.5~6.8	喜光性强	7~17	-28~-25	500~2 000	1.5 m 以下不能积水	抗风能力中强
枣柿柑类	柿	不严格	5.7~7.5	喜光性强	10~21.5	-20~-18	450~800	1.5 m 以下不能积水	抗风能力中强
	枣	不严格	5.2~8	喜光性强	10~22	-30	390~800	1.5 m 以下不能积水	抗风能力中强
浆果类	葡萄	不严格	5.5~7.5	喜光性强	7~16	-20~-15	500~700	1 m 以下不常积水	较抗风霜
	猕猴桃	微酸沙质壤土好	5.5~6.5	喜光性强又怕强光	11.3~16.9	-20	400~1 800	喜水怕涝	抗风能力一般
	石榴	不严格	6.5~7.5	喜光性强	9~18	-17	400~1 200	1.5 m 以下不能积水	抗风能力中强,冬季怕冻

3.依据立地条件分类　根据种植园的立地条件分为平原平地种植园、丘陵山地种植园、江河湖海滩地滩涂种植园等,平原平地园适合规模化生产,便于实现机械化;丘陵山地园生产成本较低,管理稍粗放,符合国家退耕还林、退耕还果的政策,有利于发展生态循环农业,一般宜在坡度10°以下建设山地果园、菜园,坡度在20°~30°的山坡可种植根深、抗旱性强的板栗、核桃等,坡度超过30°的山地不宜建园;滩地滩涂需要进行土壤改良,才能发挥较好效益。

4.依据经营目的分类　根据种植园的经营目的分为专业化商品生产园、庭院式生产园、观光采摘园等。专业化商品生产园,以生产优质园艺产品供应市场为目标,应配备相应的生产设施和农机具,完善整理清洗、分等分级、包装、预冷、贮藏、加工、运输及信息等功能,实现集约化生产,有较好的经济效益;庭院式生产园多数为村庄四周和城乡家庭院落及阳台、屋顶等的一种利用方式,可以美化环境、增加绿地、净化空气、陶冶情趣、丰富生活、增加收入;观光采摘园是在城市近郊和风景区附近开辟特色果园、菜园、茶园、花圃等,让游客入园摘果、摘菜、赏花、采茶,享受田园乐趣,是随着近年来生活水平和城市化程度的提高,以及人们环境意识的增强而逐渐出现的集旅游、观光、采摘、休闲度假于一体,经济效益、生态效益和社会效益相结合的综合性产物。观光采摘园将生态、休闲、科普有机地结合在一起,同时,生态型、科普型、休闲型的观光采摘园的出现和存在,改变了传统农业仅专注于土地本身的大耕作农业的单一经营思想,形成了"可览、可游、可居"的环境景观,构筑出了"城市—郊区—乡间—田野"的空间休闲系统,客观地促进了旅游业和服务业的开发,有效地促进了城乡经济的快速发展。

三、规划依据

一个地区应当发展什么园艺植物生产,或一种园艺植物应当在什么地区、地块发展生产,不能随意主观决策,应作深入细致的调查研究、反复比对、认真论证、慎重决策。调查研究应以本地为主,外地为辅。调查研究的内容如下。

(1)国家的政策、法规,地区经济、社会发展的方针。特别是园艺种植业发展的方针,城乡发展和区域产业发展规划等。

(2)自然环境条件和资源。包括气候、日照、水文、降雨量、土壤条件、地形地貌,环境污染程度、不同地块的肥沃程度等。

①气象方面　包括气温(每月的最高、最低及平均温度)、湿度、每月降雨量,无霜期,结冰期和化冰期,冻土厚度,风力、风速、风向及风向玫瑰图,有云天数、日照天数,大气污染,积雪及特别小气候。

②地形方面　调查地表面的起伏状况,包括山的形状、走向、坡度、位置、面积、高度及土石状况,平地、沼泽地状况。

③土壤方面　调查土壤的物理、化学性质,坚实度、通气、透水性,氮、磷、钾的含量,土壤的pH大小,土层深度等。

④水质方面　调查现有水面及水质的情况,水底标高,河床情况,常水位,最低、最高水位,水流方向,水质及地下水状况。

⑤植被调查　调查现有植被:已有的主要园艺作物生长情况。

⑥环境质量　调查水、气、噪声、垃圾的情况。

(3)社会经济及人文条件。包括人口、农业劳动力资源、经济状况、工业和商业、交通的发达与否;种植业水平;特别是已有园艺业水平、有无名特优产品;农业劳动力素质等。

（4）交通条件。调查园区周边环境状况及旅游资源,建设园区所处地理位置与城市交通的关系,包括交通路线、交通工具等情况。

（5）现有设施的调查。如给、排水设施、能源、电源、电讯情况,原有建筑的位置、面积用途等。

（6）市场情况。特别是园艺产品的近地和远销市场,现状与展望;本地、近地人口园艺产品消费水平及特点等。

（7）发展生产的投资情况。主要靠本地还是有其他投资方,近期与长期投资力度等。

（8）现场勘察工作所获得的第一手现状资料。

对于这些基础资料,既要逐项予以评价,还应对资料整体进行综合评价。前者是后者的基础,后者是前者的深化,从而获得全面的认识,利于园区的正确定位。

上述情况的调查,有的需要依据实际数据绘制图示,如土壤分布图、植被图、水源状况等;有的则要依据实际数据编写出说明书,如社会经济及人文方面的情况。在这些工作的基础上再论证发展什么和怎样发展。

我国改革开放以来,农业快速发展,农民从"以粮为纲"和不灵活的政令指挥下解放出来,通过农业产业结构的调整优化,大力发展更见成效的园艺生产,如果品、蔬菜生产,但是问题也不少,主要就是发展中缺少科学的规划,没有先搞调查再决策、再实施,而是"群众运动式"一哄而起,相当多的果园、菜园、温室大棚无序发展,造成产品滞销或其他形式的损失。如果有科学的调查、论证再决策,就可以避免或减少这种损失。

四、规划原则

1.市场导向原则 种植园规划应针对项目区的气候特点、产业基础、区位优势和市场需求,坚持经济效益第一,兼顾社会效益和生态效益,通过配套完善的基础设施建设、周年高效种养殖模式、特色品种和产品的开发、从业人员的技术培训、惠农政策的倾斜、绿色生态安全品牌的创建等,在准确及时把握消费市场的前提下,满足人们对营养、安全、休闲、娱乐等的各类需求。

2.因地制宜原则 种植园规划必须按照项目区的自然资源、地形地貌和各建设要素特点,选择适宜的主导产业和产品进行开发。注意因地制宜,把优势找准,扬长避短,宜农则农,宜牧则牧,宜林则林。把园区的建设同农业结构特征有机结合,同发展当地支柱产业相结合,同促进当地农业产业化的发展相结合。充分开发和利用自然资源,维护和保持自然生态平衡,实现经济、社会、生态效益相协调,促进项目区园艺产业的可持续发展。

3.科技驱动原则 在项目区应坚持以科技为先导,充分发挥科学技术在园艺产品生产各个环节的重要作用,提高设施装备和调控水平,以实施高新技术成果转化、示范为突破口,全面提升项目区整体科技含量,突出农业新技术的科技开发、孵化培育、推广辐射、产业带动、教育培训、休闲观光等功能,使园区成为新技术的引进开发基地、示范推广基地、农业科技信息的传播基地以及现代高科技产品的标准化生产和加工基地。

4.适度规模原则 种植园建设规模要适度,过大或过小都不利于园区的发展。具体的建设规模应根据项目区土地利用现状、生产单位的经济实力、当地的气候条件、当地及目标市场的消费群体与市场容量等综合考量。农业部园艺作物标准园建设规模要求:设施蔬菜标准园集中连片面积(设施内面积)13.33 hm²(200亩)以上,露地蔬菜标准园集中连片面积 66.67 hm²

(1 000亩)以上;水果和茶叶标准园集中连片面积66.67 hm²(1 000亩)以上。

5.博采众长原则 种植园无论大小都有其相通的地方,包括都有几个功能区的划分、服务区的建设、园林工程设计甚至还有观光休闲功能的考虑等。在规划过程中应借鉴国内众多园区的优点以及国外的示范农场、农业公园等方面的经验,博采众长,形成独具风格的个性化设计。

6.突出特色原则 种植园建设应从实际出发,发掘当地资源、市场、文化、区位优势,体现区域特色,立足本地特色资源,面向特定目标市场,按照"人无我有、人有我优、人优我特"的原则,明确园区的发展方向和目标,优先选择效益最大的项目进行规划与实施,避免区域产业雷同和重复建设,充分考虑技术品种的发展潜力,并对其进行综合评价和可行性分析,提出切实可行的规划方案。

五、功能分区

园艺种植园的功能分区,应从实际情况出发,在充分考虑园区建设的定位、规模和自然条件等前提下,以园艺产品生产和休闲观光为主线,根据园区的功能、类型、发展方向和目标,按照功能相近、产业关联等基本原则,参考地形地貌、土地利用状况等进行各功能区的布局,做到突出重点、全面协调,最终确立一个科学合理、既满足种植园建设发展需求又适应产业发展的分区方案。

一般生产型园区主要分为种植生产区、采后处理区及综合管理区等功能区,而以观光为主的园区既要考虑生产功能,又要考虑景观、科教示范等功能。由于园区的经营性质不同和规模上的差异,不同类型的园区各功能区的相对比重也不尽相同。观光园区以观光为主、生产为辅,所以要突出观光的功能。生产园区主要以生产为主,以提供大量优质的园艺产品为主要目标,因此生产区应占很大比例。而科技示范型园区则以发展现代高新技术为主,所以要突出科研区兼顾适当的生产。农业部园艺作物标准园建设要求具备农资存放、集约化育苗、标准化生产、产品检测、采后商品化处理等功能区,配备必要的设施设备,且统一规划、科学设计、合理布局。

大多数现代园艺种植园在规划设计时应考虑以下功能区建设。

1.科技研发区 在发达国家,公众认可的是一流的人才在企业,随着我国农业产业的快速发展,龙头企业已经成为农业产业发展中的主要中坚力量,未来的科技发展离不开企业的作用,企业将成为农业机制创新和科技创新的主体。现阶段,园区可依托农业院校和科研院所作为科技支撑,与实力较强的科研单位合作,建立博士工作站、院士工作站,加强园区人才引进和研发团队建设,建立科技发展基金。

2.展示示范区 重点展示示范现代园艺生物技术、节本高效栽培技术、现代设施园艺技术、园艺产品加工技术等,示范现代园艺新品种、新技术和新模式,带动周边地区农业经济的发展和园艺产业整体水平的提高。

3.种植生产区 根据园艺产品的生产要求,建设一定规模的育苗和生产相关设施,确保周年生产均衡供应,并科学合理地规划项目区的田、园、路、渠,实现水、电、路设施配套,以基本农田土地整理项目和农业综合开发项目为依托,周密规划,科学布局,确保涝能排、旱能灌、主干道硬化,以实现规模化种植和标准化生产。

4.采后处理区 采后处理区是将初级园艺产品变为商品的区域,主要是通过配套建设采收、整理、分级、预冷、包装、打蜡、贮藏、运输、销售等设施设备及处理车间、冷库、仓库等建筑，对园区生产的产品进行商品化处理，以保持和提高园艺产品的商品价值。

5.技术培训区 通过对项目区管理人员、技术人员、农民进行专项技术培训，使先进的技术和创新成果进入千家万户。通过配套多媒体教学、现场示范、实地观摩及远程网络教学等方式，把实用新型高科技园艺产品生产技术，如设施农业技术、节水灌溉技术、无土栽培技术、工厂化育苗技术、病虫草害绿色防控技术等进行推广，使园区成为当地传播高新技术的教学基地。

6.观光休闲区 通过园区山、水、田、园、路等基础设施条件的全面改善和科学布局，达到路相通、渠相连、林成网、土肥沃、灌得进、排得出的要求。通过利用园艺作物的种类品种多样性、果菜花的可观赏性、种植采摘的可参与性等，配套建设相关休闲旅游设施，吸引游客入园观光休闲，延长园艺产业的产业链条。

7.综合管理区 综合管理区是园区的枢纽，主要承担园区管理办公、对外联络、组织生产、安排物流、展示产品、开拓市场、信息发布、科技交流等。通过配套建设相关设施设备，为园区创造良好的工作和生活环境，保证园区各功能区有序运营、高效运转。

8.接待服务区 对于具有休闲观光旅游功能的园区，接待服务区是园区直接面对游客的窗口，主要承担接待服务、导购导游、活动策划、游线组织、广告宣传等。通过周全到位的服务设施、服务功能和服务质量，全面展示园区绿色、生态、科技、低碳理念，实现经济、社会和生态效益的全面提高。

六、规划内容

1.田间基础设施规划 主要包括道路交通、基础工程、附属设施以及农业设施、农业机械等的规划。

园艺种植园农田基础设施建设在尊重自然、尽量保持自然生态原貌的基础上，尽量达到"路相通、渠相连、林成网、旱能灌、涝能排"的农田整治要求，并配套相应的服务设施、附属设施、农业设施、农业机械等。

（1）道路交通系统规划 园艺种植园的道路交通系统，首先应分为对外交通和内部交通两类。

外部交通承担着种植园和城市之间的客货流运输，如种植园生产所需要的有机肥、农药、种子、农膜等生产资料和园区生产的园艺产品及其加工品，以及前来休闲观光的游客，都必须经过外部道路才能到达园区。

内部交通承担种植园内部的客货流运输，为联系各个功能分区的交通网络。一般按主路中间、支路两边的原则布局道路交通系统。主路要保证大中型农业机械能顺利会车，净宽一般要求在6 m以上；支路要保证大中型农业机械进出顺畅，净宽至少在3 m以上。机耕路的建设标准为路基两边砌石，路面硬化，同时建好农机下田墩。内部交通系统设计要求主路、支路、田间路和生产路相互衔接，形成网络，各级道路尽量与园地、渠道设置相结合，减少占地，并有利于农业机械操作。具有休闲观光功能的园区同时还应考虑景观及绿化要求，尽量与地形、水体、植物、建筑及其他设施结合，转折和衔接要流畅，符合景观线形设计和游客安全通行要求。高起点规划设计的景区出入口及主要道路还应便于通过残疾人使用的轮椅，其宽度和坡度的设计应符合《方便残疾人使用的城市道路和建筑物设计规范》（JGJ 150—2008）中的有关规定。

①主路　主路为种植园与外部道路之间的连接道路,以及种植园内各个功能区、主要景点和活动设施的环形通道。宽度控制在5～8 m,最大纵坡为8%,转弯半径控制在12 m左右。山地园路纵坡应小于12%,超过12%应做防滑处理。

②支路　支路为各功能区内的道路,对主路起辅助作用,联系各个活动设施和景点。宽度控制在3～5 m,最大纵坡为8%,转弯半径控制在6 m左右。3.5～5 m的支路可满足多股人流通行,也可满足运输机具的通行要求。山地园内支路不宜设梯道,必须设梯道时,纵坡宜小于36%,横坡宜小于3%,粒料路面横坡宜小于4%,纵横坡不得同时无坡度。

③人行道　人行道为种植园内供游人步行及游览观光的道路。宽度控制在0.9～2.5 m,一般人行道最小宽度为0.9 m,以便两人相遇时有一人侧身尚能交错通过,2.0 m宽度可供正常通行。山地园内人行道中的小路纵坡宜小于18%,纵坡超过15%的路段,路面应做防滑处理,纵坡超过18%,宜按台阶、梯道设计,台阶踏步数不得少于2级,坡度大于58°的梯道应做防滑处理,并设置护栏设施。

④园务路　园务路是为方便种植园生产活动、园务运输、养护管理等需要而建设的道路系统。大型种植园园务路与园区休闲观光的道路系统往往相互独立,自成体系,有专门的出入口,直通园区温室、大棚、加工厂、仓库、餐馆、宾馆、综合管理处等,并与主环路相通,以便把物资直接运往各功能区。

⑤停车场　停车场是交通道路系统的连接点,也是园区道路系统设计的一个重要组成部分。停车场的规划布置应根据整个园区的道路交通系统规划来组织安排,以便捷、经济、安全为基本原则。园艺种植园停车场包括生产用车停车场和游览用车停车场两大部分。生产用车停车场主要结合生产种植区域和园务路的布局来集中设置,游览用车停车场则应设在入口区和接待区以及餐厅、宾馆等附近,方便游客上下车和入园休闲观光。停车场的规模大小要根据游客数量来确定。

(2)景观绿化系统规划　种植园区绿化要体现造景、游憩、美化、增绿和分界的功能;不同功能区风格、用材和布局特色应与该区环境特点相一致;不同道路、水体、建筑环境绿化要有鲜明的特色;因地制宜进行绿化造景,做到重点与一般相结合,绿化与美化、彩化、香化相结合,绿化用材力求经济、实用、美观;注意局部与整体的关系,绿地分布合理,满足功能需求,既有各分区造景的不同风格,整体上又体现点、线、面结合的统一绿化体系;以植物造景为主,充分体现绿色生态氛围。

在绿化设计方面,应注重与周边景观结合。外部景观优美地段不宜采用高大的树木,而且种植密度要适中,不影响人们的视野。在外部景观较差地段,要重点进行改造,人工种草,培植高大景观乔木。在供行人休息、停留的广场、停车站点、休息设施及道路局部放大处种植一些遮阴树,夏季能够起到良好降温作用。

①景观绿化规划的内容　首先要按照绿化植物的生物学特性,从种植园区的功能、环境质量、游人活动、遮阳防风等要求出发来全面考虑,同时也要注意植物布局的艺术性。种植园区中不同的分区对绿化种植的要求也不一样。

生产区。生产区内、温室内或花木生产道两侧不宜用高大乔木树种作为道路主干绿化树种,一般以落叶小乔木为主调树种、常绿灌木为基调树种形成道路两侧的绿带,再适当配以地被花草,使生产区内的作物总体上形成四季变化的特色。

示范区。示范区的绿化树木种类相对于生产区内可丰富些,原则上根据示范单元区内容选取植物,形成各自的绿化风格,总体上体现彩化、香化并富有季节变化特色。

观光区。观光区内绿化植物可根据园区主题营造出不同意境的绿化景观效果,总体上形成以绿色生态为基调,形式多样、富于季节变化的植被景观。在大量游人活动较为集中的地段,可设开阔的大草坪,留有足够的空间。以种植高大的乔木为宜。

管理服务区。可以高大乔木作为基调树,与花灌木和地被植物结合,一般采用规则式种植,形成前后层次丰富、色块对比强烈、绚丽多姿的植被景观。

休闲配套区。可片植一些观花小乔木并搭配一些秋色叶树和常绿灌木,以自由式种植为主,地被四时花卉、草坪,力求形成春夏有花、秋有红叶、冬有常绿的四季景观特色。也可在游人较多的地方,规划建造一些花、果、菜、鱼和大花篮等不同造型和意境的景点。

②景观绿化的主要形式

第一种形式是水平绿化。有植树和草坪两种形式。

植树的形式有孤植、对植、片植等,而且植树还要考虑距离。树木与架空线、建筑、地下管线以及其他设施之间的距离要合适,以减少彼此之间的矛盾,使树木既能充分生长,最大限度地发挥其生态和美化功能,同时又不影响建筑与环境设施的功能与安全。行道树一般以 5 m 定植株距,一些高大的乔木也可采用 6～8 m 定植株距,总的原则是使成年后树冠能形成较好的郁闭效果为准。初期树木规格较小而又在较短时间内难形成遮阳效果,可缩小株距,一般为 2～3 m,等树冠长大后再行间伐,最后的株距为 5～6 m。小乔木或窄冠型乔木行道树一般采用 4 m 的株距。

种植园区中的草坪按功能分为观赏草坪、游憩草坪、护坡草坪和放牧草坪等。草坪植物的选择依照草坪功能的不同而定,常用植物有早熟禾、狗牙根、紫羊茅、白三叶、结缕草、马尼拉、假俭草等。游憩草坪的坡度要小一些,一般以 0.2％～5.0％为宜,观赏草坪的坡度可大一些,为 20％～50％。

第二种形式是垂直绿化。攀缘植物种植于建筑墙壁或墙垣基部附近,沿着墙壁攀附生长,创造直立面绿化景观,是绿化面积大、占地面积小的一种设计形式。根据攀缘植物的习性不同,有直立贴墙式和墙面支架式。直立贴墙式是指将具有吸盘和气生根的攀缘植物种植于近墙基地面,攀缘向上生长。绿化用植物有地锦、五叶地锦、凌霄、薜荔、络石、扶芳藤等;支架式植物无吸盘和气根,攀附能力较弱或不具备吸附攀缘能力,设攀缘支架供植物盘绕攀附生长,此类植物主要有金银花、牵牛花、藤本月季等。

第三种形式是水体绿化。水生植物占水面的比例要适当,应选择合适的植物种类,还要注意水体岸边种植布置。水体的深浅不同,要选择不同的植物。水生植物按生活习性和生长特性分为挺水植物、浮叶植物、漂浮植物、沉水植物等类型。挺水植物通常只适合于 1 m 深的浅水中,植物高出水面,常用的植物有荷花、水葱、千屈菜、慈姑、芦苇等。浮游植物可生长于稍深的水中,但茎叶不能直立挺出水面,常用植物有睡莲、王莲等。多种植物搭配时要主次分明,高低错落,形态、叶色、花色搭配协调,取得优美的景观构图。如香蒲和睡莲搭配种植,既有高低姿态对比,又能相互映衬,协调生长。

第四种形式是防护林绿化。任何园艺植物种植园都需要防护林。防护林的功效是降低风速、减小风雹等灾害;调节小气候,缓和温湿度变化;保持水土,优化生态环境功能。防护林一般为长方形的网格状,设计和营造防护林网,中、大型种植园应有主林带和副林带。主林带,乔木树种栽植 3～6 行;副林带,乔木树种栽种 1～2 行。一般主林带应设置在种植园外围上风向并与当地主导风向相垂直的地方,以便于阻挡风沙。如华北地区以西北风为主,主林带在种植园西北面最好;大型种植园在园中还应设副林带,副林带是主林带间的林带和与主林带垂直的林带。通常防护林带与种植园小区边界、道路、地上排灌渠系一起安排,以节省土地(图 5-1),若排灌渠道设于地下,则更节省土地,并便于设计安排。

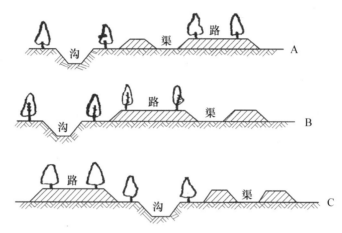

图 5-1 园艺种植园道路(A)、防护林(B)与地上排灌渠道合理布置(C)的 3 种情形

防护林按结构和作用可分为紧密型与疏透型两种,疏透型更适宜园艺种植园(图 5-2)。疏透型林带防风减灾的效果更好一些,林高 20 m 时,防护距离可达 20~30 倍,即防护 400~600 m,设计小区栽植园艺作物 300~500 m 再营造林带即可。

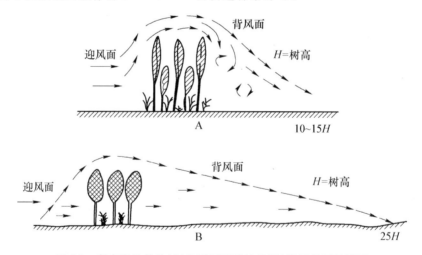

图 5-2 紧密型防护林(A)和疏透型防护林(B)防风效果示意图

防护林带的林木种类应当速生,树冠高但不一定有很大的冠幅(根幅也要小为好),与园艺植物无共同的病虫害等。我国北方常用的林带树种是加杨、箭杆杨、毛白杨、臭椿、枫杨、沙枣、洋槐等;南方可选用常绿树种,如石楠、枇杷、樟树、桉树、水杉等。

(3)水土保持工程规划 无论是山地种植园,还是平原、滩涂地种植园,水土流失,包括风蚀,都是不容忽视的。我国河南黄河故道地区的果园,由于风蚀,土壤越来越薄,果树根系外露,影响果树生长结果,甚至造成整株歪倒、死亡。

水土保持工程的重点,山地是修筑拦水坝、梯田,平原或滩涂地是营造防风林。山地建园,不应提倡"围山转",而应提倡省工高效的鱼鳞坑、等高撩壕,提倡生态效益好又省工、省力的植被护坡。

山地园艺植物种植在我国有很大面积。梯田是山地实施种植的主要途径。修筑梯田能蓄水保土。山西省水土保持科学研究所在离石区王家沟流域调查发现,黄土丘陵沟壑区30°以下坡地水土流失量,每公顷坡耕地年平均流失水量195 m³,年平均冲走土壤67.5 t;表层土壤氮、磷、钾含量测定表明,每公顷坡耕地年平均流失量为:氮33.75 kg、纯磷13.50 kg、纯钾1 012.50 kg,相当于每公顷坡耕地每年冲走硫酸铵165 kg,过磷酸钙75 kg,硫酸钾1 800 kg。这正是山坡地土壤年复一年贫瘠化的最主要原因。高质量的梯田可以有效地拦蓄降雨,实现水不出田、土不下坡。梯田的种类有水平梯田、坡式梯田和隔坡梯田(图5-3),种植园规划设计时应根据当地人力、物力进行切实可行的安排。

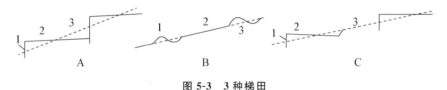

图5-3　3种梯田

A.水平梯田　B.坡式梯田　C.隔坡梯田
1.梯田埂　2.梯田面　3.原坡线

山地水土保持工程,应实施"小流域治理"的原则,以流域为单位,对山、川、谷、垣、坡、沟进行综合、集中、连续地整体治理,由上至下,工程措施与生物措施相结合,发挥各项措施的整体功能,以起到蓄水拦土、改善生态环境、兴利除害的治理作用。

(4)作物种类、品种的配置规划　配置园艺植物种类和品种时,"适地适栽"是首先考虑的问题;其次是市场销售、交通状况和技术水平等。种植园的土质、土壤肥力、地形地势及其他自然和人文的条件,也是确定种植不同园艺作物种类、品种的依据。

一般蔬菜、花卉植物应种植在土层厚、土质好、土壤肥沃的地块,而耐干旱、耐瘠薄的树木则应种植在土层薄、土质差、土壤贫瘠的地块。同样是蔬菜,不同种类、甚至品种也有耐干旱、耐瘠薄性强弱之分,果树更是如此。这即是规划设计的"因地制宜"原则。

物种、品种选择的原则:最能满足栽植的目的(生产、观赏、遮阴等);最能适应栽植地的立地条件(最主要是温度条件),即适地适树、适法(选树适地,选地适树,改地适树,改树适地);具有较高的经济价值和较好的市场前景;苗木来源较多,栽培技术可行,成本不要太高,安全而不污染环境。

作物种类、品种的配置,包括以下内容,在规划设计时必须全面综合考虑。

①产品不同成熟期、不同用途的种类、品种配置　如露地番茄的早、中、晚熟品种,大面积种植应各占一定比例,方便上市,也方便管理,不同加工种类也适当搭配,亦是同样道理。国外一些大型园艺植物种植园,大面积单一种植,机械化程度高,在产品销路较稳定的前提下有很多优点,可以借鉴,但前提一定要销路有保证、稳定。大宗果品、早熟品种一般不耐贮运,晚熟品种耐贮运,所以一般果园宜多栽晚熟品种。大型菜园、耐贮运的大宗菜是主栽种类,面积应占较大比例;销售量小的、不耐贮运的叶菜,则不宜占大比例面积。

②果树的授粉树配置　对于异花授粉的果树种类或者自花结实率低、异花结实率高的果

树种类,在生产中必须配置授粉树。授粉树要求是:与主栽品种同时开花,能产生大量发芽率高的花粉,授粉亲和力强,能互相授粉;与主栽品种同时进入结果期,且年年开花,经济寿命相当;能生产经济价值高的果实,与主栽品种的果实成熟期相近(表5-2)。授粉树的配置方式:中心式、行列式(等量式、差量式)。

表5-2 苹果、桃主要优良品种适宜的授粉品种

树种	主栽品种	授粉品种
苹果	红富士	王林、元帅系品种、秀水国光、金矮生、金冠
	短枝红富士	首红、金矮生、新红星、烟青
	乔纳金	红富士、阳光、王林、千秋
	金冠	元帅系品种、红玉、富士
	短枝元帅系品种	短枝红富士、金矮生、烟青
	王林	红富士、金矮生、澳洲青苹
	澳洲青苹	王林、红富士、金矮生、金冠桃
桃	大久保	冈山白、早生水蜜、撒花红蟠桃、离核
	冈山白	大久保、白凤、离核、上海水蜜
	白凤	离核、上海水蜜、大久保
	燕红	大久保、白凤、冈山白
	撒花红蟠桃	白凤、冈山白、上海水蜜
	北农早艳	大久保、冈山白、离核、早生水蜜
	京玉	大久保、离核、白凤
	瑞光油桃	大久保、上海水蜜、撒花红蟠桃、佛光
	佛光油桃	白凤、冈山白、大久保、瑞光

③种类和品种的隔离 有些蔬菜、花卉种类、品种,在栽植时需要对有影响的种类、品种做适当距离的隔离。制种、良种繁育时有这种情况,一般生产也有这种情况。如辣椒不与豆类、蔬菜间作或近地栽培,豆类易染蚜虫,辣椒很忌蚜虫。苹果、梨园应与桧柏林和圆柏隔离至少5 km的距离,因为桧柏和圆柏是苹果、梨锈病的转主寄主,控制转主寄主是防治锈病的最好办法。

(5)灌水排水系统规划 种植园的排水、灌溉系统,对种植园的管理、经济效益是非常重要的。大型的种植园必须有很合理、完善的排灌系统,包括水源、水的输送和排泄管道、供水设施等等。即使是一片小的绿地、几株点缀风景的树木,也必然有与水的关系、水怎样发挥效益的问题,需要种植者正确地予以解决,所以排灌系统的规划设计应当是种植园总体规划设计的一部分,而且是主要内容之一。

给水排水规划内容应包括现状分析、给水排水量预测、水源地选择与配备设施、积水排水方式、布设积水排水管网、污染源预测及污水处理措施、工程投资匡算。

给水排水量预测、给水排水设施布局还应符合以下规定。

①在景观用地及重要地段范围内,不得布置暴露于地表的大体量给水和污水处理设施,可将其布置在生产性设施附近。

②在主要设施场地、人流集中场地宜采用集中给水排水系统,给水水源可采用地下水或地

表水,一般以地下水为主。水源选定应符合下列要求:供水距离短,并有充足水量;水质良好,符合现行《生活饮用水卫生标准》(数字资源 5-1)的规定;给水方便可靠,经济适用;水源地应位于居民区和污染源的上游。

数字资源 5-1
生活饮用水
卫生标准

③园区的给水排水规划,需要正确处理生活游憩用水(饮用水质)、工业(生产)用水、农林(灌溉)用水之间的关系,满足生产生活和游览发展的需求,有效控制和净化污水,保障相关设施的社会、经济和生态效益。根据灌溉、水体大小、饮水等的实际用量确定供需,根据最多常住人口估算,最高日需水量按 200 L/(人·d)计,根据最多流动人口估算,最高日需水量按 100 L/(人·d)计。

④给水以节约用水为原则,设计人工水池、喷泉、瀑布,喷泉应采用循环水,并防止水池渗漏,取地下水或其他废水,以不妨碍植物生长和不污染环境为原则。

⑤给水灌溉设计应与种植设计配合,分段控制,浇水龙头和喷嘴在不使用时应与地面相平。生产供水方式尽量采用节水灌溉,露地可采用喷灌、渗灌,大棚温室可根据作物种类选择采用滴灌或微喷等。灌溉首先实行变频控制,有条件的还可考虑水肥一体化设计。我国北方冬季室外喷灌设备、水池还应考虑防冻措施。

⑥排水工程必须满足生活污水、生产污水和雨水排放的需要。排水方式宜采用暗管(渠)排放,污水排放应符合环境保护要求。生活、生产污水必须经过处理后排放,不得直接排入水体和洼地。雨水排放应有明确的引导,可以通过排水系统汇入河沟,也可蓄作灌溉用水。渠道的两侧及沟底用水泥浇平或砌石后用水泥勾缝,同时建好涵管、闸等配套设施。渠道总体布局按主渠中间、支渠两边的原则,保证每块园地都能排灌自如。

(6)**农业设施规划** 农业设施是能够提供适宜的生产环境等条件,具有特定生产功能的农业生产性建筑物、构筑物和配套设备的工程系统。例如温室、畜禽舍、水产养殖设施、农产品贮藏保鲜设施、农业废弃物处理和利用的设施等。这些农业设施的功能因种类不同而异,但有以下两个共同点:一是可以为各种农业生产对象提供比自然环境更加适宜的生产环境条件,为此,设施一般应具有建筑围护结构或具有围护作用的构筑物,以形成与外界相对隔离的空间,并且往往还在其内部配置可以调控环境的各种设备;二是依靠各种生产设备实现高效的生产功能,可以进行有效的生产管理和作业,高质量和高效率地完成各种生产过程。例如温室设施,依靠一定的建筑围护结构和加温、通风等环境调控设备,可以为园艺作物生长提供优于室外自然环境的光照、温度、湿度、气流等条件,同时依靠室内配置的育苗设备、灌溉设备、营养液栽培设备、栽培床架和容器、输送设备等,可以高效地进行温室内的生产管理作业,加速完成园艺植物的生长过程。

为了实现园艺作物的周年生产和供应,种植园规划设计时一般都要配套设计部分农业设施如育苗温室、塑料大棚等,一般蔬菜种植园可按不低于基地面积的10%比例进行配置,具体配置比例应根据所在地区的环境条件、所种植的作物种类及经营者的经济实力与投资水平等来确定。

农业设施规划设计时应考虑基地的地理纬度、地形地貌、气候条件、栽培作物、栽培季节等,应因地制宜、规模适度、合理布局、高效利用。

(7)**农业机械化规划** 农业机械化,是指运用先进适用的农业机械装备改善农业生产经营条件,不断提高农业的生产技术水平和增加经济效益、生态效益的过程。实现农业机械化,可以节省劳动力,减轻劳动强度,提高农业劳动生产率,增强克服自然灾害的能力。在园艺产品生产的各个环节最大限度地使用各种机械代替手工工具进行生产是解决目前农村劳动力短缺和劳动生产效率过低等问题的有效途径。如在蔬菜生产中,使用拖拉机、微耕机、耕整机、覆膜机、播种机、中耕培土机、动力排灌机、移动喷灌机、采收机、机动车辆等进行土地翻耕、整地作畦、精量播种、中耕培土、节水灌溉、田间管理、采收、运输等各项作业,使全部生产过程主要依靠机械动力和电力,而不是依靠人力、畜力来完成。

此外还可考虑循环农业生产体系的相关畜禽养殖业及其粪污无害化、资源化处理等相关设施的规划设计。

(8)资源保护规划

①保护原则

整体保护原则:对项目区内的整个自然环境资源、生物资源和人文景观,应按照完整性、真实性和适宜性的原则,实施整体保护。

分区施策原则:一级环境保护区要严格保护,保持其自然状态,严格控制建设活动;二级环境保护区与三级环境保护区可进行多种经营,但必须以不破坏自然环境、不影响资源保护为前提。

生态提升原则:提升自然环境的复苏能力,提高氧、水、生物量的再生能力与速度,提高其生态系统或自然环境对人为负荷的稳定性或承载力。

②分类保护规划　按照保护和利用程度的不同,可将整个项目区划分为一级环境保护区、二级环境保护区、三级环境保护区3个区域。

一级环境保护区:景观价值以及自然生态价值最高的区域,同时也是项目区内主要观光游览、生态旅游活动的区域。此区域对人类活动较为敏感,除必要的游赏道路、航线及必需的游览服务设施外,禁止其他与景区保护无关的建设。该区域应严格保持现状特征,加强环境保护,严格控制机动交通工具,鼓励区内农民进城居住。对该区域内符合总体规划要求的建设项目应严格审批程序,杜绝破坏性建设。

二级环境保护区:具有一定的景观价值和游赏价值,将其定为二级环境保护区。该区严格禁止挖沙采石,加强环境保护,规范农民建房,禁止发展工业项目,维护景观的完整性不被破坏。

三级环境保护区:项目区内人类活动最为频繁的区域,且不处于景观廊道和景观面上。本区域的建设应相对集中,合理利用土地,统一管理,设施的建设力求自然,与环境协调,做到最小限度地影响景区的氛围,不干扰游客的游赏体验。

③环境质量保护　山体林木保护措施。做好林区保护和防灾工作,禁止毁林开垦和毁林采石、挖矿、采砂、采土、乱修坟墓、乱伐林木以及其他毁林行为,减少人为因素造成的林相资源破坏,加强对山体林木的更新、抚育和管理,保护原有的动植物资源及动物繁衍生息的良好环境,保持山体风貌的整体性和观赏性;结合景观绿化,合理搭配乔灌草,对山体进行立体绿化,实现植物的全面覆盖,维护林地的层次结构和抗逆性、稳定性,提高景观质量和观赏价值;旅游设施要顺应山地条件,依山就势而建,尽可能不破坏山体,使建筑、人类活动与山体林木、生态环境相协调。

大气环境保护措施。宾馆、饭店、酒店、村庄推广使用清洁燃料,逐步淘汰农居燃煤燃具,远期燃气普及率达到100%;控制进入园区的机动车量,对进入园区的机动车辆,全部实行尾气路检制,尾气超标车辆禁入景区;园区内部游览交通车辆采用电瓶车、自行车等无污染型交通工具,以减少污染。

水体环境保护措施。水源应予以严格保护,加强林木保育工作,以提高土壤保水能力,保护水质;在保证水文景观的前提下,按合理的水资源利用程度限定景区环境容量,避免对水资源的掠夺性利用;任何生产、生活污水应严格按排水规划统一组织处理排放,不得对区内水体造成污染。

声环境保护措施。加强道路管理,通过与交通部门合作,完善交通信号标识,采用设置禁鸣区、禁鸣路段、噪声达标区等手段,使景区的声环境质量控制在标准以内;规范游客行为,禁止大声喧哗,保持景区安宁的氛围;演艺场的表演及节事活动等可能会对景区的声环境产生一些影响,可在广场周围增植隔音树种,以减弱其对周边区域的声环境影响。

2.辅助配套设施规划

(1)生产配套设施规划

种植园的管理办公、农机具与生产资料物资库房、产品分级包装以及贮藏加工,均需一定的建筑面积,甚至还需要职工休息、住宿的房舍。现代种植园,特别是城镇郊区的种植园、风景旅游点附近或交通干线附近的种植园,还应有观光园、寓教园、休闲园的功能,或生产与上述功能兼而有之。这样的种植园在规划设计上应具备停车场,有餐饮、休息和娱乐的活动空间,有宣传农业、园艺业科技知识的陈列室、放映厅、园艺产品采购中心等。种植园在规划设计时,至少要考虑到这些项目的用地需要,不能马上施工建设的,要先留出一定土地面积,随种植园生产的发展逐渐完善。

(2)服务配套设施规划

①规划原则　要与园区性质和功能相一致,不能设置与园区性质和规划原则相违背的设施,必须按照规划确定的功能与规模来进行,设施的配套满足使用要求,既不能配套不周全,造成旅游区在使用上的不便,也不能盲目配套造成浪费;

经济上可行,配套设施的选择不仅符合投资能力,要力争有较好的经济效益,同时还要考虑它的日常维护费用和淘汰速度,力求经济实惠;

旅游服务设施建设应与游客规模和游客需求相适应,高、中、低档相结合,满足不同文化层次、职业类型、年龄结构和消费层次游人的需要,季节性与永久性相结合;

要有一定的弹性,游人数量波动是旅游市场的显著特性,设施配套应考虑这一情况,使之有一定的灵活适应力。

②规划内容　各项服务设施配备的直接依据是游人数量。因而,旅游设施系统规划的基本内容要从游人与设施现状分析入手,然后分析预测客源市场,并由此选择和确定游人发展规模,进而配备相应的旅游设施与服务人口。

游人现状分析:主要是掌握园区内的游人情况及其变化态势,既为游人发展规模的确定提供内在依据,也是园区发展规划布局调控的重要因素。其中年代越久,数据越多,其综合参考价值也越高。时间分布主要反映淡旺季和游览高峰变化,空间分布主要反映风景区内部的吸引力调控,消费状况对设施调控和经济效益评估有意义。

游览设施现状分析:应表明供需状况、设施与景观及其环境的相互关系。游览设施现状分析,主要是掌握风景区内设施规模、类别、等级等状况,找出供需矛盾关系,掌握各项设施与风景及其环境的关系是否协调,既为设施增减配套和更新换代提供现状依据,也是分析设施与游人关系的重要因素。

客源分析:客源市场分析,第一,要求对各相关客源地游人的数量、结构、空间和时间分布进行分析,包括游人的年龄、性别、职业和文化程度等因素;第二,分析客源地游人的出游规律或出游行为,包括社会、文化、心理和爱好等因素;第三,分析客源地游人的消费状况,包括收入状况、支出构成和消费习惯等因素。

③服务配套设施的建设　根据农业园区的性质、布局和条件的不同,各项服务设施既可配置在种植基地中,也可以配置在所依托的各级居民点及休闲观光景点较集中区域中,保证总量和使用方便即可。园区经营性质的不同决定了部分园区的用地在城市规划、国土规划中属于农业用地,因此不可能大面积地发展各项服务设施,主要还是依靠周边居民点来发展农家住宿、农家饭店等服务。这类服务不仅能满足园区整体运作的需要,还能够带动周边地区经济发展,增加农民收入。

休憩、服务性建筑物的位置、朝向、高度、体量、空间组合、造型、色彩及其使用功能应符合下列规定:与地形、地貌、山石、水体、植物等景观要素和自然环境统一协调;兼顾观览和景点作用的建筑物高度和层数服从景观需要,亭、廊、花架、敞厅的楣子高度,应考虑游人通过或赏景的要求;亭、廊、花架、敞厅等供游人坐憩之处,不采用粗糙饰面材料,也不采用易刮伤肌肤和衣物的构造。

(3)环卫设施

①垃圾处理

一是在游览道路两旁设置垃圾箱,间隔100 m,游人活动集中的地段因地制宜地安置活动垃圾桶;

二是组织清洁队,每天定时清理垃圾,保持各接待设施和景点处无垃圾堆放,园区内实行袋装垃圾分类收集,统一回收处理,在旅游中心、旅游设施等处完善垃圾收集系统,由专人负责及时清理;

三是远离游客活动范围、水系等影响景区经营和生态环境的区域,选择合适地点,建设景区垃圾处理站,或根据区域规模和垃圾产生量设置垃圾中转站,分类收集中转外运,将景区的垃圾统一运至最近垃圾场,进行集中处理;

四是鼓励、引导并监督游客将垃圾、外壳、包装等投入垃圾箱或带出旅游区。

②公共厕所　参考国家创建旅游风景区相关规定,在主要休闲观光景点、游赏线路上设置公共生态厕所,并建立完善的标识系统。其中,休闲观光景点集中区域生态公厕的服务半径控制在70～100 m,干道生态公厕的服务半径控制在300～1 000 m,游客较集中的地块相应增加厕所蹲位。在景区大门以及观光休闲游客相对集中的地方合理布置公厕。生态厕所外观尽量景观化、乡土化,与周边环境相协调。保证内部空气流通,光线充足,设施齐全、舒适。经常保持清洁卫生。

(4)防灾减灾设施

①消防　在防火灾方面,要贯彻"预防为主,防消结合"的方针,在建筑设计、山林管理中应采取防火措施以减少和防止火灾的发生;同时,在消防设施、消防制度、指挥组织和消防队伍等方面都应采取有效措施,以保证对火灾能及时发现,报警和有效的扑救。重要游览景区主要道路宽度不小于4 m,保证消防车辆的正常通行;尽头式道路长不大于200 m,在尽端处设回车场。景区内单体建筑之间间距在6 m以内的应设置防火墙,建筑内部装修均选用非可燃性材料,木材一律经过防火处理。区内主干道是消防车的主要通道。根据国家《城镇消防站布局与技术装备配备标准》(数字资源5-2),结合景区的实际情况,景区内可配备多辆水灌型消防车;在区内主要道路两侧按每120 m的距离设置消防栓,接待住宿处也要配置;消防栓采用地上式。

数字资源5-2
城镇消防站布局与
技术装备配备标准

②病虫害　加强对森林林木、农田的病害和虫害的预防和除治工作,贯彻以"预防为主,综合治理"的方针,坚持以生物防治、物理防治、农艺防治为主综合防治措施,防止病虫害的大面积发生。保护好规划地内现有益虫、益鸟,保持生态系统平衡。

③自然灾害　根据区域气候及环境条件,做好自然灾害调查工作。做好绿化,防止土地沙化及山体滑坡地质灾害的发生;做好防洪防涝防渍水设施,防治渍涝灾害。构筑自然灾害防灾预警体系,开展灾害预报预警。

3.配套工程管网规划

管网工程规划应符合下列规定:符合种植园区保护、利用、管理的要求;同种植园区的特征、功能、级别和分区相适应,不得损坏景源、景观和风景环境的氛围;要确定合理的配套工程、发展目标和布局,并进行综合协调;对需要安排的各项工程设施的选址和布局提出控制性建设要求;对于大型工程项目及其规划,应进行专项景观论证、生态与环境敏感性分析。并提交环境影响评价报告。

园艺种植园管网工程规划主要包括供电、供暖、供气、邮电通信等内容。

(1)供电系统　种植园区供电规划内容应包括供电及能源现状分析、负荷预测、供电电源点、供电工程设计内容、变(配)电所设置、供电线路布设等,并应符合以下规定。

①节约能源,经济合理,技术先进,安全适用,维护方便。

②正确处理近期和远期发展的关系,做到以近期为主,适当考虑远期发展。

③在景点和景区内不得安排高压电缆和架空电线穿过。

④在景点和景区内不得布置大型供电设施。

⑤主要供电设施宜布置于居民村镇及其附近。

种植园生产区用电点主要有育苗温室大棚、杀虫灯、路灯、泵房、加工包装车间、贮藏冷库以及办公生活区等;休闲观光区内用电负荷主要以旅游接待、商业零售、室内外餐饮、生活生产供水、污水处理设施及其他相关设施为主。

(2)供暖系统　种植园区的供暖工程,应坚持节约能源、保护环境、节省投资、满足需要、技术先进、经济合理的原则。供热管网的布设方式应根据地形、土壤、地下水等各种因素,通过技术经济比较后确定。对于温度不超过120℃的热水采暖管网,应优先选用直埋布设的方案。供热工程设计内容包括热负荷计算、供热方案确定、平面布置、锅炉房主要参数确定等。园区供热工程设计应按现行有关标准、规范执行。

种植生产区应采用节能型生产方式,南方地区尽量不考虑加温生产,北方地区集约化育苗及冬季促成栽培时应综合优化采暖设计,因地制宜选用酿热、电热、水暖、风暖等多种采暖方式。

休闲观光区主要解决建筑冬季采暖和住宿型建筑在旅游季节的生活热水问题。优先考虑采用太阳能供热或地源热泵的方式,分散的景点、建筑则可考虑电力、生物能、太阳能等供热方式。要求区内各类建筑均按保温采暖要求设计。休闲度假设施集中区,可采用中央空调的集中供暖方式和空调供暖方式。

(3)供气系统　种植园区的燃气工程应本着节约能源、保护环境、节省投资、满足需要、方便生活、技术先进、经济合理的原则进行设计。园区的燃气气源应因地制宜,可选用天然气、液化石油气或人工煤气(煤制气、油制气)等。燃气供应方式可根据实际条件采用管道供气或气瓶供气。燃气工程设计内容包括计算用气量、方案选定、确定气源及供气方式、布设管线等。种植园区燃气工程设计应符合现行《城镇煤气设计规范》(GB 50028—2006)的规定。

（4）邮电通信　确保园区移动通信信号畅通，开通程控电话、有线电视、互联网、WiFi 全覆盖等相关服务，电话电缆线、电视电缆线和信息宽带线三线暗敷在同一电缆沟里，并一同暗敷至用户终端。通信电缆采用地埋式为主。在综合服务区、商务休闲区等客流集中区域布设 IC 电话机等。

园区邮电通信规划内容包括内外通信设施的容量、线路及布局，并应符合以下规定。

①邮电通信规划应与园区的性质和规模及其规划布局相符合。

②符合迅速、准确、安全、方便等邮电服务要求。

③在景点范围内，不得安排架空电线穿过，宜采用隐蔽工程。

④应利用地方现有通信网络，根据通信业务量设邮电局（所）或通信中心，各功能分区、景区、景点可设邮筒和分机。

（5）广播电视　种植园区的有线广播应根据实际需要，设置在游人相对集中的地区。在当地电视覆盖不到或不能满意收看电视广播的地方，可考虑建立电视差转台。种植园区广播、电视工程设计应按现行有关标准、规范执行。

4. 种植园规划的基本程序

（1）前期准备阶段

①了解政府方针政策　与规划项目承办方进行交流，了解当地农业发展政策以及对规划任务的要求和意愿。由于政府的意愿对种植园有很大的导向作用，还需与园区所在地主管部门进行沟通，把握园区的发展方向和定位。

②收集基础资料　多方收集与项目相关的基础资料，重点是当地政府规划部门积累的资料和相关主管部门提供的专业性资料。内容一般包括：项目区勘察资料、测量资料、气象资料、土地利用资料、交通运输资料、建筑物资料、工程设施资料、水源资料、土壤资料、植被资料、市场资料、当地政府相关政策法规及近期相关上位规划等。

③现场调研　规划工作者必须对园区的概貌有明确的形象概念，必须进行认真的现场勘察。调研内容一般如下：

土地现状：如建设用地、农业用地范围等。

现场基础设施条件：如水源、机井（机深、出水量、水泵规格、布置）、电力（高低压线路、负荷、变压器、农业用电量）、电信（电信站、宽带、电话）、周边道路情况（交通状况、道路名称）、设施农业情况（类型、面积、利用情况）等。

项目区土地利用现状：如种植情况、养殖情况、农产品加工业情况等。

项目区周边情况：如交通情况、周边用地情况、周边城镇（村庄）情况等。

④资料整理分析　资料整理分析是调查研究工作的关键，将收集到的各类资料及现场勘察中反映出来的问题加以系统地分析整理，去伪存真，由表及里，从定性到定量研究园区发展的内在决定性因素，明确园区建设的优势条件和制约因素，找出发展中的关键问题和突出潜力，为研究园区发展战略、制订园区发展目标和设计方案提供科学依据，这是园区规划方案制定的重要前提。

（2）规划设计阶段　一般规划工作通常划分为概念性规划、总体规划、详细规划 3 个层次。每个层次可以单独成为规划内容，可按照要求进行单独编制。

①概念性规划　概念是思维的基本形式之一，反映客观事物的一般的、本质的特征。概念规划可以体现在宏观层面规划中，又可体现在微观层面规划中。概念规划涵盖范围广，对未来

远景的一个描述和整体性认识,带有指导性。园区的概念性规划就是园区发展的战略部分,就是要在分析项目区基本条件的前提下,提出战略目标、战略思想等内容,总体把握园区的发展方向。

②总体规划 园区总体规划是在概念性规划提出战略思想的基础上,对园区一定时期内(一般 3～5 年)的发展目标、发展规模、土地利用空间布局以及各项建设综合部署的实施措施。其主要内容见表 5-3。

③详细规划 园区的详细规划是以园区总体规划为依据,对园区内的土地利用、空间环境和各项建设用地所做的具体安排。其主要内容见表 5-3。

表 5-3 园区规划阶段及编制内容

规划阶段	编制内容
总体规划阶段	论证基础资料和编制规划依据
	拟定园区的指导思想、发展目标和建设原则
	明确园区的功能定位、产业规划、项目规划、经营决策等
	确定园区的空间布局、用地规模,进行分区规划
	了解园区内外交通的结构和布局,编制园区内道路系统规划方案,包括道路等级、广场、停车场及主要交叉路口形式
	确定园区给排水、供电、通信、供热、燃气、消防、环保等设施的发展目标和总体布局,并进行综合协调
	进行综合技术经济论证,提出实施建议
详细规划阶段	详细确定园区建设项目用地界线和适用范围,确定各功能分区的容量比,如环境容量、生态容量、建筑容量等,提出主要建筑(温室、大棚等)高度、密度等控制指标以及交通出入方位等
	确定各级干道红线的位置、断面、控制点坐标和标高等
	确定工程管线的走向、管径和工程设施的用地界线等
	制定相应的土地使用与建筑管理规定细则

(3)规划方案评估和报批 现代种植园规划方案评估要有共同的评估标准和评估方法,来判断规划设想或规划方案构想的"优与劣""好与坏",遴选出最优方案。规划方案初步拟定后,邀请当地政府部门、承办单位主管部门和业内知名专家,对规划方案进行评审或论证。然后规划工作者根据评审或论证意见,认真研究,做必要的修改调整,形成规划文件。最后规划成果应按相关规定,报政府主管部门或承办单位决策机构审批后,方具有实施的权威和效力。在实施园区规划方案过程中,要经常检查规划的可行性和实际效益,根据新发现的问题情况,对原规划方案做出必要的调整、补充或修改。

第二节 种植制度

一、种植制度的概念及类型

种植制度(cropping system),是指一个地区或一个种植单元在一年或几年内所采用的作物种植结构、配置、熟制和种植方式的综合体系。作物的种植结构、配置和熟制又泛称为作物布局,是种植制度的基础。种植方式包括单作、间作、混作、套作、连作、轮作等。

合理的种植制度,应是对土地、阳光和空气、劳力、能源、水等各种资源的最有效利用,取得当时条件下作物生产的最佳经济、社会、环境效益,并能可持续地发展生产。参照大农业中粮棉油作物种植制度的划分,园艺作物种植制度可分为半干旱地区的旱作种植制度、灌溉种植制度和水田种植制度等;而按栽培的季节连续性,园艺作物的种植制度又可划分为露地种植和设施栽培(反季节栽培)。熟制(cropping pattern)是指一个地区或一个种植单元一年内作物种植茬口(次)的数量和类型。如一年一熟制,即一年只种植和收获1次;两熟制,即一年种植和收获2次。蔬菜生产上常以种植系数(planting coefficient)或复种指数(multipe cropping index)表述熟制,如种植系数2.0,即一年种植和收获2次;种植系数1.6,即一年中种植园整个面积上各种作物种植和收获的次数平均数是1.6。蔬菜生产、花卉栽培中,还有立体种植,也是一种种植制度,花样更是很多。

1.连作　连作(continuous cropping),是指一年内或连续几年内,在同一田地上种植同一种作物的种植方式。连作有一定好处:有利于充分利用同一地块的气候、土壤等自然资源,大量种植生态上适应且具有较高经济效益的作物,没有倒茬的麻烦,产品较单一,管理上简便。但是许多园艺作物不能连作,连作时病虫害严重、土壤理化性状与肥力均不良化、土壤某些营养元素变得偏缺而另一些有害于植物营养的有毒物质累积超量。这种同一田地上连续栽培同一种作物而导致作物机体生理机能失调、出现许多影响产量和品质的异常现象,即连作障碍(replant failure)。蔬菜、西瓜、甜瓜、花卉作物,栽培茬次多,尤其是温室、塑料大棚中,很容易发生连作障碍。

园艺作物种类繁多,不同作物忍耐连作的能力有很大差别。番茄、黄瓜、西瓜(图5-4)和甜瓜、甜椒、韭菜、大葱、大蒜、花椰菜、结球甘蓝、苦瓜等不宜连作;花卉中翠菊、郁金香、金鱼草、香石竹等不宜连作或只耐一次连作;果树中最不宜连作的是桃(图5-5)、樱桃、杨梅、果桑和番木瓜等,苹果、葡萄、柑橘等连作也不好,这些果树一茬几十年,绝对不能在衰老更新时再连作。重茬作物,不只产量品质严重下降,而且植株死亡的情况很普遍,是生产上不能允许的。白菜、洋葱、豇豆和萝卜等蔬菜作物,在施用大量有机肥和良好的灌溉制度下能适量连作,但病虫害防治上要格外注意。所以不管作物是否能忍耐连作,或连作障碍不显著,从生产效益上考虑应尽量避免连作。

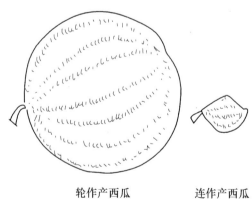

轮作产西瓜　　　　连作产西瓜

图5-4　同一西瓜品种轮作与连作的区别

7年生桃树，前茬菜地，已结果5年　　连作7年生桃树，不结果

图 5-5　连作对桃树生长和结果的影响

克服连作障碍的方法是轮作、多施有机肥、排水洗盐、无土栽培等。桃园更新时，砍除老桃树（连根）后连续三四年种植苜蓿或其他豆科绿肥作物，再植桃幼树，能有效地克服桃连作障碍。

2.轮作　轮作（crop rotation），是指同一田地里有顺序地在季节间或年度间轮换种植不同类型作物的种植制度。轮作是克服连作的最佳途径。合理轮作有利于防治病虫害，有利于均衡利用土壤养分、改善土壤理化性状、调节土壤肥力，是开发土壤资源的生物学措施。

轮作周期（period of crop rotation），是指轮作的田区内按一定次序轮换种植作物时，每经一轮所需的年度数。周期短的一年，一年内种植几茬（种类）作物；周期长的 3～7 年或更长时间（如果树轮作要几十年以上）。轮作利用植物不同生长期、不同需光（热）和水肥特点，按次序种植，充分利用季节，能提高土地的种植系数（复种指数）。

轮作的顺序性，即轮作应遵循的合理次序。安排这个轮作次序的原则是：轮作相邻近的作物茬应不同种类、不同种植方式，病虫害类型差异大，作物的需肥水特性有较大差异等。轮作茬口相接的作物在季节利用上应当符合季节变化的特点。从大农业观点出发，作物的轮作不应限于园艺植物，也可以插入农作物，如玉米、向日葵以及绿肥作物。南方地区水旱轮作（水稻和蔬菜轮作）就是一种较好的方式。

各类蔬菜轮作的年限依蔬菜种类、病情而长短不一。如白菜、芹菜、甘蓝、花椰菜、葱蒜类、慈姑等在没有严重发病的地块上可以连作几茬，但需增施底肥。马铃薯、山药、生姜、黄瓜、辣椒等的轮作年限是 2～3 年，茭白、芋、番茄、大白菜、茄子、甜瓜、豌豆等的轮作年限是 3～4 年，而西瓜的轮作年限是 6～7 年。典型的轮作实例如：①以茄果类为主的轮作，第一年茄果类、秋冬白菜、春白菜，第二年瓜类、萝卜、莴苣，第三年豆类、甘蓝、白菜，第四年茄果类；②以豆类为主的轮作，第一年豆类、秋冬白菜、春白菜，第二年茄果类、根菜类、茎菜类，第三年瓜类、甘蓝、葱蒜类，第四年豆类。

花卉的种植，轮作也是普遍应用的种植制度。一、二年生花卉通常采用二年轮作、三年轮作、四年轮作等形式。如二年轮作：翠菊（5～7 月份）→百日草（7～10 月份）→香豌豆（10 月至翌年 5 月份）→长春花（5～8 月份）→花甘蓝（8～12 月份）→金盏菊（12 月至翌年 4 月份）→翠菊(4～7月份);三年轮作:百日草(4～8月份)→花甘蓝(8～12月份)→矢车菊(12月份至翌年 5 月份)→千日红(5～10月份)→香豌豆(10月份至翌年 5 月份)→一年生香石竹(5～8 月份)→波斯菊(8～10月份)→金盏菊(10月份至翌年 4 月份)→百日草(4～8月份);四年轮作:大丽花(4～9月份)→美国石竹(9月份至翌年 4 月份)→金鱼草(4～6月份)→长春花(6～9月份)→麝香石竹(9月份至翌年 4 月份)→洋菊(秋)(4～10月份)→白头翁(10月份至翌年 5 月份)→千日红(5～7月份)→花甘蓝(7～12月份)→金盏菊(12月份至翌年 4 月份)→大丽花(4～9月份)。

轮作季节性很强,育苗及各项栽培管理措施要及时。蔬菜、花卉利用设施栽培,其种类和形式安排会更丰富些。

根据我国目前的农业形势和可持续发展前景,轮作种植应当提倡适量加入绿肥作物,这是解决肥料不足、农药与化肥污染等问题的良策。据国外这方面的经验,5～7 年的园艺作物种植轮作周期中加入种植 2 年绿肥作物,园艺作物5～7 年加 2 年(绿肥种植)的产量与经济效益不但未降低,还有较大提高。

3.间作 间作(intercropping),是指同一田地里按一定次序同时种植两种或几种作物,一种为主栽作物,另外一种或几种为间作作物的种植制度。主栽作物、间作作物可能都是园艺植物,也可能有的是园艺植物,有的不是园艺植物。如玉米地间作马铃薯、枣树行间间作小麦、菜豆与甜椒间作等。间作能充分利用空间,高矮不同的作物间作,各自能在上下空间充分利用光照,相互提供良好的生态条件,促进主栽与间作作物的生长发育,取得良好的经济效益。

间作种植,有一定的好处,但也有一些缺点,主要是管理上比单一作物要复杂一些,用工多,应用机械作业困难较多。因此,主栽作物应当有选择地确定间作物种类,如间作作物应尽可能低矮、与主栽作物无共同病虫害、较耐阴、生长期短、收获较早等。种植间作作物,主栽作物的行距应适当加大,主栽作物还应株形较直立、冠幅较小等。

园艺生产中较著名的果粮间作、林粮间作、菜粮间作、菜菜间作的例子如下。

枣树间作小麦、大豆、蚕豆:枣树春季萌芽迟,小麦、蚕豆和大豆能早收获,主栽与间作作物相互无不良的影响。河北省枣主产区枣麦间作,枣树株距 2.5～4 m,行距 8～10 m,其间间作小麦,枣、麦两不误,麦、枣产量与品质都很好。

玉米间作香椿苗或核桃苗:香椿、核桃苗的发芽至幼苗期,不需要强光照,需要有较稳定的湿度环境,间作在玉米地有一定好处,玉米株距 0.4～0.6 m,行距 2.0～3.5 m,行间间作育香椿或核桃苗,炎夏过后,早收获玉米。

菜豆间作甜椒:菜豆架间或双行架的架下间甜椒,可减小甜椒的蚜虫危害,使甜椒产量与品质提高。

香椿间作矮生菜豆、豇豆、西葫芦、青菜、四季萝卜、蒜苗等。因为香椿早春不断采收枝芽,因此树体遮阴少,间作物受香椿树的影响小。

在设施园艺生产中,为了提高设施生产效益,在温室、塑料大棚中的园艺作物,更有必要实施种植间作作物,如黄瓜架下栽豌豆芽菜、葡萄架下栽草莓或叶菜类蔬菜等。

间作种植,应当始终和确实地体现主栽作物为主、间作作物服从主栽作物的原则。一些地方果粮间作中,一时因果品滞销,果园中种植的间作物株形高、密度大,大有重粮弃果之势,这样对多年生的果树而言,不良影响很大。

4.套作和混作 套作(relay itercropping)又称套种,是指在前季作物生长后期的株、行或畦间或架下栽植后季作物的一种种植方式。不同作物共生期只占生育期的一小部分。粮食作物中套作较多,如小麦行间套作玉米、花生。在园艺生产中,由于一些作物可以先集中育苗,套作的应用更普遍,如菜豆套作结球甘蓝、菜豆套作芹菜、玉米套作白菜、萝卜等,棉田前期套作西瓜、甜瓜、辣椒、毛豆,后期套种大蒜、茭头、蚕豆、豌豆、越冬萝卜等。套作能更充分地利用生长季节、提高复种指数。

混作(mixed intercropping)是指在一块土地上无次序(而有一定比例)地将两种或两种以上作物混合种植,利用生长速度、株形之不同,不同时间收获(蔬菜),或混作后取得更好的观赏效果(花卉),草坪为充分发挥各自优势也可以混作。庭院经济中,小面积种植蔬菜、花卉,为了充分占有空间和土地,为了更好地利用生长季节,可以多种作物混作。观赏园艺园、旅游景点周边,为突出其观赏性,可以采用多种作物混作。果园常用白三叶草(豆科)与早熟禾(禾本科)混播,比例是1:2,早熟禾耐旱不耐湿,前期生长覆盖快;白三叶草耐湿不耐旱,生长后期覆盖率高。天然的观赏草原,夏、秋季节繁花似锦,各种花卉植物争相吐艳,那是大自然的多种植物混作。园艺生产中混作在减少,但仍不能否定它有一定的优点:合适的混作可提高光能和土地利用效率,一些非收获性作物混作并不增加人工管理的费用。

5.多次作与重复作　在同一土地上一年内连续栽培多种蔬菜,可收获多次的称"多次作"或称"复种"制度。重复作是一年的整个生长季节或一部分季节内连续多次栽培同一作物,多应用于绿叶菜或其他生长期短的作物,如小白菜、小萝卜等。

多次作栽培是我国菜区传统的精耕细作栽培制度的重要内容之一,但是并不是所有地区都能实行蔬菜多次作,它受该地区的自然条件、经济条件和耕作技术水平的限制。有一年一主作的,如无霜期仅3~5个月的东北三省、内蒙古、新疆、青海、西藏等地;有一年二主作为主的,如华北地区;也有一年3茬,甚至超过4茬的,如华中和华南地区的蔬菜栽培。

以上是指生长期长达100 d及以上的蔬菜在露地的栽培茬次而言,如利用生长期短的绿叶菜或间套作栽培,栽培茬次还可增加。

科学安排茬口,就要综合运用轮、间、套、混作和多次作,配合增施有机肥和晒垡、冻垡等措施,实行用地与养地相结合,最大限度地利用地力、光能、时间和空间,实现高产优质多种蔬菜的周年生产。

6.立体种植　立体种植(stereo planting)或立体农业(stereo farming),又称层状种植,是指同一田地上多层次地生长着各种作物的种植方式。最初的立体种植是各种植物都不离地面,即都在同一地块土壤中扎根生长,而后来发展到棚架、温室栽培中吊盆、山石利用的多种形式的立体种植,各种植物不一定在同一地块土壤中扎根生长。现代立体种植在园艺生产中,更多的是应用于公园绿化(图5-6)、社区或室内外装饰,一些家庭室内、阳台、屋顶,也有小型或微型的立体种植(图5-7),花样多得目不暇接。无土栽培、工厂化栽培的发展更是为立体种植展现出更广阔的应用前景。立体农业的发展还不只是植物的不同层次,甚至还包括植物层间或下面的动物和微生物。这种种植方式,即在单位土地面积上,利用生物的特性及其对外界条件的不同要求,通过种植业、养殖业和加工业的有机结合,建立多个物种共栖、质能多级利用的生态系统。

从地理学的角度讲,不同海拔、地形、地貌条件下呈现出农业种植和畜牧业布局的差异,也是立体农业,应称为异基面立体农业。如高山山顶种植生态林、景观林,山坡梯田种植果园、桑园、茶园以及玉米、番薯、烟草、药材,山下种植蔬菜、花卉、油菜、小麦、水稻、棉花等,或山坡轮流植草放牧牛羊等。

与异基面立体农业相对应的是同基面立体农业,如南方水生蔬菜菜田中养殖鱼、蟹、虾、鳖、鳝鱼、泥鳅,藕(荷花)池中植萍又养牛蛙等;柑橘、枇杷、梨树、桃树园中树下春季栽植一季油菜,夏、秋季种植绿肥作物;果树林下养殖土鸡、鹅、鸭等家禽等。种养结合的循环农业还能促进有机种植园的发展。

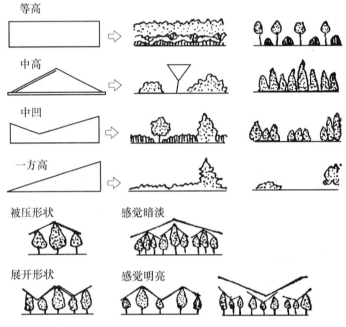

图 5-6 公园或风景区立体栽植的设计示意图

图 5-7 立体种植装饰

7. 园艺植物种植制度的多样性 以上种植制度,主要是从大田作物的种植制度袭用或顺延过来的。在园艺生产中还有一些称作栽培方式或种植方式的种植制度,在设施园艺非常普遍以及设施园艺与常规园艺已经难以截然分开的情况下,这些栽培方式已经得到迅速发展和普及,有必要简要介绍。

(1)促成栽培　促成栽培(forcing culture)是设施栽培中的一种高级方式,即在冬季或早春严寒时节利用有加温设备的温室或塑料大棚栽培蔬菜、花卉或果树,产品比露地常规生产早上市(详见设施栽培的章节)。

花卉中有些需要改变(提早)观赏时令的种类,如菊花,用适度遮光减少日照时数可以促其早分化花芽、早开花,本来晚秋季节开花,提早到国庆节前或夏季开花。

草莓的促成栽培又分半促成栽培、促成栽培。半促成栽培是让草莓在秋冬自然低温下通过休眠后于冬末或春初进行扣棚(或入温室)升温的栽培,果实2~4月份成熟上市。促成栽培是草莓进入自然休眠期之前扣棚(或入温室)升温的栽培,使其继续生长发育,早开花、早结果,果实于12月份至第2年1月份成熟上市。

(2)延后栽培　延后栽培(retarding culture)又称抑制栽培(inhibition culture)或晚熟栽培(late culture),是延长收获期和产品供应期的栽培方式。用晚熟品种的种子播种、延期播种、设施的温室和塑料大棚内栽培,均可以达到延后栽培的目的(详见设施栽培的章节)。应用植物生长调节剂也可以延迟开花或果实的成熟。

意大利大量的葡萄园在秋季实行薄膜覆盖,使葡萄延迟到圣诞节采收。华中农业大学在湖北十堰市利用大棚进行柑橘完熟栽培、延迟采收研究获得成功,可人为控制柑橘生长条件,减少外界环境影响,拉开成熟期,提高果实品质,实现鲜果周年供应。

(3)软化栽培　软化栽培或软化处理(blanching cultre),或黄化处理(etiolation),是将某一生长阶段的园艺植物(主要是蔬菜)栽培在黑暗和温暖潮湿的环境中,使其长出具有独特风味、柔软、脆嫩或黄化产品的栽培方式。中国早在2 000多年前就有利用原始温室进行大葱、韭菜软化栽培的记载。软化栽培主要有韭黄、蒜黄、菊苣和芹菜等,最常用的方法是培土、覆盖、缚叶或将植株入暗室、地窖等。

(4)微型栽培　微型栽培(microculture)又称案头栽培(desk ctllture),是指在极小的容器上(或之中)栽培观赏性植物的一种种植方式(图5-8)。如栽植案头菊、朝天椒、仙人球、番红花、微型月季等,在栽植箱、封闭的玻璃瓶中栽植水生的植物等。这已经是很时髦的栽植和室内装饰,随着微型植物种类、品种的增加和不断开发,微型栽培已进入城乡百姓之家,其花样也千姿百态,种类繁多。

图5-8　仙人掌类植物的微型栽培

二、栽培季节与茬口安排

园艺作物的栽培季节是指从种子直播或幼苗定植到产品收获完毕为止的全部占地时间而言。对于需育苗的园艺作物因为苗期不占大田面积,不计入栽培季节。

确定园艺作物栽培季节的基本原则:将园艺作物的整个生长期安排在它们能适应的温度季节里,而将产品器官的生长期安排在温度最适宜的季节里,以保证产品的高产、优质。在设施栽培中,栽培季节的确定与农业设施的类型、栽培作物的种类、栽培方式和自然气候等还有密切关系。

为了便于制订与落实生产计划,通常把园艺作物的茬口分为"季节茬口"(指一年当中露地栽培或设施栽培的茬次,如蔬菜的越冬茬、春茬、夏茬、伏茬、秋茬、冬茬等季节茬口)与"土地茬口"(指在轮作制度中,同一块园地上,全年安排各种园艺作物的茬次,如一年一熟、一年两熟、二年五熟、一年三熟、一年多熟等)。

1.露地蔬菜栽培的季节茬口 露地蔬菜栽培的季节茬口大体上可分为以下 5 种。

(1)越冬茬 即过冬茬(包括越冬根菜茬),是一类耐寒或半耐寒蔬菜,如东北地区的越冬菠菜、葱,华北地区的根茬菠菜、芹菜、小葱、韭菜、芫荽;华中三主作区还有菜薹、乌塌菜、春白菜、莴苣、洋葱、大蒜、甘蓝、蚕豆、豌豆等。一般是秋季露地直播或育苗,冬前定植,以幼苗或半成株态露地过冬,翌年春季或早夏供应,是堵春淡季的主要茬口。可早腾茬出地的是早春菜及中小棚覆盖果菜类的良好前茬,也是夏菜茄瓜豆的前茬;晚腾茬出地的通常间套作晚熟夏菜,也可作为伏菜的前茬或翻耕晒垡,秋季种秋冬菜。

(2)春茬 即早春菜,是一类耐寒性较强,生长期短的绿叶菜,如小白菜、小萝卜、茼蒿、菠菜、芹菜等,以及春马铃薯和冬季保护地育苗,早春定植的耐寒或半耐寒的春白菜、春甘蓝、春花椰菜等。该茬菜生长期 40~60 d 即可采收供应,正好在夏季茄瓜豆大量上市以前,过冬菜大量下市以后的"小春淡"上市,这一季节通常多与晚熟夏菜的各种地爬瓜类、辣椒、茄子、豇豆、早毛豆、菜豆等间套作或作为伏菜的前茬。

(3)夏茬 即春夏菜、夏菜,也有习惯叫"春菜"的,包括那些春季终霜后才能露地定植的喜温好热蔬菜,如茄、瓜、豆类蔬菜,是各地主要的季节茬口。一般在 6~7 月份大量上市,形成旺季。因此,宜将早中晚熟品种排开播种,分期分批上市。一般在立秋前腾茬出地,后茬种植伏菜或经晒垡后种秋、冬菜,远郊肥源和劳动力不足之处,也可晒垡后直接栽晚熟过冬菜。

(4)伏茬 俗称火菜、伏菜,是专门用来堵秋淡的一类耐热蔬菜或品种,一般多在 6~7 月份播种或定植,8~9 月份供应,如早秋白菜、火苋菜、蕹菜、落葵、伏豇豆、伏黄瓜、伏甘蓝、伏萝卜等。华北地区把晚茄子、甜椒、冬瓜延至 9 月份出地的称为连秋菜、晚夏菜;长江流域把小白菜分期分批播种,一般播种 20 d 左右即可上市,作为堵伏缺的主要"品种"。后茬是秋冬菜。

(5)秋冬茬 也叫秋茬,即秋菜、秋冬菜,是一类不耐热的蔬菜,如大白菜类、甘蓝类、根菜类及部分喜温性的茄果瓜豆及绿叶菜,是全年各茬中面积最大的,一般在立秋前后直播或定植,10~12 月份上市供应,也是冬春贮藏菜的主要茬口,其后作为越冬菜或冻垡休闲后翌年春栽种早春菜或夏菜。因地制宜地利用 5 个茬口之间的合理比例,是计划生产均衡供应的重要内容。除了上述常年菜地的 5 个茬口外,还有保护地栽培的茬口安排,季节性菜地(包括水生菜地、间作菜地)的茬口安排,在制订生产计划时,都应当考虑进去。

2.蔬菜的土地茬口

(1)第一类是早熟三大季或四大季　夏季以早熟茄瓜豆为主,秋季以萝卜、大白菜、甘蓝、胡萝卜或两茬秋冬白菜为主,冬、春季以过冬白菜、菠菜、小萝卜等为主。主要供应季节是3~4月份、6~7月份、10~12月份,经贮藏可延迟到翌年1~2月份。在三季菜收获盛期形成3个旺季,收获终了形成3个淡季,即4~5月份、8~9月份、翌年2~3月份。系近郊老菜区主要茬口,也是唯一解决冬春缺菜的茬口类型。

(2)第二类是晚熟两大季或三大季　以晚熟冬瓜、茄子、辣椒、笋瓜、豇豆等为主,前茬一季迟白菜或莴笋、洋葱、大蒜、春甘蓝、蚕豆等或者冻垡,后茬一季晚熟秋冬菜萝卜、菠菜等,主要供应期是4~6月份、8~9月份、11~12月份。其供应特点是紧接在早熟三大季之后,是解决“伏缺”与4~5月份小淡季的主要茬口,为早熟三大季的辅助茬口,是各地远郊或旱园主要茬口类型。

(3)第三类是以叶菜为主的多次作栽培　以速生叶菜为主,一年种植四茬以上,一般是从立春起,连续种二三茬白菜或小萝卜,即头茬小白菜或小萝卜(2~4月份)、二茬白菜或小萝卜(4~6月份),再种一茬伏菜(白菜或苋菜)或者晒垡休闲。下半年从立秋起,连种两茬秋菜,即早白菜和栽白菜或腌白菜,有些再种一茬过冬菜而与翌年2月份白菜相衔接。为避免病虫害,也有春季种一季早熟茄瓜豆,接着一茬伏小白菜、二茬秋冬白菜、一茬过冬菜。这一茬口供应较均衡,多分布在近郊老菜园。

第三节　生产计划

园艺种植园,不论其作物是多年生的还是一、二年生的,甚至是极短生长期的(如食用菌类、芽苗菜类),生产计划的制订和按计划实施技术措施,使生产有序、合理、科学地进行,是管理者所必需的,也是生产高效益的一个保证条件。

生产计划的制订要综合考虑企业从业人员的技术水平、区域气候条件、土壤条件、设施装备、贮藏保鲜、市场需求等。“有计划不忙,有制度不乱”,切实可行的生产计划和种植制度对充分利用种植园的设施设备等各种生产资源,确保园艺产品周年生产,均衡供应,稳定提高企业经济收益有着极其重要的作用。

一、生产计划的制订

1.生产计划制订的原则

(1)市场导向原则　园艺产品生产大户、合作社和企业制订生产计划时应以市场需求为导向,种植什么种类品种、种植多大规模、季节茬口如何衔接等应与目标消费对象和消费市场的需求相适应,以产定销、以销促产,同时种植计划制订后还要根据市场变化和需求不断调整和修订,而不能盲目地种植和生产。

(2)因地制宜原则　制订生产计划必须从实际出发,充分考虑当地的土壤肥力、气温、积温、降水量、无霜期等因素,结合本地区生态环境、气候特点,因地制宜地安排种植的种类品种、栽培季节、种植布局等,最大限度发挥自身优势,最大限度地降低不利环境因素的影响,扬长避短,科学发展。

（3）特色差异原则　生产计划制订时应体现区域化差异原则,优先考虑发展具有地方特色优势的园艺作物种类和品种,既能满足品质安全需要,同时又能满足丰富的市场花色品种需求。

（4）质量安全原则　现阶段我国市场供应的园艺产品分为无公害食品、绿色食品、有机食品三大类。其中安全级别最高的是有机食品。有机食品的生产必须严格按照有机产品的生产环境质量要求和生产技术规范来生产,以保证它的无污染、富营养和高品质的特点。在整个生产过程中完全不使用农药、化肥、生长调节剂等化学物质,不使用转基因工程技术,同时还必须经过独立的有机食品认证机构全过程的质量控制和审查认证。

（5）可持续发展原则　我国园艺产品的生产吸取了几千年来传统农业的精华,结合作物自身的特点,强调因地因时因物制宜的耕作原则,通过作物种类品种的选择、轮作、间作套种、休闲养地,水资源管理与栽培方式的配套应用,强调生态循环、清洁生产和综合利用,体现节能减排,降低成本,减少环境污染和可持续发展。

2.生产计划编制的内容

（1）种植计划　种植计划(planting plan)主要指一、二年生园艺作物或短季节栽培的园艺作物的播种、栽植计划。种植计划的主要依据是产品消费市场的信息,特别是市场价格变化信息或滞销与畅销的信息。依照这些信息,决定某种或某一些作物的播种、栽植数量(面积)和所占比例,并由此修订连锁性的一些生产计划。如发现市场积压青菜,售价很低,不能再安排青菜播种和移栽苗,可以改青菜播种为菠菜、芹菜或其他蔬菜,并相应改变技术措施、生产资料购进等计划。社会发展变化,如某城市要举办大型体育运动会,城市绿化美化和公共设施建设要迅速配合,需要大量的林木、花卉和届时有丰富的蔬菜、瓜果供应,园艺种植应及时改变规定的生产计划,这既是对政府、对社会的支持和响应,也是有利于生产者获得好的经济效益的极难得的机会。

水分供应丰缺及重要的生产资料(如肥料、农药)的变化影响种植计划时,也必须修订原种植计划,否则会使生产不能正常进行。

（2）技术管理计划　技术管理(technological management)是园艺生产企业或单位对生产过程中的一切技术活动实行计划、组织、指挥、调节和控制等工作的总称。园艺生产上,技术管理的内容包括技术措施项目与程序、技术革新、科研和新技术推广、制定技术规程与标准、产品采收标准与日程安排、生产设备运行与养护、技术管理制度等。这些内容也可以按施肥、灌溉、植株管理、产品器官管理、采收等生产环节做计划。因此技术管理及计划的制订,应依据播种计划,并参照自然条件、资源状况的变化而相应地修改。如干旱、雨涝、土壤肥力、重要生产资料的变化,应相应变动技术管理计划。近年来,设施园艺发展很快,设施园艺对自然条件、能源保障等依赖程度很大,这些条件一旦有变动,设施园艺的生产如果仍按原计划进行,很有可能遇到克服不了的困难。

技术管理计划中,植物保护应列为重要的计划项目和管理内容。防治病虫害、控制杂草旺长、防止自然灾害的发生和减灾救灾,是园艺生产实现高产优质目标的基础和保障。提倡根据多年的经验和中长期的病虫测报、天气预报,尽早制定切实可行的技术措施,以预防为主,综合治理。目前我国园艺生产中病虫害防治措施太偏重于化学药剂防治(特别是治病),在各种防治措施中占到 $80\% \sim 95\%$。科学的综合防治、生物防治应占到 $20\% \sim 35\%$,农业防治占 30% 以上,而化学防治应降低到 30% 以下。只有年初计划好,预先落实各项准备工作,才不至于临时采用虫来治虫、病来治病的喷洒化学药剂措施。

植物保护的一个重要目标是实现园艺产品的"绿色食品"制或"有机食品"制。所谓"绿色食品"或"有机食品",简言之即"安全的、营养的"食品,植物保护中减少用化学农药、合理用药是实现绿色生产最重要的技术措施之一。

(3)采收及采后管理计划　园艺植物的采收产品是多种多样的,既有果实,也有茎(枝);既有地上部分,也有地下部分;既有一次性采收,也有分批分次采收;既有定期采收,也有提早或延后临时决定的采收等,预先都应当有一定的计划。园艺生产的目标就是采收、上市,用产品换货币,取得经济效益,所以采收及采后管理是非常重要的作业,必须计划好。

采收及采后管理计划的主要内容和依据是:

①各种类、品种的采收时间、采收量。应按小区(生产队、组)落实。依年度播种和移栽计划与技术管理计划而定,多年生果树和观赏植物,参照前一二年产量情况定。果树生产,特别是苹果和梨,"大小年"(或称"隔年结果")现象较普遍,制定采收计划应予充分注意。

②各种类、品种的采后的分级、立即上市或就地贮藏的计划。按市场需求情况定,但多年经验,应早有计划,做两种或几种准备,如早春菠菜,上市时间早晚可能相差 20 d;苹果晚熟品种,有的年份采后即上市,售价好,有的年份需贮藏一段时间再上市,售价好。产品需贮藏的,应有一定贮藏保鲜条件。

③采收用工、机械的安排计划。有些蔬菜、瓜类、果品,特别是其中的某些品种,如果栽植量大,成熟期集中,采收工作量很大,应预先有计划调度人力、物力,集中突击性采收和采后处理。如一个大型果园生产中熟的水蜜桃,产量约 80 万 kg,平时生产管理只需 15～20 人,而在 5 d 内采收完毕需要 60～100 人。此外,提倡采用采收机械进行采收,以提高效率,如武汉如意情公司以前毛豆采收每亩需要 5～6 个工,现在采用法国进口的毛豆采收机 1 h 就可以采收 10 亩,劳动效率提高近 500 倍。

④各种采收必需的物资、运输工具计划。例如菜篮、果篮,包装用的筐、箱、包、袋、纸袋、纸片、扎捆绳、薄膜袋等;田间推运小车、分级包装场所,甚至包装分级的台秤、计数器等等。运输工具,特别是急需上市、远销的产品,必须有落实的车辆运输,甚至定好火车、飞机班次。

(4)其他生产计划　包括物资供应计划(肥料、农药、水电煤动力保障、机械、车辆等)、劳力及人员管理计划(应包括技术培训、技术考核等)、财务计划(包括各项收支计划、成本核算等)等。这些都是重要的,应当与前面提到的计划一样,制定得较全面、详尽和具可操作性,既具体、能实施、便利于检查,也便于修正,具一定的规约性,又有一定的灵活性。

生产计划的最终表述形式,应是文字和图表都具备的"计划说明书"。为了随时查阅的方便,可以有一份摘要列在前面,或者用表格表述作物的播种、生产计划。如表5-4 至表 5-6 所示。

表 5-4　某种植园蔬菜育苗、生产计划

项目	甘蓝	番茄	黄瓜	青椒	西瓜
品种	8913	保 2 号	新泰密刺	二猪嘴	西瓜 8 号
栽培方式	露地	小拱棚	节能温室	塑料大棚	地膜覆盖
种植面积/m²	3 000	2 000	1 500	2 500	3 000
栽培密度/(株/m²)	9	8	8	16	1.3
用苗量/株	27 000	16 000	12 000	40 000	3 900
播种期(日/月)	25/1	16/2	1/1	25/1	3/4
定植期(日/月)	3/4	13/4	13/2	3/4	3/5
苗龄/d	65	55	45	65	30

续表5-4

项目	甘蓝	番茄	黄瓜	青椒	西瓜
用种量/g	100	50	200	150	150
育苗方式	温室常规	温室常规	温室护根	温室常规	阳畦护根
苗床面积/m²	27	16	12	20	4
栽培时期(日/月)	3/4~3/6	13/4~13/7	13/2~13/7	3/4~1/11	3/5~3/8
预计产量/t	10~16	6~8	3.0~4.5	3.5~4.0	10~12

注:终霜期以5月3日计,青椒采用先密后稀栽培。

表5-5 一个大型果园苹果、桃、葡萄某年度生产计划(面积) hm²

队区(地块)	苹果(6年生)					桃(10年生)					葡萄(6年生)							小区合计
	早熟品种	金冠	富士	其他品种	小计	早熟品种	大久保	白凤	晚熟品种	小计	早熟生	食品种	巨峰	玫瑰香	酿酒品种	小杂品种	小计	
Ⅰ-1		5	15	2	22						4	10	2			4	20	42
Ⅱ-2	5		10		15							10		20			30	45
Ⅱ-4		4	5		9	2	6	4	2	14								23
Ⅱ-1	7	2	12	2	23									20	5		25	48
Ⅱ-5						2	6	4	2	14		10	5	10			25	39
Ⅱ-7	2	4	8		14						3	20				2	25	39
Ⅲ-1	2				2	4	6	4	6	20								22
小计	16	15	50	4	85	8	18	12	10	48	7	50	7	50	11	125	258

由表5-4至表5-6可以看出,制订一个生产计划是很费工的,但由于它的重要性,花多少人力都是值得的。表5-4至表5-6还仅仅是生产计划的一小部分而已。

(5)成本效益估算 成本核算是农业经济学中重要课题,本书不做详细介绍,只以下面的例子简介之(传统的园艺生产中建筑成本、建筑物折旧费用等,很少用到,所以举的例子是设施条件下生产蔬菜,以增加学生这方面的知识)。山西农业大学园艺系"非对称连跨型节能温室"生产生菜、芽菜、菌菜,生产成本换算的内容与具体账目如下:

①固定资产投资

温室面积2 000 m²,建筑费15.0万元;

工作间建筑30 m²,建筑费1.5万元;

机械设备(水泵、喷雾系统等)0.3万元;

灌溉系统(水池、滴灌系统)2.0万元;

无土栽培设备12.0万元;

塑料薄膜(2 300 m²)1.2万元;

内保温材料及运动系统3.2万元;

加温设备3.0万元;

育苗架盘2.0万元。

以上合计40.2万元。

表 5-6　一个大型果园苹果、桃、葡萄某年度生产计划之二（产量）

队区 （地块）		苹果（6 年生）					桃（10 年生）					葡萄（6 年生）						小区 合计
		早熟品种	金冠	富士	其他品种	小计	早熟品种	大久保	白凤	晚熟品种	小计	早熟生食品种	巨峰	玫瑰香	酿酒品种	小杂品种	小计	
I-1	产量/t		30	90	11	131						120	280	60		100	560	691
	比上年增减/%		+16	+20	+37.5	+21						+20	+10	+20		+20	+18	+18.5
I-2	产量/t	27		67		94							280		600		880	974
	比上年增减/%	+40		+34		+36.2							+10		+10		+10	+10.8
I-4	产量/t		27.5	30		57.5	90	350	250	76	766							823.5
	比上年增减/%		-8	0		-4.3	0	+10	+19	-5.3	+9							+8.3
II-1	产量/t	39	15	84	12	150									600	80	680	830
	比上年增减/%	+10	+25	+20	+33	+19									+10	0	+8.8	+9.6
II-5	产量/t						110	360	260	60	790		290	120	330		740	1 530
	比上年增减/%						+20	+20	+23.5	-25	+16		+10	0	+15		+10	+13.2
II-7	产量/t	14	32	60		106						95	550			45	690	796
	比上年增减/%	+33	0	+20		+14.5						+26.5	+5			+5	+8	+8.6
III-1	产量/t	12				12	220	360	265	145	990							1 002
	比上年增减/%	+25				+25	+20	+20	+26	0	+18							+18.2
小计	产量/t	92.0	104.5	331	23	550.5	420	1 070	775	281	2 546	215	1 400	180	1 530	225	3 550	6 646.5
	比上年增减/%	+22.7	+4.5	+20.4	+35.3	+17.5	+15.4	+16.6	+23	-6.3	+15	+23	+6	+6	+11	+3	+9	+11

②折旧生产成本(表5-7)

表5-7　温室生产折旧生产成本

项　目	折旧年限/年	年折旧额/万元
温室	20	0.75
机械设备	10	0.03
灌溉系统	10	0.2
无土栽培设备	15	0.8
塑料薄膜	3	0.4
内保温材料及运动系统	5	0.64
加温设备	10	0.3
育苗架盘	4	0.5
合计		3.62

③直接生产成本

育苗基质 10 m^3,0.015 万元;

营养液 0.5 万元;

种子 0.75 万元;

菌料 0.30 万元;

劳动力 1.50 万元。

合计 3.65 万元。

生产总成本为 3.62 万元＋3.65 万元＝7.27 万元。

④产量及收入

日产生菜 1 000 株,产值 0.025 万元(株售价 0.25 元),年产值 9.0 万元;

芽菜 5 000 kg(其中香芽 1 000 kg、豌豆芽 4 000 kg),产值 3.0 万元;

菌菜 15 000 kg,产值 2.3 万元。

总产值为 14.3 万元。

销售费用为总产值的 10% 时,费用额为 1.43 万元。

净收入＝总产值－生产成本－销售费用＝14.30－7.27－1.43＝5.60(万元)

(注:销售费用中应包含税收、车辆耗油与公路费等)

二、生产计划的实施

科学合理的种植园生产计划只有得到准确无误的实施,才能保证园艺产品的生产、加工和销售有条不紊地高效运营,从业人员对生产计划的准确理解和灵活执行也是园区能在激烈的市场竞争中立于不败之地的秘诀,生产计划在实际执行时应根据市场、气候、不可预见的影响因素的变化适时调整,计划经常赶不上变化,这就要求我们在实施生产计划的时候要有以不变应万变的应对措施。生产计划实施的保障措施主要有:

1.技术保障　种植园的管理人员、技术人员与生产人员应了解并掌握所种植园艺作物的生产与加工的原理和技术、产品的市场需求规律与应对策略。因此,必须由相应园艺、植保、土肥、经济等相关领域的专家对基地管理人员、技术人员、生产人员进行定期、不定期的技术培训。

2.模式创新　根据实际情况,种植园的经营模式可以是"公司＋农户""公司＋基地＋农户""公司＋合作社"等多种组织模式,大力推广统一技术标准、统一种苗供应、统一培训服务、统一投入品使用、统一包装标识、统一品牌销售的"六统一"生产经营模式。

3.质量安全　重点建立和完善五项制度,形成园艺产品质量安全管理长效机制。一是建立投入品管理制度,确保不购买、不使用禁限用投入品,科学安全使用投入品;二是建立生产档案制度,确保产品质量全程可追溯;三是建立基地产品检测制度,确保安全期采收;四是建立基地准出制度,确保不合格的产品不采收、不出售,严把基地准出关;五是建立质量追溯制度,确保责任可追究。

4.多元投入　政府应加大财税支持,将有关政策及资金向种植园倾斜;鼓励大众创业、万众创新,推动种植大户、中小业主加大对种植园的投入,做大做强园艺产业;拓宽融资渠道,探索新型融资模式,鼓励利用 PPP 模式、众筹模式、互联网＋模式、发行私募债券等方式,加大对种植园的金融支持;创新"谁投资、谁管理、谁受益"的投资运作机制,积极推动区域特色的园艺产业发展。

三、生产档案的管理

尽管我国园艺生产已在世界上处于总面积最大、总产量最高的大国地位,但我国园艺生产的技术水平还比较低,其中包括技术经验的总结、引进技术的应用总结很不够,生产档案非常不健全,基层生产单位基本上没有生产档案。这是生产落后、仍然未摆脱小农经济的一种表现,与农业现代化很不相适应。

技术档案(technology file)是园艺产业的各种档案中的一种(其他还有人事档案、财务档案、土地资源档案、设备档案等),它记述和反映种植园的规划设计、各项生产技术、农田基本建设和科学实验等活动,具有保存价值并按一定归档制度保管的技术文件资料。这种档案是技术资源贮备的重要形式,也是从事生产和科学实验的重要条件和工具。技术档案可分为几大类:建园档案(含规划设计、建园苗木等)、基本建设(含农田基本建设)档案、机械设备和仪器档案、生产技术档案(生产技术方案、计划、技术实施及结果、新经验及事故等)、科学实验档案(含新品种引进、新技术和创新技术的记载、结果等)、技术人员及职工技术进步和考核等档案。

1.建园档案　从园艺种植园或产业的策划起,应按整个种植园区建档和记载。建园档案经过规划设计到栽植施工,种子与苗木的准备、播种和栽植苗木,可以按施工进程记载,也可一次性记载。

(1)文件与资料

①上级政府或职能部门有关建园的决定、指令、批示文件或原始记录性文字材料。有关建园的方针和策划依据、发展方向、经营规模、建园进程、产品预期产量及销路等方面的原则性意见,应原原本本记录下来,设摘要和原始材料。

凡文字材料、图表,都要做记录、书写、誊写、整理或电脑输入人员名字,亲笔签字最好,并注明日期。一些人员的流水账式日记、笔记,也是入档材料,但以一定时期整理成文入档为好。

②为建园所调查的有关资料,包括本地区已有园艺生产、蔬菜和花卉生产的经营与市场前景,农业种植业基本情况,农业劳力资源情况,当地气象条件、土壤和自然植被情况,水利资源和水土保持状况,动力资源和交通状况等,并不断积累补充新的资料。

(2)规划设计与生产资料

①种植园规划设计书、说明书以及全套应附有的图表材料,种植园各项分项规划设计细则与说明书、图纸,应有原件,特别是有权威机构或负责人批示、签名盖章的批示件。规划设计时的未入选方案及规划设计现场有关材料和进展情况记录等。

②建园初种子、苗木、其他生产资料的来源、数量、质量状况,播种与栽植中执行规划设计的情况、技术保障等。引入的种子、苗木应有鉴定书、检疫证书及有关资料。

(3)土肥条件及生产运作

①建园前、建园时园区土壤改良、水土保持状况、播种、栽植时的天气、气候、土壤墒情和肥力的数据,根据国家或当地的报告,或园区日记。施肥、植保等措施执行情况及结果,也要有详尽记录的原件或整理后资料。

②建园初期的生产运作秩序及技术管理成果,如播种出苗率、栽植成活率、排灌设施效率、病虫发生状况等,第1年雨季、冬季自然灾害情况等,均应有记载及分析结果。

③规划设计、建园、技术管理等各项技术人员、第一线管理人员的配置,技术负责制或技术承包合同的文件(签字有效和原始文字材料),劳力的各项支出记录,各项技术措施的实施检查记录、评定结果、奖惩等,文字或照片、录像原件。

(4)异常气候

异常天气、人为的灾害、突发事件,对技术管理和生产造成的影响,如严重的水土流失、洪涝灾害、雨雹霜冻、火灾等。记载发生情况、生产损失、补救措施及善后等。

2.技术管理档案 按种植作业区、小区或生产队(班)记载,更详尽者应再按作物种类、品种、生产方式的类别记载;果树还可以按同树种不同树龄记载。

(1)技术管理与措施

①年度、季度或细至月份、星期的技术管理计划、指标要求,要量化、具体的文字或图表材料。

②各项技术措施,如施肥、灌溉、喷洒农药、修剪或支架等的日期、方式方法、计量,执行情况及施后反应,异常情况(如农药副反应、药害、无效等),随时记录。

(2)生产条件与技术应用

①各项技术措施执行前后的有关天气、动力、劳力条件,如风、雨,洪涝、干旱、高温;电力提供、水源暂时断流;劳力调动暂缺等。这些影响作业进程和质量的条件,一定要有记载,由有关生产队(班)负责人签字入档。

②记录新技术实施情况、结果,科学实验的情况及结果;记载一些作物新品种的风土适应性、技术措施反应状况;多年生作物要连续、多年观察记载;一些农药、生长调节剂施用后一段时期还要看"反弹"反应,切实记载。每项新技术试验、引种和其他实验,都应有最后完整的总结报告。

(3)技术考评 各项技术管理的负责人、技术执行责任人的技术素质状况、技术进步考评,所负责技术的执行检查评定成绩及奖惩,有关人员技术培训成绩等,也应列入存档文件中。

3.作物生长发育状况及物候档案 可以按园艺作物的种类或主要品种记,观察记载的作

业区、小区及观察植株对象,应有代表性、典型性。最好是专人、定期观察记载,并分原始记录和整理后资料入档。主要内容包括:

(1)物候期 果树的主要物候期包括萌芽期、展叶期、开花坐果期、新梢生长期、生理落果期、花芽分化期、果实生长发育期、果实成熟期、落叶期和休眠期等。以落叶果树苹果和梨(同是仁果类果树,物候项目相似)为例,开花坐果期、新梢和叶片生长期的记载,可参考表5-8和表5-9记载物候期的开始日期至结束日期。物候期的观察需要连续多年记载,一定时期(如10年)有各年度的比较、规律性总结,用图表或文字表述,并入档。

表5-8 _____ 年苹果、梨开花、坐果、成熟物候期记载表(日/月)

作业区号	作物种类品种	▲芽膨大期	萌芽期	露蕾期	花蕾分离期	▲初花期	▲盛花期	终花期	▲坐果期	果实膨大期	▲果实成熟期	备注

注:有"▲"者为重要,必须记载的物候期。表5-9至表5-10同。

表5-9 _____ 年落叶果树萌芽与新梢、叶片生长物候期记载表(日/月)

作业区号	作物种类品种	▲叶芽膨大期	叶芽开绽期	▲展叶期	▲新梢始长期	▲新梢停长期	二次梢始长期	二次梢停长期	叶片变色期	▲落叶期	备注

蔬菜作物中多一、二年生草本植物,主要物候期是种子萌芽出土、幼苗期、生长旺盛期、花芽分化期、开花坐果期、种子成熟期、茎叶枯萎期等。大白菜是二年生蔬菜作物,以大白菜为例,生长发育的物候期记载表如表5-10所示。

表5-10 _____ 年大白菜生长发育物候期记载表(日/月)

作业区号（种类）、（品种）	第1年（秋季）					休眠期	第2年（春季）					备注
	种子萌动、拱土	子叶展开	▲幼苗期	▲莲座期	▲结球期		▲抽薹期	▲开花期	▲结荚期	▲种子成熟期	茎叶枯黄期	

花卉植物物候观察记载,木本的可以参照果树,草本的可以参照蔬菜。观赏花卉植物应特

别关注观赏器官具有最佳观赏效果的物候日期，当然是时间长好，观赏器官的生长发育体积大、醒目艳丽好。虽然许多花卉是一、二年生的，而物候记载也应当多年和有连续性，特别是不同栽培条件下，物候可能的变化，应当有记载。

（2）生长势　园艺植物的生长势（growth vigor）主要指营养生长的强弱，生产条件下既看单株的生长状况，也看群体的生长状况，如生长强弱的整齐性等。果树的生长势常以新梢生长粗度和长度表示，也用树的高度和树干干周或直径表示；蔬菜和花卉的生长势常以植株高度和叶面积表示，群体则以总覆盖率表示。表5-11是苹果、梨单株生长情况调查。

表5-11　苹果、梨单株生长情况调查（调查日期＿＿＿年＿＿＿月＿＿＿日）

树种品种	地块	株号	砧木	树龄	干周/cm	树高/m	冠径/m	▲新生梢长年量/cm	▲总枝量/个	▲生长势评语*	▲结果枝总枝量/%	▲产量	备注

注：* 生长势评语，以强、中、弱表示或极强、强、中、弱、极弱表示。有"▲"者为重要。

4.产品产量、质量、售价档案　无疑，园艺生产最终目的是获得产品，要有一定产量和优良的品质，并能销售到好的价格。连年记载这些数据资料，对生产管理有重要的意义。产量、质量均以田间记录为准，贮藏或初加工后的产量、质量另分记。产量、质量的记载以生产队或作业区为单位，最好分别记载地块、品种、作业茬次，更详尽者应当记载不同日期、分批采收的产量、质量。较具体的记载可参照表5-12。

表5-12　园艺生产产品产量、质量记载表

时间（日期）	队地区块	种类	▲品种	▲面积/hm²	栽培方式	▲总产量	平均产量		与上年比较/%	销售单价/(元/kg)	质量评语	备注
							每株产量/kg	每公顷产量/kg				

注：有"▲"者为重要。

无论是果品、瓜类、蔬菜，或是鲜切花，质量的评定各有主要指标，有外观指标，如色泽、形状、大小、整齐度等；有风味指标，如酸甜可口性、脆嫩汁的口感性、糖和酸含量等；有硬度、皮厚薄及耐贮藏的特性等。这些性状在某年度、季节可能由于天气的原因、栽培技术的原因、某种肥料或农药变化的原因而有所改变，是应当特别注意记载的。

园艺种植园的植物保护、设备管理、物资管理、财务管理包括成本管理等多项，都有必要分别记载和入档。

5.园艺生产档案的开发和利用

（1）开发生产档案的意义　"档案"是一门专业性很强的学问和技术。园艺生产档案在我国尚无人进行深入细致的研究，但它的作用是毋庸置疑的。我国许多重要的果树、蔬菜、花卉

或其他园艺生产基地,特别是生产职能管理部门、生产企业,应当积极建立和完善园艺生产档案,并不断开发和利用其对发展生产的指导作用,这肯定是很有意义的。一个相当规模的园艺生产企业或种植园,具备较完善的、多年连续的生产档案,是与土地、栽培作物、设备和建筑物等同样重要的财富。生产档案是进一步发展生产的决策参谋和基本依据。历史是不会消失的,但只有存在着文字、图表(包括在电脑软件中的)记载的历史才是永存的、有意义的。档案不能只存不用,要积极利用才是建档的目的。

(2)生产档案的应用

①编制园艺生产历年发展状况、现状的说明书、图表,从中总结经验教训。

②帮助制定新的生产发展规划和设计,提供改进技术管理的意见、建议,提高今后生产管理水平。

③总结各项技术管理、推广新技术、科学实验的经验,以系统的历史资料为科学依据,评估以往各项技术措施的利弊、效益,并对即将改进或引入的新技术的可行性做出客观的预测与评定。

④对外作为园艺生产技术咨询的资料。

思考题

1.园艺植物种植园规划设计的依据有哪些?

2.园艺植物种植园有哪些类型?

3.简述园艺植物种植园规划的原则。

4.园艺植物种植园中作物种类、品种配置的原则是什么?

5.园艺植物种植园规划设计的主要内容?

6.园艺种植制度主要有哪些类型?

7.连作种植制度的害处有哪些?怎样克服?

8.轮作的主要依据和原则是什么?

9.园艺生产计划的主要内容有哪些?

10.园艺生产技术档案包括哪些内容或分类?

11.园艺植物种植园技术管理档案、作物生长发育和物候档案应怎样记载?

12.园艺植物种植园生产档案有哪些用途?

参考文献

[1]喻景权,王秀峰.蔬菜栽培学总论.3版.北京:中国农业出版社,2014.

[2]范双喜,李光晨.园艺植物栽培学.2版.北京:中国农业大学出版社,2007.

[3]李式军,郭世荣.设施园艺学.2版.北京:中国农业出版社,2011.

[4]张福墁.设施园艺学.2版.北京:中国农业大学出版社,2007.

[5]高丽红,郭世荣.现代设施园艺与蔬菜科学研究.北京:科学出版社,2015.

[6]李新峥.现代农业园区新型蔬菜生产.北京:化学工业出版社,2011.

[7]张振贤.蔬菜栽培学(修订版).北京:中国农业大学出版社,2013.

[8]方智远.蔬菜学.南京:江苏科学技术出版社,2004.

[9]朱立新,李光晨.园艺通论.5版.北京:中国农业大学出版社,2020.

[10]罗正荣.普通园艺学.北京:高等教育出版社,2005.

[11]农业部种植业管理司,全国农业技术推广服务中心,国家蔬菜产业技术体系.蔬菜标准园生产技术.北京:中国农业出版社,2010.

[12]陈杰忠.果树栽培学各论(南方本).4版.北京:中国农业出版社,2011.

[13]包满珠.花卉学.3版.北京:中国农业出版社,2011.

第六章
CHAPTER

园艺植物的种植与管理

内容提要

　　本章从园艺植物土壤耕作与改良、整地作畦与定植、营养诊断与精准施肥、节水栽培与排水控水等方面，系统阐述园艺作物主要种植方法及技术。依据园艺植物的生长发育及器官相关性，阐明植株调整、整形修剪、观赏造型及植株化控等关键技术与调控措施，以改善植株株型，合理调节生长发育时间、空间，科学调控生物学产量和品质。简述园艺合格产品、绿色食品和有机产品"新三品"评价体系及其在生产中的应用。

第一节　园艺植物土壤管理

　　土壤是园艺植物根系生长、吸取养分和水分的基础。土壤结构、营养水平、水分状况、通透性、酸碱度以及微生物群落状况决定着植物的养分吸收，直接影响园艺植物的生长发育。种植园土肥水管理的目的就是人为地给予或创造良好的土壤环境，使园艺植物在其最适宜的土肥水条件下健壮生长，这对园艺植物丰产、稳产具有极其重要的意义。本章将重点介绍园艺植物种植园的土壤管理、营养和施肥、灌排水和节水栽培的理论和技术。

　　土壤管理(soil management)是指土壤耕作、土壤改良、施肥、灌水和排水、杂草防除等一系列技术措施，其主要作用：ⓐ扩大根域土壤范围和深度，为园艺植物创造适宜的土壤环境；ⓑ调节和供给土壤养分和水分，增加和保持土壤肥力；ⓒ疏松土壤，增加土壤的通透性，有利于根系纵横向伸展；ⓓ防止或减少水土流失，提高土壤保水、保土性能，同时注意排水，以保证园艺植物的根系活力。总之，土壤管理的目的就是改善和调控园艺植物与土壤环境的关系，实现高产、优质、高效生产目标。

一、土壤耕作方法

　　土壤耕作方法(soil cultivation regime)又称土壤耕作制度，是指根据植物对土壤的要求和土壤特性,采用机械或非机械方法改善土壤耕层结构和理化性状,以达到提高土壤肥力、消灭病虫杂草的目的而采取的一系列耕作措施。它是提高园艺植物产量的重要技术措施之一。常见的园艺植物土壤耕作方法有以下几种。

1. 清耕法 清耕法(clean tillage)即在生长季内多次浅清耕,松土除草,一般灌溉后或杂草长到一定高度即中耕。此法在果园、菜地、花圃均可应用。其优点是:ⓐ经常中耕除草,作物间通气好;ⓑ采收产品较干净,如叶菜类的蔬菜等;ⓒ春季土壤温度上升较快,有利于育苗。其缺点是:ⓐ土肥水流失严重,尤其是在有坡度的种植园;ⓑ长期清耕,土壤有机质含量降低的速度快,增加了对人工施肥的依赖;ⓒ犁底层坚硬,不利于土壤透气、透水,影响作物根系生长;ⓓ无草的种植园生态条件不好,作物害虫的天敌少;ⓔ劳动强度大,费时费工。因此,在实施清耕法时应尽量减少次数,或者在长期施用免耕法、生草法后进行短期性清耕。总之,清耕法弊病很多,不应再提倡使用。

2. 免耕法 免耕法(nontillage)即不耕作或极少耕作,用化学除草剂除草。免耕法在果园、菜地、花圃都可施用。其优点是:ⓐ无坚硬的犁底层,保持土壤自然结构;ⓑ作物间通风透光;ⓒ可结合地面喷灌来喷施除草剂,利于机械化管理,省时省工。其缺点是:ⓐ长期免耕土壤有机质含量下降快,增加了对人工施肥的依赖;ⓑ受除草剂种类、浓度等限制,易形成除草剂胁迫现象。因此,近些年在发达国家,主张采用半杀性除草,即只控制杂草的有害时期或过旺的生长,保持杂草的一定产草量,以增加土壤有机质含量,又称改良免耕法。改良免耕法在我国的果园和成年木本花圃的土壤管理中更为适用。

3. 免耕法结合适度耕作 关于耕作和免耕对土壤影响的研究很多,目前认为免耕结合适度耕作可能是比较好的一种方式。一方面,通过减少耕作的频度避免土壤裸露带来的土壤退化和侵蚀;另一方面,适当的深松耕作则可以有效避免土壤由于人、畜的踩踏和机具的碾压产生的过度压实问题,降低土壤容重,增加土壤孔隙度。土壤压实以后,土壤空隙变小,土壤的渗水性和透水性降低,从而造成水土流失。此外,由于土壤不能充分供给氧气和排除 CO_2 等有害气体,阻碍了作物根系正常新陈代谢和其他生理功能,同时也导致土壤肥力下降。因此,随着少耕、免耕法的发展,相应的深松技术也得到发展,以取代传统耕作犁翻方法。机械深松实质是只疏松土壤而不翻转土层的土壤耕作技术,它可以打破由于铧式犁年复一年的翻耕,在耕层底部形成坚硬的犁底层,增强雨水入渗速度和数量,对土壤扰动小,且植物残茬大部分留在地表,有利于保墒和防止风蚀。深松机有全方位深松机、凿式深松机、多功能振动深松机、凿型带翼深松机、深松联合旋耕机、深松整地联合作业机、深松施肥机等,通常采用拖拉机悬挂深松机进行作业。机械化深松技术是机械化保护性耕作的主要技术之一。

4. 覆盖法 覆盖法(mulch)即利用各种材料,如作物秸秆、杂草、藻类、地衣植物、塑料薄膜、沙砾等,覆盖在土壤表面,代替土壤耕作,可有效地防止水土流失和土壤侵蚀,改善土壤结构和物理性质,抑制土壤水分的蒸发,调节地表温度。此法在果园、菜地、花圃常用,但使用的材料各有不同。

(1)果园中通常采用秸秆和塑料薄膜在果树树盘和行间进行覆盖。有机物覆盖厚度一般在 20 cm 以上,可使土壤中有机质含量增加,促进土壤团粒结构的形成,提高保肥、保水能力和通透性;塑料薄膜覆盖除具备有机物覆盖的优点外,还在提高早春土壤温度、促进果实着色、提高果实含糖量、提早果实成熟期、减轻病虫害、抑制杂草生长等方面具有突出的效果。但是,采用有机物覆盖,需大量秸秆或稻草,易招致虫害和鼠害,长期使用易导致植物根系上浮,在土壤水分急剧减少时易引起干旱。采用塑料薄膜覆盖需要一两年更换一次,投资较大且带来一定的环境污染。薄膜覆盖的土地,对自然降雨利用率差,通常需在薄膜上打孔,以利雨水下渗。

(2)菜地中常用 0.01～0.02 mm 的塑料薄膜紧贴地面进行覆盖,它可提高地温,保持土壤水分,改善土壤物理性状,加速有机质分解,减少肥料流失,提高土壤肥力,对蔬菜的生长发育极为有利。尤其是早春覆盖可使蔬菜出苗整齐,缓苗快,开花结果早,一般比露地提早 10～20 d 收获,增产 20％～30％,对缓解春季蔬菜生产淡季起到显著作用。保护地也可应用地膜覆盖,有以下几种方式。

①大棚地膜覆盖栽培　比不覆盖提早 5～7 d 播种或定植,提前 10 d 左右收获。

②温室地膜覆盖栽培　可节省能源,提高地温,减少灌溉次数,有利根系生长。

③小棚地膜覆盖栽培　比不覆盖增温保温效果好,可提早 5～7 d 成熟,还延长了生长期和结果期,提高单产。因此,地膜覆盖是现代蔬菜生产中最常见的增产、增收的栽培技术。

(3)花圃中,成年木本花卉的树盘和行间采用有机物覆盖,如堆肥、作物秸秆、腐叶、松针、锯末、泥炭藓、树皮、甘蔗渣、花生壳等,覆盖厚度一般为 3～10 cm,不宜太厚,以防止杂草生长为目的。另外,根据不同种类花卉生长发育对土壤酸碱度的要求,通过选择不同的有机覆盖物来改善土壤的质地,如对于原产南方的花木,可覆盖松针、栎树叶、泥炭藓等,腐烂后土壤呈酸性反应;而对原产北方的花木则可覆盖枫树类和榆树类叶子,腐烂后土壤略呈碱性反应。草花育苗圃则一般采用地膜覆盖。

5.生草法　生草法(sward)即种植草来控制地面,不耕作。一般选择禾本科、豆科等牧草种植,通过刈割控制过旺的生长和增加一定的产草量。此法在果园、风景园林和大面积公共绿地(草坪)均可使用,欧美等发达国家已广泛使用在果园和风景园林的土壤管理上。其优点是:ⓐ保持和改良土壤理化性状,增加土壤有机质;ⓑ保水、保肥、保土作用显著;ⓒ使种植园有良好的生态平衡条件,地表昼夜和季节温度变化减小,利于根系生长;ⓓ便于机械化作业,管理省工、高效。生草易造成与果树和园林树木在养分和水分上的竞争,是错误的观点,只要不把草取走,草最终都可成为有机肥来源。

人工生草的常见种类有:豆科植物的白三叶(白车轴草)、匍匐箭舌豌豆(春巢菜)、扁茎黄芪(蔓黄氏)、鸡眼草(掐不齐)、扁宿豆(野苜蓿)等;禾本科的草地早熟禾(六月禾)、匍匐剪股颖、野牛草、羊草(碱草)、结缕草(锥子草)、猫尾草(梯牧草)等。

人工生草虽然整齐,但是种子昂贵,成本太高,所以国外普遍使用自然生草,即保留和利用果园和园林绿地中的自然野生的杂草。可利用的野生杂草很多,如禾本科的狗牙根、假俭草、马唐、虎尾草、星星草、画眉草、蟋蟀草、狗尾草;车前科的车前;莎草科的羊胡子草;茜草科的猪殃殃;菊科的山马兰、紫菀、旋覆花、鲤肠、蒲公英、飞廉、刺儿菜、麻头花、苦苣菜、苦菜等;鸭跖草科的鸭跖草;十字花科的二月兰、独荇菜、荠菜、葶苈、离子菜、糖荠等;蔷薇科的蛇莓、匍枝委陵菜、翻白草、豆茶决明等;酢浆草科的酢浆草;大戟科的地锦草;堇菜科的紫花地丁、斑叶堇菜等;蓼科的萹蓄;藜科的地肤、碱蓬、猪毛菜等;苋科的凹头苋;马齿苋科的马齿苋;毛茛科的白头翁等。生草可只种单一的 1 种,也可 2 种以上混播。

实施生草后需加强管理,尤其是要注意控制草的旺长,一个生长季应进行 1～3 次刈割,这不仅控制了草的高度,而且还可促进分蘖或分枝,提高覆盖率和产草量,也缓解了草与果树、花木的水、养分之争。刈割时间由草的高度决定,一般当草长到 30 cm 以上就可刈割。留茬的高度视草的种类、株高、生长速度等因素而定,一般禾本科草要刈割到心叶以下,保住其生长点,豆科草则需保住茎的一两节。植株高大、生长快的草应重割,反之留茬应适当高些。秋季长起来的草不再刈割,冬季留茬覆盖。此外,生草后在施肥、灌水、病虫害防治、清园、草的更新等方面也要加强管理,否则将造成种植园草害。

6.休闲轮作　休闲轮作(fallow rotation)即种植某种园艺作物后休闲一段时间,具有使土壤肥力自然恢复和提高、减轻作物病虫草害、合理利用农业资源以及经济有效地提高作物产量的优点。但是对土地资源紧张、人口众多的中国不宜使用,不过近些年已在我国北方干旱地区开始试行。从园艺作物种类上说,对于多年生的果树不易实施,但在蔬菜、瓜类和草本花卉上可以使用。例如蔬菜,休闲轮作周期要依各类蔬菜病原菌在栽培环境中存活和侵染的情况而定,相隔2～3年的有马铃薯、山药、姜、黄瓜、辣椒等,相隔3～4年的有茭白、芋头、番茄、大白菜、茄子、冬瓜、甜瓜、豌豆、大蒜、芫荽等,西瓜则宜在6～7年及以上。一般十字花科、百合科、伞形科较耐连作,但以轮作为好;茄科、葫芦科(南瓜例外)、豆科、菊科连作危害较大。草花也是如此,特别是百合等球根花卉,一般需相隔6～8年。芹菜、甘蓝、花椰菜、葱蒜类、慈姑等在没有严重发病的地块上可连作几茬,但需增施基肥。最近的研究表明,通过百合与甘蓝等进行花菜轮作,或者在唐菖蒲和水稻之间实现花稻轮作,均可有效改善和克服连作障碍,有利于实现土地的高效利用。

二、土壤改良

土壤改良(soil amendment)包括土壤熟化、不同类型土壤改良以及土壤酸碱度的调节。

(一)土壤熟化

一般果树、观赏树木、深根性宿根花卉应有80～120 cm的土层。多数蔬菜的根系80%集中在0～50 cm范围内,其中50%分布在0～20 cm的表土层,因此在有效土层浅的果园、菜地、花圃土壤进行深翻改良非常重要。深翻可改善根际土壤的通透性和保水性,从而改善园艺植物根系生长和吸收水分、养分的环境,促进地上部生长,提高园艺产品产量和品质。在深翻的同时施入腐熟有机肥,土壤改良效果更为明显。一年四季均可进行深翻,但一般在秋季结合施基肥深翻效果最佳,且深翻施肥后应立即灌透水,有助于有机物的分解和园艺作物根系吸收养分。果园、木本花卉翻耕的深度应略深于根系分布区,果树未抽条的果园一般深翻应达到80 cm;山地、黏性土壤、土层浅的果园宜深些;沙质土壤、土层厚的宜浅些。菜地和多年生花卉花圃一般深翻至20～40 cm,且深翻土层逐步加深。

(二)不同类型土壤的改良和栽培基质的配制

不论果树、蔬菜还是观赏植物的栽培,都要求土壤团粒结构良好,土层深厚,水、肥、气、热协调的土壤。一般壤土、沙壤土、黏壤土都适合果、菜、花的栽培,但遇到理化性状较差的黏性土和沙性土时就需要进行土壤改良。黏性土的土壤孔隙度小,空气含量少,因此,可以在掺沙的同时混入纤维含量高的作物秸秆、稻壳等有机肥,以有效地改良此类土壤的通透性。沙性土保水、保肥性能差,有机质含量低,土表温湿度变化剧烈,常采用"填淤"(掺入塘泥、河泥)结合增施纤维含量高的有机肥来改良。

1.栽培基质的配制

(1)土壤改良剂　近几年来,土壤改良剂在农业和生态环境中被广泛应用,国内外土壤改良剂的新产品越来越多,使用方法不断改进,成本也逐渐降低。施用土壤改良剂改良土壤是有别于传统土壤改良方法的新方法,在一定程度上能够松土、保湿、改良土壤理化性状,促进植物对水分和养分的吸收。土壤改良剂成分构成比较复杂,主要的种类包括有机大分子类,如淀粉、纤维素、聚乙烯醇类、聚乙烯咪唑类等;有机小分子类,如葡萄糖、丙烯酸等;矿物类,如石灰、硅酸盐等;有机盐类,如苯乙烯基铵盐等;无机盐类,如磷酸二氢钾等肥料主成分。按照性质分类,包括酸性土壤改良剂、碱性土壤改良剂、营养型土壤改良剂、有机质土壤改良剂、无机物土壤改良剂、益生菌剂土壤改良剂等。土壤改良剂可用于防止土壤退化、防止土壤侵蚀流失、降低重金素毒害、调节土壤酸碱度以及减轻连作障碍等。

在干旱土壤改良和防止水土流失上,目前以人工合成有机大分子土壤改良剂的研究最多,有机大分子与腐殖酸等土壤有机质具有相似的功能,它能模拟土壤有机质特别是腐殖酸的作用,使土壤形成团粒结构(这种团粒称为人工团粒),从而改良土壤结构,改善土壤理化性质,提高土壤肥力,防止水土流失。在盐碱地改良上,多用有机质土壤营养剂。在土壤酸化治理上,常使用沸石、石灰和白云石,它们能够显著改善酸性土壤的化学性质,降低土壤酸度和活性铁、铝的含量,减轻铁、铝毒害,提高养分的有效性,同时还能提高土壤盐基饱和度以及土壤对养分的保持能力,改善土壤的营养条件,有利于作物吸收。

(2)盆栽基质的配制　在盆栽植物(盆花、观叶植物、盆景、微型果树等)生产中,盆栽基质或称盆土的配制十分重要。盆栽基质常用材料有园土、腐叶土、堆肥土、塘泥、泥炭、珍珠岩、蛭石、苔藓、木炭、椰壳纤维、砻糠灰(稻壳灰)、黄沙等,最近几年来,随着盆栽植物种类的增加,各种新型的盆栽基质,例如陶砾、松鳞、鹿沼、硅藻、火山岩等也不断出现。表 6-1 列出了较常见的几种盆栽基质的配制比例,需要指出的是,本表中列出的仅是基质配制的基本原则,由于具体栽培对象的不同,盆栽基质的配制需要相应地进行调整。

表 6-1　盆栽观赏植物盆栽基质配制

国家	适用范围	成　分	体积比
中国	观赏植物通用	园土＋腐叶土＋黄沙＋骨粉	6∶8∶6∶1
		泥炭＋黄沙＋骨粉	12∶8∶1
	草花	腐叶土＋园土＋砻糠灰	2∶3∶1
	花木类	堆肥土＋园土	1∶1
	宿根、球根花卉	堆肥土＋园土＋草木灰＋细沙	2∶2∶1∶1
	多浆植物	腐叶土＋园土＋黄沙	2∶1∶1
	山茶、杜鹃、秋海棠、地生兰类、八仙花等	腐叶土＋少量黄沙	
	气生兰类	苔藓、椰壳纤维或木炭块	
荷兰	盆栽通用	腐叶土＋黑色腐叶土＋河沙	10∶10∶1
英国	盆栽通用	腐叶土＋细沙	3∶1
美国	盆栽通用	腐叶土＋小粒珍珠岩＋中粒珍珠岩	2∶1∶1

2.不同类型土壤的改良

(1)盐碱地改良　盐碱地的主要危害是土壤含盐量高和离子毒害。当土壤的含盐量高于土壤含盐量的临界值 0.20%、土壤溶液浓度过高时,植物根系将很难从中吸收水分,从而引起"生理干旱"。同时,盐碱地土壤酸碱度较高,一般 pH 在 8.0 以上,这将使土壤中铁离子等多种营养物质的有效性降低,容易导致作物出现缺素症。盐碱地改良的基本方法包括:①种植桎柳等盐生植物、人工引入联合固氮菌/耐盐固氮菌等生物学方法;ⓑ运用土壤改良剂中和酸碱度、改良土壤结构、改变可溶性盐基成分的化学方法;ⓒ改变土壤物理结构调节盐碱地水盐运动,抑制蒸发加强淋洗的物理学方法。具体的改良技术措施如下。

①适时合理地灌溉,洗盐或以水压盐。

②多施有机肥,种植绿肥作物如苜蓿、草木樨、百脉根、田菁、扁蓿豆、偃麦草、黑麦草、燕麦、绿豆等,以改善土壤不良结构,提高土壤中营养物质的有效性。

③种植柽柳、星星草、碱蓬等盐生植物,改变土壤离子成分,增加有机质含量。

④化学改良,施用土壤改良剂,提高土壤的团粒结构和保水性能。

⑤中耕(切断土表的毛细管),地表覆盖,减少地面过度蒸发,防止盐碱度上升。

(2)黏重土壤的改良 在我国长江以南的丘陵山区多为红壤土,土质极其黏重,容易板结,土壤空气含量少,有机质含量少,且严重酸性化。改良的技术措施如下。

①掺沙,又称客土,一般 1 份黏土加 2～3 份沙。

②增施纤维含量高的有机肥和广种绿肥作物,提高土壤肥力和调节酸碱度。但尽量避免施用酸性肥料,可用磷肥和石灰(750～1 050 kg/hm^2)等。适用的绿肥作物有肥田萝卜、紫云英、金光菊、豇豆、蚕豆、二月兰、大米草、毛叶苕子、油菜等。

③合理耕作,实施免耕或少耕,采用生草法等。

(3)沙荒地的改良 在我国黄河故道和西北地区有大面积的沙荒地,这些地域的土壤构成主要为沙粒,有机质极为缺乏,温、湿度变化大,保水、保肥能力极差。改良的技术措施如下。

①设置防风林网,防风固沙。

②发掘灌溉水源,地表种植绿肥作物,加强覆盖。

③培土填淤与增施纤维含量高的有机肥结合。

④施用土壤改良剂。

(4)重金属污染土壤的改良 重金属污染物进入土壤的途径主要有污染灌溉、污泥利用、农药和化肥的施用、大气沉降等。土壤重金属污染的修复方法主要分为:①物理修复,包括客土、换土和去表土,水洗和淋溶;②化学修复,通过各种化学物质,改变土壤的化学性质,直接或间接改变重金属的形态及其生物有效性等,最终抑制或降低植物对重金属的吸收;③生物修复,包括植物修复和微生物修复。

植物修复(phytoremediation)技术是通过特殊的超积累植物(hyperaccumulator)选择性地提取土壤中的重金属污染物,从而达到修复土壤的技术。自从 1983 年美国科学家 Chaney 首次提出利用超积累植物消除土壤重金属污染的思想以来,重金属污染土壤的植物修复研究已经成为环境科学的热点和前沿领域。目前,国内外研究报道的重金属超积累植物有 400 多种,涉及最多的是禾谷类作物和园艺蔬菜作物如油菜,其次是经济作物和其他类植物。其中观赏植物中的鸢尾、凤眼莲、千屈菜等具有很强的吸收土壤或水体中重金属的能力,对这些植物可通过季节性的、反复地收割或回收其地上部分,从而剔除栽培土壤或水体中重金属污染物,同时达到绿化美化环境、改良污染土壤、复垦矿山和净化污水等多重功效。

(三)土壤酸碱度的调节

土壤的酸碱度对各种园艺植物的生长发育影响很大,土壤中必需营养元素的可给性,土壤微生物的活动,根部吸水、吸肥的能力以及有害物质对根部的作用等,都与土壤的 pH 有关。园艺植物产自世界各地,因此对土壤的酸碱度要求反应不一,见表 6-2。

土壤过酸时可加入磷肥、适量石灰。但是石灰特别是石灰石粉溶解度小,在土壤剖面上的移动性很慢。大量或长期施用石灰不但会引起土壤板结而形成"石灰板结田",而且会引起土壤钙、钾、镁 3 种元素的平衡失调而导致减产。在酸性土壤施用石灰还可能引起镁与铝水化氧化物的共沉淀,降低土壤溶液中 Mg^{2+} 的活度和植物有效性。所以在施用石灰改良时,应与其他碱性肥料(草木灰、火烧土等)配合使用。过酸土壤的改良还可种植碱性绿肥作物,如肥田萝卜、紫云英、金光菊、豇豆、蚕豆、二月兰、大米草、毛叶苕子、油菜等来调节。土壤偏碱时宜加入适量的硫酸亚铁,或种植酸性绿肥作物如苜蓿、草木樨、百脉根、田菁、扁蓿豆、偃麦草、黑麦草、燕麦、绿豆等来调节。

表 6-2 常见园艺植物最适宜的土壤酸碱度

果树	适宜 pH	蔬菜	适宜 pH	花卉	适宜 pH
葡萄	7.5～8.5	大白菜	6.8～7.5	金鱼草	6.0～7.5
西府海棠	6.5～8.5	萝卜	6.0～7.5	鸡冠花	6.0～7.5
山荆子	6.5～7.5	花椰菜	6.5～7.0	仙客来	6.0～7.5
苹果	5.4～8.0	莴苣	6.0～7.0	石竹	6.0～8.0
枣	5.0～8.0	芹菜	6.0～7.5	一品红	6.0～7.5
梨	5.5～8.5	黄瓜	6.3～7.0	郁金香	6.5～7.5
柿子	6.5～7.5	冬瓜	6.0～7.5	凤仙花	5.5～6.5
樱桃	6.0～7.5	菜豆	6.5～7.0	芍药	6.0～7.5
柑橘	6.0～6.5	茄子	6.5～7.3	杜鹃	4.5～6.0
桃	5.5～7.0	番茄	6.0～7.5	秋海棠	5.5～7.0
板栗	5.5～6.8	大葱	6.0～7.5	山茶	4.5～5.5
枇杷	5.5～6.5	大蒜	6.0～7.0	君子兰	5.5～6.5
香蕉	4.5～7.5	韭菜	5.5～7.0	菊花	6.0～7.5
杧果	4.5～7.0	洋葱	6.0～6.5	八仙花	4.6～5.0
菠萝	4.5～5.5	马铃薯	7.0～7.5	月季花	6.0～7.0
				兰科植物	4.5～5.0
				凤梨科植物	4.0
				仙人掌类	7.5～8.0

三、土壤消毒

土壤消毒(soil disinfection)是用物理或化学方法处理耕作的土壤,以达到控制土壤病虫害,克服土壤连作障碍,保证园艺作物高产优质的目的。尤其在保护地栽培中,由于复种指数高,难以合理轮作,加之常处于高温、高湿微环境下,极有利于病虫害的发生和发展,且一旦发生了病虫害侵染,蔓延的速度极快,常造成比露地严重得多的损失。因此,土壤消毒是保护地果、菜、花栽培中一项非常重要和常见的土壤管理措施。土壤消毒的主要方法有物理消毒和化学消毒两类。

1.物理消毒 物理消毒主要指通过物理措施形成恶劣环境,减少土壤中病原物的数量和降低其致病能力的方法。主要包括土壤深耕、水控漫灌、改土堆肥、清洁田园、高温闷棚以及蒸汽消毒法等。

利用太阳能烤棚是一种效果较好且经济的土壤物理消毒方法。夏季大棚休闲时,将大棚内的土壤浇透,再翻耕均匀,用薄膜将大棚封严闷棚,能将保护地内的许多病原物杀死。

蒸汽消毒多结合温室加温进行。将带孔的钢管或瓦管埋入地下 40 cm 处,地表覆盖厚毡布,然后通入高温蒸汽消毒。蒸汽温度与处理时间因消毒的对象而异。多数土壤病原菌用 60℃消毒 30 min 即可杀死,大多数杂草种子需用 80℃左右消毒 10 min,对于烟草花叶病等病毒,则需 90℃消毒 10 min,而此时土壤中很多氨化和硝化细菌等有益微生物也被杀死,因此为达到既杀死土壤有害病菌又保留有益微生物的目的,一般采用 82.2℃消毒 30 min 的处理。蒸汽消毒的优点有:①较广普的杀菌、消毒、除杂草的功效;②促进土壤团粒结构的形成,增加土壤通透性和保水、保肥的能力;③不需增加其他设备,与采暖炉兼用。缺点是:①蒸汽消毒需要埋设地下管道,费用较高,费时费工;②较高温度消毒后,往往是氨化细菌还在而硝化细菌已被杀死,造成土壤铵态氮积累;③对 pH 在 5.5 以上的酸性土壤进行蒸汽消毒时,会引起可溶性锰、铝增加,从而导致植株产生生育障碍。

淹水闭气则是在种植前对土壤进行较长时间的淹水处理,可有效降低土传病原菌数量,并可有效杀死土传线虫。

2. 化学消毒 即用化学药剂消毒法。常用的药剂有溴甲烷、氯化苦、棉隆、1,2-二氯丙烯、氰氨化钙(CaCN$_2$)等。

(1)溴甲烷 是一种多用途、广谱熏蒸剂,在常温下蒸发成比空气重的气体,同时具有强大的扩散性和渗透性,可有效杀灭土壤中的真菌、细菌、土传病毒、昆虫、螨类、线虫、寄生性种子植物、啮齿动物等。但是溴甲烷是一种破坏臭氧层的物质。虽然在土壤消毒方面,尚无一种物质能够完全替代溴甲烷,也没有一种物质单独使用能达到溴甲烷广泛的应用效果,但发达国家已在 2005 年全面停止使用溴甲烷,发展中国家也将逐步停止使用。

(2)氯化苦 目前主要的溴甲烷替代剂,用来防治土壤中的菌类、线虫,还能抑制杂草发芽。施药前先耕地,当土温达到 10℃以上,15~20℃为最佳施药期,以 30 cm 左右的间隔交错注入药液 3~5 mL,深度达 10~15 cm,覆盖塑料薄膜,夏季需 7 d,冬季需 10 d 左右,然后打开薄膜将药挥发后(夏季约 10 d,冬季约 1 个月)即可播种。氯化苦对镰刀菌引起的萎蔫病、瓜类的蔓割病,由细菌引起的香石竹萎蔫病防治效果较好,但对番茄的青枯病防治效果不大。另外,使用氯化苦后要注意控制铵态氮的施用。氯化苦的气体还对人体黏膜有很强的刺激作用,因此在保护地内施药时,应先将门窗打开操作,然后再密闭门窗。

(3)棉隆 又名必速灭,可在潮湿土壤中分解形成异硫氰酸甲酯、甲醛和硫化氢等物质,杀灭土壤线虫、病原菌及地下害虫等。棉隆是目前我国土壤消毒剂市场中持续稳步增长的土壤消毒剂。

(4)1,2-二氯丙烯 已在美国、日本等发达国家大量应用的土壤消毒剂,但在我国国内,尚无大面积应用。

(5)氰氨化钙(CaCN$_2$) 又名石灰氮,在土壤中可以释放出游离的氰胺,杀灭土壤病原菌,防治土传病害。石灰氮的使用成本远低于氯化苦、棉隆等,因此目前应用也较多。

另外,在栽培面积较小的育苗床上,可用 50%多菌灵或 50%苯菌灵或 50%托布津与土拌匀进行土壤消毒,用药量为 30~40 g/m³,也可在定植幼苗时,每穴施 0.5 g 药剂与土拌匀,这种方法对黄瓜枯萎病和白粉病有一定的防治效果。

第二节 园艺植物的定植

定植（planting to field），是指将育好的秧苗移栽于生产田中的过程。而将秧苗从一个苗圃移栽于另一个苗圃，称为分苗或移植；花卉从一个苗钵移栽于另一个苗钵，称为倒钵，也是定植。定植的意义是多方面的，多数园艺植物通过育苗定植，可缩短占地时间，提高土地利用率，改变上市时间，增加收入；一些花卉植物定植是为了改变位置，增加观赏性。

定植是园艺植物生产的开始。定植前需要提前做些准备工作，具体如下。

一、定植前准备

园艺植物定植前应该做好土地整理、秧苗处理、定植工具、灌溉或浇水设备检修等工作。

1.整地作畦、地膜覆盖

（1）整地（farmland preparation） 是指种植园改善土壤理化性状，给作物生长尤其是根的发育创造适宜的土壤条件。它包括平整土地、施肥、翻地、碎土（耙磨）、做渠、作畦等，是定植前非常重要的一项工作，整地质量的好坏直接影响生长期间浇水、追肥等农事操作和劳动力安排，也就会影响到作物的生长、产量及品质。

翻地以秋翻和春翻为主。秋翻可通过冬季晒垡，达到提温、促进矿质释放、保墒、杀虫卵的效果，翻地宜深，多在 $15\sim20$ cm 及以上；春翻为防止低地温的影响，翻地宜浅，多在 $10\sim12$ cm。夏翻后多立即播种或定植，为赶时间，多用旋耕机耕翻。翻地的工具有铁锹、镢头、犁（人力、畜力、机械）。

碎土是翻地后进行的，将翻地形成的大块坷垃压碎、波状地面变平整的一项工作，便于以后作畦等工作的进行。

（2）作畦 是定植前进行的，便于以后灌溉、追肥等管理。作畦的方式有高畦、平畦、低畦（图 6-1）。高畦的畦面比地面高 $10\sim20$ cm，优点是畦面与空气接触面大、透气良好，日射量多、地温易提升，土壤不易板结，排水方便、防涝抗病，但用工多、蒸发量大、地温昼夜差较大是其不足之处，在多雨、湿涝地区常用。平畦的畦面与地面相平，用工少，蒸发量少，保水性强，土地利用率高，是北方干旱、半干旱地区最常见的作畦方式，但土壤易随浇灌、农事操作等而板结。低畦的畦面低于地面，土壤不易干燥，地温较稳定，尤其是低温来临时，肥料流失少，但制作费工，土地利用率低，不利于机械操作。

图 6-1 不同的作畦方式

整地力求平整，大块土地分割划开才易整平。水渠多设计在高处。为使行间通风透光良好，一般畦向以南北向为多，畦长、畦宽因灌溉设施、栽培作物种类及品种不同而异，一般水量大的畦宜长宽些，反之亦然。例如，以 4 吋泵供水时，种植蔬菜的畦长在 $10\sim15$ m，畦宽在 $1\sim1.6$ m 为宜。坡地上种植果树、花木，为防止水土流失，做成梯田或与坡地垂直作畦栽植。

整地后要求土壤膨松,透气性强,氧气充足,微生物活动加强,促进分化作用;肥力均匀,持水保肥能力提高;田园干净卫生,杂草少。

(3)覆盖栽培　整地作畦后还可进行地面覆盖,覆盖材料有普通地膜、有孔地膜、秸秆、无纺布、沙等,可有效改善根际环境。

(4)水渠制作与灌溉设备的准备　园艺作物需水较多,灌溉或浇水条件是必不可少的。菜田、苗圃和大田花卉一般在田块地势较高的地方挖沟作渠。盆栽花卉、果菜,浇水次数更多,需要连接水管或安装喷淋设备。在温室、大棚生产中,常采用滴灌,在定植前应铺设完毕。

(5)其他设备的准备　盆栽园艺作物应该配置培养土或基质,准备好苗钵、花盆等定制器具。

2.秧苗的准备　种苗质量对生产的影响是十分显著的,农民也有深刻认识,说"苗好一半收"。除品种的抗性、丰产性、耐候性及市场适应性外,秧苗的整齐度、健康状况及生物检疫也直接关系着生长期间管理的难易和生产的安全。人常说:苗齐苗壮,苗齐是第一位的!但由于种质、育苗管理等原因,秧苗生长不一致是常见的,因此,在定植前将育好的秧苗按大、中、小分级,分别定植。同时,淘汰病苗、弱苗、杂苗、伤苗是必要的,这些苗影响整齐度,也易发病或不便管理。外地运入的种苗,要进行必要的检疫。防止有害病菌、虫、卵及伴随植物的侵入。

(1)秧苗处理

①蹲苗　移栽前5～10 d苗床停止灌水,有效控制幼苗生长,利于移栽起苗和培养适龄壮苗。定植后及时灌溉易缓苗,成活率高。一些茄果类、蔬菜、草莓及花卉苗,蹲苗处理还能防止幼苗徒长,促进花芽分化,使成花、开花期提前,有利于提高早期产量。

②囤苗　囤苗(blocking plants)是定植前5～7 d将苗木挖出,带土坨囤积在原生长畦内,使受伤的根系、伤口能愈合并长出新根,苗生长较慢或稍失水后,植株吸水能力提高,有利于缓苗。木本植物的囤苗也称假植,假植期内应注意根系保温,勿受风晾干。

(2)苗株处理

①剪根　将一些过长的根系及烂根剪除,促进侧根、新根的发生,根系过长团卷在定植穴内影响根的下扎生长及侧根的发生,烂根易诱发病害或死苗。

②摘叶　为减少水分蒸腾将秧苗的一些叶片或枝条剪除掉,促进成活,加快缓苗,一般是将一些下部的、较老的、发病的和枯萎的叶摘除掉。

③摘心　一些花卉植物为削减顶端优势,促进侧芽的发生,增加花枝数,定植时就摘去生长点。

(3)药剂处理　为防止一些病虫害的流行和扩散,定植前利用苗床秧苗集中期间进行农药的喷施。另一方面为促进发根、提高成活率,一些花卉、果树、蔬菜在定植前用生根粉、生长素等蘸根。为促进定植后发根可用促进生根的植物生长调节剂,如中国林业科学院的生根粉、山西农业大学的根保2号处理,以提高定植成活率和侧根发生数量。

二、定植技术

定植技术是一项多方面考虑的工作,包括季节、市场、技术、人力、水利等种种因素,具体而言这一过程要体现在对定植时期、定植方法、定植密度三方面的把握。

1.定植时期　定植时期(period of planting)早晚对园艺作物的上市期、产量、品质,有着显著影响,确定适宜的定植期是生产中的重要问题。适宜的定植或播种期应根据当地气候条件、设施设备的性能、作物的种类、品种及栽培目的来确定。

(1)果树、观赏树木及木本花卉植物的定植时期　一般落叶木本类的果树、花卉在秋季植株落叶后或春季发芽前定植为宜。常绿花卉、果树,在春、夏、秋都能移栽定植,以新梢停止生长时较好;春、夏移植时注意去掉一些枝叶,减少蒸发,也可切除一些过长的根系,不要将根团曲在定植穴内,影响根的下扎。

(2)蔬菜、草本花卉植物的定植时期　蔬菜和草本花卉植物定植时期变化较大,可根据需要和可能随时定植,但以春、秋为主。一般露地生产时,喜温性的作物只能在无霜期内栽植,春季露地定植的最早时期是当地的终霜期(常以 20 年平均值来安排生产)过后进行,而耐寒性的园艺作物较喜温性园艺作物能够提早 1 个月定植,半耐寒性作物较喜温性作物能够提早 15～20 d 定植。设施生产时,因设施的性能不同,栽培草本园艺植物可能提早或延后。

2.定植密度与定植方式

(1)定植密度　定植密度(planting density)是指单位土地面积上栽植园艺作物的株数,也常用株行距表示。最大限度地利用光热和土地资源,必须合理密植(compact planting)。密植的合理性在于作物生育期里群体结构既能保证产品产量高,又能保证产品品质优良,对多年生植物而言,多年的产量与品质效益相对一致而可持续效率高。

影响作物定植密度的因素很多,作物的种类和品种(有些果树、观赏树木和花卉的砧木)、当地气候和土壤条件、栽培方式和技术水平等。

①植物种类、品种　每一种园艺植物,都有本种类典型的植株高矮、大小,常用冠幅表示。不同作物的冠幅是其栽植密度的主要依据。例如,茄子一般品种冠幅 40～60 cm,辣椒一般品种冠幅只 15～20 cm,定植密度差别较大。树木的种类、品种,因冠幅不同,定植密度的差异很大。如普通苹果冠幅一般为 4～6 m,而短枝型品种的苹果冠幅较小,为 2.5～4 m,适宜密植。果树多以嫁接苗定植,嫁接繁殖的砧木对接穗品种的冠幅影响很大,也就影响到定植密度。如苹果,乔化砧的品种冠幅 4～6 m,同样品种用矮化砧时,冠幅只 3～5 m 甚至更小(极矮化砧)。矮化砧的果树适宜密植,生产上称矮密栽培(dwarfing compacting culture)。

②气候和土壤条件　一般而言,光热水条件好,土壤深厚而肥沃,任何植物都能充分展示其植株的高大茂盛,冠幅大,这种情况下,以其单株去获得高产更有优势、更高效,即适当稀植好。相反,光热水条件差,土壤瘠薄,植株长不大,应适当密植,以群体株数多获得高产的方法有优势、更高效。当然,气候与土壤这些自然资源条件很差,不适当的密植也是不行的,比如干旱的土壤,密植时作物的水分需求得不到保证,群体产量与质量也是很低的。寒冷地区有些越冬需要埋土防寒的园艺植物,栽植密度上应考虑留出取土的行间距离,如北京地区的牡丹、葡萄等。

③栽培方式　园艺作物栽培方式(cultural method)多种多样,一些草本的蔬菜、花卉作物,同样的品种,支架栽培、地面匍匐栽培、篱壁式栽培时定植密度也不一样。例如冬瓜,普通无支架栽培,每公顷栽 1 500 株,支架栽培可达 22 500 株。苹果篱壁栽培(半矮化砧),每公顷可栽 1 200～1 665 株,而普通栽培只 600～900 株。葡萄篱架栽植密度是每公顷 1 665～3 330 株,棚架栽植密度为 624～1 330 株。

无论是一年生、二年生的草本植物,还是多年生木本植物,都有单株栽植和丛栽的,丛栽时一穴栽三四株,单位面积定植密度大。辣椒、月季、牡丹、黄杨、石榴等园艺植物,较适宜丛栽,通过丛栽提高定植密度。

一些多次采收的蔬菜、花卉植物,为作业的方便,往往要适当留出作业道或适当大的行间(或畦、架间)的距离,减少一定定植密度。

④栽培技术水平　通常密植要求较高的栽培技术水平,也就是说当定植园有较高的管理技术,管理人员技术素质较高,肥水条件较好时,才应当实施密植。密植以后应当有相应的管理措施,否则,因定植太密会造成茎(枝干)徒长,群体和植株冠幅内光照不良,无论是果实产品还是茎叶产品,都获得不了高产优质。

主要果树定植密度见表6-3。

表6-3　主要果树山地、丘陵、平地栽植密度参考表

果树种类	株距×行距/m		密度/(株/hm²)		备注
	最小	最大	最大	最小	
苹果	4×6	6×8	416.6	208	乔化砧
	2×3	3×5	1 666.6	666	半矮化砧
	1.5×3	4×4	2 222	625	矮化砧
梨	3×5	6×8	666	208	乔化砧
桃	2×4	4×6	1 225	416	乔化砧
葡萄	1.5×2.5	2×4	2 666	1 250	篱架整形
	1.5×2	4×6	3 333	416	棚架整形
核桃	5×6	6×8	333	208	
板栗	4×6	6×8	416	208	
枣	2×4	4×8	3 125	1 225	
柿	3×5	6×8	666	208	
柑橘	3×4	4×5	833	500	平地与梯田
草莓	0.15×0.25	0.2×0.25	266 666	200 000	
无花果	3×4	4×6	833	416	
杏	4×6	6×7	416	238	
李	3×5	4×6	666	416	

(2)定植方式　定植密度确定后,还要由定植方式(planting system)具体实施。所谓定植方式即定植穴或单株之间的几何图形。生产上无论是多年生木本果树、观赏树木或是一、二年生的草本蔬菜、花卉、瓜类植物,常用的定植方式有以下几种(图6-2)。

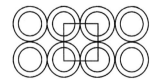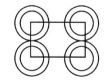

图6-2　定植方式示意图

①正方形定植　正方形定植(square planting)行距、株距相等。稀植果园中常用,黄瓜、架豆、支架栽培的冬瓜等也有用的。优点是每株占有一定相对独立的空间,株与株间通风透光好,无行间、株间之分,纵横作业均可,适用于稀植时。缺点是土地利用不经济。

②长方形定植　长方形定植(rectangle planting)行距大于株距,行距与株距的比例一般是3∶2或2∶1,株距设计应小于植株冠幅,而行距设计则大于植株冠幅,定植方式可以密植,而行间有足够的空间为植物提供良好的光照、通风条件,作业也方便,经济效益高。生产上大多数果树、蔬菜、花卉栽培用这种方式。

③三角形定植　三角形定植(triangle planting)相邻行的植株位置相互错开,与隔行树相对,相邻3株呈正三角形或等腰三角形,行距与株距相等或不等。这种定植方式适宜密植,但管理上不方便。

④带状定植　带状定植(band planting)又称宽窄行定植。两行或三四行密植,为1带,带内行距株距小,带与带之间的带距较大,大于带内行距,大于株距。这种定植方式适宜密植,带间距较大,便于作业,有一定的透光、通风条件。实际上,按畦定植的蔬菜、花卉,畦埂较宽为带距,畦内为定植带,生产上已很普通。

⑤计划定植　计划定植(project planting)又称变化定植(change planting)。为了充分利用土地面积,一些多年生果树,幼树时树冠还不大,栽植密度大,待树长大,果园出现郁闭情况时,有计划地疏除一些株(或行)。在蔬菜栽培上,支架栽培的黄瓜、架豆,大架间定植小架,小架作物早熟,可早疏除,亦是计划性定植方式。

另外,山地果树或观赏树木定植,还有按等高线定植的;公园、风景地、道路旁绿化树木、花卉,也有单植、片植、混植的,有规则的也有不规则的,花样很多。

(3)挖定植穴　一、二年生草本蔬菜、花卉园艺植物,植株体积小,栽植密度大,整地后不用挖定植穴,定植时机械或人工开沟,随开沟随定植。体积大、多年生树木定植前应先挖好定植穴或坑(planting hole)或定植沟(planting furrow),果树和观赏树木的定植穴一般0.8～1.0 m深,直径0.8～1.0 m,挖穴时表土置一边,深层心土放另一边,挖好后下层填原表土和肥料,或加入一些树叶、草皮、河泥等,为深度的1/3～1/2。

密植的园艺植物如做绿篱用的黄杨、桧柏,图案栽植的月季和灌木花卉,以沟栽较好,挖沟深0.4～0.6 m,宽0.4～0.5 m,同样在沟的下层填入原表土和肥料。

(4)定植方法　不同的园艺植物发根能力、蒸腾强度不同,苗质不同,定植技术也不尽相同,有卧栽(徒长苗)、摘心移栽、摘叶移栽、栽根定植等。此外,还有穴栽、盆栽、立体定植(柱式栽培)。定植深度因植物种类而明显不同。不同土壤上,旱地宜深栽,可利用地下水;下湿地宜浅栽,防止沤根。覆土深度也不尽相同,一般至起苗时的深度为宜。深栽覆土时不要埋住生长点。嫁接苗埋土高度应在嫁接口1～3 cm及以下,以免接穗长出不定根,形成假嫁接苗。

①蔬菜及草本花卉植物的定植　草本蔬菜、花卉中育苗定植的种类很多,有些是为了调节花期,有些是为了提高土地利用率,或避开不良天气,有些是为了提早上市,或延长生育期,提高产量、品质,有时为便于集中管理,达到省工、省力的目的。定植时植株正处于生长旺盛期,苗质脆嫩,蒸发快。为加快缓苗,定植前应进行炼苗,起苗时先浇水并尽量减少伤根,带土坨定植,或采用护根育苗。定植后要注意根与土的密接,防止悬根,同时注意保湿,如覆盖小拱棚、秸秆、无纺布等。

②树木的定植　果树和观赏树木定植,也讲究技术(图6-3)。将定植穴的一半填上表土与

肥料(或树叶、草皮)培成土丘,按品种栽植计划将苗木放入穴内土丘上,使树苗根系顺理分布,同时前后左右行与行、株与株对齐,然后埋土,同样混入肥料。埋土过程中不断轻轻提一提树苗,并踩实土,使根系与土壤密接。最后将心土填在表面,再踩实,苗木四周修土盘,备灌水用。

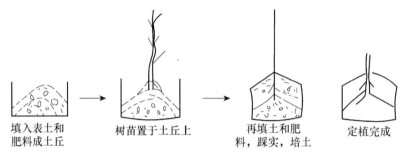

填入表土和肥料成土丘　　树苗置于土丘上　　再填土和肥料,踩实,培土　　定植完成

图 6-3　树木定植过程

定植树苗不能太深,也不能太浅,以原来树苗处于地表的位置不变为宜,定植太深缓苗慢,定植太浅影响成活率。

(5)定植后管理　定植后管理工作非常重要。植物从一种环境转移到另一种环境,本身要有一个适应过程,加之根系又受到不同程度的损伤,根系吸收水分能力和地上部失水的平衡被打破,植株易失水萎蔫甚至干枯死亡。此外,土壤温度、湿度、盐碱地等对定植缓苗都有明显影响。春季的低地温、多风,夏季的高温、干旱,对定植缓苗都不利,定植管理就是减轻这些危害,促进缓苗。

①定植水　定植后随即浇的第一水,称之为定植水。由于定植水的浇灌方式不同,分明水定植和暗水定植。

明水定植是先开沟或挖栽苗覆土后,再放水浇地的一种定植方式。比较省工、省力,工效快。地面湿度大,夏季采用较适宜。但浇水量大,地温易降低,春季过早定植易引起低地温危害(沤根或发根迟)。

暗水定植是先开沟或挖穴,再随沟浇水,同时摆苗,等水下渗后再覆土。木本植物定植时,先挖穴,再回填一层肥土后,放入树苗填土回穴,快与地面平时浇透水,水渗后上面再覆一层土。这种定植方式称之为暗水定植。优点是定植浇水少,春季地温恢复快,利于发根缓苗,但定植工序复杂,需要劳动力多。

定植水一般不宜过大,春季浇水大影响地温,不利于缓苗。

②缓苗水　定植水后数日(春季 5～7 d,夏季 3～5 d)植株发出新叶,表明根系开始恢复生长,苗已缓转,这时为弥补定植水的不足,要浇一次大水,水量 400～700 t/hm²,称之为缓苗水。植株缓苗后,根系进入快速生长期,这时根际环境的好坏,会对根的发生发展产生显著影响。定植前已经施肥,定植水较少,地温虽高、发根快,但土壤溶液浓度易大,易损伤根。根际缺水也直接影响根的发展,及时补水是必要的。

③中耕　等缓苗水下渗后,人能够进地时,应及时进行锄地(中耕)。中耕的意义是多方面的,中耕是在土壤有水(缓苗水)有肥(基肥)的情况下,进行以疏松土壤为主,兼保水、缓温、增肥效、防病虫等功用的农业措施,对作物而言可促进根的发生和下扎,防止徒长,调节地上部和地下部的生长平衡以及营养生长和生殖生长的平衡。

中耕时不可避免地要损伤一部分根系,吸收水肥量会有所减少,地上部的生长受到抑制,生长速度变慢,叶色变深、变厚,节间变短,苗变壮,由于体内糖分浓度提高,有利于营养生长向生殖生长转变和向根际的转移。根系在有水肥的情况下通过中耕松土,供氧充足,迅速发展,为以后快速生长打下良好的基础。

④间苗、补苗 定植后,出现缺苗、死苗现象时,在缺苗处补栽同一品种的苗。补栽的苗是定植时多留下的备用苗。

⑤防风和防寒 定植浇水后,土壤较松软,遇风苗木易倒伏,尤其大型木本植物,为防风应用支架固定。

在秋季定植的多年生树木,应考虑到越冬的保护问题,尤其是我国北方地区。秋栽的幼树,入冬前可以压倒埋土防寒,春季再扒土扶直;也可以培土堆或包扎(用农作物秸秆或塑料膜)树干防寒。无论哪种防寒技术,都要灌足冻水,因为越冬的伤害主要是根系水分供应不足造成的(生理干旱)。园艺植物栽植因有良好的防风林网,越冬安全性有一定保证。

第三节 水肥管理

土壤是园艺植物根系生长、吸取养分和水分的基质,土壤营养和水分状况决定着土壤结构和土壤养分对植物的供给,直接影响园艺植物的生长发育。种植园土肥水管理的目的就是人为地给予或创造良好的土壤环境,使园艺植物在其最适宜的土肥水条件下健壮生长,这对园艺植物丰产、稳产具有极其重要的意义。本章将重点介绍园艺植物种植园的施肥、灌排水和节水栽培的技术及要求。

一、园艺植物营养

肥料是园艺植物的“粮食”,化肥和平衡施肥技术的出现是第一次农业科学技术革命的产物和重要特征,但化肥使用不当或使用过量,不但造成浪费,而且导致环境污染和产品品质的下降,因此了解植物所需营养,掌握施肥技术十分重要。

园艺植物生长发育过程中不仅需要二氧化碳和水,还要不断地从外界环境中获得大量的矿质营养,以满足自身生长发育的需要。土壤中有一定的营养物质,但远远不能满足园艺植物高产、优质的生产要求,因此要根据土壤肥力状况、植物所需营养与生长发育的需要及肥料自身的特性,科学施肥,才能使肥料真正起到增产的作用。

1.园艺植物所需营养的多样性 园艺植物体内发现了100多种元素,但经过反复研究发现,园艺植物正常生长发育所必需的营养元素有16种,包括碳、氢、氧、氮、磷、钾、钙、镁、硫、铁、硼、锰、锌、铜、钼、氯。其中对碳、氢、氧、氮、磷、钾、钙、镁、硫9种元素的需要量大,称为大量元素(major element);而铁、硼、锰、锌、铜、钼、氯7种元素的需要量小,称为微量元素(trace element)。植物对营养元素的需要量虽然有多少之分,但它们都是同等重要、不可替代的。微量元素需要量虽少,但缺少时同样会产生某些病症,例如,许多植物缺锌时表现出小叶病,缺硼时表现出叶片薄厚不均、易黄化脱落。这16种元素缺一不可,而且不同种类植物在不同生长发育阶段对这些元素的需要量是不同的。即使是同一种植物、甚至同一种植物的不同器官所必需的矿质元素和其自身矿质营养元素的含量也是不一样的,见表6-4。同样,即使是同一器官在不同的季节各元素的含量也是多变化的,见图6-4。

表 6-4　桃树不同器官中主要营养元素含量(占干重的百分比)　　　　　　　　　　%

器官	N	P	K	Ca	Mg	Cu	Fe	Mn	Zn
叶	2.71	0.088	1.33	1.42	0.373	0.002 1	0.014 0	0.012 0	0.002 2
果实	1.74	0.104	0.95	0.04	0.041	0.001 3	0.005 4	0.003 6	0.002 6
短枝	1.37	0.032	0.69	1.52	0.192	0.000 9	0.005 8	0.003 8	0.003 5
大枝	0.22	0.009	0.08	0.27	0.032	0.000 4	0.003 2	0.003 0	0.001 0
树干	0.21	0.010	0.07	0.6	0.024	0.000 4	0.003 5	0.000 8	0.000 8
根	0.82	0.097	0.27	0.16	0.062	0.000 4	0.014 0	0.002 2	0.001 5

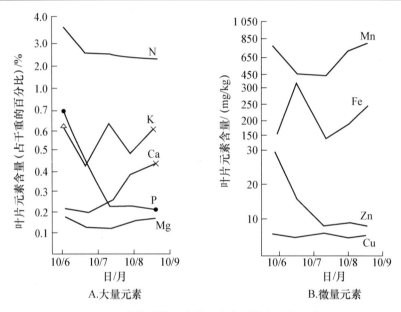

A.大量元素　　　　　　　　　B.微量元素

图 6-4　越橘叶片中营养元素含量的年周期变化

园艺植物所需的营养元素中,碳来自空气,氢、氧来自水,氮来自土壤中有机物和空气中淋溶下的含氮化合物,其他元素通常从土壤矿物质中获得。除了从二氧化碳和水中摄取碳、氢、氧以外,园艺植物生长所需的其他营养元素在大部分地区通常不足,因此必须因地、因物、因时制宜,补充植物所需营养,做到合理平衡施肥。

园艺植物从土壤矿质中所获得的其他必需营养元素,重要的有氮、磷、钾、钙、镁、硫、铁、硼、锌、锰等,而铜、钴、氯等在其生长发育中也是不可缺少的,缺乏时植物的生长发育就受到一定的影响。从生理学观点上看,大量元素和微量元素在植物体中同等重要,有时某些元素的含量差异也不大。还有一些元素,如钠、硅、铝等,尽管不是所有植物生长的必需元素,但它们是部分园艺植物所必需的。例如,毛竹需要硅,豆科植物固氮需要钴等。因此,针对一些植物的特殊要求还需要进行合理的营养物质供给调整。

还应当注意,虽然植物的生长发育进程是随着营养元素供应的增加而进行的,但是供应量超过一定的限度时,再供应这种营养元素就会出现危害,见图 6-5。可见,肥料不是越多越好,不同种类的园艺植物、不同生长发育阶段各种营养元素的需要量是不同的。各营养元素之间又存在着拮抗作用或增效作用,因而施肥中切勿单一施肥、盲目混施、过量增施,应该注意各种元素之间的相互关系,科学施肥。

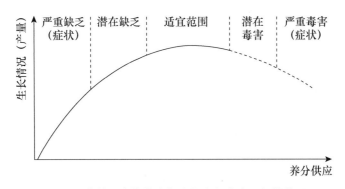

图 6-5　营养元素的供应与植物生长发育之间的关系

2.园艺植物营养诊断　营养诊断(nutrition diagnose)是通过植株分析、土壤分析及其他生理生化指标的测定,以及植株的外观形态观察等途径对植物营养状况进行客观的判断,从而指导科学施肥、改进管理措施的一项技术。通过营养诊断技术判断植物需肥状况是进行科学施肥的基础,在此前提下,才可以对症下药,做到平衡合理施肥。可见营养诊断是果树、蔬菜及花卉等园艺植物生产管理中的一项重要技术。对园艺植物进行营养诊断的途径主要有缺素的外观诊断(appearance diagnose)、土壤分析(soil analysis)、植株养分分析(plant nutrition analysis)[主要是叶片分析法(foliage analysis)]及其他一些理化性状的测定等。在生产实践中,前 3 种途径应用较多,而理化性状测定受仪器、技术等多种条件的限制,还不能广泛地应用于生产实践。

(1)缺素的外观诊断　外观诊断是短时间内了解植株营养状况的一个良好指标,简单易行,快速实用。根据植株的外观特征规律制成的缺素检索表如表 6-5 所示。

表 6-5　植株缺素症状检索表

Ⅰ.病症在衰老的组织中先出现
　1　老组织中不易出现斑点
　　1.1　新叶淡绿色,老叶黄化枯焦,早衰 ·· 缺氮
　　1.2　茎叶呈暗绿色或紫红色,生育期延迟 ···································· 缺磷
　2　老组织中易出现斑点
　　2.1　叶尖及边缘枯焦,并出现斑点,症状随生育期的延长而加重 ··········· 缺钾
　　2.2　叶小,簇生,叶面斑点可能在主脉两侧先出现,生育期延迟 ············ 缺锌
　　2.3　叶脉间明显失绿,出现清晰网状脉,有多种色泽斑点或斑块 ··········· 缺镁
Ⅱ.病症在新生的幼嫩组织中先出现
　1　顶芽易枯死
　　1.1　叶尖弯钩状,并粘在一起,不易伸展 ···································· 缺钙
　　1.2　茎、叶柄粗壮,薄脆易碎裂,花朵发育异常,生育期延长 ·············· 缺硼
　2　顶芽不易枯死
　　2.1　新叶黄化,均匀失绿,生育期迟 ·· 缺硫
　　2.2　叶脉间失绿,出现褐色斑点,组织有坏死 ······························ 缺锰
　　2.3　嫩叶萎蔫,有白色斑点,花朵、果实发育异常 ························· 缺铜
　　2.4　叶脉间失绿,严重时整个叶片黄化甚至变白 ··························· 缺铁
　　2.5　畸形叶片较多,且叶尖上出现斑点 ····································· 缺钴

外观诊断不失为一种简洁有效的诊断方法,但如果同时缺乏 2 种或 2 种以上营养元素,或出现非营养元素缺乏症时,不易判断症状的根源,易造成误诊。有些情况下,通过

观察发现缺素症时,采取补救措施为时已晚。所以外观诊断在实际生产中还存在着明显的不足。

(2)土壤分析诊断 通过分析土壤质地、有机质含量、pH、全氮和硝态氮含量及矿物质营养的动态变化水平,了解土壤中养分的供应状况、植株吸收水平及养分的亏缺程度,从而选择适宜的肥料补充养分的不足。虽然采用土壤分析进行营养诊断会受到多种因素,如天气条件、土壤水分、通气状况、元素间的相互作用等影响,使得土壤分析难以直接准确地反映植株的养分供求状况,但是土壤分析可以为外观诊断及其他诊断方法提供一些线索,提出缺素症的致病因素,印证营养诊断的结果。

(3)植株营养诊断 植株营养诊断是以植株体内营养状态与生长发育之间的密切关系为根据的,但两者之间的相关性并非一成不变,在某些生长发育阶段营养的供给量与植物的生长量成正相关,但达到某一临界浓度时就会出现相关性逐渐减少的情况,最终出现限制生长发育的负面效应。在植物吸收利用营养元素的过程中,元素的变化会引起其他元素的缺乏或过量,而在进行营养诊断时不能只注重单一元素在组织中的浓度,还要考虑到各种元素间的平衡关系。

目前,在园艺植物植株营养诊断上最常用的方法是叶片分析法,也就是说化学分析的组织是叶片,大多数落叶果树、蔬菜及花卉等都是应用此种方法,但也有一些植物采用其他器官,如葡萄以叶柄最为理想,石刁柏以幼茎为最佳等。不但不同植物在器官选取上存在着不同,有时同一植物为测定不同元素的含量也要采用不同的器官。此外植物器官中养分的浓度又受取样时期的影响,如桃、苹果等落叶果树在8月份体内的养分比较稳定,大多数蔬菜在生长中期以前生长速度较慢,体内养分很少降至临界值,所以取样多在生长中期及生长后期。综上所述,植株营养分析受遗传特性、生态条件及人工管理等多方面的影响,因而对所得结果要善于分析和判断,以便准确、全面诊断。

植株营养的测定,还可以用一些生理功能、生化过程的测定来表示,如光合强度、酶活性等。

(4)实验诊断 用以上诊断方法初步确定营养元素缺乏或过量后,可以用补充施肥或在田间实验减少施肥的方法进一步证实。最简单的方法如叶面涂抹或喷施尿素可以很快看出植株缺氮的症状消失。

近年来,随着相关领域科技水平的不断提高,营养诊断技术正向精确定量和智能化测试方向发展,如便携式叶绿素仪、高光谱遥感测试法等,这些能用于田间速测的仪器和方法成为研究的热点,部分成熟技术已进入推广应用阶段。

二、园艺植物施肥技术

施肥技术包括施肥时期、施肥种类和数量、施肥方法。由营养诊断或生产计划决定了施肥之后,研究施肥技术才能真正做到科学施肥。

1.施肥时期 施肥时期主要分两类:

(1)底肥 生长季短或一、二年生作物播种前,或作物定植前施入土壤中的肥料,一般称底肥或基肥(base fertilizer)。多年生作物定植前施底肥,定植后秋季或早春施底肥,以秋季施较好,既是采收后的恢复树势肥,也是第2年贮藏营养的最好准备。

底肥应以有机肥为主。生长季短的作物,底肥应占全部施肥量的100%;生长季长的作物和多年生作物,底肥应占到70%左右。

(2)追肥　作物生长期中补充性施肥称为追肥(top application)。生长季长或多年生作物,追肥有一次或多次。果树多次追肥有开花坐果肥、新梢生长肥、壮果肥、采果肥、采后肥等。追肥的方法有土施、根外施2种。

2.施肥种类和数量

(1)施肥种类　总的来说应以有机肥为主。有机肥包含的营养较全面、缓释,有利于作物生长发育。从改善土壤理化性状和生产有机食品的角度出发,多施有机肥也是好的。追肥以速效性化肥为主。生产上常用的化肥是氮肥(尿素、硫铵等)、磷钾肥(磷酸二氢钾)等。

(2)施肥数量　是指达到目标产量和品质所需要的肥料数量。园艺作物,特别是果树、蔬菜和切花产量很高,需肥量很大。作物的养分吸收量习惯上以生产100 kg收获物(经济产量或生物产量)需从土壤中吸收氮、磷、钾等养分的数量来表示,常用的公式是:

$$施肥量＝(需肥量－土壤供肥量)/肥料利用率$$

肥料的利用率,一般来说氮为50%,磷为30%,钾为40%。土壤的供肥量中氮为吸收量的1/3,磷与钾为吸收量的1/2来计算。一般肥沃的土壤可以少施肥,而贫瘠的土壤、流失严重的土壤要多施肥。

园艺生产上常有"斤果斤肥"的说法,意思是一份产量需要同样质量的肥料。这个说法,正确的地方是增产要增肥,错误的地方是忽略了肥料的种类和质量。要达到产品的高质高产需要多施肥,更需要多施优质肥。

3.施肥方法　施肥的方法主要有2种:土壤施肥(soil fertilization)和根外追肥(foliage topdressing),其中土壤施肥是目前应用最为广泛的施肥方法。

(1)土壤施肥　土壤施肥是主要的施肥方法,不同作物、不同栽培方式下,土壤施肥又分以下几种情形:ⓐ密植、生长季短的作物,如叶菜类蔬菜、草花苗圃中的树木幼苗,土施底肥或土壤铺施后深翻;ⓑ成行或较稀植的作物,如茄果类、豆类、瓜类蔬菜,苗圃的树木,行间撒施作追肥,施肥后灌溉或覆土;ⓒ较稀植的树木,包括果树、观赏树木,除全园铺施肥(后深翻或覆土或灌溉)以外,按单株进行土壤施肥,施肥的方法有环状、放射状、条状和穴状(图6-6至图6-9)等沟施方法,基本上是在树冠投影两侧挖沟施肥,沟深10～20 cm,沟的宽窄由肥料多少而定。土壤施肥在树冠投影向外,有引导根冠向外伸展的作用。

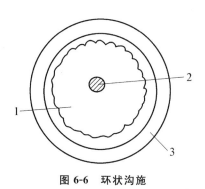

图6-6　环状沟施

1.树冠投影 2.树干 3.环状沟

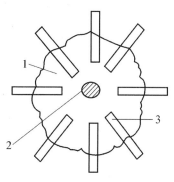

图6-7　放射状沟施

1.树冠投影 2.树干 3.放射状沟

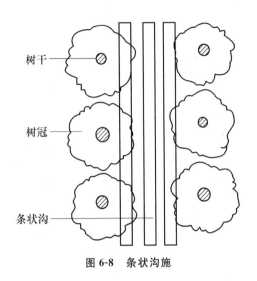

图 6-8　条状沟施

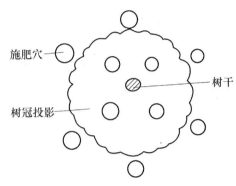

图 6-9　穴状沟施

果园或菜园也常灌溉和施肥结合进行，即树行、树盘灌溉进行施肥的方法，肥料掺入水中。人粪尿做追肥常采用此法，而施用无机化肥用此法则营养元素易流失。

（2）根外追肥　根外追肥包括叶面施肥（foliage fertilization）、茎枝涂抹（spread on stem）、枝干注射（inject on stem）和果实浸泡（soaking fruit）等方法。生产上应用最多的是叶面喷施肥料的方法。

叶面喷肥是利用叶片、嫩枝及幼果具有吸收肥料的能力将液体肥料喷施于植株表面的一种追肥方法。其优点是：操作简便，用量少，见效快，喷后 12～24 h 就可见效，满足作物对营养的急需；减少某些元素在土壤中被固定、分解、淋溶等损失，提高利用率，预防和矫正某些缺素症；直接增强叶片的光合作用，促进生长，提高产量和品质，提高抗性。但是，根外追肥所施用的肥料有限，目前主要以尿素、磷酸二氢钾、硼酸、硫酸铁、硝酸钙为主，而且施用时期、施用浓度、施用量有限，所以只能是少量追肥用。叶面喷施，花期和花后以 0.2％硼砂和 0.4％～0.5％尿素混合喷施可提高坐果率和幼果细胞分裂速度；果实采摘前喷施 0.4％～0.5％尿素或 0.1％～0.3％硫酸铵 2～4 次，可促进植株健壮生长，增强光合作用和促进果树的花芽形成。果树果实采前 2 个月内少量喷施 0.2％～0.3％磷酸二氢钾、2％～10％草木灰浸出液或 0.3％～0.5％的磷酸钾 2～4 次，则有利于花芽分化、果实膨大和果品优质；果实采后少量喷施 0.4％～0.5％尿素 1 次，可促进营养积累和明春花芽分化的进程及质量。

一般情况下，叶面喷施应选无风、晴朗、湿润的天气，最好在上午 10:00 以前或下午 4:00 以后。同时由于幼叶比老叶、叶背面比叶正面吸收肥料更快，效率更高，枝梢的吸收能力也较强，因此多均匀喷在叶背面或新梢上半部。

许多果树和老龄的观赏树木，根外追肥也可采用枝干涂抹或注射及产品采后浸泡等方法。强力树干注射施肥是利用高压将液体从树干输送到根、茎、叶部，可直接利用营养或贮藏在木质中长期发挥肥效。

三、灌溉、排水与节水栽培

水对于园艺植物栽培生产是至关重要的，灌溉与排水是园艺植物栽培生产中一项经常性的工作，不但耗时长、用工多，而且随着水资源供应的急剧减少，对园艺植物灌排水技术的要求也不断提高。依据植物的生活习性、生长发育规律等特性,合理地利用有限的水资源,适时排灌,积极发展节水农业,对我国这样一个水资源缺乏的农业大国尤为重要。

1. 灌溉

(1)灌溉依据 植物体没有水便无法生存,水是植物生长发育的重要因素。植物体内生长发育活跃部分的含水量达到80%及以上,植物没有水便无法进行正常的光合作用,代谢过程受阻。一般来说蔬菜产品的含水量为80%~95%,果品的含水量为75%~95%,不同花卉含水量不同,花卉产品中鲜切花在含水量下降5%~10%的情况下就会出现萎蔫现象,大大降低花卉产品的商品价值。可见植物不能缺水,适时灌溉对植物生长发育非常重要。

(2)灌溉方式

①地面灌溉 地面灌溉需要很少的设备,投资少,成本低,是生产上最为常见的一种传统的灌溉方式,包括漫灌、树盘灌水、树行灌水、沟灌和渠道畦式灌溉等。平原区果园地面灌水多采用漫灌、树盘灌水、树行灌水或沟灌等灌溉方式。蔬菜植物多畦栽,因而地面灌溉多采取渠道畦式灌溉。畦田种植的草本花卉也可以采用这种方式。木本观赏植物的灌溉方法基本上同果树灌溉。此外,漫灌适用于夏季高温地区大面积种植且生长密集的草坪,沟灌也适宜大面积、宽行距栽培的花卉、蔬菜。地面灌溉虽简便易行,但灌水量较大,容易破坏土壤结构,造成土壤板结,而且耗水量较大,近水源部分灌水过多,远水源部分却又灌水不足,所以只适用于平地栽培。为了防止灌水后土壤板结,灌水后要及时中耕松土。

由于水资源的日益珍贵,近年来,改进地面灌水技术成为了研究热点。传统地面灌水技术灌水均匀度差、灌水定额大,而改进地面灌水技术则提高了灌水均匀度,节省了灌溉用水。

目前,在我国最具推广价值的改进地面灌水技术有波涌灌和膜上灌两项。波涌灌是通过改进放水方式,把传统的沟、畦一次放水改为间歇放水,形成间歇灌形成波。间歇放水使水流呈波涌状推进,由于土壤孔隙会自动封闭,在土壤表层形成一薄封闭层,水流推进速度快。在用相同水量灌水时,间歇灌水流前进距离为连续灌的1~3倍,从而大大减少了深层渗漏,提高了灌水均匀度,田间水利用系数可达0.8~0.9。目前,在理论上还需进一步研究波涌灌问题,开发适合我国国情的波涌灌灌水设备,这是扩大应用波涌灌技术的关键。膜上灌是在地膜栽培的基础上,把膜侧水流改为膜上流,利用地膜输水,通过膜孔和膜边侧渗给作物进行灌溉。这项技术目前在新疆取得了较好的增产节水效果,新疆采用膜上灌的农田已达23.33万 hm^2,甘肃、河南等省也开始推广。地膜栽培和膜上灌结合后具有节水、保肥、提高地温、抑制杂草生长和促进作物高产、优质、早熟等特点。生产试验表明,膜上灌与常规沟灌相比,瓜菜节水25%以上。由于膜上灌是一种新的灌水技术,还有许多不成熟和不完善的地方,对其技术机制、技术要素及设计方法都需要进一步研究。

②喷灌 喷灌又称为人工降雨,是利用喷灌设备将水分在高压下通过喷嘴喷至空中降落到地面的一种半自动化的灌溉方式。喷灌可以结合叶面施肥、药物防治病虫害等管理同时进行,具有节约用水、易于控制、省工高效等优点,不破坏土壤结构,能冲刷植株表面灰尘,调节小气候,适用于各种地势。但其设备投入较大,在风大地区或多风季节不能应用。应用喷灌方式灌溉时雾滴的大小要合适。

喷灌有固定式、半固定式和移动式3种方式。果园中树冠上喷灌多采用固定式喷灌系统,喷头射程较远。树冠下灌溉一般采用半固定式灌溉系统,也可采用移动式喷灌系统。草坪的喷灌系统多安装在植株中间,以避免花朵被喷湿,降低质量。果园喷灌按喷水高度又分3种:

一是高于树冠的;二是树冠中部的;三是树冠以下临近地表面的,用小喷头,又称微喷。

以原有的喷灌技术为基础,在园艺植物温室自动化栽培控制上,尤其是花卉的温室化生产中,有条件的地方已开始逐步推广微喷技术。微喷是一种高效、经济的喷灌技术,微喷系统是根据园艺植物棚室生产特点设计的,特别适合于各类花卉和蔬菜设施规模生产。微喷系统水带采用上走式,喷水雾化程度高,喷水时如同下着绵绵细雨,不易损坏植物,且能增加植物的光合作用,促进作物生长,既能节水、节省人工,又可结合肥料、农药喷洒,不会引起水土流失、药肥损失。综上所述,微喷具有以下优点:ⓐ雾化程度极佳,覆盖范围大,湿度足,保温、降温能力强,提高产量;ⓑ造价低廉,一次性投资回收快,且安装容易,快捷;ⓒ具有防滴设计,省时、省水、省力,可结合自动喷药,根外施肥;ⓓ使用年限长,且喷头更换容易;ⓔ适用于果园喷灌(如荔枝、龙眼),对植物的叶子、果实能均匀喷洒。总之,微喷系统克服了以往棚室生产中拖带喷水的各种不足,简便实用。

③滴灌 滴灌是直接将水分或肥料养分输送到植株根系附近土壤表层或深层的自动化与机械化相结合的最先进的灌溉方式,具有持续供水、节约用水、不破坏土壤结构、维持土壤水分稳定、省工、省时等优点,适合于各种地势,其土壤湿润模式是植物根系吸收水分的最佳模式。膜下滴灌技术是新型滴灌技术,它将滴灌技术与地膜覆盖技术有机结合,更大程度地节水、节肥药、节机力、节人工,目前在甜菜、油菜、加工番茄、瓜类蔬菜等作物上增产、增效的效果显著。滴灌现广泛应用于果树、蔬菜、花卉生产中,但其设备投资大,而且为保证滴头不受堵塞,对水质的要求比较严格,滤水装备要精密,耗资很高。从节水灌溉的角度来看,滴灌在未来将是一个很有前途的灌溉模式。

④地下灌溉 地下灌溉是将管道埋在土中,水分从管道中渗出湿润土壤,供水灌溉,是一种理想的灌溉模式。该方法具有利于根系吸水、减少水分散失、不破坏土壤结构、水分分布均匀等优点。但由于管道建设费用高,维修困难,因而目前该方法正逐步被替代。

此外,在果树灌溉中还采用树盘积雪保墒的办法,对于春季干旱、水源缺乏又无灌溉条件的地区来说,这种方法切实可行。利用冬季积雪增加土壤水分,从而减轻春季的干旱,同时又可以提高地温,减轻根系冻害。为减少积雪蒸发,须将积雪整平压实,春季解冻时溶入土中供果树利用。在花卉上,尤其是容器栽培的花卉,还可以利用浸灌的方法进行灌水,其做法是将花盆或容器放在盛有水的池子中,池中水面不能超过花盆上的边缘,这样水从花盆底部的小孔慢慢渗入盆土,供水充足,又可节约用水,且不破坏土壤结构,但相当费时费工,所以多用于花卉和蔬菜的播种繁殖。

(3)灌溉时期 不同园艺植物由于生育特性不同、环境因子不同、栽培条件不同等原因,造成适宜灌溉期之间存在着差异。

①果树灌溉时期 萌芽开花期:供水充足可以防止春寒、晚霜的危害,可促进新梢生长,增大叶面积,促进光合作用,有利于开花结果,为丰产打下基础。

花后幼果膨大期:是果树需水的临界期,供水不足会引起新梢生长与果实生长之间的水分竞争,严重时能引起生长势减弱,落果严重。对于国光苹果来说,花后灌水可极大地提高坐果率。

果实生长期:一般是 6~8 月份,是多数落叶果树果实膨大和花芽大量分化的重要时期,此时气温高,蒸发量大,需水较多,因而保证水分供应十分重要。

封冻水一般在果实采收后至土壤冻结前的这段时期,结合施基肥进行灌水,可增强树体冬季的抗寒能力,为来年果树的正常萌芽生长打下基础。

此外,进行果树灌水要在不同种类、品种、树龄、气候环境等综合条件影响下灵活把握最佳灌水时期。在水分缺乏的地区可以只灌花前水、花后水和封冻水,无条件灌溉的情况下,要重视蓄水保墒工作。

②蔬菜灌溉时期　不同种类、品种的蔬菜对水分需求差异较大,有的蔬菜需水较多,消耗水分也多,如甘蓝、莴苣、黄瓜、白菜、绿叶菜类等;有的蔬菜需水多而耗水少,如葱蒜类等;有的蔬菜要求水分适中,如南瓜、菜豆、番茄、辣椒、马铃薯等;有的蔬菜需水、耗水均少,如西瓜、甜瓜、胡萝卜等;有的蔬菜则长年生长在水中,如莲藕等。因此把握最佳灌水时期首先要把握其生态习性,而且不同蔬菜在生长的各个时期对水分的要求也有一定的规律。

种子发芽期:要求一定的土壤湿度,满足种子吸水膨胀以后才可以完成内含物的转化利用,根系生长和胚轴生长都需要水分,水分不足势必影响出苗,所以播种前要充分灌水。

幼苗期:叶片较小,蒸发量小,需水较少,但土壤的蒸发量较大,易引起土壤干旱,所以需水量很大。

养分积累期:是植物积累并形成养分的时期,又是植株细胞体积增大的主要时期,此时植株生长最为旺盛,是需水量最大的时期,应勤浇水,多浇水,保证植株生长、养分积累的水分需求。

开花期:对水分较为敏感,水分亏缺易引起落花落果,水分过多又会引起植株徒长,所以果实、蔬菜在开花初期应适当节制浇水,待第1茬果实坐果后再大量供水。

③花卉灌溉时期　花卉灌水与季节及生长发育有着密切的关系。通常在春天生长初期生长量较小,耗水量少,每隔一两天浇1次水即可。入夏以后生长进入旺盛期,气温也开始升高,日照延长,蒸腾旺盛,耗水量较大,需要较多的灌水,宜在每天早上和中午稍后各浇1次水。冬季温度相对降低,植株生长缓慢或进入休眠阶段的花卉应少浇水或停止浇水,若需要浇水,一般视情况三四天浇1次或更长时间浇1次。

花卉浇水还要本着"见干见湿"的原则,即浇时要浇足。盆栽花卉多表土发白时浇水,浇至盆底渗出水为止。另外,花卉品种繁多,种类各异,不同品种对水分的要求有很大的差异,浇水还要因品种、生活习性、生长发育特性而适时、适量浇水。

将花卉按水分需求分类,不同种类间存在着差别。旱生花卉,如仙人掌科和景天科的多浆植物,需水量少,生长旺盛期浇水要在第1次浇水后盆土完全干燥时再浇第2次水,宁干勿湿,冬季要求完全干燥;湿生花卉,如观叶海棠、网纹草、蕨类植物、凤梨科植物、天南星科植物等,一般需水量较大,表土略有干燥就应浇水,宁湿勿干,一年四季都要保持盆土湿润;中生花卉,大多数盆栽花卉都属于这一类,对水分的要求介于以上两者之间,浇水比较勤,表土稍干就开始浇水,见干见湿,冬季温度低于10℃时要减少浇水次数。

从生长习性角度来分类,一、二年生花卉由于根系较浅,对水分要求量大,浇灌时间间隔要短,灌水要勤;宿根、球根类花卉,尤其是球根类花卉,浇水过多会引起地下器官腐烂,因而灌水时间间隔稍长;木本类花卉,其根系达到较深土层,吸收深层地下水的能力强,所以灌水时间间隔较长。

此外,有些花卉植物对水分特别敏感,若浇水不慎就会影响生长和开花,甚至导致死亡。如大岩桐、蒲包花、秋海棠的叶片淋水后往往会腐烂;仙客来球茎顶部的叶芽、非洲菊的花芽等淋水后也会腐烂、枯萎;兰科花卉和牡丹分株后,在新根生出以前,灌水量过大也会引起腐烂。

(4)灌水量　灌水量应根据植物的种类、品种、季节、土壤含水量、降雨、空气湿度、生长发育特点、生态习性等多方面因素来确定,所以很难有一个统一的标准,并且不同灌溉方式灌水量也不尽相同。

果树灌水量一般遵循以下原则:适宜的灌水量要在一次灌溉中达到根系分布的主要区域,

并达到田间最大持水量的 $60\%\sim80\%$。春季灌溉要一次性浇透,这样有利于土温升高。夏季灌水量宜少,但要增加灌水的次数,利于降低土温。冬前灌冻水要量大,使水分渗透到 1 m 或 1 m 以下的土层,有利于果树越冬。沙土增加浇水次数,盐碱地灌溉量不宜太大。果树的灌水量从理论上讲可以按下列公式计算:

灌水量＝灌溉面积×土壤浸润深度×土壤容重×(田间持水量－灌溉前土壤湿度)

蔬菜灌水量可根据下列公式计算:

$$m = 100\,\gamma h(p_1 - p_2)/\eta$$

式中:m 为灌水量(mm);γ 为土壤容重(g/cm³);h 为根系分布层的土壤厚度(cm);p_1 为灌水后要求达到的土壤含水量上限(占干土重的百分比);p_2 为灌水前土壤含水量下限(占干土重的百分比);η 为灌溉水有效系数,为 $0.7\sim0.9$。

灌溉量过少达不到效果,且易引起根系浅化;灌水量过多,土壤通透性差,不利于根系呼吸,影响生长发育。

此外,观赏植物,尤其是盆栽花卉对灌溉水的水质,有一定的要求,最好用雨水或是河流、池水等矿物质少的软水,一般不用井水,经常使用含矿物质多的水对花卉生长不利,特别是兰花,矿物质过多容易造成伤根。家用自来水需放置一段时间再用,水温最好与土温相接近。

2.排水　园艺作物正常生长发育需要不断地供给水分,在缺水的情况下生长发育不良,但土壤水分过多也会影响土壤通透性,氧气供应不足又会抑制植物根系的呼吸作用,降低水分、矿物质的吸收功能,严重时可导致地上部枯萎,落花、落果、落叶,甚至根系或植株死亡。所以处理好排水问题也是植物正常生长发育的重要内容,在容易积水或排水不良的种植园区,要在建园时就进行排水工程的规划,修筑排水系统,做到及时排水(drainage)。

积水一般主要来自雨涝、上游地区泄洪、地下水异常上升与灌溉不当的淹水等方面。多数认为涝害比干旱更能加速植株的死亡,一般情况下,正常土壤含水量至干旱 $10\sim30$ d,多数植物能够存活下来,而涝害发生 $5\sim15$ d 就会使 1/2 以上的栽培植物完全死亡。水生植物地上部怕淹,淹水 $1\sim2$ d 就会引起严重的危害,但也有一些植物又耐旱又耐涝,如草坪草中的白三叶草、垂盆草、鸭跖草等。果树上不耐涝的品种多采用耐涝砧木嫁接来提高耐涝性。

目前生产上应用的排水方式主要有 3 种,即明沟排水、暗沟排水和井排。明沟排水是目前我国大量应用的传统方法,是在地表面挖沟排水,主要排除地表径流。在较大的种植园区可设主排、干排、支排和毛排渠 4 级,组成网状排水系统,排水效果较好。但明沟排水工程量大,占地面积大,易塌方堵水,养护维修任务重。暗沟排水多使用在不易开明沟的栽植区,一般通过地下埋藏暗管来排水,形成地下排水系统。暗沟排水不占地,不妨碍生产操作,排水效果好,养护任务轻,但设备成本高,根系和泥沙易进入管道引起管道堵塞,目前国内应用较少,多应用在城市绿化方面。井排对于内涝积水地排水效果好,黏土层的积水可通过大井内的压力向土壤深处的沙积层扩散,研究表明,在水文地质条件许可的情况下,竖井排水还可有效抑制土壤返盐和改善土质,这种排水方式尤其适用于资源型缺水的我国北方地区。此外,黑龙江地区利用鼠洞排水治理春涝效果显著,鼠洞是利用机械在土壤中挤压成洞,形成耕地排水地下通道,一般形成地上 1 条缝,土中无数缝(打洞后地表一般隆起数厘米),地下 1 个洞($\phi6\sim10$ cm)。适宜黏重土壤排水,机械简单,易于实施,切实可行。机械抽水、排水和输水管系统排水方法是目前比较先进的排水方式,但由于技术要求较高且不完善,所以应用较少。

3.节水栽培　水是植物生命活动的重要物质,是限制植物生长发育的关键因素,在农业生产中是影响作物产量和质量的最根本因素,然而可利用的水资源日趋贫乏,造成水资源的日益减少与工农业生产剧增之间的矛盾日益尖锐。园艺产品在人们日常生活中占有相当大的比重,而不断拓展的生产规模也使水资源的开发利用面临着严峻的考验。面对全球性水资源短缺和人类淡水使用量的空前增加,以及农业耗水量的逐渐增大,发展节水农业势在必行。园艺植物,尤其是果树、蔬菜的大田生产中,应当积极采用节水灌溉技术,适应水资源短缺现状,搞好节水农业是实现农业可持续发展的重要措施。

(1)节水灌溉概念 节水灌溉属于农业范畴,是全球性水危机形势下对农业用水所采取的最低量灌溉方法,也就是说它是灌溉农业不得不向旱作农业发展的一种中间过渡型栽培管理体系。在栽培过程中采用一切技术尽可能节约灌溉用水,尽量利用植物低耗水和耐旱、抗旱能力,从而获得优质高产的农产品,这就是节水栽培,其目的是提高水的利用率和水分生产率(作物单位面积产量与作物全生育期耗水量的比值)。节水灌溉的内涵包括水资源的合理开发利用、输配水系统的节水、田间灌溉过程的节水、用水管理的节水以及农艺节水增产技术措施等方面,由灌溉农业向节水栽培农业发展,再由节水栽培向旱作栽培过渡,对缓解水资源短缺和实现农业可持续发展有重要的意义。

节水灌溉是一项系统工程,包括水土保持、土壤管理和输水、灌水、耗水等环节的节水技术,实际上是对区域水循环系统(由地表水、土壤水和地下水等部分组成)中3个主要要素,即土壤水、地下水和农田蒸散进行直接的人为干涉。其中输水环节的节水技术一般是渠道防渗和管道输水,直接影响渠水对地下水的补给量;灌水环节和耗水环节的节水技术较多,例如喷、滴灌等先进的灌溉技术,节水灌溉制度、田间覆盖技术等,这些技术直接改变了作物根系层土壤含水量及土壤水的时空分布,从而对水循环各要素产生直接或间接的影响,引起整个水循环系统的改变。

(2)种植园节水栽培途径 选择节水灌溉的主要技术途径必须充分考虑种植园区的自然条件、经济条件、灌溉方式、水资源状况及植物的生长发育习性、特性等各项因素。一般确定节水灌溉主要技术途径要遵循以下原则:一是对不同类型的灌溉区域、不同灌溉方式采取不同的节水灌溉技术;二是充分考虑当地的经济条件,合理利用当地现有材料;三是根据当地水资源缺乏现状选择节水技术;四是根据当地植物的种植结构及植物特性确定不同的节水技术;五是根据当地的地形地貌以及气候条件等确定不同的节水技术。

建立节水灌溉技术体系可以极大地促进农业向高产、高效的方向发展。目前实施种植园节水灌溉技术要抓好以下3个体系的工作。

①建立工程传输节水技术体系 第一,要充分利用天然降水,积蓄雨水或深耕蓄水,巧用雨水进行灌溉;第二,涵养水源,地下水是农田灌溉的主要水源,从当地水资源的主要来源出发,采用多种措施,补充并贮存地下水源,从而补充灌溉水源,有计划地多年调节地下水源,植树造林可增加蓄水量又可调节小气候,有助于补充水源,严格管理水源,严禁超采水源;第三,防止输水渠道外渗,从水源到田间输水损失占相当大的比重,因而建立严密的渠道输水系统可防止沿途渗漏和蒸发;第四,要采用合理的用水制度。

②建立植物节水栽培技术体系 第一,改变传统的粗放经营,在播种时就给予精细管理,适当减少弱苗,培育壮苗,促进根系生长,加强水肥的吸收能力;第二,选用、培育耐旱良种,以品种的优良抗性减少灌溉,实现节水栽培目的;第三,镇压土壤表层,促进毛细水上升,增加表墒,提高成苗率;第四,灌溉后或解冻后松动表土,阻断毛细水上升以防蒸发散失,以土蓄水;第

五,将地表覆盖,减少地表蒸发,保蓄土壤水分;第六,增施有机肥,提高土壤肥力,有利于土壤及植株的保水;第七,延迟或提早播种,错过植物生育需水期与供水期的矛盾,适时调节用水;第八,合理安排植物的种植结构。

③建立节水技术推广体系 第一,各级政府应给予充分的重视,并给予人力、物力及财力的支持,将节水灌溉技术推广形成一种政府行为;第二,积极宣传节水灌溉的重要性,提高全民的节水意识;第三,气象部门应给予充分的重视,做好浇关键水时的天气预报;第四,农业部门应积极抓好节水灌溉的培训工作,使农民真正做到科学用水;第五,科研机构应大力开发节水灌溉技术,目前已经研制出抗旱、保墒、保水剂,应用效果较好。

(3)种植园节水灌溉技术 掌握节水灌溉技术要从以下几方面入手。

①实施先进的灌溉方式,如地表灌溉、滴灌、喷灌、定位灌溉、封闭式渠道灌溉及地下灌溉等,其中地表灌溉中最节水的灌溉途径是小畦灌溉(图 6-10)和细流灌溉(图 6-11),应制止大水漫灌的方法;小畦可以 1 株果树为一畦,一般为 5～15 m 长。漫灌和大畦灌溉相当浪费水源,见表 6-6。溪流沟灌是边开沟、边灌溉、边覆土,有利于蓄水保墒,这种细沟长度及间距应随土质及地面坡度变化而变化。

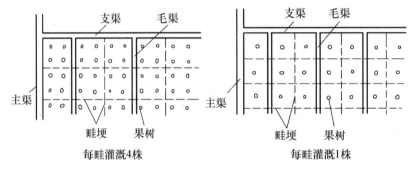

图 6-10　果园小畦灌溉

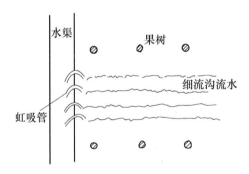

图 6-11　果树行间细流灌溉(虹吸管)引水示意图

表 6-6　每公顷土地不同畦数达到均匀灌溉时的灌水量

畦数/(个/hm²)	15	75	150	300	450	600
灌水量/m³	2 250	1 500	1 200	900	750	600

②合理灌水,在适当时期以最少量水获得最大的收益,这就要掌握植物对水分营养反应的特点:不同种类或品种的植物对水分的需求及水分胁迫的敏感程度有差别;在土壤条件良好的情况下,植物对水分的要求取决于其自身的蒸腾量及其生长发育阶段特点;植物种植结构、密

度、栽培管理方式等也影响其对水分的需求量；水分胁迫在有些植物的生长发育及新陈代谢中具有后效作用；灌溉时间及灌溉量的确定要取决于采用的灌溉技术；此外，植物对水分的需求还要考虑当地的气候条件、土壤理化性质、地形地貌等条件。因此，合理灌溉受多方面因素的综合影响。果树需水非关键时期是节水的重要时期，可以不灌溉或最少灌溉。

③灌溉后及时采取保墒措施，减少植株蒸腾及土壤蒸发。如用秸秆、地膜、沙石等材料覆盖，或在土表施用化学覆盖物质等。减少植株蒸腾可采用修剪、整枝、疏叶疏枝、疏花疏果、应用抗蒸腾剂、合理施肥、协调生长等措施。

④无土栽培（水培、沙培等）也是节水栽培的重要途径，详见第七章。

目前，在园艺植物节水灌溉上研究较多的是果树的节水灌溉，蔬菜方面只有少量研究，而在花卉上则寥寥无几，这与栽培管理的精细、粗放程度关系较为密切。随着农业生产、园艺作物生产的深入发展，蔬菜、花卉的节水栽培也将逐渐提上日程。

近年来，现代高新技术的发展，为传统节水灌溉技术的升级插上了翅膀。在节水灌溉的高新技术中，最引人注目的是"3S"技术。"3S"技术的应用产生了数字水文、数字河流、数字渠道、数字灌区等概念。随着 GIS 空间信息处理技术及相应计算机软件、高性能微机工作站和数字地形高程（DEM）等技术的出现，使得与水文水环境、灌溉管理等有关的地理空间资料的获取、管理、分析、模拟和显示变为可能。

可持续发展的农业中，旱作（dry cultivation）是很重要的栽培方式。旱作又称无灌溉栽培（no irrigation cultivate）或雨养栽培（rain cultivation），表明了这种栽培方式主要靠自然降水的条件进行生产。目前有些地区栽培辣椒、南瓜、西瓜、甜瓜、枸杞、葡萄、越橘等均是旱作，省灌溉、省肥、少病虫害、产品品质优良。在水资源紧缺的情况下，应当发展旱作。做好水土保持工程、覆盖、保墒耕作等措施可以保证旱作的成功实施。

第四节　园艺植物植株管理

植株整形是园艺植物栽培和生产过程中的重要技术措施，通过对枝条茎干、叶、花、果实等器官采用物理和化学调控措施来调节植株的生长发育时间、空间定位，改善株型和茎干叶等的分布，调节生物学产量和品质，延长生长期和收获期，以促进植物高产、优质、高效的栽培。根据不同的园艺植物种类分为：果树的整形修剪、蔬菜的植株调整和观赏植物的造型技术。整形修剪的主要目的是调控植物的生长、去枝疏果、整形修剪和复壮等。

一、果树整形修剪技术

对于果树与观赏树木而言，不同生育期的修剪有不同的目的，如幼树修剪（pruning）的主要目的是造就树形，即整形（training）；成年树的修剪是为了保持树形和高产；老年树的修剪主要是恢复树势、保持较大的树体积和延长结果年限等。因此，整形和修剪是相互结合密不可分的。

1.修剪的时期　木本园艺植物的修剪时期主要分冬季修剪和夏季修剪。

（1）冬剪　冬剪（winter pruning）又称休眠期修剪（dormant pruning）是指观赏树木和落叶果树在秋末冬初落叶至翌年春季萌芽，或在常绿树木冬季的休眠期而进行的修剪。冬剪是生产上最重要的修剪,原因:其一是冬剪正值农闲期,便于安排劳动力;其二是冬季树体落叶后枝冠清晰,便于辨认和操作;其三是营养损失少。此外,冬季修剪对树下的生草或种间作物的影响最小。冬季修剪应优先选择技术难度大的树体、越冬能力差的树体、经济效益好的树体或是幼树。

(2)夏剪 春季至秋季末的修剪称为夏剪(summer pruning)或带叶修剪(green pruning)。夏季是果实生长的旺盛期,可以依据生长情况准确地调节枝梢密度、透光性和果实负载量等;但夏季劳力紧张,修剪难以保证。因此,可以优先对大量结果的树进行修剪,以保证产量和品质;控制幼年果树的旺盛生长,避免影响将来的结果;此外,及时剪掉病虫枝,防止大面积传染。

2.修剪的基本手法与功能 果树修剪最基本的手法有以下几种。

(1)短截 短截(heading back)即短剪,指剪去一年生枝的一部分,包括轻短截(剪去1/3)、中短截(剪去 1/3～1/2)和重短截(剪去 1/2～2/3)。短截后剪口下的第 1 芽(剪口芽)易发新梢且生长势最强,离剪口远的芽则刺激小生长弱(图 6-12)。短截可以提高萌芽力并增强成枝力,但会影响母枝的增粗。根据枝条的长势,适当进行短剪,可以保持树势并维持坐果。短截修剪时要注意程度,过度短截容易影响树形。对于树冠内骨干枝的延长枝和幼树通常多采用短剪,可有效地增加分支量,减少"光腿现象"。

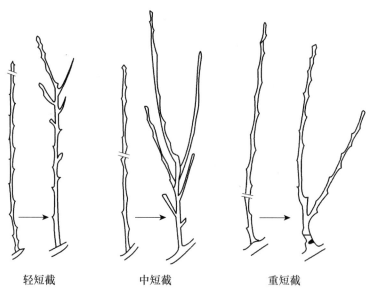

轻短截　　　　　　中短截　　　　　　重短截

图 6-12　枝梢的短截反应

(2)疏剪 疏剪(thinning out)即疏枝,是将长势弱、过多的一年生枝或多年生枝从基部疏除掉(图 6-13)。疏剪能促进剪口下芽和枝的生长、萌发和成枝,但对剪口上的枝条有抑制作用。对于弱枝疏除可减少养分消耗,促进全树总体的生长。疏剪应适量,幼树不能重剪,以免打乱树形;而枝梢过密的树,可以分几年进行疏剪。疏剪能调节枝梢密度,改善树内透光性,提高产量和品质。

(3)缩剪 缩剪(cut back)即回缩,指对多年生枝的短缩修剪(图 6-14)。缩剪主要用于削弱较强的母枝、老树的更新复壮和多余的结果枝。例如大树的过密枝和位置不当的辅养枝等用缩剪处理;疏除一些结果枝组,调节结果量。缩剪也应遵循循序渐进的原则。

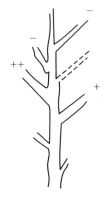

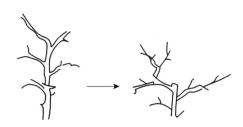

图 6-13　疏剪的反应　　　　　　　　　　　图 6-14　缩剪的反应

＋＋促进生长,重;＋促进生长,轻;－削弱生长

（4）长放　长放即一年生枝不修剪。长放主要用于削弱生长势强的枝和促进幼年树形成结果枝。例如在幼树的修剪中,选留部分长放枝作为辅养枝,用以缓和树势及促进形成结果部位。长放枝的选择尽量规避太弱的枝、树冠中的直立枝、徒长枝、斜生枝等。对于非特殊类型的树种和品种,长放的枝应在 1 年后短剪或缩剪。

（5）开张枝梢角度　幼年果树枝条的生长势强、直立且结果晚,因此应及早调整开张角度;成年大树为保持树形,也会采用一些不适宜的枝开张角度,如徒长枝。开张枝梢角度对于维持树形和改善通风透光性等有非常重要的作用,这里介绍几种常用的方法（图 6-15）。

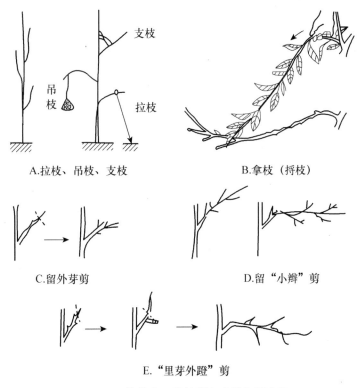

A.拉枝、吊枝、支枝　　　　　　　　　B.拿枝（捋枝）

C.留外芽剪　　　　　　　　　　　D.留"小桩"剪

E."里芽外蹬"剪

图 6-15　修剪中开张枝梢角度的各种方法

①拉枝(draw shoot) 拉枝主要在春季和夏季修剪中应用较多。方法有:利用绳子一端固定,另一端把枝角拉大;也可用木棍将枝角撑开;或用重物使枝条下坠而开张。

②拿枝 是将一年生枝从基部逐渐向下弯曲,扭伤木质部而不折断,使枝条自然水平或前端略向下。拿枝主要用于树冠内直立枝、旺长枝、斜生枝等的改造,避免幼年树提前结果等方面。拿枝的时期应在枝条半木质化的春夏之交为宜,此时易操作,且开张角度、削弱旺枝生长的效果最明显,还有利于花芽分化和结果枝组的形成。冬季也可以进行一年生枝的拿枝,但应避免枝条折断。

③留外芽剪、留"小辫"剪 留外芽剪是指枝条短截时,选择剪口向外的下芽,使其萌发新梢,以便向外生长和开张角度;留"小辫"剪即剪留向外长的副梢并截到饱满芽处。留"小辫"比留外芽剪效果更好,但新梢长势弱。

④"里芽外蹬"剪 即剪口芽留向里生长的芽,而第 2 芽向外,待第 1 芽萌发成枝后剪除,使第 2 芽的枝成导向枝。此法开角效果很好,适于生长势强的幼树,如桃、苹果等。

(6)刻伤、环剥、倒贴皮、环割(切) 刻伤(notching),即在芽上方 1 cm 处切割枝条皮并深达木质部,从而刺激伤口芽的萌发、成枝和短果枝组的形成;环状剥皮(ringing)简称环剥,即从枝条基部整齐地剥下一圈皮(图 6-16)。倒贴皮(back inversion)与环剥方法相近,不同之处在于剥下的皮应倒贴回原位(图 6-17)。"割(切)"是用利刃将枝干横切一周,深达木质部即可。刻伤一般在春季发芽前操作。环剥和倒贴皮依据目的的不同分为:促进坐果的花期前后和促进花芽分化的花芽生理分化期。

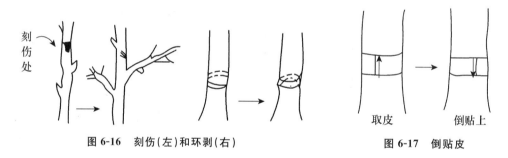

图 6-16 刻伤(左)和环剥(右)　　　　图 6-17 倒贴皮

刻伤、环剥、倒贴皮的作用机理是通过暂时切断皮层向上、向下的运输通道,促进上部叶片光合产物的积累,抑制根系合成的一些激素类的上运,从而促进花芽分化和坐果。

环剥时应注意剥皮的宽度,防止过宽而使伤口难愈合甚至死枝,一般为枝干周长的 1/10。幼年果园环剥时,更应注意适当轻一点。无论刻伤、环剥、倒贴皮,均应注意工具的消毒处理,以免造成腐烂病、干腐病等病害的传播。

(7)抹芽、除萌 抹芽(removal bud)是将枝条上过多萌发的芽除去。除萌(removal shoot)即剪除刚萌发的幼梢,是未能及时抹芽的补救措施。抹芽、除萌通常在秋季树梢旺盛生长时采用,但不限于特定时期,可随时根据生长情况进行。抹芽和除萌的作用是减少养分消耗、改善通风透光性、控制生长量、提高果实品质等。

(8)摘心、剪梢 摘心(pinching)是指摘除嫩梢的尖端,剪梢(pruning shoot)比摘心稍重,还包括一些成龄叶片。通常在夏季当新梢长到 30~40 cm 时进行。摘心和剪梢可以增加分枝,促进其下侧芽的萌发生长,尤其是新梢生长旺盛时使用分枝效果更明显。对于生长较慢或停止生长的新梢,则有促进花芽分化的作用。此外,摘心和剪梢也可应用在成年树的徒长枝、直立枝上,变无用为有用。相对于夏季摘心,秋季摘心用来抑制无应用意义的新梢生长,节约养分,促进安全越冬。秋季摘心应在即将发芽前进行,同时注意气温。若摘心迟且气温低,则新梢不发芽;若摘心早,气温高,则新芽生长不饱满。

(9)扭梢　扭梢(twist shoot)是将新梢基部翻转扭伤,使新梢上端朝下并扭转。扭梢的时期是在新梢半木质化、长度为20～30 cm时进行。扭梢最初用于苹果的幼树上,而后在苹果成年树、桃、梨、杏、李、葡萄等上均被采用。夏剪时扭梢可以促进开花结果(图6-18)。扭梢可将拉平枝上的背生直立枝、徒长枝和位置不好的旺长新梢等改造为结果枝或结果枝组,这既节省养分又提早结果。扭梢后的结果枝如果结果能力减弱或拥挤时应及时疏除。此外,还应注意扭梢数量和布局不要太多。

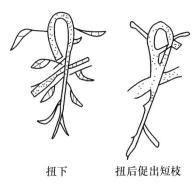

扭下　　　扭后促出短枝

图 6-18　扭梢

(10)圈枝、别枝　圈枝(circle shoot),即把1个长枝围绕成圈或把2个枝相互圈在一起(图6-19)。多在冬剪时用于非骨干枝的提早结果上。圈枝应注意不可太多或重叠,以免影响光照。夏季时应根据短枝的出现情况,及时缩剪或放开冬季的圈枝。

别枝和圈枝相似,即将一枝的上端别到另一枝的下部,它可以促进被别枝条的中上部长出短枝及下部长出长枝,利于开花结果。此方法多用于徒长枝、直立枝的改造。

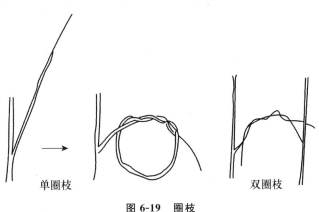

单圈枝　　　　　　　　双圈枝

图 6-19　圈枝

3.树形类型　果树的树形(tree form)有多种,通常生产上所用的树形有以下几种。

(1)有中心干形　仅有1个中心干(图6-20)。如苹果、梨、核桃、柿、枣等果树。苹果树修剪时采用的主干形、纺锤形和疏散分层形等均属于有中心干树形。

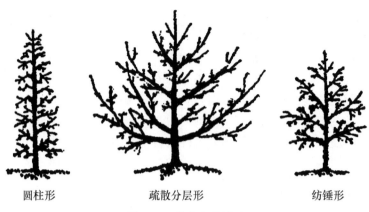

| 圆柱形 | 疏散分层形 | 纺锤形 |

图 6-20 有中心干树形

(2)多主枝形 一般主干上有 2～4 个主枝,无明显从属关系,呈圆头形自然分布,结果早易管理。如杏、李、杨梅、枇杷、柑橘等。

(3)开心形 喜光性的树种,如桃树的自然开心形、杯状形、"V"字形等,其特点是主干上有 3～4 个主枝且向外延伸生长(图 6-21)。

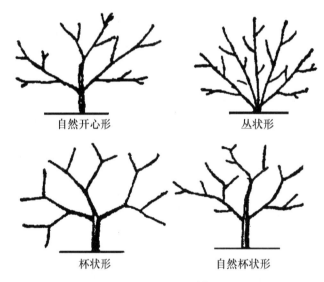

| 自然开心形 | 丛状形 |
| 杯状形 | 自然杯状形 |

图 6-21 开心形树形

(4)篱壁形和棚架形 多用于蔓性果树的整形,如猕猴桃、葡萄等。常见的篱壁和棚架如图 6-22 和图 6-23 所示。

篱壁式也可用于苹果、梨、桃、柑橘等果树的密植和机械化栽培中,它有利于树冠的通光性、果实着色、品质提高等,但光能截获率低且生产性能较差。此外,这种栽培方式要求有较高的建园投入和苗木质量(如无毒苗、矮化砧或矮性品种等),国内目前应用推广较少。

在观赏园艺树木和盆景中,不仅对树冠内枝干骨架结构的轮廓进行整形,还包括叶幕的形状和整株造型的修剪。普通常见的主要观赏树形如图 6-24 所示。

4.果树修剪的实施 果树修剪应根据种类、品种特性和树、枝、芽的具体情况灵活地采用不同剪法而进行。其基本原则是扶弱抑强、扶下垂抑直立,形成中庸健壮的树势。首先必须清楚地了解基本剪法和功能,修剪应结合修剪目的和树、枝、芽的情况而进行,其次应多练习、多思考、勤总结,以达到熟能生巧、灵活运用。

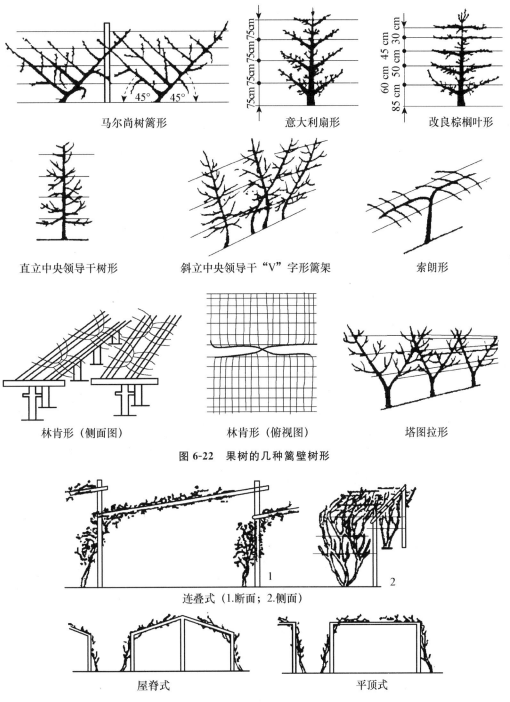

马尔尚树篱形　　意大利扇形　　改良棕榈叶形

直立中央领导干树形　　斜立中央领导干"V"字形篱架　　索朗形

林肯形（侧面图）　　林肯形（俯视图）　　塔图拉形

图 6-22　果树的几种篱壁树形

连叠式（1.断面；2.侧面）

屋脊式　　平顶式

图 6-23　果树(猕猴桃和葡萄)及藤本观赏树木的几种棚架树形

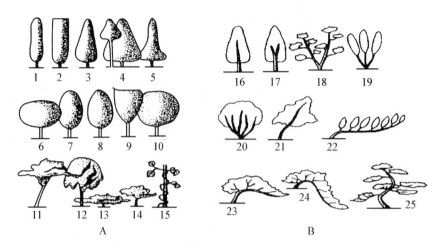

图 6-24　观赏树木的树冠形状(A)和树干形状(B)

下面简单介绍几种修剪技术。

(1)定干　定干(headed trunk)是果树定植后的第 1 次修剪,根据主干的高度和剪口下是否有饱满、健壮的芽选择剪截部位。剪口下 20 cm 左右的树干,是骨干枝的最早形成部位,称为整形带。定干高度通常为 60～100 cm。若栽植苗弱且稀植,高度可降低;若苗木健壮、密植,高度可增加。部分观赏树木可适当增加定干高度,如孤植风景树一般在 1.5 m 以上。

(2)主枝的选定和修剪　幼树定干后,选择和培养 2～5 个芽长出的枝条为主枝预备枝,第 1 年可选 2 个枝作为主枝。主枝选择标准为长势中庸或健壮、角度适中、方向错开。主枝上的领导枝短截后,选留向外且健壮饱满的剪口芽。角度不理想的,适当采取开角措施。对于主枝上长出的侧枝,若为稀植苗木则培养为骨干枝,参考主枝剪法,短截领导枝;若为一般侧枝,则培养成辅养枝或枝组,摘心或长放等。

第 2、第 3 年可选定第 2 层主枝。4 年后选定第 3 层主枝,共 3～5 个主枝。主干上的其他枝一般不疏除。幼树应多留枝,便于控制树势和早结果,若主干疏除多,则伤口多,影响幼树发育。

(3)辅养枝处理和结果枝组的培养　辅养枝的修剪根据其位置、空间大小而定。幼树上位置低的辅养枝,一般保留用于早结果;成年树过低的辅养枝多疏除。树干中层辅养枝的修剪根据骨干枝而定,无影响则适当修剪并保留,使其结果。树冠上端可留部分辅养枝,用来稳定下部骨干枝的生长势和遮阳,但体积不可过大。

结果枝组多数由辅养枝培养而来,少部分采用徒长枝。其中辅养枝可以采用长放、缩剪、弯枝等多种方法(图 6-25)。

图 6-25　苹果的几种枝组

(4)成年树的修剪　成年树修剪主要任务是维持树形,调节结果量(负载量),防止"大小年结果"(亦称"隔年结果")现象。结果少的年份要多促进结果枝和花的形成;结果多年份要及时疏花疏果,促进枝叶和树势的生长,提高果实质量。成年树的修剪应避免骨干枝的短截,重点修剪枝组和结果枝。衰弱的枝通过缩剪促使其更新复壮,同时注意树冠内的透光性。

(5)衰老树的修剪　幼树和老树的生长分别是离心式和向心式(图6-26),因此剪法差异较大。幼树本身枝干少因此少短截,而老树相反;幼树长势强,树冠中不留旺长枝、徒长枝,而老树需要旺长枝、徒长枝取代衰老骨干枝的位置,恢复树冠和增加质量、产量。衰老树在更新复壮修剪的同时,应注意减轻挂果量,否则达不到更新复壮的目的。

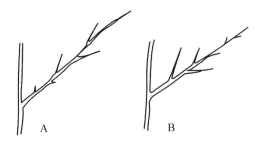

图 6-26　树木幼年(A)的离心式生长和老年(B)的向心式生长

观赏树和果树的修剪技术原理基本相同。其目的是调整树形,增加可观赏性。修剪是果树和观赏树不同于蔬菜、花卉等作物的一项技术措施,虽然修剪有助于生长调控,但不是万能的,它必须以土壤管理、施肥、灌水、病虫害防治等为基础。修剪技术相对复杂,但不是神秘难学,通过实践经验结合理论知识,就能掌握各种修剪方法,判断修剪手法的对错,并熟练地应用和提高修剪水平。

二、蔬菜作物植株调整技术

植株调整(plant regulation)指生产过程中通过摘心、打杈、摘叶、疏花、疏果、引蔓、压蔓、支架、绑缚等措施调整植物的生长发育,调整株型,改善群体通风、透光条件,调节生物学产量和产品器官的关系,延长生长期和产品收获期,达到优质、高产、高效的栽培目的。植株调整可以调节地上部和地下部的营养生长和生殖生长、顶端优势等,协调、平衡植株的各个器官与部分。

1.摘心、打杈　摘除顶芽即摘心(pinching),摘除侧芽即打杈(pruning)。番茄、茄子、辣椒、瓜类等蔬菜,自然生长条件下,枝蔓繁多,花少果少,而摘心、打杈能有效控制枝蔓数量和营养旺长,有利于产量的提高。如番茄早熟栽培通常采用单干整枝调节株型,即摘除侧芽,只留顶芽的整枝方式,适合密植;中晚熟栽培采用双干整枝,即除顶芽外选留第1果穗下的侧芽,使侧枝与主枝同时生长。

摘心可以抑制顶端优势,促进侧枝生长。打杈能改善植株的通风、透光性,减少养分消耗。两者均可促进营养物质向产品器官的集中供应,提高产量和品质。摘心和打杈的应用因不同园艺植物而异,如西葫芦以主蔓结瓜为主,通常采用打杈,抹去侧芽,以保证主蔓的生长优势,利于结果;甜瓜多为孙蔓结瓜,应及早摘心,促进子蔓和孙蔓的形成。

2.摘叶、束叶　摘叶(defoliating)是摘除老叶和病叶。由于园艺植物叶片的光合效率会随着生长期的增加而下降,叶龄大的叶片光合效率低,其营养物的消耗大于同化,因此应及早摘掉。如黄瓜 45～50 d 的叶片对植株生长和果实生长发育已作用不大,应及时疏除。番茄植株高度达 50 cm 后,摘除基部的变黄老叶,不但有利于果实生长发育,还可改善通风、透光性,减轻病虫害的发生。

束叶(bind leaves)主要用于大白菜和花椰菜等十字花科蔬菜上,指把顶部叶片包扎起来以促进叶球或花球的软化,又可改善株间的通风、透光条件,后期用于防寒。大白菜的束叶一般在收获前 2 周进行;花椰菜常在菜花迅速生长期进行,尤其是太阳暴晒下。

3. 支架 支架(frame)是为了方便管理,加强采光效果,促进果实发育和品质提高等,用竹竿、尼龙绳、铁丝等搭建人工支撑架,供作物攀援的技术。主要用于蔓生或匍匐生长的瓜类、豆类等园艺作物,如黄瓜、丝瓜、菜豆、冬瓜等。番茄、牡丹、芍药等半直立型植株的支架栽培能增强抗风、抗涝能力。

支架的形式有三角支架、篱架、"人"字架、各种棚架等(图 6-27)。蔬菜生产一般在生产当年或当茬次用竹竿为支架进行现插,而观赏植物支架材质多样,且形式也较美观。

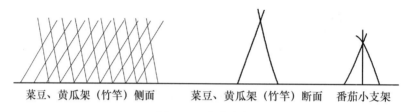

菜豆、黄瓜架(竹竿)侧面　　菜豆、黄瓜架(竹竿)断面　　番茄小支架

图 6-27　蔬菜支架

4. 压蔓和引蔓 压蔓(pressing the vine)指待蔓长到一定长度后用土将部分蔓掩埋,并使其按一定方向和分枝方式生长。瓜类蔬菜的露地栽培常采用这项技术,如西瓜、甜瓜等。不支架而压蔓栽培,节省人力和时间,结合引蔓,可使植株排列整齐,便于管理。压蔓能促进不定根形成,扩大吸收面积和增强防风能力。压蔓有明压和暗压 2 种方法,明压是用小石块或干土块等压住蔓,暗压是挖坑埋土压蔓。南方地区常用铺草代替埋土压蔓。

西(甜)瓜的压蔓与整枝通常一起进行,通过摘心和压蔓调整植株。西瓜有单蔓、双蔓和三蔓等整枝方式。单蔓式整枝留主蔓打掉所有侧枝;双蔓式整枝在第 3~5 个叶腋内选留 1 侧蔓,让主、侧蔓平行生长,并去除两蔓上的所有侧芽;三蔓式多用于叶片多、叶面积大的大型瓜品种。此外,生产上还采用倒秧和盘条的整枝方式。倒秧即把长至 20~30 cm 的瓜秧向相反方向拉,并压蔓;盘条是把蔓向反方向用土压倒,盘半圈后再向前引伸压蔓。

甜瓜有单蔓、双蔓和多蔓式整枝(图 6-28),有的一株 4 蔓、6 蔓,甚至 12 蔓。整枝后摘心早,则分枝快。设施栽培的厚皮甜瓜,通常采用吊瓜栽培,因此多采用单蔓单瓜或双蔓双瓜篱架整枝,以获得更好的品质。

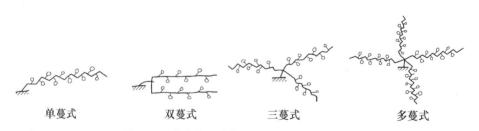

单蔓式　　　　双蔓式　　　　三蔓式　　　　多蔓式

图 6-28　甜瓜的几种整枝方式及开花坐果位置

三、植物的观赏应用与造型

无论哪种绿色植物,只要合理利用它们的体积、形态、花色、香味等,便可在园林、房前屋后、阳台等空间创造出绿草如茵、花团锦簇、彩蝶飞舞、荷香拂水、空气清新的意境与景观,满足人们对园林的体育健身、文化娱乐、风景艺术、环境保护等不同需求。现代社会生活离不开观赏植物的合理利用。

观赏植物可以以花台、花坛、花丛、花境等不同形式呈现,装饰环境,美化园林;蔓生植物既可用于装饰廊、窗、柱,还可用于篱垣、棚架等;插花和切花、盆景和盆花更是许多家庭的常备品。

1.露地花卉　露地花卉的应用最为广泛,有花坛、花境、花丛及花群、花台等多种形式,现介绍几种类型及其特点。

(1)花坛(flower bed)　多设在广场、道路、门庭内外或两侧,以单独或连续带状构成特定图案。花坛要求轮廓整齐和色彩鲜艳,因此多选用花期集中、生长整齐、株矮、覆盖紧密、观叶性好或花色艳丽的花卉,尤其是便于更换、移栽、布置、管理粗放的种类。大多数是一、二年生草本花卉,也有少量的多年生盆栽植物。

草花和草坪草植株低且株型紧凑,因此在花坛平面图案、细致的花纹、清楚的字体笔画、动物神态等方面应用广泛,如雏菊、矮翠菊、香雪球、半支莲、三色堇、五色苋、白草、蜂室花、矮串红、野牛草、矮万寿菊等。艳丽的花卉有金盏菊、紫罗兰、福禄考、金鱼草、孔雀草、美女樱、百日草、菊花、凤尾鸡冠、藿香蓟等。

中心花坛一般选用高大整齐的素材,如美人蕉、洋地黄、扫帚草、海枣、蒲葵、雪松、凤尾兰、龙柏等。

(2)花境(flower border)　花境以建筑物、墙垣、绿篱、树林为背景,环境边缘设计为自然曲线或直线,同时配置各种花卉呈现自然斑状的混交栽植。花境是一种自然式构图的过渡花坛,主要供平视观赏。种植材料主要以开花灌木和多年生宿根花卉为主。按不同的植物材料分为宿根花卉花境、专类植物花境、混合花境;按设计方式的不同分单面和双面观赏花境、对应式花境。

花境内的植物3～5年不更换,一般要求有较强适应性,可露地越冬,非花期时植株能正常生长,有季节性的交替,可以四季观赏,如芍药、玉簪、萱草、鸢尾、山梅花、杜鹃等。不同植物配置时应注意彼此色彩、体形、姿态和数量的协调与对比,可以构成完美的整体,并在一年内有变化的季相。以建筑或山石为背景的花境,可以利用爬山虎和爬景天呈现绿色为主调的意境。

(3)花丛及花群(flowers in clusters)　常布置或点缀于草坪周围、树丛和草坪之间、道路曲线转折处、小型院落前后等地方,它是野花散生于草坡的自然景观用于园林上的方式。花丛及花群不拘大小与繁简,株少则为丛,丛连即成群。

丛群可选用的植物种类繁多。对于较小的丛群,可以选少数种类组合,以植株挺直、不易倒伏、植株整齐、花朵繁多、花期长的花卉为主,常见的有宿根花卉和一、二年生花卉,如春季开花的金盏菊、雏菊、五彩石竹、矮雪轮、金鱼草等;夏季开花的风铃草、矢车菊、心叶藿香蓟、醉蝶草、蛇目菊、洋地黄、霞草、半支莲、矮凤仙、月见草、福禄考、孔雀草等;秋季开花的三色苋、翠菊、长春花、凤尾鸡冠、硫华菊、香雪球、一串红、美女樱、细叶百日草等。

(4)花台(flower stage)　是将花卉栽植在高于地面的台座上,通常面积较小,多位于庭院的角落、中央、门旁和窗下(图6-29)。花卉选择和布置时可依据花台的形式及其环境而定,高出地面的花台,可选茎叶下垂或者株形矮小的花卉,如兰花、麦冬草、芍药、玉簪、白银芦、鸢尾、萱草等;高大建筑为背景的花台,可选择杜鹃、月季、迎春、凤尾竹等;以古典园林或民族式建筑为背景的花台,可以栽植松、梅、竹、牡丹、杜鹃等布置为"盆景式",并配上小巧的草花,风韵十足。

图6-29　台地及台阶花卉布置

(5)篱垣及棚架(hedge and arbour)　一般用于乘凉或庭院通道,可选用藤本观赏植物,如葡萄、紫罗兰、蔷薇、灵霄等。草本蔓生花卉生长快且绿化效果好,因此适用于篱垣和棚架,也用于点缀栏杆、门楣、窗格等。常用的蔓生花卉有牵牛、小葫芦、红花菜豆、香豌豆、风船葛、茑萝、金瓜、落葵、月光花、栝蒌、忽布等。

2.岩生花卉　岩生花卉(rock plant)原生长于石隙、山崖和岩缝,多用于园林中台阶、山石和土丘的装饰。岩生花卉自身较耐旱,但多与好阴湿的苔藓类、蕨类、卷柏、秋海棠、虎耳草等园林植物配置使用。常用的岩生花卉有点地梅、薹草、秋牡丹、委陵菜、岩芥菜、楼斗菜、石竹、虎耳草、风铃草、白头翁等。

3.水生花卉　水生花卉(hydrophyte)指耐沼泽、耐低湿,植物体全株或大部分生于水中的观赏植物。有人工瀑布、跌水、喷泉等园林风景时,需要水生花卉。许多水生花卉既有观赏价值还有净化水质的生态功能。常用的水生花卉有睡莲、凤眼莲、王莲、荷花、芡、水葱、千屈菜、雨久花、萍蓬莲、金鱼藻、石菖蒲等。

4.草坪及地被植物　草坪(lawn)即天然生成或人工栽植的大片草地,它是现代园林的重要组成部分,包括夏绿型和冬绿型2类草。一般采用预植移栽和直播2种方式栽植。预植移栽是先将其种在草地上,而后切成块状草皮,移至预定的地方形成草坪;直播选用种子或种茎播种成坪。草坪草一般是多年生植物,如狗牙根、结缕草、野牛草、剪股颖、草地早熟禾、羊胡子草、黑麦草等。

地被植物(ground cover plant)与草坪草的功能相似,常应用于林下、坡地和边远处等大面积地段,管理粗放。一般选用能覆盖裸露地面且株形低矮的草本和灌木植物。常见的地被植物有石竹、麦冬、二月兰、玉簪、蛇目菊、地被菊、美女樱、平枝枸子、绵枣儿、诸葛菜、虎耳草、富贵草、吉祥草、沿阶草、金针菜、委陵菜、薄荷、常春藤、铁线蕨等。

草坪草及地被植物主要应用于运动场草坪、游憩草坪、观赏草坪、林下地被植物、固土护坡草坪等。此外,护墙栽植的一些立体绿化植物,如紫藤、蔷薇、爬山虎、薜荔等,也被称为地被植物。

栽植后的草坪需要适当管理,控制草的高度和保持观赏性。通常需要施肥、灌水、灭除杂草、滚压、拔除枯枝及黄叶等操作,使草坪常绿、常新。

第五节　园艺植物化控技术

园艺植物的化学调控主要是利用植物生长物质(plant growth substances)调节其生长发育。植物生长物质是调节植物生长发育的微量化学物质,它包括植物激素(plant hormones, phytohormones)和植物生长调节剂(plant growth regulators)2 种。植物激素指在植物体内合成的、通常从合成部位运往作用部位、对植物的生长发育产生显著调节作用的微量小分子有机质。植物生长调节剂是人工合成的具有激素活性的化学物质。目前,生产上多采用植物生长调节剂进行园艺植株调整。

一、生长调节剂的类型、作用及配置

1.植株生长调节剂的种类　根据对植物的生长效应将其分为植物生长促进剂、植物生长抑制剂、植物生长延缓剂三大类。另外还有保鲜剂、抗旱剂等。

(1)植物生长促进剂　植物生长促进剂具有促进细胞生长、分化,促进植物营养器官的生长和生殖器官的发育,增产等作用。主要包括生长素类,如吲哚乙酸(IAA)、α-萘乙酸(NAA)、2,4-二氯苯氧乙酸(2,4-D)等;细胞分裂素类,如 6-苄氨基嘌呤(6-BA)、氯吡苯脲(CPPU);油菜素甾醇类,如油菜素内酯(BL)、2,4-表油菜素内酯(EBR);赤霉素类。

(2)植物生长抑制剂　植物生长抑制剂主要是抑制生长素的合成,影响细胞的分裂、伸长和分化,使植株矮小。主要包括三碘苯甲酸(HTBA)、青鲜素(HM)、乙烯利(ETH)等。

(3)植物生长延缓剂　生长延缓剂主要是抑制赤霉素的生物合成,使植物节间缩短,株形紧凑,但不影响叶片的发育和花的发育。外施赤霉素可以逆转此效应。常见的生长延缓剂有矮壮素(CCC)、比久(B_9)、多效唑(PP_{333})、烯效唑(S3307)、助壮素(Pix)等。

(4)保鲜剂、抗旱剂和杀雄剂　植物保鲜剂的作用主要是抑制果蔬的代谢与呼吸,控制潜伏病害的蔓延,减少致腐细菌的繁殖和毒害物质的积累,从而保持其新鲜。常见的保鲜剂有:噻菌灵(thiabendazole)、扑海因(iprodione)、抑霉唑(imazalil)、多菌灵(carbendazim)、甲基托布津(thiophanate-methyl)等。

抗旱剂主要作用是利用化学合成物质抑制水分散失,降低蒸腾作用,促进作物吸水。目前抗旱剂主要有抗蒸腾剂、保水剂和覆盖剂 3 种。

杀雄剂主要用于化学去雄。常用的类型有氨基磺酸类(sulfamic acid)、甲基砷酸盐(methyl arsenate)、卤代脂肪酸(halogenated aliphatic acid)等。

2. 植株生长调节剂的作用

(1)调控植物的生长 赤霉素能促进细胞的伸长与分裂、茎的增长、开花等，打破休眠期，促进作物早熟、高产。如豇豆花期喷施 12～25 mg/L 的赤霉素，可减少落花落荚，促进成熟。芹菜在采收前 2～3 周喷洒 30～45 mg/L 的赤霉素，可以增加产量。马铃薯采收前 2～3 周，在田间喷洒 2 000～3 000 mg/L 的青鲜素可抑制马铃薯块茎的萌发。菠菜、芹菜、韭菜等在生长期用 10～20 mg/L 的赤霉素喷洒植株，能使株高增高，叶数增多，叶柄增粗，并提前 1 个月采收，可增产 26.5%～26.7%。

(2)调控植物性别的分化 瓜类蔬菜早春栽培，常因温度低、光照弱而缺少雄花，导致授粉、受精受阻。黄瓜 4～5 片真叶时，用 50～100 mg/L 的赤霉素处理可增加雄花数量。若花期雄花过多，可用 100～150 mg/L 乙烯利促进雌花形成，提高产量。

(3)调控植物果实的发育 柿子采摘后浸入 1 000 mg/L 的赤霉素溶液中，可防止果实软化。辣椒在开花前或开花后 1～2 d，用 15～20 mg/L 的 2,4-D 蘸花可防止落花。防止番茄落花，可用 10～15 mg/L 的防落素喷花。

(4)调控植物的逆境抗性 50～100 mg/L 的多效唑处理能提高甜椒的抗寒性；用 0.01 mg/L 油菜素内酯处理可抑制茄子、辣椒猝倒病的发生；用 200 mg/L 多效唑喷施番茄幼苗，对番茄早疫病、病毒病有一定的预防作用。

3. 植株生长调节剂的配置 生长调节剂有晶粉、乳油、水溶性片剂、水溶性粉剂等多种类型，因此不同的剂型需用不同的溶剂溶解。表 6-7 列举了部分生长调节剂的种类、剂型和溶剂。

表 6-7 部分植物生长调节剂的种类、剂型和溶剂

种 类	剂 型	溶 剂
吲哚乙酸(IAA)	可湿性粉剂，粉剂	溶于乙醚、乙醇、丙酮等，微溶于水、氯仿和苯酚，碱性溶液中稳定
萘乙酸(NAA)	85%原粉	溶于热水、氯仿、乙醚和丙酮等
吲哚丁酸(IBA)	90%粉剂	溶于醇、醚和丙酮等有机溶剂，不溶于水和氯仿
2,4-二氯苯氧乙酸(2,4-D)	80%粉剂，70%丁酯乳油，55%胺盐水剂	溶于苯、乙醚和乙醇等，难溶于水
ABT 生根粉	粉剂，水剂，膜	溶于乙醇
防落素(PCPA)	25%水剂，粉剂和可湿性片剂	溶于酯和醇等有机溶剂，微溶于水
6-苄基氨基嘌呤(6-BA)	95%粉剂	溶于碱性或酸性溶液，难溶于水；先用少量 0.1 mol/L 盐酸溶解，再加水稀释
赤霉素(GA)	85%结晶粉	溶于丙酮、甲醇、乙酸乙酯和磷酸缓冲液(pH 6.2)，难溶于水、氯仿、苯、醚等
乙烯利(ETH)	结晶，40%水剂	溶于水和乙醇；酸性介质(pH<3.5)中稳定，碱性介质中易分解
油菜素内酯(BR)	0.01%乳油，0.2%可溶性粉剂，0.04%水剂	溶于丙酮、甲醇和乙醇等有机溶剂
多效唑(PP$_{333}$)	25%乳油，15%可湿性粉剂	溶于丙酮和甲醇
矮壮素(CCC)	50%水剂	易溶于水，不溶于苯、乙醚和无水乙醇，遇碱分解
三碘苯甲酸(TIBA)	99%粉剂	溶于甲醇、乙醇、丙酮、苯和乙醚

二、生长调节剂在园艺植物中的应用

植物生长调节剂在园艺作物生产上得到广泛应用,主要应用于控制与延缓生长、调节性别分化、控制果实生长、促进成熟等方面。它用量小、见效快、成本低、残毒少,具有广阔的开发应用前景,是现代园艺产业最具潜力的领域之一。

1.生长调节剂在果树上的应用　在果树生长发育的各个时期都可以利用生长调节剂,包括育苗、枝梢生长、花芽分化、开花坐果、果实生长发育、着色、果实成熟、休眠等。草莓花芽分化前 2 周,喷施 20～50 mg/L 的赤霉素药液 2 次,可提早开花。在葡萄盛花期后 7 d,喷 200～400 mg/L 的赤霉素,可提高坐果率,增大果实和产量。苹果树花期、幼果生长期、落果期和收获前 1 个月,各喷 1 次 25～35 mg/L 防落素,可明显提高坐果率。苹果、香蕉、葡萄等多种水果采收时可以用乙烯利促进果实成熟和器官脱落。

2.生长调节剂在蔬菜上的应用　植物生长调节剂在蔬菜上的应用十分广泛,如促进种子萌发,调控生长,诱导花芽分化,保花、保果,增强抗逆性,改善品质及保鲜等。用 20～100 mg/L 的赤霉素喷施黄瓜或冬瓜等的幼果可以提高产量。50％矮壮素的水剂配制成 2 000 mg/L 常用于控制蔬菜幼苗的徒长。用番茄灵、2,4-D 等处理番茄,有利于果实膨大、早熟、种子变小、糖分提高等。

3.生长调节剂在花卉上的应用　植物生长调节剂在观赏植物和林木上的应用主要集中在以下 4 个方面。一是促进扦插、移栽时的生根、发芽。一品红、大叶黄杨、仙客来、杨树、杜鹃、天竺葵、菊花等扦插生根就是用 NAA、IBA、IAA 等生长素类物质。二是促进种子萌发,打破休眠。自然状态下植物的休眠期比较长,生产实践中常用赤霉素处理促进发芽。如杜鹃、水仙、菊花、山茶花、郁金香、牡丹等用 100 mg/L 的赤霉素处理后可在短期内发芽。三是调节花期,它是观赏植物化控技术最重要的应用。人为地提早或延迟开花,使其适期上市,有助于满足市场和节日的需要,提高经济效益。如用乙烯利处理凤梨科植物的叶腋,能诱导开花。用赤霉素可促进山茶花、紫罗兰、丁香、郁金香、樱草、唐菖蒲、天竺葵、白芷、杜鹃、石竹、水仙、仙客来、秋海棠等花卉开花。用 NAA、IBA、B_9、PP_{333} 可延缓一品红、杜鹃、菊花、落地生根、倒挂金钟、麝香石竹等花卉开花。四是植株整形和矮化。用 200～1 000 mg/L 的 PP_{333} 处理蒲包花可调整株形。用 2 000～6 000 mg/L 的 PP_{333} 处理海桐,可抑制新梢生长。

第六节　安全园艺产品生产

农产品质量安全越来越受到高度重视,实现园艺产品绿色和有机生产,是园艺产品安全质量的技术保证,是农业可持续发展的必由之路。

2002 年,农业部启动“无公害食品行动计划”,历时 17 年。2018 年 11 月 20 日,农业农村部农产品质量安全监管司在北京召开《无公害农产品认证制度改革》座谈会,提出停止无公害农产品认证,启动合格证制度试行工作。2019 年 9 月,农业农村部正式停止(不是取消)无公害产品的认证和评价,开始实施合格证评价制度,农产品质量评价由此开启合格产品、绿色食品和有机产品的“新三品”评价体系。

一、合格园艺产品生产

为落实食用农产品生产经营者的主体责任,健全产地准出制度,保障农产品质量安全,根据《中华人民共和国农产品质量安全法》等法律法规,农业农村部颁发《食用农产品合格证管理办法(试行)》。

食用农产品合格证(以下简称合格证)是指食用农产品生产经营者对所生产经营食用农产品自行开具的质量安全合格标识。食用农产品合格证视同于产地证明、购货凭证和合格证明文件(图 6-30)。

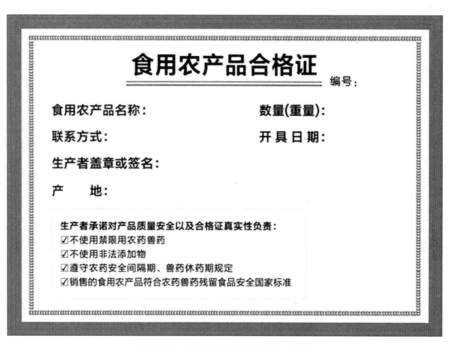

图 6-30 食用农产品合格证 标签

食用农产品生产经营者应根据实际情况采取以下方式之一作为开具合格证的依据,确保其生产经营食用农产品的质量安全,对合格证的真实性负责。

(1)自检合格;

(2)委托检测合格;

(3)内部质量控制合格;

(4)自我承诺合格。

二、绿色园艺产品生产

1.绿色食品概念与特征

(1)绿色食品概念 绿色食品是遵循可持续发展原则,按照特定生产方式,经过专门机构认定,被许可使用绿色食品标志商标的无污染的安全、优质、营养类食品。绿色食品特定的生产方式指按照标准生产、加工,对产品实施全程质量控制,依法对产品实行标志管理,实现经济效益、社会效益和生态效益的同步增长。无污染是指在绿色食品生产、加工过程中,通过严密监测、控制,防范农药残留、放射性物质、重金属、有害细菌等对食品生产各个环节的污染,以确保绿色食品产品的洁净。绿色食品的优质特性包括产品质量和产品外包装。绿色食品分为 A级绿色食品和 AA 级绿色食品。

A 级绿色食品:生产地的环境质量符合 NY/T391－2013 的要求,生产过程中严格按照绿色食品生产资料使用准则和生产操作规程要求,限量使用限定的化学合成生产资料,产品质量符合绿色食品产品标准,经专门机构认定,被许可使用 A 级绿色食品标志的产品。

AA 级绿色食品:生产地的环境质量符合 NY/T391－2013 的要求,生产过程中不使用化学合成的肥料、农药、兽药、饲料添加剂、食品添加剂和其他有害于环境和身体健康的物质,按有机生产方式生产,产品质量符合绿色食品产品标准,经专门机构认定,被许可使用 AA 级绿色食品标志的产品。

(2)绿色食品特征　绿色食品与普通食品相比有三个显著特征。

①强调产品来自最佳生态环境。绿色食品生产首先通过对生态环境因子进行的严格检测,判定其是否具备生产绿色食品的基础条件,强调产品来自最佳生态环境,保证绿色食品生产原料和初级产品产地环境质量,将农业和食品工业发展建立在资源和环境可持续利用的基础上。

②对产品实行全程质量控制。绿色食品生产是实施"从土地到餐桌"全程质量控制,通过产前环节的环境监测和原料检测,产中环节具体生产、加工操作规程的落实,以及产后环节产品质量、卫生指标、包装、保鲜、运输、贮藏、销售控制,确保绿色食品的整体产品质量,并提高整个生产过程的技术含量。不是简单地对最终产品的有害成分含量和卫生指标进行测定。

③对产品依法实行标志管理。绿色食品标志是一个质量证明商标,属知识产权范畴,受《中华人民共和国商标法》保护。政府授权专门机构管理绿色食品标志,这是将技术手段和法律手段有机结合的生产组织和管理行为。对绿色食品实行统一、规范的标志管理,不仅将生产行为纳入了技术和法律监控的轨道,而且使生产者明确了自身权益和对他人的责任,同时有利于企业争创品牌,树立品牌商标保护意识。

2.绿色食品标志

绿色食品实行标志管理。绿色食品标志由特定的图形组成,主要是三部分即上方的太阳、下方的叶片和蓓蕾,象征自然生态;标志图形为正圆形,意为保护、安全;颜色为绿色,象征着生命、农业、环保。

AA 级绿色食品标志和字体为绿色,底色为白色,防伪标签的底色为蓝色,编号以双数结尾;A 级绿色食品标志和字体为白色,底色为绿色,防伪标签的底色为绿色,编号以单数结尾。

绿色食品商标已在国家工商行政管理局注册的有以下四种形式,见图 6-31。

绿色食品标志有"绿色食品"、"GreenFood"、绿色食品标志图形及这三者相互组合等四种形式,注册在以食品为主的九大类食品上。具有"绿色食品"生产条件的,自愿使用"绿色食品"标志的单位或个人,须进行"绿色食品"认证,合格者方可获得"绿色食品"标志使用权。标志使用期为 3 年,到期后须重新认证。这样既有利于约束和规范企业的经济行为,又有利于保护广大消费者的利益。

图 6-31　绿色食品标志

3. 生产基地环境质量　绿色园艺产品生产基地的生态环境条件应符合 NY/T391—2013规定的《绿色食品产地环境质量》标准。主要涉及空气质量、农田灌溉水质量、土壤环境质量和土壤肥力质量。

(1)空气质量要求　标准对空气中总悬浮颗粒物、二氧化硫、二氧化氮、氟化物项目的指标进行了规定。

(2)农田灌溉水质要求　标准对灌溉水中 pH、总汞、总镉、总砷、总铅、六价铬、氟化物、化学需氧量、石油类、粪大肠菌群项目的指标进行了规定。

(3)土壤环境质量要求　标准根据土壤 pH 的高低对土壤中总镉、总汞、总砷、总铅、总铬、总铜项目的指标进行了规定。

(4)土壤肥力要求　标准对土壤的有机质、全氮、有效磷、速效钾和阳离子交换量项目的指标进行了规定。

4. 生产资料使用准则

(1)农药使用准则　绿色园艺产品生产要严格执行 NY/T393—2020《绿色食品农药使用准则》。准则中规定了绿色食品生产中有害生物防治原则,农药种类、农药使用规范和农药残留要求。在园艺植物病虫害防治中应采用综合防治措施,少用或不用农药,通过选用抗病虫品种、选用无病毒苗木、果园实施生草和绿肥、轮作倒茬、间作套种、生物防治等措施,改善生态环境,创造不利于病虫害孳生和有利于天敌繁衍的环境条件。

果树、蔬菜生产中必须使用农药时,应遵守准则中规定。《绿色食品农药使用准则》是确保绿色园艺产品安全的最重要的准则,也是所有准则中修订次数最多、最及时和最严格的准则,2000 年 3 月 2 日颁布了 NY/T393—2000(简称 2000 版),经过 13 年的应用和实施,在 2013 年12 月 13 日颁布了 NY/T393—2013(简称 2013 版),在 2020 年 7 月 27 日发布了 NY/T393—2020(简称 2020 版),并于 11 月 1 日实施。将可使用的农药种类从原准许和禁用混合制调整为单纯的准许清单制。2020 版根据近年国内外在农药开发、风险评估、标准法规、使用登记和生产实践等方面取得的新进展、新数据和新经验,更多地从农药对健康和环境影响的综合风险控制出发,适当兼顾绿色食品生产对农药品种的实际需求,进一步补充完善了绿色食品农药使用的原则,增加了评估筛选农药的条件,调整了允许使用的农药清单,提升了农药使用的合法性、合理性和一致性,为绿色食品安全和高质量发展,提供了理论和管理的依据。

(2)肥料使用准则　绿色园艺产品生产使用的肥料必须有利于植物生长及其品质的提高,不造成土壤和植物体产生和积累有害物质,不影响人体健康,对生态环境没有不良影响。

绿色园艺产品生产要严格执行 NY/T394—2013《绿色食品肥料使用准则》。准则中规定了肥料使用原则、可使用的肥料种类、不应使用的肥料种类,同时对肥料的无害化指标进行了明确规定,对无机肥的用量做了规定。

准则中规定 AA 级和 A 级绿色食品对肥料要求有所不同。AA 级绿色食品生产过程中,除可使用铜、铁、锰、锌、硼和钼等微量元素及硫酸钾、煅烧磷酸盐外,不准使用其他化学合成肥料。A 级绿色食品生产过程中,允许限量地使用部分化学合成肥料,同时要求以对环境和植物不产生不良后果的方法使用。

在绿色食品果品和蔬菜生产中,要严格执行《绿色食品肥料使用准则》,坚持以有机肥为主,同时针对果树和蔬菜不同于大田作物栽培的特殊情况,注意选用肥料种类和土壤管理方法。如果园中种植绿肥作物、果园行间生草等有利于提高土壤肥力;蔬菜作物增施微生物肥料,有利于减少蔬菜中硝酸盐含量,改善蔬菜品质。

5.生产操作规程　中国绿色食品发展中心于 2009 年 4 月 30 日发布了《中国绿色食品生产操作规程标准》(LB),果树方面包括苹果、梨、桃、葡萄、枣、柿、核桃、板栗、草莓等在华北地区栽培的 A 级绿色食品生产操作规程,规程中对产地条件选择、品种选择、苗木定植、土肥水管理、整形修剪、花果管理、病虫害防治、采收包装、贮运等方面做了较详细规定;蔬菜方面包括大白菜、花椰菜、结球甘蓝、青椒、番茄、芹菜、茄子、菜豆、黄瓜等在华北地区栽培的 A 级绿色食品蔬菜生产操作规程,规程中对蔬菜的茬口安排、品种选择、育苗、定植、定植后管理、病虫害防治、采收包装、贮运等方面做了详细规定,具有可操作性。

6.绿色园艺产品标准

(1)绿色果品产品标准　A 级绿色果品产品标准有 NY/T1042—2006《绿色食品坚果》、NY/T844—2010《绿色食品温带水果》、NY/T750—2011《绿色食品热带亚热带水果》、NY/T426—2012《绿色食品柑橘类水果》等。标准对果实的感官指标、理化指标、卫生指标、检测方法、检验规则、标志、包装、运输、贮藏等方面做了严格规定。

(2)绿色蔬菜产品标准　A 级绿色蔬菜产品标准有 NY/T654—2012《绿色食品白菜类蔬菜》、NY/T655—2012《绿色食品茄果类蔬菜》、NY/T743—2012《绿色食品绿叶类蔬菜》、NY/T747—2012《绿色食品瓜类蔬菜》、NY/T748—2012《绿色食品豆类蔬菜》、NY/T1325—2007《绿色食品芽苗类蔬菜》等。标准中对蔬菜的感官指标、污染物及农药残留限量、必检项目、技术要求、检验规则、标志和标签、包装、运输、贮存等做了严格规定。

(3)绿色瓜类产品标准　A 级绿色瓜类产品标准有 NY/T427—2007《绿色食品西甜瓜》。标准规定了绿色食品西甜瓜的定义、要求、试验方法、检验规则、标志和标签、包装、运输、贮存等。

7.绿色园艺产品认证程序　绿色园艺产品认证是产品取得标志,走向市场的必须环节。为规范绿色食品认证工作,依据《绿色食品标志管理办法》,凡具有绿色食品生产条件的国内企业均可按程序申请绿色食品认证。产品认证程序包括认证申请、受理及文审、现场检查、产品抽样、环境监测、产品检测、认证审核、认证评审、颁证等环节。

三、有机园艺产品生产

1.有机产品概念与特征

(1)有机产品概念　有机产品是一种国际通称,指来自于有机农业生产体系,根据有机产品生产要求和相应标准生产、加工,符合国家有机食品要求和标准,并通过认证机构认证的一切农副产品及其加工品,包括粮食、蔬菜、水果、奶制品、禽畜产品、蜂蜜、水产品、调料等,除有机食品和饮料外,还包括非食用的产品如有机化妆品、洗涤产品、纺织品、林产品等。

(2)有机食品特征

①原料来自有机农业生产体系或野生采集区域的产品。

②生产加工过程严格遵守有机食品的种养、加工、包装、贮藏、运输要求,不使用任何人工合成的化肥、农药、饲料添加剂和食品添加剂等。

③在生产与流通过程中,有完善的质量跟踪、审查体系和完整的生产及销售记录档案。

④通过国家授权的有机食品认证机构的认证。

(3)有机食品转换期　有机食品转换期指有机管理至获得有机认证之间的时间间隔。一年生作物(如蔬菜)的转换期一般不少于播种前 24 个月,即 24 个月后播种收获的产品才可认证为有机产品;多年生作物(如果实、花卉)需要经过采收前 36 个月的转换,即 36 个月后采收的农产品才可认证为有机产品;新开垦的、撂荒 36 个月以上的或有充分证据证明 36 个月以上未使用有机生产标准禁用物质的地块,也应经过至少 12 个月的转换期。

2.有机食品标志　国家有机产品标志主要由三部分组成,即外围的圆形、中间的种子图形及其周围的环形线条,见图 6-32。外围的圆形形似地球,象征和谐、安全,圆形中的"中国有机产品"字样为中英文结合方式,既表示中国有机产品与世界同行,也有利于国内外消费者识别。标志中间类似于种子的图形代表生命萌发之际的勃勃生机,象征了有机产品是从种子开始的全过程认证,同时昭示着有机产品如同刚萌发的种子,正在中国大地上茁壮成长。种子图形周围圆润自如的线条象征环形道路,与种子图形合并构成汉字"中",体现出有机产品植根中国,有机之路越走越宽广。同时,处于平面的环形又是英文字母"C"的变体,种子形状也是"O"的变形,意为"China Organic"。

图 6-32　国家有机食品标志

绿色代表环保、健康,表示有机产品给人类的生态环境带来改善与协调。橘红色代表旺盛的生命力,表示有机产品对可持续发展的作用。

3.生产基地环境质量　有机产品生产需要在适宜的环境条件下进行。有机生产基地应远离城区、工矿区、交通主干线、工业污染源、生活垃圾场等。应对有机生产区域受到邻近常规生产区域污染的风险进行分析。存在风险情况下,应在有机和常规生产区域之间设置有效的缓冲带或物理屏障,以防止有机生产地块受到污染。缓冲带上种植的植物不能认证为有机产品。

（1）土壤环境质量　有机产品产地土壤环境质量应符合 GB 15618—2018《土壤环境质量标准》的规定。

（2）灌溉水质量　有机产品灌溉水质量应符合 GB 5084《农田灌溉水质量标准》中的规定。有机地块排灌系统应与常规地块进行有效隔离，以保证常规地块的水不会渗透或浸入有机地块。

（3）环境空气质量　有机产品环境空气质量应符合 GB 3095《环境空气质量标准》中的二级标准的规定。

4.生产资料使用准则　生产者应选择并实施栽培管理措施，以维持或改善土壤理化和生物性状，减少土壤侵蚀，保护作物健康。需要使用有机生产体系外投入品的符合性判定应符合 GB 19630 的规定。获得认证的产品不得检出有机生产中禁用物质。

（1）肥料使用准则　当有机生产的耕作与栽培措施无法满足植物生长需求时，可施用有机肥以维持和提高土壤肥力、营养平衡和土壤生物活性，同时应避免过度施用有机肥，造成环境污染。有机肥必须进行充分腐熟，为使堆肥充分腐熟，可在堆制过程中添加来自于自然界的微生物，但不得使用转基因生物及其产品。

不应在叶菜类、块茎类和块根类植物上施用人粪尿；其他植物上需要使用时，应进行充分腐熟和无害化处理，并不得与植物食用部分接触。

可使用溶解性小的天然矿物肥料，但不得将此类肥料作为营养循环系统中的替代物。矿物肥料只能作为长效肥料并保持其天然组分，不应采用化学处理提高其溶解性。不应使用矿物氮肥（如石灰氮）等。

不得使用化学合成的肥料和城市的污水污泥。

（2）植物保护产品使用准则　病虫草害防治的基本原则应从农业生态系统出发，综合运用各种防治措施，创造不利于病虫草害滋生和有利于各类天敌繁衍的环境条件，保持农业生态系统的平衡和生物多样化，减少各类病虫草害造成的损失。

应优先采用农业措施，通过选用抗病抗虫品种、非化学药剂种子处理、培育壮苗、加强栽培管理、中耕除草、耕翻晒垡、清洁田园、轮作倒茬、间作套种等一系列措施起到防治作用。

通过灯光、色彩诱杀害虫，机械捕捉害虫，机械或人工除草等措施，防治病虫草害。

当以上提及的方法不能有效控制病虫草害时，可使用苦参素、印楝素、天然除虫菊素等植物提取液；可使用真菌及真菌提取物（如：白僵菌、轮枝菌、木霉菌等）等活菌制剂，但不得使用微生物的代谢产物；可使用硫磺、石硫合剂、波尔多液等矿物来源的植物保护产品。

不应使用任何化学合成的植物保护产品（包括杀虫杀螨剂、杀菌剂、除草剂和生长调节剂等）。

5.有机产品标准　有机产品标准和法规主要分为 3 个层次：联合国层次、国际性非政府组织层次以及国家层次。联合国层次的有机农业和有机农产品标准尚属于建议性标准，是《食品法典》的一部分，由联合国粮农组织（FAO）与世界卫生组织（WHO）制定。在整个标准的制定过程，中国作为联合国成员也参与其中。标准还规定了有机农产品的检查、认证和授权体系。这个标准为各个成员国制定有机农业标准提供了重要依据。

2005 年国家质量监督检验检疫总局和国家标准化管理委员会发布了《有机产品》GB/T

19630.1—4,即第1部分:生产(GB/T 19630.1),规定了植物生产、野生植物采集、食用菌培养、畜禽养殖、水产养殖、蜜蜂和蜂产品有机生产的通用规范和要求;第2部分:加工(GB/T 19630.2),规定了有机加工的通用规范和要求;第3部分:标识与销售(GB/T 19630.3),规定了有机产品标识和销售的通用规范及要求;第4部分:管理系统(GB/T 19630.4—2011),规定了有机产品生产、加工、经营过程中应建立和维护的管理体系的通用规范和要求4个系列标准。

2011年对标准进行了修订,增加了设施蔬菜等有机产品生产的要求。

2019年根据国际标准和我国实施标准的实际,由国家市场监督管理总局和中国标准化管理委员会发布了《有机产品生产、加工、标识和管理体系的要求》,替代了 GB/T 19630.1—2011《有机产品 第1部分:生产》、GB/T 19630.2—2011《有机产品 第2部分:加工》、GB/T 19630.3—2011《有机产品 第3部分:标识与销售》、GB/T 19630.4— 2011《有机产品 第4部分:管理体系》。

6.有机产品认证　有机产品认证指经认证机构依据《中华人民共和国认证认可条例》的要求,获得国家认证认可监督管理委员会(CNCA)批准和授权的认证资格,且得到中国合格评定国家认可委员会(CNAS)认可资质,接受国家认证认可监督管理委员会的监督和管理(图 6-33)。

有机产品的认证是生产、加工和经营的全过程认证。认证的依据是《有机产品生产、加工、标识和管理体系的要求》标准,认证的程序是《有机产品认证实施规则》,认证的对象需满足《有机产品认证目录》的要求。

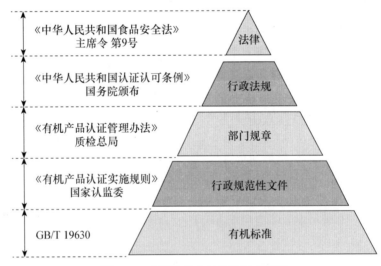

图 6-33　中国有机产品认证制度框架

根据《有机产品认证实施规则》,认证程序内容包括目的和范围、认证机构要求、认证人员要求、认证依据、认证程序、认证后管理、再认证、认证证书、认证标志的管理、信息报告和认证收费10个方面的内容。

认证的流程包括:认证申请、认证委托人提交文件和资料、认证受理、申请评审、评审结果处理、现场检查准备与实施、检查任务、文件评审、检查实施、样品检测等环节。

思考题

1.确定园艺植物定植或播种期的依据有哪些？

2.比较园艺植物春季、秋季定植的优缺点。

3.确定园艺植物定植密度时主要依据哪些因素？

4.什么是定植方式？生产上常用的"长方形定植""带状定植""计划定植"各有什么优点？

5.定植前为什么要对种苗和苗木进行"蹲苗"或"囤苗"处理？

6.挖果树和观赏树木定植穴的规格要求是什么？具体栽植技术要求有哪些？

7.园艺植物种植园土壤耕作方法有哪几种？比较其应用特点。

8.土壤改良的主要措施是什么？

9.植物营养诊断有哪些方法？

10.施肥时期的主要依据是什么？

11.施肥量怎样确定？N、P、K 比例有什么意义？

12.果树土壤施肥方法有哪些？

13.分析根外追肥的优缺点。

14.什么是节水灌溉？主要有哪些技术环节？

15.为什么园艺生产上要对植株生长进行适宜的控制？主要控制内容有哪些？

16.果树与观赏树木的修剪时期怎样确定？

17.修剪的基本方法中,最常用的短截、疏剪、缩剪、长放的各自功能是什么？应用条件是什么？

18.果树与观赏树木主要有哪些树形？

19.果树幼树、成年树、衰老树的修剪有什么不同？

20.草本植物植株调整的主要内容是什么？

21.露地花卉的主要应用类型有哪些？

22.草坪及地被植物的管理技术要点是什么？

23.简述砧木的调节作用。

24.何谓根域限制？

25.根域限制的主要形式有哪些？

26.简述根域限制栽培的技术要点。

27.简述无公害食品概念与特征。

28.简述绿色食品概念与特征。

29.简述有机食品概念与特征。

30.简述无公害、绿色、有机食品之间的异同点。

31.绿色食品生产对农药、肥料有哪些要求？

32.简述绿色食品的认证程序。

参考文献

[1]范双喜,李光晨.园艺植物栽培学.2版.北京:中国农业大学出版社,2007.

[2]朱立新,李光晨.园艺通论.5版.北京:中国农业大学出版社,2020.

[3]李绍华,罗正荣,刘国杰,等.果树栽培概论.北京:高等教育出版社,1999.

[4]刘连馥.绿色食品导论.北京:企业管理出版社,1998.

[5]杜相革,肖兴基,李显军,等.有机农业在中国.北京:中国农业科学技术出版社,2006.

[6]杜相革,董民.有机农业导论.北京:中国农业大学出版社,2006.

第七章
CHAPTER

设施园艺

内容提要

　　本章简述阳畦、塑料拱棚、日光温室、现代化温室等主要园艺栽培设施种类、性能及应用,分析了设施园艺光照、温度、湿度、土壤、气体等环境特点及其调控技术,列举无土栽培的主要类型、栽培方式、关键技术及其在园艺植物生产中的应用。阐述植物工厂的概念、主要类型、发展现状及植物工厂化生产在园艺种苗集约化生产、绿叶蔬菜高效栽培等方面的技术应用与前景展望。

　　设施园艺(protected horticulture)是指在露地不适于园艺植物生育的季节或地区,利用温室等保护设施创造适于园艺植物生育的小气候环境,有计划地生产优质、高效园艺产品的一种环境可控农业,又称设施栽培。它与露地栽培的根本区别在于园艺植物生育的小气候环境可以人工控制,能够减轻不利气候条件对作物生长发育的影响。我国现有保护设施主要用于蔬菜、花卉、果树等园艺植物的生产,以节能日光温室和塑料大棚为主。

第一节　园艺栽培设施的类型

　　园艺栽培设施是指人工建造,用于栽培蔬菜、花卉、果树等园艺植物的各种保护设施。世界各地依据各自的地理条件、气候特征和社会经济发展水平,创造出相应的从低级到高级、从简单到复杂的各种园艺设施类型,包括风障、阳畦、地膜覆盖、避雨棚、防虫网等简易保护设施,以及塑料拱棚、日光温室、现代化温室等大中型设施和能全天候完全实现环境自动控制的植物工厂等。本节依据我国园艺设施的发展历程,按其结构特点,依次阐述简易保护设施、塑料拱棚、温室和植物工厂。

一、简易保护设施

　　1.风障　指在冬春季节置于农田栽培畦的北侧,用来挡风的屏障,带有风障的栽培畦称为风障畦(windbreak bed)。我国北方地区应用风障畦栽培蔬菜等园艺植物历史较长,一般用竹竿、芦苇、秸秆等夹成篱笆,用稻草、谷草、塑料网、薄膜等作为披风。

风障畦有小风障畦和大风障畦之分。小风障畦结构简单,在栽培畦北侧垂直竖立高1~2 m的芦苇或玉米、高粱秸秆、细竹竿等,辅以稻草、谷草等挡风材料,春季每排风障的防风有效范围约为2 m,主要用于瓜类、豆类春季提早直播或定植,进行早熟栽培。大风障畦又分完全风障和简易风障两种,完全风障是由篱笆、披风、土背三部分组成,高为2.0~2.5 m,披风较厚,高1.5 m左右,主要用于耐寒性园艺植物越冬栽培和春早熟栽培;简易风障只设置1排篱笆,高度1.5~2.0 m,防风效果较差,主要用于小白菜、茴香等半耐寒蔬菜提早播种,或提早定植的春夏季叶菜及果菜类。

2.阳畦　利用太阳辐射来保持畦温的一种简易设施,又名冷床(cold bed)。阳畦在风障畦的基础上演变而来,即将风障畦的畦埂增高而成为畦框,并在畦面上增加防寒保温和采光覆盖物,因而其保温效果优于风障畦。当外界气温在−15~−10℃时,畦内地表温度可比露地高13~15.5℃;连续阴雪天时阳畦温度会降至零下而发生低温霜冻危害,须加强防寒保温管理。阳畦内昼夜温差一般为10~20℃,空气相对湿度差异为40%~50%。

阳畦由风障、畦框和覆盖物组成。畦框由土、砖、木材、草等材料制成,覆盖物包括油纸、塑料薄膜、玻璃等透明覆盖物和草苫、蒲苫、苇毛苫等不透明覆盖物。阳畦床通常分为抢阳畦和槽子畦两种(图7-1)。抢阳畦是由垒土经夯实而成,北框高而南框低,风障向南倾斜,可使畦内在冬季接收更多的阳光。槽子畦的结构形式与抢阳畦类似,只不过它的南、北两框接近等高,框高而厚,四框做成后近似槽形,主要用于冬春季培育甘蓝、莴笋、芹菜等耐寒性作物幼苗。

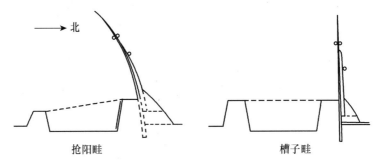

图7-1　阳畦示意图

在阳畦的基础上提高北墙厚度,加大斜面角,形成改良阳畦。改良阳畦主要由土墙、棚架、棚顶(柁檩等)、透明覆盖物(玻璃或塑料薄膜)等组成(图7-2)。因防寒保温严密,畦内空间较

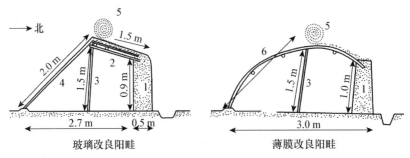

图7-2　改良阳畦示意图

1.土墙　2.柁檩　3.柱　4.玻璃窗及玻璃　5.草帘　6.竹竿骨架及塑料薄膜

大,寒冷季节温度下降缓慢。特别是缩短了低于5℃气温的持续时间,延长了10～20℃气温的持续时间,抗低温和缓冲能力增强,防寒保温性能提高,主要用于秋延后栽培及冬季耐寒性园艺植物栽培,还可进行喜温性园艺植物的春提早栽培。

3.温床 温床(hot bed)是在阳畦的基础上增加人工加温设备,以提高床内温度的保护设施。根据床框位置的不同分为地上式温床(南框全在地表以上)、地下式温床(南框全在地表以下)和半地下式温床;根据用途分为育苗床和定植床;根据热源不同分为酿热温床、电热温床、火炕温床和太阳能温床等,尤以酿热温床和电热温床应用最为广泛。

(1)酿热温床 在阳畦的基础上,在床下铺设酿热物,利用好气性微生物分解有机物时产生的热量来提高床内温度的保护设施。温床的大小和深度要根据其用途而定,一般床长10～15 m,宽1.5～2.0 m,并将床底部挖成鱼脊形(图7-3)以维持温度均匀。

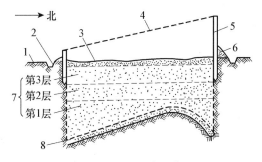

图 7-3 酿热温床示意图

1.地平面 2.排水沟 3.床土 4.玻璃窗 5.后框 6.培土 7.酿热物 8.草

根据酿热物分解时发热量不同可分为高热酿热物(新鲜马粪和羊粪、油饼肥和棉籽皮等)和低热酿热物(牛粪、猪粪、落叶和秸秆等)。培育喜温园艺植物时,应将这两种酿热物混合使用,可取长补短。根据天气寒冷程度、使用时间长短及栽培作物的种类,需调节各种酿热物的配合比例、数量、紧实度、厚度和含水量来控制床内温度。酿热温床建在温室大棚内,酿热物厚度要到达10 cm及以上;建在露地,酿热物厚度应在30 cm以上。

(2)电热温床 利用电热线把电能转变为热能,以提高床内温度的保护设施。与酿热温床相比,具有温度均匀、设备投入少、产热效率高、使用时间不受季节限制等优点。多用于温室、大棚、中小棚培育喜温园艺植物幼苗以及快速扦插繁殖葡萄、月季、番茄、甜椒、甘蓝等优良种苗。电热温床一般是在育苗或栽培床下挖宽为1.3～1.5 m,底深为15～20 cm的床口,依次铺设隔热层、布线层,并在其中铺设电热线,上覆床土而成(图7-4)。

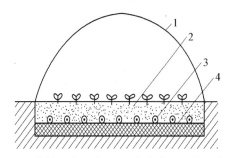

图 7-4 电热温床示意图(上海市农业机械研究所)

1.小棚 2.床土 3.电热线 4.隔热层

根据当地气候条件、作物种类和育苗季节等不同,选择适合的电热线功率,确定铺线条数(取偶数),可参考表 7-1。一般播种床的设定功率为 $80 \sim 100$ W/m^2,分苗床的设定功率为 $50 \sim 70$ W/m^2。线间距一般中间稍稀,两边稍密,以使温度均匀。

总功率及电热线条数的确定可根据以下公式计算出:

$$总功率(W)=设定功率(W/m^2)\times 床面积(m^2);$$

电热线条数(根)=总功率(W)÷额定功率(W/根)。

电热线铺设:①在温床表土下 15 cm 深处,铺 $5 \sim 10$ cm 厚的麦糠、碎稻草等作为隔热层,阻止热量向下传导,再在隔热层上撒一些沙子或床土,并踏实平整。②按设计的电热线间距,将长 $20 \sim 25$ cm 的小木棍插到苗床两头,地上露出 $6 \sim 7$ cm,然后从温床靠近电源的一侧开始铺线,把电热线挂在小木棍上并拉紧,保持电热线平直,不能交叠、打结,电热线两头留在苗床的同一端(图 7-5)。③在电热线上面铺床土,育苗床土厚 5 cm,分苗床土厚 10 cm 左右,栽培床土厚 $10 \sim 15$ cm。电热线与引出线接头处均要埋入土中,两条引出线在固定桩上打结后接入电源和控温仪,并将感温探头插入床土层,安装控温仪。

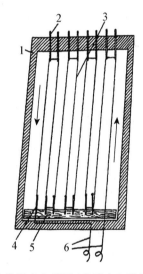

图 7-5 电热温床布线图(李天来和张振武,1999)

1.床埂 2.短棍 3.电热线 4.小木板 5.铁钉 6.导线

表 7-1 平均间距 cm

设定功率 /(W/m^2)	DV 系列电加温线布线类型			
	20406 型	20608 型	20810 型	21012 型
60	11	12.5	13.3	13.9
80	8.3	9.4	10	10.4
100	6.7	7.5	8	8.3
120	5.6	6.3	6.7	6.9
140	4.8	5.4	5.7	6.0

来源:上海市农业机械研究所。

4.地膜覆盖　地膜覆盖(plastic mulching)是将一层极薄的农用塑料薄膜覆盖于栽培畦或垄的表面,为作物创造适宜的土壤环境的一种简易覆盖栽培技术,具有提高地温、降低设施内相对湿度、防治杂草和病虫、促进土壤微生物活动、加速有机物分解、避免土壤养分被淋溶流失及提高肥效等作用,且地膜的反光作用能增强植株中下部光照强度,提高作物光合作用,延长生育期,实现早熟、丰产、优质、高效的栽培目的。

地膜种类繁多,性能各具特点(表7-2)。依地膜色泽不同,分为无色透明、黑、绿、白、银灰或双色等着色膜。地膜覆盖用薄膜以无色透明聚乙烯(PE)膜为主,厚度为 0.015～0.02 mm,超薄膜为 0.003～0.006 mm,其透光性好,增温快,但膜下容易滋生杂草;黑色薄膜透光率低,能防治杂草,但升温效果不及透明膜,可用于夏季覆盖;银灰色反光膜因具有隔热和较强的光反射能力,可增强下部叶片光照,同时具有避蚜作用,但升温效果不及透明膜和黑色膜,可用于高温季节降温栽培。双色膜既可透光增温,又能抑制杂草生长。此外,除草膜、红外增温膜和降解膜等一些功能薄膜也已开始应用。

表 7-2　地膜的种类特性与使用效果

种类	促进地温升高	抑制地温升高	防除杂草	保墒	防治病虫害	果实着色	耐候性
透明膜	优	无	无	优	弱	无	弱
黑膜	中	良	优	优	弱	无	良
除莠膜	优	无	优	优	弱	无	弱
着色膜	良	弱	良	优	弱	无	弱
黑白双色膜	良	弱	弱	优	弱	无	弱
有孔膜	良,弱	良	良	良	弱	无	弱
光分解膜	良	无	弱	弱	弱	无	无
银灰膜	无	优	优	优	良	良	无
PVC膜	优	无	无	优	弱	无	优
EVA膜	优	无	无	优	弱	无	良

地膜覆盖栽培方式有高垄和平畦两种覆盖方式(图7-6)。高垄覆盖一般畦高 10～15 cm,宽 60～100 cm,畦间相隔 40～60 cm,早春升温快,可促进作物早熟;平畦覆盖增温效果不如高畦,但便于灌水、省工。园艺植物因种植方式不同,覆膜先后顺序也不同。种子直播的作物可以先盖膜,后打孔播种,要求播种深度、播量一致,覆土均匀;也可以先播种,后盖膜,在幼苗出土后及时划破地膜,防止幼苗灼伤。育苗移栽的作物宜先覆盖地膜,后打孔定植,将定植孔周围的地膜压紧封严,使之略高于畦面。

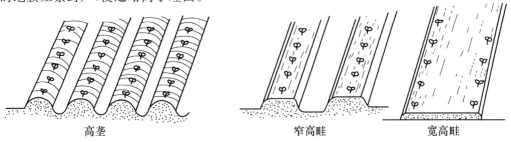

高垄　　　　　窄高畦　　　　宽高畦

图 7-6　高垄、高畦地膜覆盖示意图

5. **遮阳网** 遮阳网(shading screen)俗称遮阴网、凉爽纱,是以聚乙烯、聚丙烯等为原料,经加工制作编织而成的一种轻量化、高强度、耐老化、网状的新型农用塑料覆盖材料。利用遮阳网覆盖作物具有遮光、降温、防暑、防台风、防暴雨、防旱保墒等功能,是替代芦帘、秸秆等农家传统覆盖材料进行抗热栽培的技术设施。与传统苇帘覆盖栽培相比,具有轻便、省工、省力的特点,可重复使用,寿命长,单位面积覆盖可降低成本50%～70%,省工25%～50%,而且劳动强度小,存放方便。目前,遮阳网广泛应用于我国南北各地越夏防雨栽培、园艺植物无土栽培、蔬菜夏秋淡季栽培及优质园艺产品均衡生产的实践中。

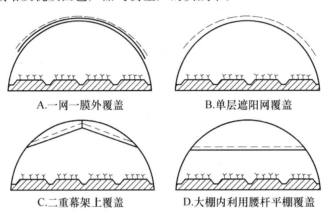

A.一网一膜外覆盖   B.单层遮阳网覆盖

C.二重幕架上覆盖   D.大棚内利用腰杆平棚覆盖

图 7-7   大棚遮阳网覆盖方式示意图

按颜色分主要有黑色和银灰色,也有绿色、白色和黑白相间等遮阳网;依遮光率分为35%～50%、50%～65%、65%～80%和>80% 4 种规格,应用最多的是 35%～65%的黑网和65%的银灰网。不同规格、不同颜色的遮阳网其遮阳降温的效果也不同,可根据气候特点及栽培园艺植物的种类选择相应系列产品。

覆盖方式有浮面、矮平棚或小拱棚以及大棚覆盖等(图 7-7)。通常用于夏季园艺植物育苗或伏菜栽培,如南方的秋冬季蔬菜大都在夏季高温期育苗,用遮阳网替代传统芦帘遮阴育苗,可以有效地培育优质苗,保证秋冬菜的稳产、高产;在南方,绿叶蔬菜露地栽培易遭高温暴雨袭击而发生烂菜死苗,生产很不稳定,采用遮阳网覆盖,极大地缓解了夏季叶菜的供应问题。

6. **防虫网** 防虫网(insect-preventing net)是以高密度聚乙烯或聚氯乙烯等为主要原料,添加防老化、抗紫外线等化学助剂,经挤出拉丝编织制成 20～30 目网纱的一种新型农用覆盖材料,具有耐拉强度大、抗紫外线、抗热、耐水、耐腐蚀、耐老化、无毒无味等特点。防虫网栽培采用物理防治技术,以人工构建的屏障将害虫隔于网外,从而达到防虫效果,可大幅度减少化学农药的用量及对农药的依赖性,是生产无公害园艺产品的一项简易、有效的技术措施,现已成为南方地区减农药蔬菜栽培的有效措施,取得了较好的经济效益和生态效益。

防虫网的规格多样,其目数有 20 目、24 目、30 目和 40 目等,宽度有 100 cm、120 cm 和150 cm 等,目数越多,网眼越小,防虫效果好,但遮光过多,影响作物生长;相反,则起不到应有的防虫效果,应综合考虑,以 20 目和 24 目最为常用。丝径有 0.14～0.18 mm 数种。色泽有白色、银灰色、绿色等,使用寿命为 3～4 年。覆盖形式主要有拱棚覆盖和水平棚架覆盖两种。拱棚覆盖是直接将数幅网缝合覆盖在拱棚架上,属全封闭式覆盖,四周用土或砖压严封实,留拱棚正门揭盖,便于进棚作业(图 7-8A)。水平棚架覆盖是在一定大小的田块中,用高约 2 m

的水泥柱或钢管做成隔离网架,用防虫网全部覆盖封闭,以达到节约网和棚架、便于作业的目的(图 7-8B)。

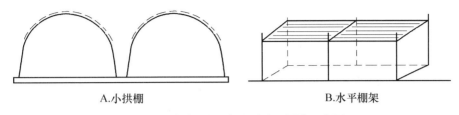

A.小拱棚　　　　　　　　　　B.水平棚架

图 7-8　小拱棚、水平棚架防虫网覆盖示意图

南方地区 6～8 月份为高温、暴雨期,利用防虫网可进行抗高温育苗,结合顶部覆盖遮阳网可降低温度,同时减少暴雨冲刷床面,有利于培育优质壮苗;番茄育苗时,安装 50～60 目防虫网可有效防治烟粉虱传播的黄花曲叶病毒。在蔬菜、果树、花卉的周年设施栽培中,选用 20～24 目的防虫网可有效防治蚜虫、小菜蛾、展翅等害虫进入网室内,实现减农药栽培,达到优质高效的生产目标。

二、塑料拱棚

1. 塑料中、小拱棚　以竹片、竹竿、钢筋等材料弯成高度低于 1.5 m 的圆拱形骨架,上面覆盖塑料薄膜称为塑料中、小拱棚(plastic tunnel)。其结构简单、取材方便、投资少,具有保温、防风等功能,是我国各地普遍应用的简易保护地设施。主要用于蔬菜、花卉的春季早熟栽培、早春园艺植物的育苗和秋季蔬菜、花卉的延后栽培。常见的中、小塑料拱棚有以下两种形式(图 7-9)。

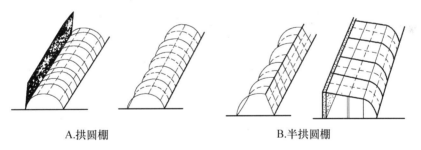

A.拱圆棚　　　　　　　　　　B.半拱圆棚

图 7-9　塑料小棚的形式

(1)拱圆形棚　为塑料小棚的原始棚型,适用于多风、少雨、有积雪的地区,棚架呈半圆形,高 1 m 左右,跨度 1.5～2.5 m,长度依地而定,将细竹竿两头插入地下形成圆拱形骨架,拱杆间距 30 cm 左右,纵向加 3 或 4 道横拉杆,覆盖薄膜后可在棚顶中央留一条放风口,采用扒缝放风。因小棚多用于冬春生产,应建成东西延长向。为提高保温防风效果,可在小棚北侧加设风障,成为风障小拱棚,夜间可在棚面上加盖草苫(图 7-9A)。

(2)半拱圆棚　在拱圆形小棚的基础上加以改进而建成,棚架为拱圆形小棚的一半,北面为 1 m 左右高的土墙或砖墙,南面为半拱圆的棚面。棚的高度为 1.1～1.3 m,跨度为 2～2.5 m,多无立柱,跨度大时中间可设 1 排或 2 排立柱。放风口设在棚的南面腰部,采用扒缝放风,棚向应以东西走向为好。由于这种拱棚一侧直立,使得空间较大,有利于作物的生长。

2. 塑料薄膜大棚　通常不用砖石结构围护,只以竹、木、水泥、钢材等支成拱形或屋脊形骨架,在上面覆盖塑料薄膜的大型保护地栽培设施称为塑料薄膜大棚,简称塑料大棚(plastic greenhouse),广泛用于冬春季茄果类、瓜类等喜温性蔬菜育苗和蔬菜的秋延后、春早熟栽培。

塑料大棚的骨架主要包括拱架、纵梁、立柱、骨架连接卡具和门等,高度 2~2.5 m,跨度 6~15 m,棚长 40~60 m,单棚面积 300~1 000 m²。从外部形状可以分为拱圆形和屋脊形,多数为单栋大棚,也有 2 个及 2 个以上的连栋大棚。从骨架材料上可分为竹木结构、钢架混凝土柱结构、钢架结构、钢竹混合结构等。

(1)竹木结构大棚　一般跨度为 12~14 m,矢高 2.6~2.7 m,以直径 3~6 cm 粗的竹竿为拱杆,拱杆间距 1~1.1 m,每一拱杆由 6 根立柱支撑,立柱用木杆或水泥柱(图 7-10)。

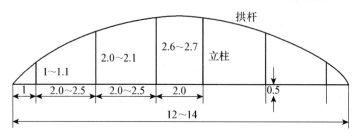

图 7-10　竹木结构大棚示意图(单位:m)(张振武,1995)

(2)悬梁吊柱竹木拱架大棚　在竹木大棚结构基础上改进而来,中柱由原来的 1~1.1 m 一排改为 3~3.3 m 一排,横向每排 4~6 根(图 7-11)。用木杆或竹竿做纵向拉梁把立柱连接成一个整体,每个拱架下设立柱,其下端固定在拉梁上,上端支撑拱架,通称"吊柱"。

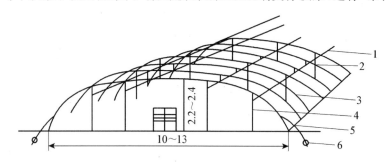

图 7-11　悬梁吊柱竹木拱架大棚示意图(单位:m)(张振武,1995)

1.纵向拉杆　2.吊柱　3.拱杆　4.立柱　5.压膜线　6.地锚

(3)拉筋吊柱大棚　是一种钢竹混合结构塑料大棚(图 7-12),一般跨度 12 m 左右,长 40~60 m,矢高 2.2 m,肩高 1.5 m。水泥柱做立柱,间距 2.5~3.0 m,用钢筋将其纵向连接成一个整体,在拉筋上穿设直径 2.0 cm 长吊柱支撑拱杆,拱杆为竹竿,间距为 1 m。

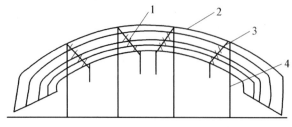

图 7-12　拉筋吊柱大棚示意图

1.拉筋　2.拱杆　3.吊柱　4.水泥柱

（4）无柱钢架大棚 一般跨度为 10~12 m,矢高 2.5~2.7 m,每隔 1 m 设一道桁架,桁架上弦用 16 号,下弦用 14 号的钢筋,拉花用 12 号钢筋焊接而成,桁架下弦处用 5 道钢筋作纵向拉梁,拉梁上用钢筋焊接 2 个斜向小立柱支撑在拱架上,以防拱架扭曲(图 7-13)。

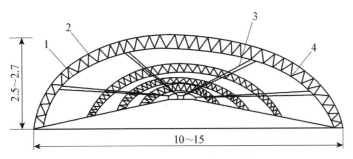

图 7-13　无柱钢架大棚示意图(单位:m)

1.下弦　2.上弦　3.纵拉杆　4.拉花

（5）装配式钢管大棚 一般跨度为 6~8 m,长 30~50 m,矢高 2.5~3 m,采用管径 25 mm、管壁厚 1.2~1.5 mm 薄壁镀锌钢管制作成拱杆、拉杆和立杆,用卡具、套管连接棚杆组装成棚体,覆盖薄膜用卡膜槽固定。此种棚架属于国家定型产品,规格统一,组装拆卸方便,盖膜方便,耐锈蚀,坚固耐用,棚内空间较大,无立柱,两侧附有手动式卷膜器,作业方便,南方都市和郊区普遍应用(图 7-14,数字资源 7-1)。

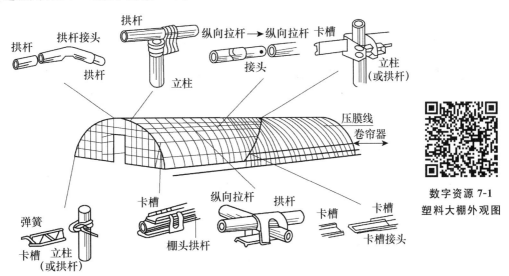

数字资源 7-1
塑料大棚外观图

图 7-14　装配式镀锌薄壁钢管大棚及连接件示意图

三、温室

1.**日光温室** 温室内的热量主要来自太阳辐射的温室称为日光温室(solar greenhouse),多以塑料薄膜为采光覆盖材料,靠最大限度的采光、蓄热,以及防寒沟、纸被、草苫等一系列保温御寒设备以达到最小限度的散热,从而形成充分利用光热资源的一种我国北方特有的保护设施。在北纬 35°~43°北方地区的严寒冬季,用于蔬菜的冬春茬长季节果菜栽培,还具有春季早熟、秋季延后栽培,花卉的鲜切花、盆花、观叶植物的栽培,浆果类、核果类果树的促成、避雨栽培,以及园艺植物的育苗设施等多种用途。

日光温室的结构由后墙、后坡、前屋面和两山墙组成,各部位的长宽、大小、厚薄和用材决定了其采光和保温性能。其合理的结构参数可归纳为五度、四比、三材。"五度"指温室的角度、高度、跨度、长度和厚度;"四比"指前后坡比、高跨比、保温比和遮阳比,即各部位的比例;"三材"指建造温室所用的建筑材料、透光材料及保温材料。常见的类型有:

(1)短后坡高后墙日光温室 跨度 5~7 m,后坡面长 1~1.5 m,后墙高 1.5~1.7 m(图7-15)。由于后墙提高,后屋面缩短,不仅冬季光照充足,而且也减少了春、秋季节后屋面遮阴,改善了室内光照。但因后屋面缩短,保温性降低,需加强保温措施。

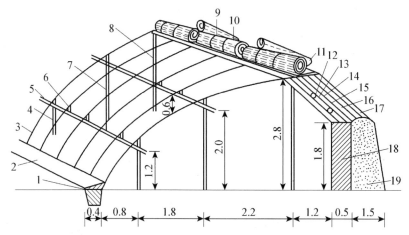

图 7-15 短后坡高后墙日光温室(单位:m)(张振武,1999)

1.防寒沟 2.黏土层 3.竹拱杆 4.前柱 5.横梁 6.吊柱 7.腰柱 8.中柱 9.草苫 10.纸被 11.柁
12.檩 13.箔 14.扬脚泥 15.细碎草 16.粗碎草 17.整捆秫秸或稻草 18.后墙 19.防寒土

(2)琴弦式日光温室 又称一坡一立式温室,跨度 7 m,后墙高 1.8~2.0 m,后坡面长 1.2~1.5 m;前屋面每隔 3 m 设钢管桁架,在桁架上按 40 cm 间距横拉 8 号铅丝固定于东、西山墙(图7-16)。在铅丝上每隔 60 cm 设一道细竹竿做骨架,上面盖薄膜,在薄膜上面压细竹竿,并与骨架细竹竿用铁丝固定。该温室采光好,空间大,作业方便,光照充足,保温性能好,且投资少,操作便利,效益高。

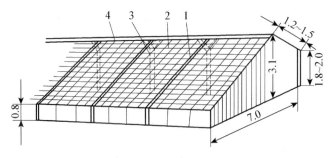

图 7-16 琴弦式日光温室(单位:m)(张振武,1999)

1.钢管桁架 2.8号铅丝 3.中柱 4.竹竿骨架

（3）钢竹混合结构拱形日光温室 利用了以上几种温室的优点，跨度 6 m 左右，每 3 m 设一道钢筋桁架，钢拱架间距为 60～90 cm，矢高 2.3 m 左右（图 7-17），前面无立柱，结构坚固，光照充足，作业方便，便于室内保温，但造价稍高（数字资源 7-2）。

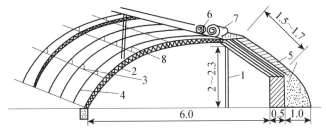

图 7-17 钢竹混合结构日光温室（单位：m）

1. 中柱 2. 钢架 3. 横向拉杆 4. 拱杆 5. 后墙后坡 6. 纸被 7. 草苫 8. 吊柱

（4）全钢架无支柱日光温室 跨度 6～8 m，矢高 3 m 左右（图 7-18），后墙为空心砖墙，内填保温材料，钢筋骨架，有 3 道花梁横向拉接，拱架间距 80～100 cm，拱架间用纵向拉杆固定。该温室结构坚固耐用，采光好，室内光照均匀，增温快，保温性能好，作业方便，冬季可进行各种园艺植物育苗及高效生产。

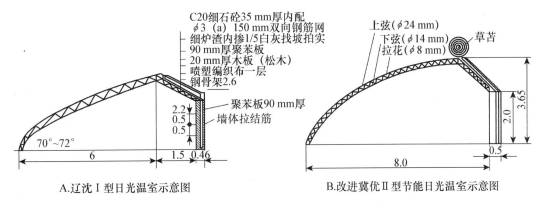

A. 辽沈Ⅰ型日光温室示意图   B. 改进冀优Ⅱ型节能日光温室示意图

图 7-18 全钢架无支柱日光温室（单位：m）（张福墁，2002）

（5）可变倾角日光温室 跨度 9～12 m，脊高 5～6 m，长度 60～90 m，温室空间大，宽敞明亮（图 7-19）。该温室结构屋面采用可变采光倾角的结构，使得日光温室能够适应不同纬度和不同时段的太阳高度角的变化，可以根据冬季逐日最佳采光倾角的要求，对日光温室的采光面进行垂向调整。当采光面倾角从 25°提高到 35°时，采光效率可提高 25% 以上，室内温度提高 3～5℃。

2. 现代温室 现代温室（modern greenhouse）通常是指在永久性外围护结构设施内，实现了对作物生长环境因子进行自动调节控制的温室。这种温室多为连栋，一般每栋在 1 000 m² 以上，大的可达 30 000 m²，用玻璃或硬质塑料板或塑料薄膜等覆盖采光，它可以依作物生长发育的要求调节环境因子，能够大幅度地提高作物的产量、质量和经济效益。依其覆盖材料的不同分为玻璃温室（glass greenhouse）和塑料温室（plastic greenhouse），通常的类型有以下几种。

（1）芬洛型玻璃温室（venlo type）是我国引进的玻璃温室的主要形式，为荷兰研究开发而后流行全世界的一种多脊连栋小屋面玻璃温室（图 7-20，数字资源 7-3）。温室单间跨度为 6.4 m，8 m，9.6 m，12.8 m，开间距 4 m 或 4.5 m，檐高 3.5～5.0 m，每跨由 2 或 3 个（双屋面的）

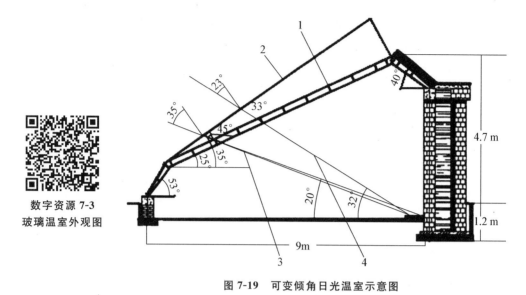

图 7-19 可变倾角日光温室示意图

1. 固定屋架 2. 倾转屋面 3. 冬至早 9:00 入射光线 4. 冬至下午入射光线

小屋面直接支撑在桁架上,小屋面跨度 3.2 m,矢高 0.8 m,其覆盖材料采用 4 mm 厚的园艺专用玻璃,透光率大于 92%。开窗设置以屋脊为分界线,左右交错开窗,每窗长度 1.5 m,一个开间设两扇窗,中间 1 m 不设窗,屋面开窗面积与地面面积比率(通风窗比)为 19%,但实际通风面积与地面面积之比(通风比)仅为 8.5% 左右,在我国南方地区往往通风量不足,夏季热蓄积严重,降温困难。近年各地针对亚热带地区气候特点,在增加夏季通风、降温、抗台风效果等方面进行了不断改进。

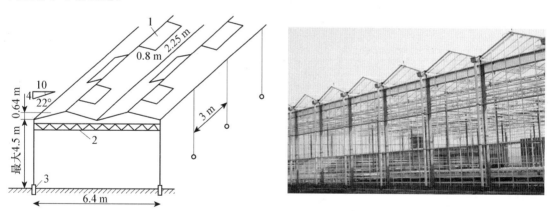

图 7-20 芬洛型温室

1. 天窗 2. 桁架 3. 基础

(2)拱圆形塑料温室 是我国使用面积最大的一类温室,屋面呈拱圆形,单栋跨度为 6 m、8 m、9 m 和 10 m,少数有 12 m 的,檐高 1.8~2.2 m,直至 3.0~4.0 m,开间 3.0~4.0 m,拱面矢高 1.5~2.5 m。温室侧长度不超过 40~50 m。覆盖材料多用塑料薄膜,也有用 PC 聚碳酸酯硬质或半硬质板材。屋面拱架一般都设置为主副梁结构,主梁直接与中柱连接,为主要承重结构,将屋面荷载通过中柱传递到独立基础,依不同地区抗风雪荷载要求,拱架主梁增设有加固补强拱梁设计(图 7-21);而副梁结构简单,一般直接连接在天沟板(沿栋方向用槽形钢做成,兼作主梁)上,主要起支撑塑料薄膜的作用,承力较小,主副梁拱管一般采用直径为 19～22 mm,管壁厚 1.2 mm 的镀锌钢管,中柱一般采用壁厚 2.3 mm,50 mm 见方的方形柱或壁厚 2.3 mm,管直径 48 mm 的圆管柱。通风方式通常在顶、侧屋面用卷膜机向上卷膜通风,也有用齿条式或撑开式开窗的。

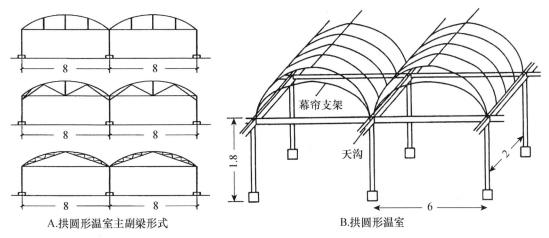

A.拱圆形温室主副梁形式　　　　　　　　　B.拱圆形温室

图 7-21　拱圆形温室结构示意图(单位:m)

(3)锯齿形温室　指在天沟以上的屋面有一部分为垂直面的,依其屋面造型,可分为弧形面和斜坡面(图 7-22)。与人字形屋面温室类似,锯齿形温室的屋架桁架采用螺栓或焊接连接,屋架安装到中心距为 3 m 或 3.7 m 的天沟立柱上。温室屋面垂直部分上的立窗位于温室的最高点,室内热空气上升并通过立窗与室外空气交换,可以发挥最好的自然通风效果。据测定,这种温室在外遮阳配合下,其自然通风效果基本能达到室内外温差 1～3℃,在选择使用锯齿形温室时,还要注意当地主导风向,务使温室通风口朝向位于下风口,以能形成较大的负压通风,避免冷风倒灌。由于其天窗密封效果较差,多在我国南方夏季气温较高的地区使用,而在冬季严寒的北方地区不太适宜。

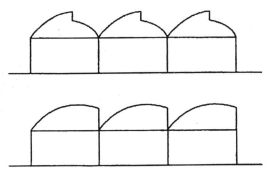

图 7-22　锯齿形温室示意图

(4)双层充气温室　在美国北部应用较多,与普通拱圆形温室所不同的是采用双层充气膜覆盖保温的一种塑料温室(图 7-23),它比单层覆盖可节省能耗 33%,但透光率也下降 10%,且天窗设置较难,需采用强制通风,限在我国冬春寒冷且光照充足的北方地区使用。

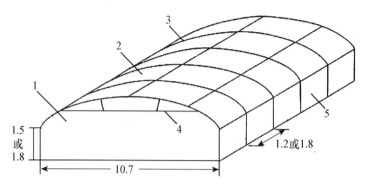

图 7-23 双层充气温室示意图(单位:m)

1.出墙 PC 板 2.屋面 PE 双层充气膜 3.拱形管 4.横梁 5.侧柱

(5)屋面开启型温室 以天沟为转轴,通过传动装置实现温室屋面同时开启或闭合(图7-24)。随着世界设施园艺向温暖地域的推进、设施利用的周年化和耐低温作物设施栽培的发展,这种类型温室正在全球兴起。由于屋面开启,不仅增加了温室的透光率,而且可改善温室内部的光环境,提高了作物品质,可实现温室100%通风,快速排湿、降温。

图 7-24 屋面全开启型温室

依其屋面开闭方式大体可分为五类(图7-25):双屋面温室,以天沟檐梁为主轴从脊梁部开闭(A);双屋面温室,沿天沟向一边水平移动而开闭(B);以栋梁为主轴从天沟部开闭(C);拱圆形温室以卷膜方式开闭(D);通过折叠塑料膜开闭(E)。开启型温室一般适用于连栋温室,因易遭强风破坏,应安装风速感应器,当达一定风速时,屋面马上全自动关闭,欧美等国其屋面全闭时的抗风强度为风速 35~40 m/s,在我国南方多台风袭击地区,还需加固才能使用。

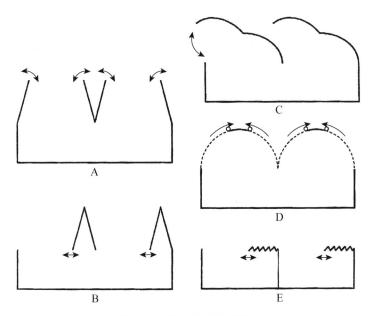

图 7-25　屋面全开启型温室分类

四、植物工厂

1. 概念及特点　植物工厂(plant factory)是利用计算机对植物生育的温度、湿度、光照、CO_2浓度以及营养液等环境条件进行自动控制,实现作物周年连续生产的高效农业系统,被公认为设施农业的最高阶段。与露地栽培相比,拥有无法比拟的优势,具体表现为:ⓐ完全排除自然条件的不利影响,可进行计划性周年连续生产;ⓑ可实施多层立体栽培,单位面积产量高,土地资源利用率高;ⓒ机械化、自动化程度高、劳动强度低、工作环境舒适;ⓓ洁净程度高,无病虫害,不使用农药,产品安全无污染;ⓔ可在非可耕地上生产,也可建在城市周边或市区,就地生产销售;ⓕ由于环境因子控制精度高,植物生长快,不仅缩短生长周期,而且确保了植物苗生长的一致性;ⓖ依靠 LED 灯获取光照的植物工厂蔬菜,由于光照充足,其硝酸盐含量也比一般蔬菜低。

2. 发展历史与现状

(1)国外发展现状　1957 年世界上第一座植物工厂在丹麦约克里斯顿农场里建成。早期的植物工厂建设规模小,主要局限在实验室内,且种植作物品种单一,采用人工气候室进行完全控制,运行成本较高。在 20 世纪 70 年代初至 80 年代中期,植物工厂真正开始发展起来。这一时期,美国、日本、英国、挪威、希腊、利比亚等多个国家的企业纷纷投入巨资与科研机构联手进行植物工厂关键技术的开发,为植物工厂的快速发展奠定了坚实的基础。这时的植物工厂主要采用水培种植叶菜,自动化控制系统逐渐完善,示范效果明显。

进入 20 世纪 80 年代以后,植物工厂迅速发展起来,一些发达国家相继成立了植物工厂协会,极大地推动了植物工厂的普及与发展,其中日本是最有代表性的国家。日本植物工厂发展经历了从人工气候模拟环境到计算机控制转变过程,从少量品种向多品种栽培的转变过程,从基质栽培向水耕、雾耕的转变过程,从平面栽培向平面多层立体栽培的转变过程,从日光灯向LED 光使用的转变过程,从人工作业到机器人作业的转变过程(图 7-26)。现阶段,由于制造业的优势,日本人工光型植物工厂技术全球领先,装备先进,技术配套,智能化、自动化程度高,且在植物工厂的研究和市场投入方面都走在世界的前列,而且大规模的市场化也得到了日本政府的积极支持。截至2014年8月份,日本已建成植物工厂300多家,数量为世界之最。荷兰农业资源有限,促使其比其他国家更注重提高劳动生产率,政府把植物工厂作为发展目标之一,对建造植物工厂的企业实行60％补贴,支持发展,现主要利用植物工厂生产香草和花卉。最新发展的园艺植物工厂生产结合了LED光质、光强和配比,以及远程自动监控系统等技术,有效提升了生产质量。目前荷兰植物工厂机械化、自动化、智能化程度高,太阳光型植物工厂技术全球领先。

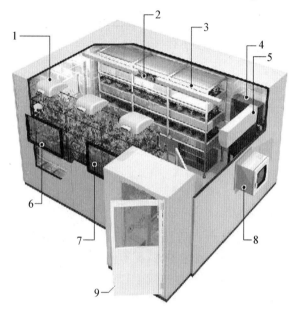

图 7-26　日本植物工厂结构示意图

1.光源（HID）　2.多层栽培床　3.LED,荧光灯　4.控制盘　5.空调　6.窗
7.单层栽培　8.二氧化碳控制系统　9.出入口

　　(2)国内发展现状　　我国对植物工厂的研究晚于欧洲、美国、日本等发达国家,但随着我国经济的高速发展以及农业科技的不断创新,研究和建设具有我国特色的植物工厂成为可能,而且具备了推广和应用的基本条件。我国大专院校、科研院所等科教单位先后在新能源方面进行了一系列研究,开发了多种新技术、新材料和新装备,获得了多项专利。目前,已形成了从浅层地能、太阳能、风能到生物能的多种新能源开发趋势,并且都在生产上得以运用,如利用太阳能供电的自发电型植物工厂已经得到示范应用。此外,利用反光原理,使植物工厂光源的光能得到最大化利用的技术已经普及,利用光－温耦合的节能控制技术已经取得积极进展。近年来,我国各级政府非常重视农业科技创新,大力推动植物工厂发展与建设,进入到创新成果转化的关键阶段。2009年,中国农业科学院研制出国内第一例智能型植物工厂,采用智能控制LED和荧光灯为人工光源进行蔬菜种植和种苗繁育,并在长春市投入运行。2010年,南京农业大学在植物工厂内利用LED光源进行组培苗培养,取得了较好的成果。2015年,北京平谷区建成近3万 m² 的植物工厂,并投入运营,它是我国自主研发、单体面积最大的植物工厂,标志着我国在设施农业高技术领域已取得重大突破,成为世界上少数几个掌握植物工厂核心技

术的国家之一。在食品安全问题日益严重的今天,植物工厂蔬菜"安全、绿色"的特点逐渐凸显,未来将会受到越来越多消费者的追捧。同时,在耕地面积锐减的情况下,采用立体式种植的植物工厂被认为是"未来农业发展的新方向",并且也是衡量一个国家农业技术水平的重要标志之一。

第二节　设施园艺的环境特点与调控

园艺设施作为一个相对独立封闭的空间,有别于露地栽培,有其特殊的环境特点。本节介绍了园艺设施内光照、温度、湿度、土壤、气体环境的特点及一些调节控制措施,以便了解设施内的环境特点,并掌握其人工调控方法,促进设施园艺作物的优质高产高效栽培。

一、光环境特点及调节控制

园艺设施中的光照与外界环境相比,光照度要低于外界;光照度随时间的变化与自然光照同步,但变化较外界平缓;光照度在空间上分布不均匀。光照时数较外界短。光质的改变与薄膜的成分、颜色等有关系;玻璃、硬质塑料板材的特性,也影响光质的成分。

1.设施光环境特点

(1)塑料大棚　棚内光照状况受季节、天气、时间、大棚的方位、结构、建筑材料、覆盖方式、薄膜质量及使用情况等因素影响,存在着季节变化和光照不均现象。由于不同季节的太阳高度角不同,大棚内的光照强度和透光率也不同。一般南北延长的大棚内,其光照强度按冬→春→夏不断增强,透光率不断增高;按夏→秋→冬则不断减弱,透光率降低。大棚内水平照度差异不大,一般南北长的大棚东侧照度为29.1%,中部为28%,西侧为29%,光差仅1%,而东西延长的大棚,南侧为50%,北侧为30%,不如南北延长的大棚光照均匀。大棚内垂直光照强度自上而下减弱,棚架越高,下层的光照强度越弱。大棚的结构不同,其骨架材料的截面积不同,形成阴影的遮光程度也不同,一般大棚骨架的遮光率可达5%~8%。单栋钢架及硬塑管材结构大棚的受光较好,其透光率仅比露地减少28%,单栋竹木结构则减少37.5%。不同透明覆盖材料其透光率也不同,而且由于耐老化性,无滴性、防尘型等不同,使用以后的透光率也有很大差异。目前生产上应用的聚氯乙烯、聚乙烯、醋酸乙烯等薄膜在洁净时的透光率均在90%左右。

(2)日光温室　室内的光照状况与季节、时间、天气情况以及温室的方位、结构、建材、大小、管理技术等密切相关。由于日光温室为单屋面温室,只有朝南一侧的前屋面可以透光,因此,水平分布和垂直分布都不均匀。白天温室内自南沿向北光照强度逐渐减弱,但自南沿至温室中部光照强度减弱不明显,构成日光温室强光区,温室中部至栽培畦北沿,光照强度降低较多,并且外界光照强度越强,二者相差越明显,而在早晚弱直射光下差异不显著。从中柱、二道柱处看,温室内光照的垂直分布表现为自下而上光强逐渐增强,而在温室上部近骨架处,光照强度又变弱,这可能与骨架遮光有关。可见光通过塑料薄膜进入日光温室,其光照强度明显减弱,主要是由于光线被反射、覆盖物吸收以及骨架遮挡、覆盖材料老化、灰尘污染和水滴反射等造成的损失。

(3)连栋温室　由于其独特的承重结构设计减少了屋面骨架的断面尺寸,省去了屋面檩条及连接部件,减少了遮光,又由于使用了高透光率园艺专用玻璃,使透光率大幅度提高。连栋温室的补光系统主要弥补了冬季或阴雨天光照的不足。

2.设施光环境调控　改进园艺设施的结构,在园艺设施之间设置合理的间距,互相之间不要影响光照;选择适当的设施覆盖材料;改进管理措施,定期对薄膜进行清理;不要固定拉、放帘子的时间,尽可能延长受光时间;采用合理的种植密度;选择适合设施的耐弱光品种;可采取一些人工补光措施,在温室的墙上增加农用反光幕,植物 LED 人工补光,人为创造有利于植物光合作用的光质。

二、温度环境的特点及调节控制

1.设施温度环境特点

(1)塑料大棚　棚内地面接收的太阳辐射受到覆盖物阻隔而使气温升高,产生"温室效应",且地面热量向地中的传导可使土壤贮热,塑料大棚增温效果明显,但由于其主要热源是太阳辐射,因此棚内温度随外界气温而变化,有明显的季节性和昼夜性差异,棚内不同部位的温度也有差异。大棚地温比较稳定,变化滞后于气温。一般日出前大棚内最低温度的出现迟于露地,且持续时间短;日出 1~2 h 后棚内气温迅速升高,上午 7:00~10:00 升温最快,不通风时平均每小时上升 5~8℃;日最高温度出现在 12:00~13:00;14:00~15:00 后棚温开始下降,平均每小时降低 3~5℃。夜间棚温变化情况和外界基本一致,通常比露地高 3~6℃。大棚的冬季天数可比露地缩短 30~40 d,春、秋季天数可比露地分别增长 15~20 d。因此,大棚主要适于园艺作物春提早和秋延后栽培。

(2)日光温室　温室内的气温和地温总是明显高于室外。严冬季节室内的平均气温比室外高 15~18℃,当室外气温降到 -19.6℃时,室内仍能维持 8.3℃,且晴天增温比阴天明显,严冬季节晴天的正午前后,室内外温差可达 25~28℃。12 月下旬,当室外 0~20 cm 平均地温下降到 -1.4℃时,室内平均地温为 13.4℃,比室外高 14.8℃。因此,日光温室内的温度完全可以满足作物生长过程中生理活动的需要。此外,日光温室墙体具有较好的蓄热保温特性,如图 7-27,对 60 cm 厚的土夯墙体不同部位温度的测定,厚度 60 cm 的夯实土墙体,白天和夜间,30 cm 以外墙体的温度始终低于 20 cm 以内墙体的温度,这说明 30 cm 以外的墙体始终是放热体。10 cm 处的墙体温度从 19:00 到次日 8:00,20 cm 处的墙体温度从凌晨 2:00~8:00,温度高于墙体内表面温度,表明在这一时间段,20 cm 以内的墙体是"放热体",在其他时间段,温度低于墙体内表面的温度,表明此时间段为"吸热体"。后墙内表面层是日光温室白天吸热,晚间放热保温,避免晚间出现过低温度。

(3)连栋温室　连栋温室是近年来得到迅速发展的温室形式,栽培空间较大,环境温度变化较为平缓,并且拥有顶风、边风开启设备和遮阳网、保温层。丁小涛等对黄瓜整个生长期大棚和连栋温室土壤温度、空气温湿度变化规律进行对比研究得出,在温度较低的 4、5 月份,连栋温室土壤、空气温度均高于大棚,连栋温室温度环境更适宜黄瓜生长。

2.设施内温度环境调控　对于塑料大棚和日光温室,保温最有效的方法就是多层覆盖,比如室外覆盖草苫、保温被,利用双层充气膜、活动天幕等,还可以在室内再扣一个小拱棚。另外,减少放气换热、热风加热、增加进光量、设置防寒沟、全面地膜覆盖,膜下暗灌、滴管也可以保温。加热系统与通风系统结合,可为温室内作物生长创造适宜的温度和湿度条件。目前,冬季加热多采用集中供热、分区控制方式,主要有热水管道加热和热风加热两种系统。此外,温

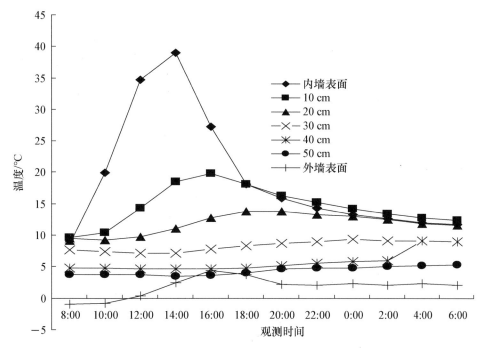

图 7-27　日光温室墙体内温度变化状况（李式军和郭世荣，2010）

室的加热还可利用工厂余热、太阳能集中加温器、地下热交换等节能技术。降温的方法主要有加大通风量强制通风等。

三、湿度环境特点及调节控制

设施内的空气湿度是在设施密闭情况下由植物的蒸腾作用和土壤水分的蒸发形成的。作物进行光合作用需要适宜的空气相对湿度和土壤湿度。当空气相对湿度低于 40% 或大于 90% 时，光合作用会受到障碍，从而使生长发育受到不良影响。而土壤的相对湿度对作物光合作用也有一定的影响，过干或过湿对光合作用都不利。

设施栽培植物病虫害的发生与空气相对湿度以及土壤水分有着密切的联系。大多数作物病害在 80% 以上的相对空气湿度条件下更易发生。而病毒病、白粉病等，虫害中如红蜘蛛、瓜蚜等，易在干燥条件下发生。

1. 设施内湿度环境特点　园艺设施内的湿度环境，包含空气湿度和土壤湿度两个方面。由于园艺设施密闭、气团稳定、水分蒸发散失量极少，极易形成很高的空气和土壤湿度，且空气与土壤湿度极易相互转化，而湿度高低与光温呈反比关系，因此受其他环境条件影响，园艺设施内易产生高湿（相对湿度 100%）与低湿（相对湿度 50%）现象。

2. 设施内湿度环境调控

（1）空气湿度调控　设施内除湿的目的有很多，主要是防止作物沾湿和降低空气湿度两大目的。防止沾湿是为了控制病害。除湿方法有被动除湿法和主动除湿法。被动除湿即不用人工劳力（电力等），水蒸气或雾自然流动，使保护地内保持适宜的湿度环境。方法包括覆盖地膜、控制浇水、选择透湿性、吸湿性的保温材料、选择防雾滴性好的覆盖材料等。主动除湿法包括通风换气、热交换型除湿换气、强制空气流动、强制除湿等。湿度过低时,要补充水分。提高空气湿度的方法主要有3种方法:喷雾加湿、湿帘加湿、温室内顶部安装喷雾系统。

(2)土壤湿度控制 土壤湿度的调节控制应根据作物生育期、水分状况的不同以及土壤湿度状况而定。传统的设施土壤湿度调控主要依靠人的观察,技术差异大。随着农业现代化和工厂化的发展,机械化自动化的灌溉设施逐渐被采用,依据作物各生育期需水量进行土壤灌溉。灌溉的主要类型有:淹灌或沟灌,由于控制不便,浪费水土,不宜在设施内采用;喷灌,可安装在温室或大棚顶部,也可以采用地面喷灌;水龙浇水法,采用塑料薄膜滴灌带,成本较低;滴灌法,需要一定的设备投入,可防止土壤板结,省水、省工、降低棚内湿度,抑制病害发生;地下灌溉,投资较大,但对土壤保湿及防止板结、降低土壤及空气湿度、防治病害效果明显。

四、土壤环境的特点及调节控制

设施土壤是指长时间在设施条件下耕作的农业土壤。设施土壤并不是一种新的土壤分类,而是指土壤在设施栽培的特殊利用方式下,经过长期改变而形成的耕作土壤。在设施中应用的无土栽培基质,并不包含在设施土壤的范围内。

因为设施相较露地高温、高湿,土壤蒸发量大,缺少雨水淋洗,肥料施用量大、且施用不均衡,栽培茬口多、栽培作物单一等原因,随着栽培年限的增加,设施内土壤的质量会日趋下降,出现次生盐渍化严重、土壤养分失调、重金属污染、酸化和土传病害增加等问题,严重影响园艺作物的生长。因此,设施环境下的土壤环境调控和改良就显得尤为重要。

1. 设施土壤次生盐渍化 与露地土壤不同,由于设施封闭或半封闭的环境造成设施土壤缺乏雨水淋洗,加之设施内的高温及蒸腾作用促使设施土壤中的水分运动方向一般是自下而上的。此外,由于高复种指数,决定了设施内肥料的大量施用。这样残留的盐分会随水分一起,大量聚集在设施土壤的表层,导致耕层土壤的盐分含量过高,对园艺作物的生长发育会产生严重影响。

为解决设施土壤次生盐渍化的问题,应避免在盐碱土地区大面积发展园艺设施生产;依托节水设施,少量多次灌溉;针对土壤特性及作物需肥特征,合理配方施肥;增大有机肥投入比例;进行合理倒茬、轮作。

2. 设施土壤养分失调 设施生产中肥料的施用往往只偏重于氮、磷、钾三种大量元素,而栽培的园艺作物种类往往比较单一,对肥料的吸收会有偏重性,这就造成了设施土壤中某一种或某几种元素大量聚集,而某些微量元素含量极低的现象,这会诱发园艺作物发生盐害症状或缺素症状。

根据园艺设施生产的特点,为克服园艺设施栽培中土壤肥力不均的问题,应根据栽培植物的特点避免过量施肥,在施用大量元素的同时增施微量元素肥。

3. 设施土壤重金属污染 设施土壤经过长年的耕作,铅、铬、汞、砷等重金属的含量与露地相比较高。其原因首先在于,化肥农药的大量施用。一般化学肥料在生产中都避免不了含有大量的重金属元素,而铅、汞、铜、砷等重金属元素还是某些农药中不可缺少的制毒成分,因此高复种指数下的高化肥农药投入必然导致设施土壤内的重金属含量大幅度提高。其次,棚膜、地膜的大面积应用也给设施土壤带入了大量重金属元素。目前在聚乙烯及聚氯乙烯薄膜的生产中,镉、铅的化合物被广泛应用作为稳定剂,而棚膜在设施土壤中的降解,就会使这些重金属元素释放出来。再次,应用污水灌溉也是设施土壤中重金属污染的重要来源。最后,生活垃圾堆肥的应用也会引入大量的重金属元素。

为解决重金属污染问题，在设施栽培中要针对其成因，主要从控制化肥农药使用、农用膜回收、灌溉水净化等几方面来完成。

4.设施土壤的酸化　为满足设施生产的需要，设施内化学肥料的投入量必然较大，长期偏施或过量使用生理酸性肥料必然促使设施土壤 pH 的下降，而因为如钾离子、钙离子等碱性离子的消耗，更促进了土壤向酸性方面发展；另一方面，有机质降解而成的有机酸也是土壤酸性物质的重要来源。另外，设施土壤中，盐分向表层聚集的特性，使得耕层土壤的酸化更为严重。设施土壤酸化的同时，还会导致土壤中致病菌增加，严重影响园艺作物的生长。为改善土壤酸化情况，要在栽培时施入石灰等碱性物质，合理配方施肥并增施有机肥。

5.设施土壤土传病害　设施由于温度调节能力强，因此，栽培季节较露地更长，条件好的日光温室或连栋温室甚至可以进行周年生产，这就使得植物病原微生物及害虫有了周年的寄主，也就造成了设施土壤内的病原菌、线虫等有害生物危害严重的必然特点。

五、气体环境的特点及其调节控制

1.设施内气体环境特点　园艺设施内部是一个小的、独立的生态环境。其中的气体环境主要可以分为 3 个部分：氧气、二氧化碳和有害气体。

（1）氧气（O_2）　氧气是园艺植物呼吸作用所必需的原材料，尤其是在无光照或者弱光照条件下，光合作用不再进行或者达不到光照补偿点时，园艺植物则更需要充足的氧气。除此之外，种子的萌发，根系的形成，都需要有足够的氧气。

（2）二氧化碳（CO_2）　二氧化碳是所有绿色植物光合作用的主要原料，自然界中的二氧化碳浓度为 0.03％，一般的蔬菜作物的二氧化碳饱和点是 1％～6％，在露地条件下显然是不能满足蔬菜作物的光合作用需求的。但是在露地情况下的栽培从来不会显示出二氧化碳不足的情况，这是因为在露地情况下空气是流动的，叶片周围的二氧化碳可以得到源源不断的补充。而在设施条件下，气体环境是一个独立的小环境，二氧化碳主要是由土壤微生物分解有机质或是植物进行呼吸作用产生的，由设施的通风换气条件所决定，二氧化碳的浓度在一天之内会有极显著的变化，可能会导致作物产量下降。故而如何让植物获得足够的二氧化碳是非常重要的。

一般来说，设施内经过一段无光照的时间之后，在下次获得光照之前的 CO_2 浓度是最高的，一般为 1％～1.5％。随着光照强度的增加，温度升高，光合作用增强，CO_2 的浓度会迅速地下降。如得不到补充，很快 CO_2 浓度就会低于大气中的 CO_2 浓度。同样的，在无光照期间，由于呼吸作用的积累，设施内会积累大量的 CO_2，浓度比空气中的高 3～5 倍。

（3）有害气体　设施生产中如管理不当，常会产生多种有害气体，如氨气和二氧化氮可能是由于过量使用化肥导致的，二氧化硫和一氧化碳是由于燃烧加热等原因产生的，乙烯和氯气等是由于使用的塑料制品挥发造成的。

有害气体积累到一定浓度的时候，植物就会出现中毒症状，过高的时候会导致植物失绿、变褐、漂白、干枯、死亡。

2.设施气体环境调控　在设施条件下，通过通风，施加缓释气体肥料，微生物发酵，燃烧等方法对园艺设施内的气体环境进行调节控制。

（1）增施 CO_2 气肥　实践证明，设施内增施 CO_2 气肥能够显著提高园艺作物产量，改善品质。CO_2 是光合作用的主要原料,环境中 CO_2 浓度越高,作物的光合强度和光合速率越高,光合产物也越多,同时能改善植物营养状况,增强植株长势,还能使茎干粗硬,叶表面积增加。

另一方面,增加 CO_2 含量还可以促进作物生殖生长,果菜类作物花芽分化提早,花数增加,坐果率提高,增快果实生长速度,达到早熟高产。增施 CO_2 气肥的方式主要有以下6种。

①通风换气 通风换气可以说是在设施内补充 CO_2 最简单有效、成本最低廉的方式。但是此方法很难掌握增施 CO_2 的量,而且在冬季的时候会导致设施内的温度流失。

②有机肥发酵 有机肥的来源很多,成本较为低廉,简单易行,选择较好的发酵用菌群能达到理想的增施 CO_2 效果,但是 CO_2 的产生很集中,也不易掌握增施 CO_2 的量。

③燃烧法 通过燃烧有机物,天然气,液化气,沼气,煤炭等方法来增施 CO_2,通常是采用燃烧火焰的方法来进行,通过管道或者风扇等辅助措施将 CO_2 扩散到整个设施内。这种方法的优点是增施量可控,简单易行,但缺点是其成本较高,而且有可能会产生有害气体,如燃烧不充分产生的 CO、NO_2、SO_2 等。

④施用液态、固态 CO_2 每 $1\ 000\ m^3$ 空间每次施放 $2\sim3\ kg$ 的 CO_2。这种方法的优点是,CO_2 的纯度高,可以精准控制用量,安全方便,劳动量也非常小。缺点是固态和液态的 CO_2 不易获得。

⑤施用颗粒肥 颗粒状的 CO_2 肥,埋入土中或者容器中加水即可产生二氧化碳,缓慢向空气中施放二氧化碳,可以认为是一种缓释肥,有长效和快速两种分类。此方法的优点是不需要特殊装置,简单易行。缺点是其施放的时间,需要长期摸索来了解应用。

⑥利用化学反应方法施用 采用碳酸盐和强酸反应产生 CO_2。比如碳酸氢铵 (NH_4HCO_3) 和硫酸 (H_2SO_4) 反应生成硫酸铵 $[(NH_4)_2SO_4]$、水 (H_2O) 和二氧化碳 (CO_2)。

(2)预防有害气体 通过以下六点可以有效预防有害气体的产生与积累:ⓐ合理施肥;ⓑ覆盖地膜;ⓒ正确选用与保管塑料制品;ⓓ施用液态、固态 CO_2;ⓔ正确选择燃料、防止烟害;ⓕ合理通风。

第三节　园艺植物的无土栽培

一、无土栽培的种类

无土栽培(soilless culture)是指不用天然土壤,而是用营养液、固体基质或固体基质加营养液栽培作物的方法。固体基质或营养液代替天然土壤向作物提供良好的水、肥、气、热等根际环境条件,可有效防止土壤连作病害及土壤盐分积累造成的生理障碍,充分满足作物对矿质营养、水分、气体等环境条件的需要,具有省水、省肥、省工、高产优质等特点;且可利用空闲荒地、河滩地、盐碱地、沙漠以及房前屋后、楼顶阳台等进行栽培,不受区域、土壤、地形等限制,现已广泛应用于世界各地,成为太空农业的主要组成部分。目前,无土栽培类型较多,通常根据栽培床是否使用固体基质材料,分为非固体基质栽培和固体基质栽培两大类型,进而根据栽培技术、设施构造和固定植株根系的材料不同又可分为多种类型(图 7-28)。

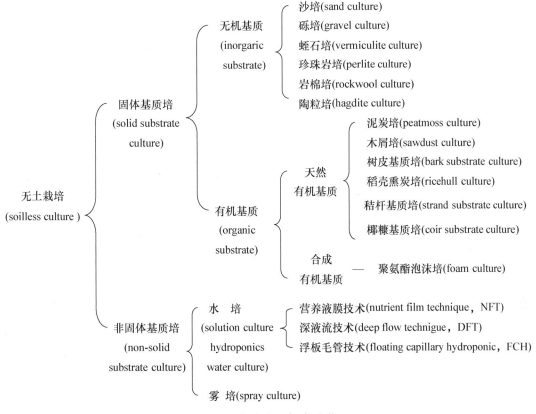

图 7-28　无土栽培的分类（郭世荣，2011）

（一）固体基质培

以非土壤的固体基质材料为栽培基质固定作物,通过浇灌营养液或施用固态肥和浇灌清水供应作物生长发育所需的养分和水分,进行作物栽培的一种形式,简称基质培（substrate culture）。基质培具有性能稳定、设备简单、投资较少、管理容易的优点,且有较好的经济效益。我国各地广泛推广应用有机基质无土栽培技术,用含一定营养成分的有机型基质为载体,栽培过程中浇灌低浓度营养液或阶段性浇灌营养液,大大地降低了一次性投资和生产成本,简化了操作技术。

1.基质分类　固体基质的分类方法有很多,按基质的组成可以分为无机基质、有机基质和化学合成基质 3 类,如沙、石砾、岩棉、蛭石和珍珠岩为无机基质,泥炭和以醋糟、椰糠、秸秆、稻壳、树皮、蔗渣等有机废弃物为原料生物发酵合成的基质为有机基质,泡沫塑料等为化学合成基质;按基质的来源可以分为天然基质和人工合成基质,如沙、石砾等为天然基质,而岩棉、泡沫塑料、多孔陶粒、醋糟基质等为人工合成基质;按基质的性质可以分为活性基质和惰性基质,如泥炭、蛭石、醋糟基质等为活性基质,沙、石砾、岩棉、泡沫塑料等本身既不含养分也不具有盐基交换量的为惰性基质;按基质使用时组分的不同,可以分为单一基质和复合基质,生产上为了克服单一基质可能造成的容重过轻、过重,通气不良等缺点,常将几种基质按一定的比例混合制成复合基质来使用。

2.栽培方式　根据基质选用的不同,基质培可分为不同的类型,以有机基质为栽培基质的称为有机基质培,而岩棉培、沙培、砾培等为无机基质培;根据栽培形式的不同可分为桶式栽培、槽式基质培、袋式基质培和立体基质培。

（1）桶式栽培　桶式无土栽培装置是一种新型的无土栽培装置,具有节水、省肥、基质用量少、易于移动、便于提早定植等优点,受到市场的欢迎。装置主要由外桶、网芯、通气管组成(图7-29),带孔眼的网芯放置于外桶的底部,将外桶分隔成两部分,通气管插在网芯上,网芯下部储存营养液,并可在营养液上形成一定的气室,网芯上部填放栽培基质,多余的营养液可以从可调营养液出口溢出。一般整套装置栽培 2 株茄果类或瓜类蔬菜,配套滴灌使用,可明显增加作物产量和品质。

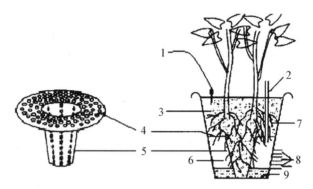

图 7-29　桶式栽培装置示意图

1.滴头　2.通气管　3.基质　4.网芯盘　5.网芯筒　6.气室　7.外桶　8.高度可调营养液出口　9.营养液

（2）槽式栽培　将固体基质装入一定容积的种植槽中栽培作物的方法。装置由栽培槽、贮液池、供液管、泵和时间控制器等组成(图7-30)。多采用砖或水泥板筑成的水泥槽,内侧涂以惰性涂料,以防止弱酸性营养液的腐蚀,也可用涂沥青的木板建造,制成永久或半永久性槽。

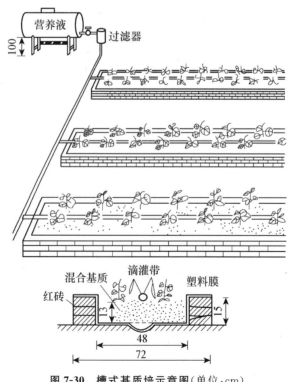

图 7-30　槽式基质培示意图(单位:cm)

槽的宽度为 80～100 cm,两侧深 15 cm,中央深 20 cm,横底呈"V"形,横底铺双层 0.2 mm 厚黑色聚乙烯塑料薄膜,以防止渗漏并使基质与土壤隔离。槽底伸向地下贮液池的一方,保持一定的坡降(1∶400)。槽长因栽培作物、灌溉能力、设施结构等而异,宜在 30 m 以内,太长会影响营养液的排灌速度。将基质混匀后装入栽培槽中,铺设滴液管,并覆盖薄膜后,开始栽培。

(3)袋式基质培　将栽培用的泥炭、珍珠岩、树皮、锯木屑等轻型固体基质装入塑料袋中,排列放置于地面并供给营养液进行作物栽培的方式。采用开放式滴灌法供液,简单实用。袋子通常由抗紫外线的聚乙烯薄膜制成,至少可使用 2 年,在高温季节或南方地区,塑料袋表面以白色为好,以便反射阳光,防止基质升温;相反,在低温季节或寒冷地区,则袋表面应以黑色为好,利于吸收热量,保持袋中的基质温度。地面袋培又可分为开口筒式袋培、枕头式袋培两种方式(图 7-31)。在温室中排放栽培袋之前,整个地面要铺上乳白色或白色朝外的黑白双面塑料薄膜,将栽培袋与土壤隔离,防止土壤中病虫侵袭,同时有助于增加室内的光照强度。定植结束后立即铺设滴灌管,每株设 1 个滴头,袋的底部或两侧开 2～3 个直径为 0.5～1.0 cm 的小孔,使多余的营养液从孔中流出,防止积液沤根。

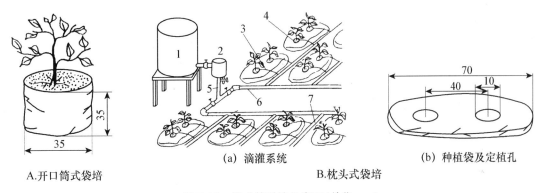

A.开口筒式袋培
(a) 滴灌系统
B.枕头式袋培
(b) 种植袋及定植孔

图 7-31　袋式基质培示意图(单位:cm)

1.营养液罐　2.过滤器　3.水阻管　4.滴头　5.主管　6.支管　7.毛管

(4)岩棉培　指用岩棉做基质,使作物在岩棉中扎根锚定、吸水吸肥、生长发育的无土栽培方式。岩棉培的基本装置包括栽培床、供液装置和排液装置,如采用循环供液,就无须排液装置。通常将岩棉切成定型的长方形块,用塑料薄膜包成枕头袋状,称为岩棉种植垫(图 7-32),

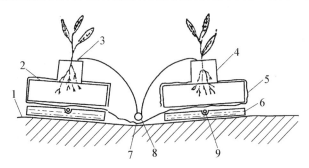

图 7-32　开放式岩棉培种植畦及岩棉种植垫横切面

1.薄膜　2.岩棉种植垫　3.滴灌管　4.岩棉育苗块　5.黑白薄膜　6.泡沫塑料块
7.塑料薄膜沟　8.滴灌毛管　9.加温管

一般长 70～100 cm,宽 15～30 cm,高 7～10 cm。放置岩棉垫时,要稍向一面倾斜,并朝倾斜方向把包岩棉的塑料袋钻 2～3 个排水孔,以便将多余的营养液排除,防止沤根。种植时,将岩棉种植垫的面上薄膜割一小穴,放入带小苗的育苗块,后将滴液管固定到小岩棉块上,7～10 d后,作物根系扎入岩棉垫,将滴管移至岩棉垫上,以保持根基部干燥,减少病害。

岩棉培宜采用滴灌方式供液,按照营养液利用方式不同,可分为开放式岩棉培和循环式岩棉培。开放式岩棉培通过滴灌滴入岩棉种植垫内的营养液不再循环利用,多余部分从垫底流出而排到室外,其设施结构简单,施工容易,造价低,营养液灌溉均匀,管理方便,不会因营养液循环而导致病害蔓延,但营养液消耗较多,排出的废弃液会造成环境的污染。目前我国岩棉栽培以此种方式为主。循环式岩棉培指营养液滴入岩棉后,多余流出的营养液通过回流管道,流回地下集液池中再循环使用,不会造成营养液的浪费及污染环境,但缺点是设计较开放式复杂,基本建设投资较高,容易传播根系病害。为了避免营养液排出对土壤的污染,保护环境,岩棉培朝着封闭循环方式发展。

(5)立体栽培 将固体基质装入长形袋状或柱状的立体容器之中,竖立排列于温室之中,容器四周呈螺旋状开孔,此方法宜种植小株型园艺植物。一般容重较小的轻基质如岩棉、蛭石、椰绒基质、秸秆基质等适宜用于立体栽培。可以充分利用设施空间,因其高科技、新颖、美观等特点而成为休闲农业的首选项目。立体栽培包括柱状栽培和长袋状栽培两种形式(图 7-33)。栽培柱或栽培袋在行内间距约为 80 cm,行间距为 1.2 m。水和养分的供应是用安装在每个柱或袋顶部的滴灌系统进行,营养液从顶部灌入,通过整个栽培袋向下渗透,多余的营养液从排水孔排出。

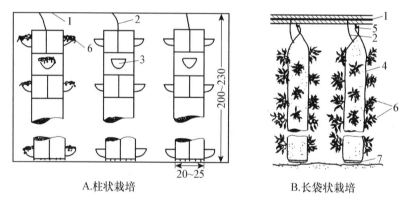

A.柱状栽培　　　　　　　　　B.长袋状栽培

图 7-33　立体栽培的类型(单位:cm)(Howard 和 Resh,1978)

1.供液管　2.滴灌管　3.种植孔　4.薄膜袋　5.挂钩　6.作物　7.排水孔

(二)非固体基质培

非固体基质无土栽培是根系直接生长在营养液或含有营养成分的湿润空气中,根际环境中除了育苗时用固体基质外,一般不使用固体基质。它可分为水培和雾培两种类型。

1.水培 指植物部分根系浸润生长在营养液中,而另一部分根系裸露在潮湿空气中的一类无土栽培方法。根据营养液液层深度不同,主要可分为营养液膜技术(nutrient film technique,NFT)和深液流水培技术(deep flow technique,DFT)两大类。

(1)NFT 是一种将植物种植在浅层流动的营养液中的水培方法。其液层浅,仅为 5～20 mm 深,作物根系一部分浸在浅层营养液中吸收营养,另一部分则暴露于种植槽的湿气中,较好地解决了根系呼吸对氧的需求,但根际环境稳定性差,对管理人员的技术水平和设备的性能要求较高,且病害容易在整个系统中传播、蔓延,因此要求管理精细。目前,NFT系统广泛应用于叶用莴苣、菠菜、蕹菜等速生性园艺植物生产。营养液膜栽培设施主要由种植槽、贮液池、营养液循环流动系统和一些辅助设施组成(图7-34)。

种植槽按种植作物种类的不同可分为两类,一类适用于大株型作物(如果菜类蔬菜)的种植,另一类适用于小株型作物(如叶菜类蔬菜)的种植。大株型作物用的种植槽是用 $0.1\sim$ $0.2\ mm$ 厚的面白里黑的聚乙烯薄膜临时围起来的薄膜三角形槽,槽长 $10\sim25\ m$,槽底宽 $25\sim30\ cm$,槽高 $20\ cm$,为了改善作物的吸水和通气状况,可在槽内底部铺垫一层无纺布。

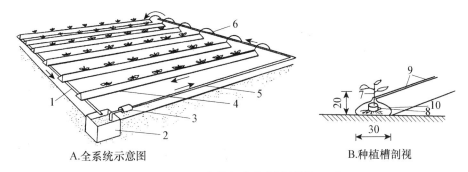

A.全系统示意图　　　　　　　　　　　　　　B.种植槽剖视

图 7-34　NFT 设施组成示意图(单位:cm)

1.回流管　2.贮液池　3.泵　4.种植槽　5.供液主管　6.供液管　7.苗
8.育苗钵　9.夹子　10.黑白双面塑料薄膜

小株型作物用的种植槽,可采用多行并排的密植种植槽,玻璃钢或水泥制成的波纹瓦做槽底(图7-35),波纹瓦的谷身 $2.5\sim5.0\ cm$,峰距 $13\sim18\ cm$,宽度 $100\sim120\ cm$,可种 6~8 行,槽长 20 m 左右,坡降 1:(70~100)。一般波纹瓦种植槽都架设在木架或金属架上,槽上加一块厚 2 cm 左右的有定植孔的硬泡膜塑料板做槽盖,使其不透光。贮液池设于地平面以下,上覆盖板,以减少水分蒸发。贮液池容量以足够供应整个种植面积循环供液之需为宜,大株型作物以每株 5 L、小株型作物以每株 1 L 为度。

营养液循环流动系统由水泵、管道及流量调节阀门等组成。水泵要严格选用耐腐蚀的自吸泵或潜水泵,水泵功率大小应与整个种植面积营养液循环流量相匹配。为防止腐蚀,管道均采用塑料管道,安装时要严格密封,最好采用嵌合的方式连接。

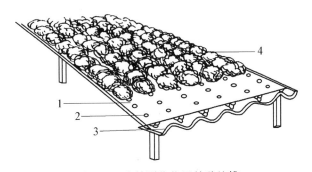

图 7-35　小株型作物用的种植槽

1.泡沫塑料定植板　2.定植孔　3.波纹瓦　4.结球生菜

其他辅助设施主要有间歇供液定时器、电导率(EC)自控装置、pH 自控装置、营养液加温与冷却装置及防止一旦停电或水泵出现故障影响循环供液的安全报警装置等,可以减轻劳动强度,提高营养液调节水平。

(2)DFT　是最早应用于农作物商品化生产的无土栽培技术,现已成为一种管理方便、性能稳定、设施耐用、高效的无土栽培设施类型,在生产上应用较多。其特征为:种植槽及营养液液层较深,每株占有的液量较多,营养液的浓度、pH、溶存氧浓度、温度等变化幅度较小,可为根系生长提供相对较稳定的生长环境;植株悬挂于营养液的水平面上,根系浸没于营养液之中;营养液循环流动,既能提高营养液的溶存氧,又能消除根表有害代谢产物的局部积累和养分亏缺现象,还可促进沉淀物的重新溶解。因此,DFT 为根系提供了一个较稳定的生长环境,生产安全性较高。但是,植株悬挂栽培技术要求较高,深层营养液易缺氧,同时由于营养液量大、流动性强,导致 DFT 设施需要较大的贮液池、坚固较深的栽培槽和较大功率的水泵,投资和运行成本相对较高。

深液流水培设施由盛栽营养液的种植槽、悬挂或固定植株的定植板块、地下贮液池、营养液循环流动系统四大部分组成(图 7-36)。

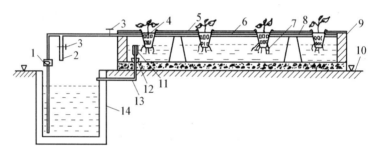

图 7-36　深液流水培设施组成示意图

1.水泵　2.充氧支管　3.流量控制阀　4.定植杯　5.定植板　6.供液管　7.营养液　8.支承墩
9.种植槽　10.地面　11.液层控制管　12.橡皮塞　13.回流管　14.贮液池

种植槽一般长 10～20 m,宽 60～90 cm,槽内深度为 12～15 cm,有水泥预制板块加塑料薄膜构成的半固定式和水泥砖结构构成的永久式等形式。定植板用硬泡沫聚苯乙烯板块制成,板厚 2～3 cm,宽度与种植槽外沿宽度一致,可架在种植槽壁上。定植板面按株行距要求开定植孔,孔内嵌一只高 7.5～8.0 cm 塑料定植杯(图 7-37)。幼苗定植初期,根系未伸展出杯外,提高液面使其距杯底 1～2 cm,但与定植板底面仍有 3～4 cm 空间,既可保证吸水吸肥,又有良好的通气环境。当根系扩展时伸出杯底,进入营养液,相应降低液面,使植株根颈露出液面,也解决了通气问题。

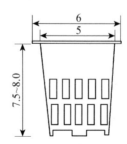

图 7-37　定植杯示意图(单位:cm)

地下贮液池是为增加营养液缓冲能力,创造根系相对稳定的环境条件而设计的,取材可因地制宜,一般 1 000 m² 的温室需设 30 m³ 左右的地下贮液池。

营养液循环系统包括供液管道、回流管道与水泵及定时控制器。所有管道均用硬质塑料管。每茬作物栽培完毕,全部循环管道内部需用 0.3%～0.5% 有效氯的次氯酸钠或次氯酸钙溶液循环流过 30 min,以彻底消毒。

2.雾培 又称喷雾培或气雾培,是指作物的根系悬挂生长在封闭、不透光的容器(槽或箱)内,营养液经特殊设备形成雾状,间歇性喷到作物根系上,以提供作物生长所需的水分和养分的一类无土栽培技术。以雾状的营养液同时满足作物根系对水分、养分和氧气的需要,根系生长在潮湿的空气中比生长在营养液、固体基质或土壤中更易吸收氧气,它是所有无土栽培方式中根系水气矛盾解决得最好的一种形式,这是雾培得以成功的生理基础。同时雾培易于自动化控制和进行立体栽培,提高温室空间的利用率。但雾培设备一次性投资大,且根系温度易受气温影响,变幅较大,对控制设备要求较高。雾培主要有"A"形雾培、立柱式雾培和半雾培 3 种类型(图 7-38)。

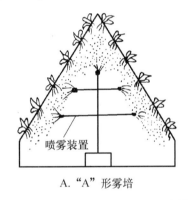
A."A"形雾培

B.立柱式雾培

图 7-38 雾培

(1)"A"形雾培 "A"形的栽培框架是该类型雾培的典型特征,作物生长在侧面板上,根系侧垂于"A"形容器的内部,间歇性沐浴在雾状营养液中。它可以节约温室面积,提高土地利用率,适用于空间狭小的场合,如宇宙飞船等。其主要设施包括栽培床、喷雾装置、营养液循环系统和自动控制系统,喷雾管设于"A"形的封闭系统内,按一定间隔设喷头,喷头由定时器调控,定时喷雾。

(2)立柱式雾培 作物种植在垂直的柱式容器的四周,根系生长在容器内部,柱的顶部有喷雾装置,可将雾状营养液喷到柱内根系上,多余的营养液经柱底部的排液管回收,循环使用。可充分利用空间,节省占地面积。其主要设施包括立柱、喷雾装置、营养液循环系统和自动控制系统。立柱一般用白色不透明硬质塑料制成,柱的四周有许多定植孔定植作物,常用于栽培观赏花卉、观叶植物及小株型蔬菜。

(3)半雾培 指作物的根系大部分或多数时间生长在空气中,少部分根系或短时间生长在营养液中。营养液以喷雾的形式喷入栽培床内,栽培床内迅速充满营养液,根系全部或部分浸泡在营养液中,停止喷雾后,栽培床内的营养液以一定的速度从床底部的排液管流出,根系重新暴露在潮湿的空气中。半雾培也可看作水培的一种形式。其主要设施包括栽培床、喷雾装置、营养液循环系统和自动控制系统。栽培床上部盖有 2～3 cm 厚的聚苯乙烯泡沫定植板。

喷雾装置在栽培床的侧壁上部,每隔1～1.5 m有一个喷嘴。

二、园艺植物无土栽培技术

1.叶用莴苣无土栽培技术　叶用莴苣属菊科莴苣属莴苣种中的叶用类型,为一、二年生草本植物,因宜生食,故名生菜。目前国内生菜无土栽培主要有NFT和DFT两种方式,尤以NFT方式常见(图7-39)。

图7-39　叶用莴苣平床营养液膜栽培

(1)品种选择　叶用莴苣适合周年水培生产,应根据栽培季节、设施类型、生产水平的不同来选择合适的品种,15～25℃范围内生长最好,低于15℃生长缓慢,高于30℃生长不良且极易抽薹,所以水培的叶用莴苣适合选择早熟、耐热、耐抽薹的品种,如奶油一号、意大利耐抽薹生菜等品种。如作为观赏为目的,以荷兰红叶生菜为主。

(2)播种育苗　可用切成2.5 cm×2.5 cm×2.5 cm见方的海绵块作为播种介质,每块播1或2粒种子,然后在育苗盘中加入水,至海绵块表面浸透为准;也可用穴盘育苗,将育苗基质放入穴盘孔中,每穴播入1或2粒种子。其发芽适温为15～20℃,超过25℃时发芽困难,可置于低温冷凉处,浸种、催芽。苗龄15～20 d,幼苗具2～3片真叶时可以定植。

(3)定植　根据每日上市量,每天按计划播种、定植、上市,以均衡供应市场。种植槽坡降为1:100,定植板孔距以达到36株/m²为宜。

(4)定植后营养液管理　叶用莴苣可采用日本园试配方栽培,也可采用中国农业科学院蔬菜花卉所开发的实用叶用莴苣栽培营养液配方(表7-3)。其最适生长pH为6.0～6.3,偏碱时可用H_3PO_4或HNO_3调整,偏酸时则用KOH调节。要随时用电导仪和酸度计测定营养液电导度和酸碱度,以便及时调节营养液浓度和pH。为保持营养液温度恒定,应采用地下式贮液池,冬季进行加热保温,夏季进行降温,保持营养液温度在18～20℃。营养液每3～4周需彻底更换1次,避免污染及根系分泌有害物质的影响。

表 7-3 叶用莴苣栽培营养液配方   mg/L

肥料名称	肥料用量	肥料名称	肥料用量
硝酸钙	1 122	螯合铁	16.8
硝酸钾	910	硫酸锌	1.2
磷酸二氢钾	272	四硼酸酸钠	0.28
硝酸铵	40	硫酸铜	0.2
硫酸镁	247	钼酸钠	0.1

（5）随收随种 当植株达到商品采收标准时，应及时收获。同时，将定植板揭出，冲洗掉灰尘及枯叶残根，清除种植槽中断根残渣，清理完毕，盖回定植板，随即移入下批新苗。重复多茬后，要对栽培床、贮液池、营养液循环装置进行彻底消毒。

生菜无土栽培除采用 NFT 和 DFT 外，还可以采用以蛭石、岩棉、炉渣、珍珠岩或泡沫塑料等为基质的水培。将采用无土育苗育成的苗子定植在装有基质的栽培盆或其他容器中，浇灌营养液。

2.草莓立体无土栽培技术 常规栽培草莓时，定植、抹芽、打老叶、采收等弯腰作业较多，极其费工费力，立体栽培正是为缓解连作障碍、实现草莓省力化栽培和清洁生产而产生的一种栽培方法，即通过人为改进自然环境和生产条件，利用和发挥整合效应，提高单位面积和单位时间资源的利用率。

（1）品种选择 草莓立体无土栽培属设施促成栽培，当年 11～12 月份即可采收。应选用休眠浅或近乎不休眠、低温结果能力强、果实香浓味甜、口感好的优良品种，如丰香、红颜、章姬、童子一号等。另外，培育根系发达、秧苗粗壮、花芽分化早、数量多、无病毒的壮苗进行栽培也非常重要。

（2）栽培方式 当前生产上草莓立体栽培模式较多（图 7-40），按栽培基质成分可分为有机质、无机质、有机质 ＋ 无机质等方式；按栽培床种植列数及挂果方向可分为双列内置、双列外挂、四列并排等方式；按立体种植方式可分为立体套种、间种等方式。

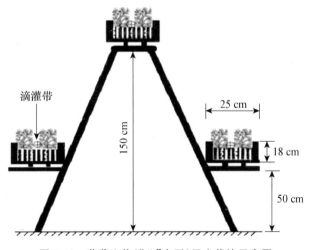

图 7-40 草莓立体（"八"字形）无土栽培示意图

(3)花芽分化诱导 无土育苗条件下常采用以下两种措施诱导花芽分化:一是对低温短日敏感的品种,在育苗期间中断氮素供应,降低植株体内氮素含量,提高 C、N 比率;二是夜间给予 12～15℃低温,同时白天以 8～9 h 短日照进行处理,即夜冷育苗。两种方法同时使用效果更好。

(4)基质和营养液配方选用 基质可就地取材,只要持水性、透气性好即可采用,由蛭石、珍珠岩、锯末、树皮、泥炭等混合制成。定植后,采用肥水一体化技术进行灌溉,常用日本山崎配方和园试配方作为营养液来源,前者 pH 较低而稳定,后者栽培过程中 pH 会逐渐升高。也可用法国代表配方及我国华南农业大学果菜配方(表 7-4)。

表 7-4 草莓栽培营养液配方   mg/L

营养液配方	营养物质用量									备注
	四水硝酸钙	硝酸钾	硝酸铵	磷酸二氢钾	磷酸氢二钾	磷酸二氢铵	硫酸钾	七水硫酸镁	盐类总计	
日本园试配方(堀,1966)	945	809				153		493	2 400	用 1/2 剂量较宜
日本山崎草莓配方(1978)	236	303				57		123	719	草莓专用配方
法国国家农业研究所普及 NFT(1977)	614	283	240	136	17		22	154	1 478	法国代表配方
华南农业大学果菜配方(1990)	472	404		100				246	1 222	果菜类配方

(5)营养液管理 草莓根系耐肥力弱,营养液浓度过高会影响根系生长,导致植株早衰。不同品种及同一品种不同生育期对营养液浓度的要求也不同,开花前浓度宜低,适当保持基质干燥,有利于根系发育和花芽分化,提高果实品质和产量;开花坐果后,生殖生长旺盛、室内温度高、水分蒸发量大,需水需肥量大,要增加每天的供液次数,植株是否需供液,不完全取决于袋内基质是否湿润,重要标志看室内早晨植株叶缘是否吐水,即使基质湿润,如果植株不吐水,也应及时供液和提高营养液浓度,防止植株早衰。

3.月季岩棉培

(1)品种选择 除我国优良品种外,月季岩棉培常选用国外优良品种,以提高商品价值。常用品种有深黄色的金奖章、大红色的萨蒙莎、纯白色的卡布兰奇、浅珊瑚粉红色的索尼亚及蓝色的蓝月、蓝丝带等。

(2)快速繁殖 有扦插和嫁接两种繁殖法。扦插用岩棉块大小为 4 cm×4 cm×6.5 cm,保持基质温度为 21～22℃,气温为 10～13℃,扦插后覆盖塑料薄膜保湿。4～7 周后,当根从育苗块穿出时,将育苗块移入岩棉垫进行栽培。月季切花生产多选用野蔷薇实生苗做砧木进行嫁接育苗,多采用"丁"字形芽接法,用 10 cm×10 cm×10 cm 岩棉块培育嫁接苗。

(3)适期定植 从当年 12 月份至翌年 6～7 月份均可定植,以 5～6 月份为最佳。预先将 7.5 cm 厚的岩棉毡浸入 pH 5.5、EC 为 2.0 mS/cm 的营养液中,充分吸水待用。定植时,将岩棉育苗块按 30 cm×30 cm 的株行距定植于岩棉毡上,用内黑外白的双色膜将栽培床包上,以防止营养液蒸发、盐类积聚发生及杂草、藻类生长,在高温季节兼具降温效果。

(4)适用营养液配方 以荷兰花卉研究所月季专用配方为最佳。大量营养元素用量为:四水硝酸钙 786 mg/L、硝酸钾 341 mg/L、硝酸铵 20 mg/L、磷酸二氢钾 204 mg/L、七水硫酸镁 185 mg/L。微量元素则采用通用配方(表 7-5)。

表 7-5　营养液微量元素通用配方　　　　　　　　　　　　　　　　　　　mg/L

化合物名称	化合物含量	微量元素含量
NaFe-EDTA(含 Fe14.0%)	20~40*	2.8~5.6
H_3BO_3	2.86	0.5
$MnSO_4 \cdot 4H_2O$	2.13	0.5
$ZnSO_4 \cdot 7H_2O$	0.22	0.05
$CuSO_4 \cdot 5H_2O$	0.08	0.02
$(NH_4)_6Mo_7O_{24} \cdot 4H_2O$	0.02	0.01

* 易出现缺铁症的作物应选高用量。

(5)营养液管理　月季岩棉培以滴灌方式供液,供液量随植株生长逐渐增加,平均每天每株供液 1.0~1.5 L,开始供应切花时,每天每株增至 2 L 左右,还应根据设施结构、季节、天气变化、栽培方式等调控营养液用量及使用浓度。

第四节　园艺植物工厂

园艺植物工厂作为环境因子控制精度最高的设施类型,被誉为设施园艺的最高形式,是未来设施园艺发展的必然趋势和顶级阶段,也是未来太空探索过程中实现食物自给的重要手段,在解决世界资源、环境问题、促进农业可持续发展上具有重要价值。

一、植物工厂类型

关于植物工厂的类型,因所持的角度不同,其划分方式也各异。从建设规模上可分为大型(1 000 m² 以上)、中型(300~1 000 m²)和小型(300 m² 以下)3 种;从生产功能上可分为种苗工厂、蔬菜工厂和食用菌工厂等;从其研究对象的层次上又可分为微藻植物工厂、组培植物工厂和细胞培养植物工厂。目前,通常依其光能利用方式来分类,主要分为太阳光利用型、完全人工光利用型以及太阳光和人工光并用型 3 类。

1. 太阳光利用型　指在半密闭的温室环境下,主要利用太阳光或短期人工补光以及营养液栽培技术进行植物周年生产的植物工厂。外观与一般玻璃温室无异,但天窗与出入口以防虫网阻拦害虫入侵,作物光合作用主要利用太阳光能。在强光高温期则进行遮光,限制强光照射,防止高温危害,并同时开启喷雾降温或湿帘通风等降温设备;而在低温期则进行保温或加温。栽培方式均采用台座式循环型水培法,为提高单位温室土地面积利用率,栽培台座配备可任意移动装置为其突出特征。如经日本改良的 KL 式植物工厂(图 7-41),起初 NFT 水培槽是固定的,但植株定植部位呈传送带状,是可自动卷起的,改进后的固定式水培槽改为可移动的、能随作物的生长而调节行距,这种新型装置,不但提高了单产,而且可集中在特定的场所,进行在卷动式定植带上定植或收获作业,大大改善了劳动环境。而且夏季降温可在栽培床面下设冷气管局部降温而实现叶菜等周年栽培。

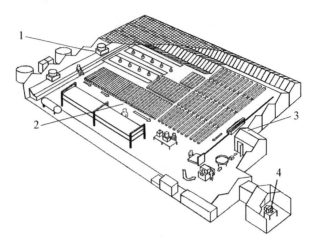

图 7-41 日本改良型 KL 式植物工厂示意图

1.制冷系统　2.行距可调栽培床　3.全程机械化自动化系统　4.控制系统

2.完全人工光利用型　指在完全密闭可控的环境下采用人工光源和营养液栽培技术,在不受外界气候条件影响的环境下,进行植物周年生产,如 TS 式植物工厂(图 7-42)。其室内温湿度、光源、CO_2 浓度和水培营养液的温度、EC、pH、溶氧量等环境因子通过智能系统进行自动调控,因此关键在于依照不同生育时期,正确制定设定值。由于这种类型植物工厂栽培室完全封闭,便于二氧化碳施肥,且可实现立体栽培,因而生产效率极高,但光源电耗成本高,在使用时,为防止太阳辐射与热的传导至室内,需设置与外界环境隔断的断热层,以降低空调运行成本;同时对室内的温度、湿度和光照周期进行精密控制,栽培室内壁贴上反光率高的反光材料,以提高人工光源的利用率。

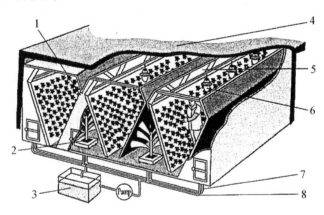

图 7-42 完全人工光利用型植物工厂(TS 式)结构示意图

1.三角板　2.喷雾装置　3.贮液池　4.生长室　5.反光板　6.照明灯　7.回流管道　8.供液管道

3.太阳光和人工光并用型　利用太阳光和补充人工光源作为植物光合作用光源,是太阳光能利用型植物工厂的发展类型,其温室结构、覆盖材料和栽培方式与太阳光利用型相似,白天利用太阳光,夜晚或连续阴雨天时,采用人工光源补光,作物生产比较稳定(图 7-43)。

与人工光利用型相比,可缩短补光时间,降低了用电成本;与太阳光利用型相比,受气候影

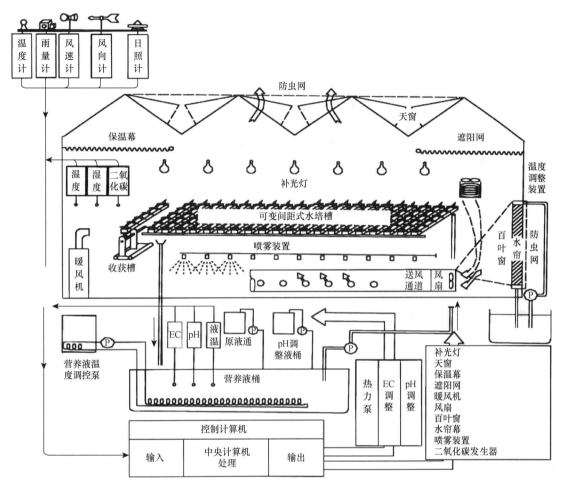

图 7-43　太阳光和人工光并用型植物工厂结构示意图(杨其长和张成波,2010)

响较小。这种类型植物工厂很好地兼顾了前两种植物工厂的优点,同时又弥补了它们的不足,实用性强,有利于推广应用。

二、植物工厂主要设施

人工光型植物工厂是目前世界各国重点研究开发的对象。主要设施包括:厂房建筑、自动育苗及栽培装置、照明设备、温控系统、控制室、栽培室、自动收获(收种)以及自动包装等(图7-44)。

1.厂房建筑　从节能考虑,正方形外壁面积最少,空调负荷可降低。以都市型植物工厂为例,在相同占地面积下的外壁面积是:长方形＞正方形＞圆形,但圆形比正方形造价高。从空调加温的热负荷分析,随着厂房规模增大和栽培床面积的增大,建筑物外壁面积/栽培床面积(放热比)减少,有利于加速空调热负荷的降低。从建筑物屋顶形状来分析,其造价以平顶最低,屋脊形、波浪形,成本依次增加;材料则以轻型钢管结构较钢筋水泥结构综合性能好,造价低,通常屋顶采用彩色铁皮板为主。

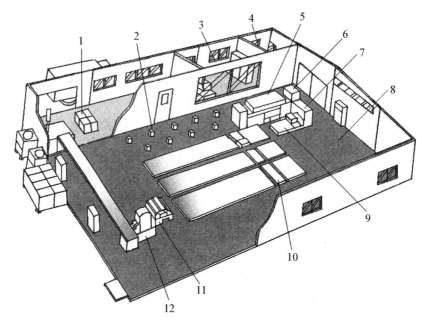

图 7-44　植物工厂主要设施与装置示意图

1.产后处理室　2.人工照明　3.控制室　4.机械室　5.自动育苗装置　6.自动发芽装置　7.自动播种装置
8.栽培室　9.自动定植装置　10.自动株间调节装置　11.自动收种装置　12.自动包装装置

2. 育苗与移栽装置　目前,植物工厂生产的蔬菜多为生长期短的叶菜、芽苗菜、食用菌和育苗等。通常以水培方式栽培,床架高度 90~130 cm,与光源距离可自由调节,为充分有效利用平面面积,床架下设滑轮,以便床架可以左右自由挪动,整个栽培区只留出一条作业通路。育苗床尺寸与水培栽培床的尺寸相同。移栽装置一般由横梁、机身和机头组成(图 7-45),机头上装有气动机械手,由计算机来控制它的作业方式,操作者只需提前将自己的作业意图依次输入到计算机内,机器人就可以按照计算机的指令进行工作。当机器人在运行中遇到前方障碍物时,它就会通过视觉传感器传递给计算机,由计算机判断处理,机器人就会按照指令放慢速度直到停下来。

图 7-45　自动移苗机

3.照明设备 光源发热是人工光型植物工厂空调负荷增大的主要原因,传统植物工厂人工光源和空调电费约占总成本的50％左右,降低电耗必须从改进光源种类与利用方法入手。目前植物工厂主要使用的光源有白炽灯、荧光灯、高压钠灯(HPS)、和发光二极管(LED)等(表7-6)。荧光灯一般用于组培或靠近植株照明。高压钠灯因长波红外线辐射较多,易蓄积热,空调降温费用大,现已研发出一种红外长波较少,而蓝光相对较多的新型节能 HPS 灯,并已商品化生产。LED 作为一种新型光源,具有传统光源无法比拟的优势,主要表现在:ⓐLED 可按植物生长发育需求调节光强、光谱和光周期,按需用光,生物光效高;ⓑLED 为冷光源,生热量少,可贴近植物补光,降低降温成本;ⓒ节能、环保、长寿命、体积小、质量轻;ⓓLED 光源装置多样(灯板、灯带、灯管和灯泡),适宜设施园艺各领域应用。上述优势使得 LED 光源广泛应用于人工光植物工厂光环境调控和太阳光植物工厂人工补光方面。

表 7-6　几种光源性能比较

光源	辐射利用率	发热量	寿命	光谱调节	光谱质量	价格	植物种植应用
白炽灯	0.2％	高	低	无	缺蓝光	低	已淘汰
HPS	1.5％	高	中	无	缺蓝光	中	在使用
荧光灯	0.95％	低	低	无	缺红光	低	在使用
LED	6.5％	低	高	有	最好	高	最佳选择

4.控制室 通过各种传感器对环境和作物生长生理状况进行监测,并利用计算机专家系统实现作物生长条件的最优化控制(图 7-46)。如通过光照传感器监测植物光照强度,通过温湿度传感器了解植物环境的温湿度(叶片温度、环境温度、植物根部温度),用 pH 检测营养液酸碱度,用电导率仪检测营养液 EC,用离子传感器检测营养液成分,利用这些传感器能够准确掌握植物生长的各种环境状况,便于对植物环境进行准确控制和调节。各种传感器的数据汇集在计算机中,通过计算机植物专家系统建立能够同时反映耗能指标和环境调控结果的耗能与环境评价模型,实现适用于植物工厂生产的节能预测型环境智能调控,确立适宜植物生长的最佳环境因子。

图 7-46　植物工厂计算机控制系统

三、植物工厂应用

植物工厂在反季节蔬菜、花卉、果品等园艺植物生产方面具有重要用途,而且在种苗、组培苗、食用菌、大田作物育苗和濒危植物(中草药)扩繁与生产中具有独特的用途。

1.绿叶蔬菜植物工厂　绿叶蔬菜生长周期短,且单个植株相对较小,易实现高密度栽培,是目前植物工厂栽培的主要蔬菜。一般绿叶蔬菜植物工厂采用立体深液流栽培模式,根据空间大小可设定多层栽培床。绿叶蔬菜栽培采用工厂化生产后,可实现不分季节的周年均衡供给,由于蔬菜生长所需的环境因子(光照、温度、营养和二氧化碳等)完全可控,因而具有较高的产量、营养价值和外观品质(图7-47)。日本大阪府立大学新建LED植物工厂,栽培层数18层,约550 m^2,日产叶菜5 200棵,年产量可达1 500 kg/m^2,是露地的500倍左右。在这种可控的环境条件下,蔬菜从播种到采收日期是非常稳定的,因而可以根据市场的预测进行有计划的生产。植物工厂生产环节全程洁净、无菌化管理,且采用不含任何基质的营养液栽培,避免蔬菜感染病菌污染的可能,减免了农药的使用,生产的叶菜在不清洗情况下可以安全使用或净菜上市,完全能够满足消费者希望食用安全农产品的需求。

图7-47　植物工厂内生菜立体栽培

(1)主要设施装置　包括播种室、催芽室、育苗室、栽培室、分析室、预冷室、营养液循环系统、立体栽培架(床)、空调换气系统、采收、包装等设施和装置。

(2)生产技术流程　使用播种盘将种子播入海绵垫上,播种结束后,置于催芽室促其发芽,催芽室内的环境条件控制为无光、恒温(23℃)、恒湿(相对湿度95%~100%),2~3 d基本可发芽。将出芽后的种子移到人工光和自然光并用型的温室,使其绿化1周,夏天可利用普通温室进行绿化。植物体经过绿化,开始光合作用后,就要移植到含有营养液的苗床中进行苗化,把播种用的海绵平均切割成一个个正方块,每一块上的植株被分离开来定植到水培用的苗床中,一般情况下苗化定植的密度为200~250株/m^2,植株成苗后,将其移入栽培床中进行定植,定植的密度应与单株的大小有关,如沙拉萬营为25~30株/m^2。生长期间,营养液温度控制在18~20℃,浓度要求EC达到1.2~1.8 mS/cm,pH 6.0~6.5,每隔2 d测定营养液的浓度,当浓度降到原始的1/3~2/3时,需要继续添加营养液,日照控制在9~10 h。生菜定植30 d左右即可采收,采收前不补充营养液,采收时采用机器人和人工相结合的方式,机器人按照指令将栽培床上的蔬菜依次搬运到作业台,对产品进行初步筛选,将合格的蔬菜进行收获,放入塑料箱(盒)中。将收获的蔬菜运输到冷藏室进行预冷,抑制蔬菜采后的生理生化活动,减少微生物的侵染和营养液物质的损失,提高保鲜效果。在4~5℃条件下预冷6~8 h后,将蔬菜按一定的规格打包装盒,并在盒上标注品名、收获时间、数量等,然后上市销售。

2.种苗植物工厂　在人工创造的优良环境条件下,采用规范化技术措施以及机械化、自动化手段,快速而又稳定地成批生产优质园艺植物种苗的一种工厂化育苗技术。工厂化育苗用种量少,育苗期短,能源热效率较高,设备利用率高,幼苗素质好,生产量稳定,是园艺植物工厂化生产的重要应用类型。高附加值的蔬菜和花木的穴盘苗、嫁接苗、扦插苗都需要实行严密环境调控,促进幼苗的无病、优质、稳定的生产,以及促进嫁接苗愈合,还有调节定植期、打破休眠、调控开花等,都需要具有精密调控环境条件的植物工厂设施。植物工厂也可作为组培苗的驯化设施,从试管苗→全自控型植物工厂→太阳光能利用型或并用型植物工厂的驯化育苗过程来培育优质高附加值的蔬菜、果树和花卉幼苗(图7-48)。

图 7-48　植物工厂育苗

(1)主要设施装置　种子处理室(包衣和丸粒化)、控制室、催芽室、播种室、育苗室、包装室,对有些蔬菜、花卉、果树苗木进行嫁接时,还应有嫁接室、嫁接后愈合室与炼苗室,以组织培养进行脱毒快速繁育苗木时,还需建立组培室、检验室、驯化室等。

(2)生产技术流程　在播种室中,将泥炭与蛭石等基质用搅拌机搅拌均匀并装入育苗盘中;育苗盘经洒水、播种、覆盖基质、再洒水等工序完成播种,运至恒温、恒湿催芽室催芽;当80%~90%幼苗出土时,及时将苗盘运至绿化室(温室或大棚),绿化成苗;将绿化后的小苗移入成苗室,室内可自动调温、调光,并装有移动式喷雾装置,可自动喷水、喷药或喷营养液;当幼苗达到成苗标准时,将苗盘运至包装室滚动台振动机上,使锥形穴中的基质松动,便于取苗包装。

3.芽苗菜植物工厂　利用禾谷类、豆类(如豌豆、蚕豆、黄豆、绿豆等)和蔬菜(如白菜、萝卜、苜蓿、香椿、莴苣、芫荽等)的种子萌发后短期生长的幼苗(高10~20 cm)作为食用的,称为芽苗菜或芽菜。芽菜是经绿化的幼苗,其营养成分比豆芽更丰富,富含维生素 B_1、维生素C、维生素D、维生素E、维生素K、类胡萝卜素和多种氨基酸,同时还含有钾、钙、铁等多种矿物质,具有鲜嫩可口、营养丰富、味道鲜美等特点,是真正的"健康食品"。

(1)主要设施装置　多层立体活动栽培架、产品集装架、栽培容器、自动喷淋装置等设施,由于光照、温度和湿度等环境条件自动调控,实现了芽类蔬菜高效优质工厂化规模生产,取得了良好的经济效益。日本的芽菜生产已进入规模化和工厂化生产阶段,如日本的海洋牧场和双层秋千式工厂化芽菜生产系统。

①海洋牧场 1984年日本的静冈县建立了一个以生产萝卜苗为主的海洋牧场，它主要由两部分组成，一是进行种子浸种、播种、催芽和暗室生长的部分，另一是暗室生长之后即将上市前几天的绿化生长的绿化室部分。在这个芽菜工厂中，每隔1周时间就可以生产出一批萝卜苗（图7-49）。

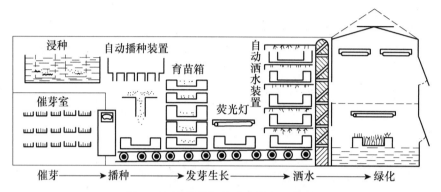

图7-49 海洋牧场的生产流程示意图

②双层秋千式工厂化芽菜生产系统 种子经过消毒、浸种催芽6～12 h后撒播在泡沫塑料的育苗箱中，然后把育苗箱移入吊挂在双层传送带的架子上，传送带在马达的驱动下不停地缓慢运动，当育苗箱处于下层的灌水槽时，有数个喷头喷洒式供应清水或营养液，多余的清水或营养液通过"V"形灌水槽回收至营养液池中（图7-50）。

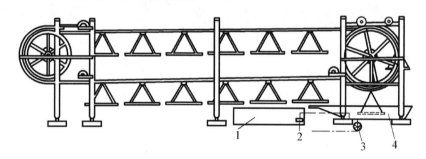

图7-50 双层秋千式工厂化芽菜生产系统示意图

1.营养液池 2.水泵 3.阀门 4.灌液槽

（2）生产技术流程 包括种子筛选、清洗、消毒、浸种催芽、铺放种子、暗室生长、绿化室生长成苗等过程。其作业程序一般为：苗盘准备→清洗苗盘→铺基质→撒播种子→种子2次清选→铺匀种子→叠盘上架→覆盖保温层→置入催芽室→催芽管理→完成催芽→移入栽培室置于栽培架→栽培管理→整盘活体销售→上市。整个生产过程均在相应"车间"进行，销售以商业化、规范化方式进行，具有较高的生产效率和良好的经济效益。

4.太空植物工厂 随着太空技术的不断发展，人类的活动空间也不断扩大，在未来的探索太空过程中，必须有长期生活在太空舱、国际空间站以至其他星球的宇航员，而自给自足的食物是宇航员长期生存的关键。植物工厂作为一种全封闭的生态系统，可完全摆脱环境因子的限制，成为在太空进行农业生产的最佳方式。在太空中，所有的种植工作都是在失重（零重力）环境下进行的，在这种状态下水珠到处散开，且根际极易缺氧，如何供给肥水和根际供氧，都要特别设计。美国国家航空航天局(NASA)在地球上模拟太空种植作物进行了长达 20 多年的试验研究,已经掌握太空种植植物的关键技术,并在作物高密度栽培方面已获得成功,他们的研究结果显示番茄可种 100～120 株/m²,小麦达 1 万株/m²,而 1.2 m² 的小麦就能满足一个人食用。最近,NASA 在国际空间站上实施太空蔬菜种植计划,他们在太空飞船上设计安装了一间植物工厂,取名"宇宙开心农场"(图 7-51),采用最先进的无土栽培技术和 LED 技术,用一种"飞行枕头"状的土壤对抗零重力,进行太空莴苣生产。

图 7-51　美国国家航空航天局太空植物工厂(宇宙开心农场)模拟图

思考题

1.简述风障、阳畦、温床和地膜覆盖等简易保护设施的种类、性能与应用。

2.试述遮阳网、防虫网的结构性能及其在我国南方园艺植物越夏栽培中的应用。

3.常用塑料大棚和日光温室的类型有哪些?

4.日光温室构型有何特点? 合理的结构参数有哪些?

5.某北方园区计划在日光温室中种植越冬茬番茄,试述此茬番茄所处的设施环境特点及其调控技术措施。

6.固体基质栽培有哪些方式? 各有何特点? 栽培要点有哪些?

7.试述营养液膜技术(NFT)和深液流水培技术(DFT)之间的差异及其应用范围。

8.试述草莓高效立体无土栽培技术要点。

9.植物工厂的类型有哪些? 有何特点? 简述国内外植物工厂发展的历程。

10.试述植物工厂叶菜生产关键技术。

参考文献

[1]李天来,张振武.棚室蔬菜栽培技术图解.沈阳:辽宁科学技术出版社,1999.

[2]张振武.保护地蔬菜栽培技术.北京:高等教育出版社,1995.

[3]张福墁.设施园艺学.北京:中国农业大学出版社,2002.

[4]孙锦,高洪波,田婧,等.我国设施园艺发展现状与趋势.中国蔬菜,2012,18:1-14.

[5]郭世荣,孙锦.设施园艺学.3版.北京:中国农业出版社,2018.

[6]郭世荣,孙锦.无土栽培学.3版.北京:中国农业出版社,2019.

[7]张勇,邹志荣.主动采光蓄热倾转屋面日光温室创新结构.温室园艺,2014,5:44-45.

[8]杨其长,张成波.植物工厂概论.北京:中国农业科学技术出版社,2005.

第八章
CHAPTER

园艺产品采收和采后处理

内容提要

　　本章阐述果树、蔬菜和花卉产品适宜采收标准与采收方法,按产品不同等级质量标准进行分级分类。依据园艺产品特性和保持产品色泽、形态、风味、营养等的不同要求,选择适宜包装材料、容器、方法,通过预冷将产品温度迅速降到所需温度,置于特定贮藏环境条件中,尽可能减少呼吸活性、营养物质和水分的损失,维持园艺产品最低生理代谢和养分消耗,以达到预期的产品保鲜、商品性能与经济社会效益。

第一节　采收

　　采收(picking)是园艺产品生产中的最后一个环节,也是采后处理的首个环节。采收成熟度的确定和采收方法的应用直接影响产品的品质、产量,因此应依据不同蔬菜、果树和花卉特性制定相应的采收标准。

一、采收成熟度的确定

　　园艺产品的成熟度直接决定了品质,采收过早,品质达不到要求,如果实小、酸涩味重、香气淡等、鲜切花花朵未开放等;采收过晚,则品质易下降,如果实硬度下降、叶菜类粗纤维增加、花朵凋萎等。因此,园艺产品适宜采收成熟度的确定尤为重要。

　　1.确定采收成熟度的基本原则　园艺产品受到植物种类、品种、环境条件、季节、生产基地远近和消费习惯等影响,因此成熟度的确定存在差异,但原则上应为:园艺产品上架后具有良好的商品外观、固有的风味和营养品质;保证产品无害、无毒;保证产品具有足够长的货架期。

2.判断采收成熟度的基本方法

（1）主观评估法 通常指用视觉、嗅觉、触觉等感觉器官来判断或评估园艺产品的形态、风味和颜色转变等是否达标。

（2）客观评估法 一般采用化学或物理等分析方法。如检测产品某一化学成分含量，或者采用物理方法测定果实硬度等。

（3）生长期计算法 根据园艺植物种类或品种的生物学特性，按生长期推算产品的成熟度。如从开花到果实成熟所需要的时间判断果实的成熟度等。

3.果品和蔬菜成熟度的确定

（1）表皮颜色（skin color） 部分园艺产品在成熟过程中，其表面的颜色会发生明显变化，因此可依据特有的颜色作为判断其成熟度的重要标志。大多数果实成熟前果皮多为绿色（内含大量的叶绿素），伴随着果实的成熟，叶绿素逐渐分解，果皮底色显现转变，如番茄皮中含有番茄红素、叶黄素及胡萝卜素，成熟后表现出红色、粉红色、黄色或紫色，若长距离运输或贮藏，应该在番茄的绿熟期即果顶显示奶油色时采收；就近上市的果实应在果顶粉红色时采收；加工番茄应在果实完全红果时采收。常依据表皮颜色判断成熟度的果蔬种类有：辣椒、柑橘、番木瓜、樱桃、苹果、杏、杧果、桃和香蕉等。

（2）外形（shape） 不同种类、品种的水果和蔬菜往往具有特定的形状特点，它们的果实须发育到一定的形状才能成熟。例如未成熟的香蕉果实横切面为多角形，充分成熟时果实浑圆饱满，横切面呈圆形；西瓜成熟时蒂部和脐部向内凹陷等。

（3）大小（size） 部分园艺产品的大小会随着成熟度的增加而发生明显变化，如甘蓝。

（4）芳香味（aroma） 许多果实成熟后会有特定的挥发性物质，可以此作为其成熟度判定的重要标志。如番石榴的果实在成熟过程中会有浓郁的芳香。

（5）叶片变化（leaf changes） 马铃薯最佳的采收时期为茎叶全部枯死后；瓜类的适宜采收期为瓜梗着生节位的叶片枯死时；大蒜、洋葱的适宜采收期为叶片弯曲并下垂到鳞茎表面时。

（6）脱落（abscission） 部分园艺产品的果实，在成熟时由于离层的形成而易脱落，应及早采收以防落果，同时可以延长货架期，例如仁果类、核果类以及部分瓜类。

（7）硬度（firmness） 硬度又称为坚实度，是指果肉抗压能力的强弱，抗压力越弱，果实硬度越小，反之，果实硬度越大。果实硬度通常采用硬度计测定。具有适当硬度的产品才具有较好的耐贮运性。有些叶菜类蔬菜也可采用坚实度显示其发育状况，例如花菜的花球和甘蓝的叶球。

（8）汁液含量（juice content） 果实汁液含量可作为衡量果实成熟的指标之一。随着园艺产品果实成熟度的提高，不溶性的原果胶分解为可溶的果胶或果胶酸，果实的硬度下降，因此成熟后的果实变得柔软多汁。例如，中国柑橘果实汁液含量达到 33% 即为成熟，克莱门氏小柑橘为 40%，柚子为 35%，柠檬为 25%。

（9）生长期 园艺产品从开花到成熟有相对稳定的生长期。生长期长短与产品种类、品种和栽培环境相关。如香蕉果实的生长期约为 105 d，台湾红毛丹的生长期一般为 90~120 d，新西兰猕猴桃的生长期约为 160 d。不同种类果实成熟期见表 8-1。

表 8-1　果实成熟所需时间

树种	品种	开花至成熟所需时间/d	树种	品种	开花至成熟所需时间/d
苹果	旭	117	柑橘	温州蜜柑	195
梨	巴梨	140		伏令夏橙	392～427
	二十世纪	145	葡萄	玫瑰露	76
	晚三吉	179		白玫瑰香	118
桃	大久保	105		无核白	86
荔枝	陈紫	65	柿	平核无	162

（10）主要化学物质的含量　在成熟过程中，园艺产品器官内的营养物质不断发生变化，其中与成熟度相关的主要化学物质有糖、有机酸、油、干物质、淀粉、可溶性固形物、纤维素等。

①糖酸比（sugar acid ratio）　园艺产品中总含糖量与总酸含量的比值称为糖酸比，可溶性固形物与总酸的比值称为固酸比，它们不仅影响果实的口感和风味，也可作为判断产品成熟度的一种重要指标。如四川甜橙糖酸比为 10：1，苹果和梨糖酸比约为 30：1 时宜采收。

②油含量和干物质含量（oil content and dry matter percentage）　油含量常作为鳄梨成熟采收的指标，如加拿大规定鳄梨采收后其油含量不得低于其果肉质量的 8%。

③淀粉含量（starch content）　淀粉含量是芋头和马铃薯等产品采收的重要标准之一，通常应在产品粉质时采收，此时营养丰富，耐贮藏且产量高。

④可溶性固形物含量（soluble solids content）　糖类是果实中可溶性固形物的主要成分，在果实的成熟过程中，淀粉或糖类被积累起来，果实完熟后淀粉被降解为糖类。因此，可溶性固形物含量常作为判断成熟果实的指标之一。如西瓜要求 10% 以上，猕猴桃要求达到 8%，鲜食葡萄要求 12%～20% 时采收为宜。

⑤纤维含量（fiber content）　部分园艺产品如菜豆、豌豆、青豌豆、甜玉米等均以幼嫩组织为主要食用部分，应在含糖量高、淀粉含量少时采收；如果过晚采收则纤维含量增多，品质下降。

4.鲜切花采摘

（1）采收标准　鲜切花（cut flowers）包括鲜切花、切叶、切枝和切果等，它是自植株上剪切下来供插花及花艺设计用的枝、叶、花、果的统称。根据鲜切花的花朵开放特性和观赏特点，采收标准也有所不同，如满天星、百合和唐菖蒲等是参考小花的显色情况及小花的开放率；菊花主要参考舌状花的开放状况；月季和香石竹主要依花萼的伸展程度和花瓣的松散状况；郁金香主要参考花苞开绽状况、膨胀和变色等；非洲菊则以花心雌蕊的开放情况为标准。此外，鲜切花的采收还应考虑运输距离远近、贮藏与否等因素（表 8-2）。

表 8-2　国内 10 种大宗鲜切花常见的采收标准

花卉名称	用　途			
	远距离运输	兼作远距离和近距离运输	就近批发出售	尽快出售
亚洲百合	基部第 1 朵花苞已经转色，但未充分显色	基部第 1 朵花苞充分显色，但未充分膨胀	基部第 1 朵花苞充分显色和膨胀，但仍紧抱	基部第 1 朵花苞充分显色和膨胀，花苞顶部已经开绽

续表8-2

花卉名称	用　途			
	远距离运输	兼作远距离和近距离运输	就近批发出售	尽快出售
菊花	舌状花紧抱,其中1～2个外层花瓣开始伸出	舌状花外层开始松散	舌状花最外2层都已开展	舌状花大部分开展
香石竹	花瓣伸出花萼不足1 cm,呈直立状	花瓣伸出花萼1 cm以上,且略有松散	花瓣松散,小于水平线	花瓣全面松散,接近水平
小苍兰	基部第1朵花苞微开绽,但较紧实	基部第1朵花苞充分膨胀,但还紧实	基部第1朵花苞开始松散	基部第1朵花苞完全松散
非洲菊	舌状花瓣基本长成,但未充分展开,花芯管状,雌蕊有2轮开放	舌状花瓣充分展开,花芯管状,雌蕊3～4轮开放	舌状花瓣大部分开放,管状花花粉开始散发	舌状花瓣大部分开放,管状花花粉大量散发
唐菖蒲	花序最下部1～2朵小花显色而花瓣仍紧卷	花序下部1～5朵小花显色,小花花瓣未开放	花序最下部1～5朵小花都显色,其中基部小花略呈展开状态	花序下部7朵以上小花露出色片并都显色,其中基部小花已经开放
满天星	小花盛开率10%～15%	小花盛开率16%～25%	小花盛开率26%～35%	小花盛开率36%～45%
补血草	花朵充分着色,盛开率30%～40%	花朵充分着色,盛开率40%～50%	花朵充分着色,盛开率50%～70%	花朵充分着色,盛开率70%以上
月季	花萼略有松散	花瓣伸出萼片	外层花瓣开始松散	内层花瓣开始松散
郁金香	花苞发育到半透色,但未膨胀	花苞充分显色,但未充分膨胀	花苞充分显色和膨胀,但未开绽	花苞充分显色和膨胀,花苞顶部已经开绽

注:资料来自 GB/T 18247.1—2000《主要花卉产品等级　第1部分:鲜切花》。

（2）采收时间的确定　鲜切花种类很多,其采后特性因种类和品种而异,并没有一个统一的最佳采收时间。上午采收可以保持切花细胞内较高的膨压;下午或傍晚采收,花枝经过一天的光合作用,积累了较多的碳水化合物,切花质量相对高些。夏季最适宜的采收时间是晚上8:00左右,避免过高的温度给采后处理带来困难。

二、采收方法

园艺产品的采收分为人工采收（artificial picking）和机械采收（mechanical picking）两种方法。

1. 人工采收　人工采收主要是指:采用手工采、摘、拔,或用刀切、割,或用锹、镢挖,或用剪子剪果等。人工采收耗工耗时,但对于有特殊要求的园艺产品是不可替代的,如:带梗采的苹果、带花采的黄瓜、带蒂采的草莓等;另外,成熟度不均匀的或用于贮运的园艺产品,也需要人工采收。

人工采收的优点是可不受地形、树形等的影响;可有效地减少机械损伤,保证产品质量;可依据成熟度和果实大小等分批、分期进行,便于产品分级。缺点是人力成本高。目前,人工采收仍是国内园艺生产中主要的采收方法。

(1)果品的采收　仁果类和核果类的果柄部位有离层,采收时将果实向上托起即可自然脱落,应注意防止果柄脱落或折断以免降低品质和耐贮藏性。柑橘类果实的采收常用特制的圆头形专用采果剪。葡萄等果柄与果枝牢固结合的种类,一般用采果剪采收;核桃、板栗等,可用竹木杆由内而外顺枝打落,然后收集。

果实采收时应按先下后上、由外而内的顺序进行,避免或减少人为的机械损伤。采收过程中要注意轻拿轻放,防止如压伤、擦伤、碰伤和指甲伤等损害,搬运用的果箱或果筐内应铺垫软物,如麻袋片或塑料编织布等,同时应尽量地减少倒筐次数。果品一旦出现机械伤口,易受到微生物入侵,致使呼吸作用加剧,品质、耐贮性降低,甚至腐烂等。果实采收应注意保护树体,防止碰掉花芽和叶芽,避免折断果枝等,以免影响翌年产量。

(2)地下根茎菜类蔬菜的采收　地下根茎类蔬菜的采收一般用锄或锹翻挖,有时也用犁翻、深挖,否则易伤及根茎,如马铃薯、芋头、山药、胡萝卜、萝卜、大蒜、洋葱等。马铃薯采收时,可先将枝叶割去再挖出地下块茎,进行堆晾降低其水分含量;山药采收时应避免折断较细长的块茎,以免影响商品性。有些蔬菜如韭菜、甘蓝、大白菜、芹菜等可用刀割断茎部采收。韭菜采收时应注意避开生长点下刀;芹菜采收时注意基部与叶柄相连;甘蓝、大白菜收割时应留2～3片叶衬垫。瓜类的采收一般在早上进行,采收时应注意保留瓜柄。豆类和茄果类蔬菜一般用手工采摘。

(3)球根花卉地下种球的采收　球根花卉地下种球与地下根茎类蔬菜产品的采收方法相似,如百合、水仙、郁金香、马蹄莲、唐菖蒲、小苍兰、晚香玉、大丽花、美人蕉、花毛茛等。采收应选择在晴天进行,采收前2周可停止或减少浇水。采收后酌情进行清洗,并用适宜的杀菌剂消毒,然后堆晾、风干。如水仙采收后应除去须根,并将茎盘两侧脚芽基部用泥封好,适度晾晒即可;郁金香可采用自然干燥法缓慢晾干鳞茎的皮膜;唐菖蒲应彻底晾晒至新球皮膜干燥;小苍兰宜置于散射光、通风处干燥;美人蕉根茎采收后晾晒2～3 d,当表皮稍干皱后即可贮藏;百合采收后先将种球进行消毒,待其晾干后可用湿藏保存。

(4)鲜切花的采收　采收鲜切花用的刀剪要锋利,以便剪切时切口平滑,减少汁液的渗出和微生物的侵染。若采收通过切口吸水的木质茎类切花,切口应为斜面,以增加花茎吸水面积。鲜切花的花枝越长,则其质量等级也越高,所以切割花茎应尽量靠近基部,但对于木质化程度较高的木本切花,切割部位过低则会影响吸水能力而缩短贮藏寿命;对于如一品红、观赏罂粟等这类切花,它们在切口处流出的汁液易凝固而影响吸水,因此可将采收后切花的茎基部插入85～90℃热水中,数秒后便消除这种不利影响。鲜切花采收后24 h内尽快完成脉冲液处理和预冷等环节,并经适当包装后迅速置于冷库之中,以免损失过多水分而造成萎蔫。

2.机械采收　机械采收一般适用于高密度栽植的叶菜类、根菜类和加工用的果品类。机械采收可提高采收效率,降低生产成本,但自动分级和包装等易生成一些机械伤害。此外,成熟度不一致的品种不适合采用机械采收。

球茎类、叶菜类和地下根茎菜类蔬菜一般使用机械收割和深耕犁;果实类则用强力震动或强风压机械促使果实由离层脱落,掉落在树下预先铺好的帆布篷和传送带内,再将果实输送到分级包装机内。目前,苹果、葡萄和樱桃在美国已使用机械采收,与人工相比,它们的成本分别下降了43%、51%和66%。制罐或制酱用的辣椒、番茄、马铃薯、甜玉米、豌豆等都可以用机械采收,但要求这些品种的成熟度一致。番茄、樱桃、山楂、柑橘、板栗等果实在机械采收前常用化学处理作为辅助手段,以便于机械采收。通常使用的化学试剂为脱落剂或脱叶剂(如乙烯利等),使叶柄或果柄产生离层,促进落叶或落果,有利于机械采收。例如:枣果实采前5~7 d,向枣树体上喷施200~300 mg/L乙烯利水溶液,喷药3~7 d后果柄逐渐离层,轻摇树枝即能使全部果实脱落,大幅度提高了采收工效,同时乙烯利可促进可溶性固形物含量提高1‰~3‰。此外,萘乙酸(naphthaleneacetic acid)、放线菌酮(cycloheximide)、抗坏血酸(ascorbic acid)等也可用于果实脱落,辅助机械采收。

第二节 分 级

一、分级的概念

分级(grading)是指将园艺产品按照不同等级质量标准进行分类的操作过程,分级是园艺产品商品化处理的第一步,目的是便于产品的商品化。

二、分级的必要性

1.便于区别园艺产品的质量 通过质量分级可以提高其使用性和交易价值;分级有利于剔出有病虫害和机械损伤的产品,以减少贮藏中的损失和病虫害传播。此外,分级能及时将残次品进行加工处理,以减少浪费,降低成本。

2.有利于规范市场交易 不同质量分级的园艺产品容易形成相对稳定的价格体系,避免出现以次充好或无理压价等情况,以促进市场规范。

3.保护生产者和消费者的利益 等级标准是评定产品质量的客观依据和技术准则。等级标准可作为销售中的一个重要工具,为生产者、流通渠道和收购者中的各环节提供贸易语言。等级标准还能为优价、优质提供依据;能够从同一标准评价比较市场上的不同销售产品,便于引导市场价格和提供信息。按等级标准进行分级有助于园艺产品的生产者、经营者和管理者在产品上市前的有序准备工作。有助于解决买方和卖方的损失赔偿、争议和裁决等。此外,有助于提高生产者对同质不同价产品的质量意识。

4.促进贸易流通 便于明确贮藏期间产品的贷款价值;可以为消费者提供产品的订购明细表;有助于进行未来贸易。

三、国内外分级标准

1.国外分级标准 园艺产品的国外分级标准包括国际标准、国家标准、协会标准和企业标准。1954年在日内瓦欧洲共同体制定了水果的国际标准,随着经济的合作与发展至今多数标准已重新修订。1961年制定了苹果和梨的第一个欧洲标准,现今37种园艺产品已有了标准,且每一种标准均有3个贸易级,每级允许有一定的不合格率。其中特级(AAA)代表特好,1级(AA)代表好,2级(A)代表销售贸易级(包括可进入国际贸易的散装产品),以上标准均由欧洲共同体进出口国家进行强制性的检查。

2.国内分级标准 依据《中华人民共和国标准化法》的规定,国内园艺产品分级标准包括4级:国家标准、行业标准、地方标准和企业标准。国家标准是在全国范围内统一使用的标准,由国家标准化主管机构批准发布;行业标准即专业标准、部颁标准,当没有国家标准时,由专业标准化组织或主管机构批准发布,并在某个行业范围内统一使用的标准;地方标准是在没有国家标准和行业标准的情况下,由地方批准发布,并在本行政区内统一使用的标准;企业标准是在企业内部统一制定、发布和使用的标准。

四、中国园艺产品使用的分级标准

1.果品分级标准　国家级的果品质量标准约有 16 个,包括香蕉、鲜苹果、鲜梨、鲜龙眼、板栗、核桃、红枣等。部分果品还有行业标准,如梨和香蕉的销售质量,出口鲜苹果的检验方法,出口鲜柠檬、鲜甜橙、鲜宽皮柑橘等。部分干果和加工品有特定的行业标准,如葡萄干、金丝蜜枣、杨梅和杏干的通用技术条件等。此外,我国在 1992 年制定了杏脯、桃脯和果酱的等级标准。

水果分级标准因产品种类和品种而异。通常以果形、新鲜度、颜色、品质、病虫害和机械损伤等指标为基本参考标准,若一致则按果实大小分为若干等级,即果实横径最大部位的直径。同一果品的分级标准因品种、产地及贸易方的标准等而存在差异。如河北和山东的出口红星苹果共分 5 个等级标准:直径为 65～90 mm 的苹果,每相差 5 mm 为 1 个等级。河南省的 5 个分级标准为:直径为 60～85 mm 的苹果,每相差 5 mm 为 1 个等级。四川向西方一些国家出口的柑橘分为大、中、小 3 个等级,而对苏联出口的等级则分为 7 个。广东省惠阳地区出口香港和澳门特别行政区的柑橘中,直径为 51～75 mm 的甜橙分为 5 个等级,每相差 5 mm 为 1 个等级;直径为 61～95 mm 的丫柑分为 7 个等级,每相差 5 mm 为 1 个等级;直径为 51～85 mm 的蕉柑,每相差 5 mm 为 1 个等级。在国外,柑橘果实的大小已采用光电分级机进行分级。

2.蔬菜分级标准　"七五"期间,我国对部分蔬菜的等级和通用包装技术等制定了行业或国家标准,其中包括番茄、黄瓜、大白菜、花椰菜、芹菜、青椒、韭菜、菜豆和大蒜等。蔬菜由于种类繁多、产品器官差异大、采收时期不一致等原因,没有固定统一的分级标准,只能因菜而异制定特定标准。根据蔬菜的质量、大小、形状、颜色、坚实度、鲜嫩度、清洁度、病虫感染和机械伤等分级,一般分为 3 级,即特级、一级和二级。特级的综合品质最好,具有本品种典型的色泽和形状,大小均一,无虫无病,口感良好,在包装内的产品排列整齐,数量或质量上的误差低于5%;一级产品要求与特级产品有同样的品质,允许色泽和外表上稍有斑点,但对外观和品质无影响,在包装箱内产品不需要排列整齐,允许有 10% 的误差;二级产品要求较低,价格低廉,允许其有外观和品质上的缺点,适合采后短距离运输或就地销售。

3.观赏植物分级标准　1982 年欧洲经济委员会(The United Nations Economic Commission for Europe,ECE)颁布部分花卉类的质量标准,随后增加了一些附加标准及详细规定。该标准共分为 3 个鲜切花等级,分别为特级、一级和二级(表 8-3)。除了欧洲以外,美国、荷兰和日本等国家相继制定了鲜切花的质量标准。整体而言,观赏植物相对缺乏完善的国际标准。

国内鲜切花的质量标准有国家标准、地方标准和行业标准。2000 年 11 月国家质量技术监督局发布了主要花卉产品的等级标准,其中鲜切花类产品包括菊花、非洲菊、月季、唐菖蒲、满天星、香石竹、麝香百合、亚洲百合、花烛、马蹄莲、鹤望兰、银芽柳和肾蕨等。基本因素和社会因素是影响鲜切花质量标准的主要因素,其中基本因素包括花朵颜色、开放度、新鲜度、花茎长度、病虫害、机械损伤、落花落蕾、整体平衡感等外观因素和耐贮运性、瓶插寿命和对环境的适应性等内在因素。鲜切花类的质量因素主要有:①植株的整体平衡,即是否新鲜、完整和均匀,花朵的形状和颜色及花序排列,花茎的长度、粗度以及挺直度,叶片的色泽、外形和排列;

②采收的标准和采后处理,如花材整理、捆扎、包装和标签等;③病虫害和损伤状态,包括是否存在检疫性或普通病虫害,产品受病虫害影响的程度,机械损伤和药害。

表 8-3　ECE 切花分级标准

等级	对 切 花 的 要 求
特级	切花具有最佳品质,无外来物质,发育适当,花茎粗壮而坚实,具备该种或品种的所有特性,允许切花的 3% 有轻微的缺陷
一级	切花具有良好品质,花茎坚硬,允许切花的 5% 有轻微缺陷
二级	在特级和一级中未被接受,但满足最低质量要求,可用于装饰,允许切花的 10% 有轻微的缺陷

注:资料来自朱昌锋(2005)。

五、分级方法

目前,分级方法主要有人工分级和机械分级两类。国内主要采用人工分级法,而在有选果设备的外销商品基地,采用人工分级和机械分级相结合。一般先进行人工目测分级成不同的规格,然后按质量或大小进行机械或人工的分级、包纸和装箱等。

国外发达国家一般采用机械分级,有大、中、小 3 种类型的分级设备。机械分级主要根据果径大小或果实质量进行选果,而自动化程度高的机器可进行洗果、吹干、分级、打蜡、称量、装箱,甚至通过电脑鉴别其颜色和成熟度、伤果、病虫果等一系列分级过程。

1.果实大小分级机　通常先把小果径的果品分出,最后分出最大的果实。果实大小分级机具有操作简单、效率高等优点,但易造成果实机械伤。如柑橘果实大小分级机,根据摇动旋转的类别分为传动带式、滚动式和链条传送带式 3 种。

2.果实质量分级机　果实形状不正的果品,如杧果、柿子、梨等,通常采用果实质量分级机。按其衡重的原理分为弹簧秤式和摆杆秤式 2 种。

3.光电分级机　是目前最先进的分级设备,在经济发达国家多用于柑橘、苹果等果实的分级。

第三节　包　装

一、包装的定义

包装(packing)是指为了促进销售、方便贮运及减少流通损耗,在流通过程中将园艺产品按一定操作方法置于一定规格容器中的过程。

二、包装的作用

1.便于产品采后的处理　园艺产品经过包装后更易于贮运和流通环节中的操作。

2.减轻机械损伤　使用包装材料可以避免装卸、运输和堆码过程中园艺产品受到机械损伤。

3.减少水分损失　园艺产品在运输和销售环节中暴露在环境中,湿度难以控制,良好的包装可以减少产品水分的散失。

4.保持相对稳定和较低的温度 经过预冷处理后的园艺产品,可以在适宜的包装容器内长时间保持较低的温度,有利于减少呼吸作用,维持其贮运品质。

5.创造适于保鲜的气体环境 如鲜切花采用聚乙烯薄膜包装,可以自发地形成高浓度的CO_2抑制呼吸作用,有利于延长采后产品的寿命。

6.提高商品价值 精美的包装可以吸引消费者,增加购买欲望。此外,还会增加产品的市场竞争力,提高商品在国际市场上的"身价"。

三、包装材料的选择

1.包装材料选择的要求 包装材料选择的具体要求:能够防止园艺产品在运输、装卸和堆码过程中受到机械损伤;要求有一定的防潮性,能够适度地防水变形;便于散热和气体交换,具有适当的透气性和导热性;能够为特殊产品提供适合的光照要求。此外,包装材料本身要清洁、无毒无害、无异味、美观、质量轻、便于取材、易于回收等特点,并且包装上要求注明商标、品名、质量、等级、产地、包装日期和保存条件等。

2.包装的用材 目前内包装材料多采用塑料薄膜、薄膜软纸、蜡纸等,用于保水和保鲜;外包装材料多采用具有防水性的纸质或塑料用材;衬垫和填充材料一般采用纸、草、人工合成的泡沫塑料板垫和网套等。

四、包装容器和规格

包装容器由早期的植物材料到现在的纸质、塑料、合成纤维等不同的材料,其包装形式也越来越多样化。表 8-4 列举了包装容器的种类、材料及适用范围。

五、包装方法与要求

为了充分利用包装的空间、有利于通风透气和防止包装内产品的滚动碰撞,园艺产品应按一定的规格排列装箱。根据产品特点可采取直线排列、对角线排列、格板式排列和同心圆式排列等。

1.果蔬包装 果蔬类的包装要求包装量适度,包装和装卸时轻拿轻放,尽量避免机械损伤。包装加包装物的质量依据产品种类、操作方式和搬运而定,一般不超过 19～21 kg。由于不同水果和蔬菜的抗机械伤能力的差异,因此对装箱的最大深度有严格的要求,如柑橘为 35 cm,番茄为 40 cm,苹果和梨为 60 cm,胡萝卜为 75 cm,马铃薯、洋葱和甘蓝为 100 cm(表 8-5)。

表 8-4 包装容器种类、材料及适用范围

种类	材料	适用范围
塑料箱	高密度聚乙烯、聚苯乙烯	任何果蔬、高档果蔬、种球
纸箱	板纸	果蔬、鲜切花、盆花
钙塑箱	聚乙烯、碳酸钙	果蔬、鲜切花、盆花
板条箱	木板条	果蔬、种球
筐	竹子、荆条	任何果蔬、种球
加固竹筐	筐体竹皮、筐盖木板	任何果蔬
网袋	天然纤维或合成纤维	不易擦伤、含水量少的果蔬、种球

表 8-5 果实包装箱的规格

果品种类	箱内尺寸/cm			隔板有无	每箱果重或果数
	长	宽	高		
柑橘	58.5	33.5	18	有	20 kg
苹果	64	31	33	无	25 kg
枇杷	90	53	85	有	25～26.5 kg
菠萝	57	32	15	无	9～12 个
香蕉	57	35	22	有	10～15 kg

2.鲜切花包装 鲜切花类产品的包装容器内应加支撑物或衬垫物,减少碰撞和震动。易失水的鲜切花类产品可以采用塑料内包装,如柔质的聚乙烯薄膜,但应注意避免包装内高浓度的 CO_2 引起一些切花伤害。生产上常采用透气性好的聚乙烯膜(厚度为 0.04～0.06 mm)或者打孔膜包裹切花。对于花蕾和切花头可采用软纸、塑料网和充满空气或氮气的塑料袋包装保护。贮藏箱内常用蜡纸、加冰等创造低温、高湿环境。鲜切花包装的第一步是捆扎成束,然后用报纸、塑料袋等包裹后装箱。我国鲜切花多以 20 枝为一扎,如月季和香石竹;而百合,多以 10 枝一扎。进口花卉以 8 枝、12 枝或 25 枝为一扎,如大花类的菊花、马蹄莲等一扎 12 枝,而香石竹等则每扎 25 支。

六、包装的堆码

1.果蔬包装的堆码 果蔬包装件堆码应充分利用空间,垛间和箱体间应保持适当的空隙,便于通风散热和垛的稳固。堆码方式和垛高要便于操作,可依据容器的质量、产品的特性及堆码的机械化程度来确定。

2.鲜切花包装的堆码 鲜切花包装时要注意切花的特殊要求,如湿包装类、热敏感类、乙烯敏感类等。湿包装是在包装箱底部放置有保鲜液的容器,并将切花垂直插入,如百合、月季、满天星、非洲菊、飞燕草等切花。湿包装的切花主要用于陆路运输。热带切花对低温伤害很敏感,一般将花茎基部置于盛水的球形橡胶容器或塑料小瓶内,并将花茎与盛水容器固定,或者是花茎末端放置吸水棉花,再用聚乙烯膜或蜡纸包好捆牢。对于唐菖蒲、花毛茛、飞燕草、小苍兰、金鱼草等向地性弯曲敏感的切花,包装和贮运时要垂直放置,以免茎部弯曲。对乙烯高度敏感的切花(如兰花),可在包装内放入含有高锰酸钾的涤气瓶来清除乙烯。

七、包装的环保和标准化

包装材料除了要满足实用性外,还应该考虑到其环保性。目前,市场上有各式各样的包装材料。纸质、木质及纤维板材料易降解和回收利用,但材料成本和回收费用较高;聚苯乙烯等聚合物材料方便耐用,但不易降解,处理不当会污染环境;由蛋白质、淀粉及纤维素等制成的合成材料易降解且无毒无害,有望成为更环保的材料用于产品的包装。

目前,国内的包装形式、包装材料和包装方式等较为混乱,这严重地影响了商品的流通;而国外发达国家园艺产品的包装已达到无毒、易冷却、耐湿要求,而且正向着美观、经济、环保、标准化和规格化等方向发展。因此,我国制定了新鲜水果、蔬菜包装和冷链运输通用操作规程

(数字资源 8-1),这对于园艺产品包装的标准化、规格化、统一管理和商品流通等具有积极的推动作用。相对于蔬菜果品的包装,观赏植物包装的标准化较为复杂,因此进展缓慢。美国产品上市协会(PMA)和花卉栽培者协会(SAF)制定了鲜切花包装箱的标准尺寸,如宽 51 cm,高 30 cm,长 102 cm、122 cm 或 132 cm 等不同型号。

第四节　预　冷

数字资源 8-1
新鲜水果、蔬菜
包装和冷链运输
通用操作规程

预冷(precooling)是园艺产品贮藏保鲜成败的关键,指通过人工措施将收获后的园艺产品温度迅速降到所需温度的过程,也称为除去田间热(cooling capacity)的过程。预冷可以降低产品的田间热和呼吸热,减少呼吸活性、营养物质和水分的损失,减缓或抑制病害的发生,降低乙烯释放对产品的危害,达到延长贮运寿命、保持贮后品质的目的。此项措施主要在园艺产品运输前或贮藏前进行,有时也在批发或拍卖市场做短时间处理。

预冷的方法一般分为自然预冷和人工预冷。人工预冷又分为冷库空气预冷、强制通风预冷、水冷和真空预冷等方式。

一、自然预冷

1.定义　自然预冷(natural precooling)是将园艺产品放在通风、阴凉的地方让其自然冷却。如在北方和西北高原的地区,采收后的产品被放在阴冷处,白天遮阴,夜间裸露,自然冷却后放入通风库、地窖或窑洞中进行贮藏。

2.优缺点　自然预冷成本低,操作方便简单,但降温速度慢,一般多用于果蔬类。

二、冷库空气预冷

1.定义　冷库空气预冷又称室内预冷(room cooling),是将园艺产品放在冷库内依靠空气自然对流使产品降低温度的预冷方式,是目前应用最广泛的一种预冷方式。

2.优缺点　冷库空气预冷简单易行,适用于任何园艺产品。但是预冷速度较慢,通常园艺产品的预冷装箱(但是没有封口)需要 24 h 以上。为了促进室内空气流通提高预冷速度,可在冷库中安装风扇。冷库空气预冷中由于园艺产品一直暴露于空气中,水分损失较多。鲜切花通常采用复水、吸收预处液和预冷同时进行,如月季、唐菖蒲、香石竹、情人草、补血草等插入预处液中,花枝相对较分散,其降温速度较快,可在 6 h 内从 20℃降至 5℃。

三、强制通风预冷

1.定义和原理　强制通风预冷(forced air cooling)是在冷库空气预冷的基础上发展起来的一项预冷技术。该方式将装有被预冷产品的包装箱按照一定的方向排列码垛在一起,包装箱之间开有通气孔道,以确保箱体之间的气体流通,最后将码垛在一起的包装箱垛的一侧(这里称为首侧)与抽风机直接连接,而整个箱垛暴露在冷库内。当抽气机工作时,箱内形成一定的负压环境促使库内冷空气按照一定的气体流通方向通过预冷产品内部流热传导使产品达到预冷的目的。产品的预冷速度与冷空气在产品周围的流速有关,可通过调节抽气机抽气量和包装箱体的开孔大小控制产品的预冷速度。

2.优缺点　强制通风预冷速度快,但空气流通易造成园艺产品失水萎蔫,而且需要配备专门的设备如抽气机等,操作起来比较麻烦。此法适用于表面积与体积比大的蔬菜和几乎所有的鲜切花种类。

四、水冷

1.定义和原理　水冷(hydrocooling)是利用流动的冷水使园艺产品冷却降温的方式。水冷的原理是通过热对流和热传导,使园艺产品在 0～3℃的冷水装置中降温。水的热传导系数比空气要高得多,因此冷却迅速。依据园艺产品与水的接触方式,可以分为浸泡式、喷水式、洒水式和送风冷水式等。

2.优缺点　水冷的优点是冷却迅速且成本低,尤其是运转及设备费用低。缺点是易造成不同园艺产品的混合感染。水冷多用于体积与表面积比小的园艺产品,如胡萝卜、萝卜、番茄、茼蒿、甜玉米、菠菜、桃等。在美国,水冷普遍用于胡萝卜、甜玉米、豌豆、桃和石刁柏等;而在日本,由于人们不喜欢水浸过的产品,水预冷很少被采用。

五、真空预冷

1.定义和原理　真空预冷(vacuum cooling)是将园艺产品放入真空预冷机的密闭真空罐内,通过降压使产品的表层水分汽化蒸发,从而使潜热挥发冷却产品的降温方式。真空预冷是日本开发的。通常情况下水的沸点是 100℃,当蒸汽压下降时沸点也会随之下降,如水的饱和蒸汽压由 101 332.3 Pa 降到 1 226.7 Pa 时,水的沸点便会从 100℃降到 10℃,那么 10℃下水便会变成水蒸气。利用这样的原理,在减压的真空状态下,将预冷物的沸点降至 0℃左右,从而使水分和其携带的潜热蒸发,以降低园艺产品温度,达到预冷的目的。水的沸点与饱和蒸汽压及蒸发热之间的关系见表 8-6。

表 8-6　水的沸点与饱和蒸汽压、蒸发热之间的关系

水的沸点/℃	饱和蒸汽压/Pa	蒸发热/(kJ/kg)
100	101 332.3	2 255.2
50	12 346.5	2 380.7
40	7 373.3	2 397.4
30	4 240.0	2 426.7
20	2 333.3	2 451.8
10	1 226.7	2 476.9
8	1 066.7	2 481.1
6	933.3	2 485.3
4	813.3	2 489.5
2	706.7	2 493.7
0	613.3	2 497.8

注:引自《观赏植物采后生理与技术》,中国农业大学出版社,2002。

水由液态变为气态时,每千克水的汽化热约为 2 512.1 J,真空预冷正是利用了汽化热散失的热量作为冷源。园艺产品器官的含水量均比较高,将其置于密闭的真空罐内,用真

空泵抽真空使压力降为 1 333 Pa 以下,从而促进园艺产品表面的水分汽化散热,最终使温度降低。真空预冷机分为固定式和移动式两种,其包括真空罐、操纵箱、真空泵、冷凝器等部分。

2.优缺点 真空预冷降温程度易于控制且降温速度快,但成本较高,因此多用于大批量、高附加值和高品质的园艺产品,如大部分的鲜切花。较难贮运、表面积和体积比值大、附加值高的叶菜类和鲜切花类也适合于此种预冷方法,如菠菜、叶用莴苣、青花菜、茼蒿、芹菜、花椰菜、草莓和石刁柏等。真空预冷目前在日本应用广泛。

第五节 贮 藏

所谓贮藏保鲜就是利用人为创造的特定环境条件,维持园艺产品最低的生理代谢和养分消耗,尽可能地保持其新鲜度和营养成分,防止腐败变质,从而延长贮藏寿命和销售期。因此,贮藏是延长园艺产品采后的保鲜时间和保持其食用、营养或观赏价值的技术措施。通过贮藏可以延长产品的供应期,调节淡旺季市场,实现园艺产品的均衡供应和种类多样化。依据园艺产品的贮藏设施和种类可分为简易贮藏、通风库贮藏、机械贮藏和气调贮藏等;按照贮藏性能可分为新鲜产品贮藏、加工品贮藏、留在植株上贮藏;按冷源可分为利用自然条件控温和人工控温;按贮藏地点可分为产地贮藏和销地贮藏。

一、简易贮藏

1.简易贮藏的概念 简易贮藏(simple storage)是劳动人民在长期生产实践中总结出来的、简单易行的贮藏方法,它充分利用当地气候条件,设施结构简单,建材少且费用低,但由于完全依赖自然低温,环境条件不易控制。

2.简易贮藏的基本形式

(1)堆藏(piled storage) 是将园艺产品直接堆放在田间空地或浅坑中,或房前屋后的阴棚下进行短期贮藏的方式。一般用沙土、凉席或秸秆等进行覆盖,以维持温、湿度,防止受热、受冻和风吹雨淋。此方法多用于低廉且耐贮藏的产品,如大白菜、南瓜、洋葱等(图8-1)。

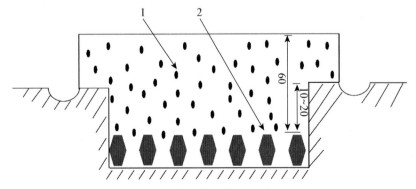

图 8-1 白菜堆藏示意图(单位:cm)

1.细沙 2.白菜

（2）沟藏（storage in ditch）　又称埋藏，即将园艺产品堆放在沟或坑内的简单贮藏方式，通过覆盖和通风调节气温和土温，以维持产品要求的条件。沟藏利用土壤能较好地减轻产品失水萎蔫，同时容易积累产品本身释放的 CO_2，形成自发的气调环境，抑制蔬菜呼吸与微生物活动，多用来贮藏苹果、大白菜和根茎类蔬菜（图 8-2）。

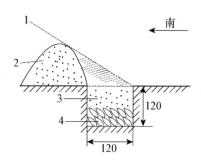

图 8-2　沟藏萝卜示意图（单位：cm）

1.光线　2.土堆　3.覆土　4.萝卜

（3）窖藏（cellar storage）　是将园艺产品堆放在山坡或地势较高的地窖或土窑洞中进行贮藏的方式。它既可利用土温，又可利用通风来调控窖内的温度，贮藏期间产品可随时入窖出窖和检查贮藏情况等，操作管理方便。窖身一般坐南朝北或坐西朝东，以避免直射光照射（图 8-3）。

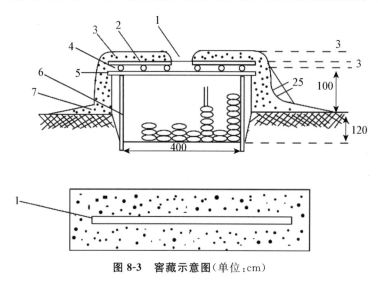

图 8-3　窖藏示意图（单位：cm）

1.天窗　2.覆土　3.秫秸　4.椽木　5.横梁　6.支柱　7.气孔

（4）假植贮藏（temporary planting storage）　将连根收获的蔬菜密集假植在沟或窖内，使产品处在缓慢的生长状态，是一种抑制生长的贮藏方式。多用于北方秋冬季蔬菜的贮藏，如芹菜、花椰菜、油菜、莴笋、四季萝卜等。假植贮藏有利于蔬菜从土壤中吸水；可以进行微弱的光合作用以补充养分；还可以使外叶的养分向食用部分转移。

二、通风库贮藏

1.概念　通风库贮藏（ventilated storage）是指在有较完善的通风系统和隔热结构的建筑

中,利用库内外温度差异,以通风换气的方式来引入外界冷空气,排除库内热空气,维持库内适宜温度的一种贮藏方式。通风贮藏库利用冷空气下降,热空气上升的原理进行通风,通风设备是通风库的核心设施。它是在窖的基础上,以砖木水泥为固定建筑,故此也叫固定窖。其类型分为地上式、地下式和半地下式3种。

2.优缺点　相对于窖藏,通风库优点较多,具有相对完善的通风设备和隔热结构,可人为地进行调节并保持适宜的贮藏温度;采用砖木石料等为原料所建,是永久性建筑,使用时间长;园艺产品的出入库、检查和处理等方便操作;通风库适用于多种园艺产品的贮藏,且贮藏空间大。缺点是无法精确地调控温度和温差,受季节和地域的限制较大。

三、机械贮藏

1.概念　机械贮藏(normal storage)又叫冷库贮藏,是将园艺产品放在具有良好隔热和保温性的库房中,利用机械制冷系统调节环境温度而进行贮藏的方法,是当前园艺产品贮藏应用最广泛的一种方式。其冷库结构包括冷冻机房、贮藏库、缓冲间和包装场4部分。

2.优缺点　机械贮藏最大的优点是具有最适宜的温度贮存条件,且比较稳定,不受外界的影响;此外,具有操作机械化、规范化、控制精细化、自动化等优点。缺点是成本相对比较高。

3.机械贮藏要点

(1)保持冷库内适宜稳定的温度　园艺产品之间的冷敏感性存在差异,因此冷库内温度的变化易引起贮藏产品呼吸作用增加、水分代谢失调等反应。

(2)保证产品的入库质量　选择成熟度适宜、无病无虫、无损伤、包装完整的优质产品入库。每天的入库量不宜过多,一般为库容的10%左右。入库后,产品的堆垛间距、离地间距、垛与风机间距等应保持一定空间,以便冷空气的流通和温度的平均分布。通常果品的库容量为 $150\sim180$ kg/m³,蔬菜则低于 150 kg/m³。

(3)尽量缩短采收到入库的时间　一般的贮藏园艺产品应在 24 h 内入库,且入库后 $3\sim5$ d 将果心温度降到最适宜的贮藏温度。

(4)保持相对较高且稳定的空气湿度　库内相对湿度一般要求 90% 左右。设计冷库时,加大热交换面积,并缩小库温与蒸发温度的差异,以避免蒸发器的结霜或化霜,进而影响库内较高湿度的稳定。此外,库内可增设多个加湿器。

(5)及时通风换气　由于园艺产品在贮藏过程中,会不断地通过呼吸作用释放出二氧化碳、乙烯等气体,而大量积累的气体会促进产品的成熟、衰老及腐烂,因此,库内必须进行通风换气。通风换气宜在内外温差小且气温较低的早上进行,不宜在雨天、雾天等湿度过大时换气。

控制适宜的温度是机械贮藏的根本保障,因此,园艺产品贮藏温度的确定显得尤为重要,通常设定为冷害之上的临界值,常见园艺产品机械贮藏的条件和贮藏期见表8-7和表8-8。

表 8-7　果蔬的最适温度、相对湿度和贮藏期

果蔬种类	最适温度/℃	相对湿度/%	贮藏期
苹果	0	95~100	5~9 个月
柑橘	2~15	90~95	2~6 个月

续表8-7

果蔬种类	最适温度/℃	相对湿度/%	贮藏期
香蕉(绿色)	12~15	90~95	1~15个月
梨	0	90~95	3~6个月
葡萄	−1~0	90	2~4个月
杧果	10~13	95	15~20 d
猕猴桃	0	90~95	3~6个月
桃	0~2	90~95	20~30个月
柿子	−1~0	90~95	2~3个月
荔枝	1~5	90~95	2~3周
山楂	0~2	90~95	4~6个月
樱桃	0~1	90~95	1~1.5个月
菠萝	7	90~95	15~20个月
板栗	0~4	90~95	4~5个月
核桃(干)	0~5	50~60	1~2个月
草莓	0~1	90~95	1周
番茄(绿熟)	10~12	90~95	2~3周
青椒(茄子)	7~13	90~95	2~3周
黄瓜	13	90~95	1~2周
蒜薹	0	90~95	6~8周
菜豆	7~10	90~95	2~3周
豌豆	0	90~95	2~3周
南瓜	10	50~70	2~3周
西瓜	10~15	90	2~3个月
甜瓜	2~5	95	2~3周
白菜(甘蓝、抱子甘蓝)	0	90~100	3~6周
石刁柏	0~2	95~100	2~3周
花椰菜(青花菜)	0	95~100	1~2个月
莴笋	0~3	90~95	3~4周
菠菜、芹菜、生菜	0	95~100	1个月
洋葱	0	65~70	2~8个月
马铃薯	0	90~95	3~7个月
姜	13~15	90~95	3~6个月
菊苣	0	95~100	2~3个月
芋头	7~10	90~95	3~5个月
胡萝卜	0	95~100	4~8个月
白萝卜	0	95~100	3~5个月

表 8-8　鲜花的贮藏温度

种类	贮藏温度/℃	贮藏时间	最高结冰点/℃
翠菊、海芋	4.4	1 周	−0.9
茶花	7.2	3～6 d	−0.7
香石竹	0～2.2	3～4 周	−0.7
菊花	0～1.7	3～6 周	−0.8
水仙、小苍兰	0～0.6	10～21 d	−0.11
栀子花	0～0.6	2～3 周	−0.55
唐菖蒲	2～10	6～8 d	−0.3
洋水仙	0～0.6	2 周	−0.3
球茎鸢尾	−0.55～0	2～4 周	−0.78
兰花	7.2～10	2 周	−0.3
月季	0	1～2 周	−0.4
金鱼草	−0.55～0	3～4 周	−0.89
香豌豆	−0.55～0	1～2 周	−0.89

四、气调贮藏

1. 概念和原理　气调贮藏(controlled atmosphere storage)又称"CA"贮藏,即在冷藏的基础上,将园艺产品放入密封的库房内,通过调节气体成分而进行贮藏的一种方法。

气调贮藏的原理是:适当降低库内的温度,同时减少 O_2 含量,提高 CO_2 浓度,从而抑制园艺产品乙烯的生成,降低呼吸强度,延缓衰老。库内 CO_2 含量过高或 O_2 浓度过低,均会导致果实风味和香气等品质的下降,因此气调贮藏要求严格控制气体成分和浓度。

2. 气调贮藏的类型　分为自发气调(modified atmosphere storage,MA)和人工气调(controlled atmosphere storage,CA)2 种。MA 指利用新鲜园艺产品呼吸作用产生的 CO_2 降低环境中的 O_2 浓度的一种气调方法,如将果实放在塑料袋内,利用果实自身的呼吸或人为改变袋内气体成分的一种贮藏方法,也称为"简易气调";CA 是指依据产品的贮藏需要而人为地调控环境中气体的成分和浓度并保持稳定的一种贮藏方法。

3. 适用对象　气调贮藏多应用于跃变型果实,效果较明显,如梨、苹果、猕猴桃等,对于非跃变型果实如柑橘等,贮藏效果不佳。据统计,美国 50% 苹果的贮藏是用气调贮藏,而英国高达 80%。目前,国内许多落叶果树已开始使用气调贮藏技术。

五、减压贮藏

1. 减压贮藏的发展　减压贮藏又叫低压贮藏(low pressure storage 或 subatmospheric storage)。1957 年 Workman、Hummel 等同时发现,冷藏和降低气压条件下的一些果蔬可明显地延长贮藏寿命。1966 年,美国的 Burg 等提出了完整的减压贮藏理论和技术。此后,低压贮藏在世界范围内被广泛地研究,由苹果发展到其他果蔬类。同常规贮藏技术相比,减压贮藏是利用适宜的低温、高湿和低气压对园艺产品进行长期贮藏保鲜的一种方法。

2.减压贮藏的理论特点

(1)具有理想的 O_2 浓度效果　将园艺产品置于密闭容器内,抽出部分空气降低气压,因此气体组分的分压降低, O_2 的浓度也同时降低。

(2)有利于产品组织内有害气体的扩散　促进了乙烯、乙醇、α-法尼烯、乙醛等气体的向外扩散,从而减少了园艺产品的衰老和生理病害。

(3)从根本上消除 CO_2 中毒的可能性　减压贮藏通过降低空气中 O_2、CO_2 和乙烯等各种气体的浓度,抑制了乙烯的衰老作用,同时避免了高 CO_2 造成的毒害作用。

(4)抑制微生物的生长和侵染　减压贮藏可把悬浮在空气中 90% 的微生物通过排气置于贮藏环境之外,大幅度减少了病原微生物的来源。同时,超低 O_2 条件下,残存有害微生物的活性和侵染性也将受到极大的限制。低压有利于气态保鲜剂渗入果蔬内部,可以有效地解决高湿与腐烂问题。

3.减压贮藏的技术特点　减压贮藏的优点:贮藏期和货架期延长;具有快速减压降温、快速降氧、快速隔离有害气体的"三快"特点;可随时进出库;贮量大,可多品种混放;节能、环保。

缺点是建造费和成本费用高,如真空泵、加湿系统、自控系统等;容易造成产品失水和芳香味降低。

第六节　运　输

园艺产品经过采后处理和包装等环节之后进入市场才可以产生价值,运输在生产和消费者之间起着重要的作用。按运输距离的远近,可分为就近批发销售、近距离运输和远距离运输3 种。根据运输手段,可划分为陆路运输、水路运输和航空运输 3 种,其中陆路运输包括铁路和公路运输,水路运输则包括河运和海运。不同园艺产品在运输过程中,应注意产品自身特点、运输方式、运输工具和运输环境等对其品质和寿命的影响。目前,我国城市蔬菜产品的供应主要依赖于外地运输的消费方式,水果、鲜切花和盆花类则主要依赖长距离运输满足不同市场需求。

一、陆路运输

陆路运输依据不同的运输工具分为汽车运输和火车运输,此外畜力车、人力拖车等多用于短时近距离的运输。本节重点介绍汽车运输和火车运输。

1.汽车运输　根据运输车的用途性质分为常温车、保温车、冷藏车、冷却车及特殊功能冷藏车等。汽车运输途中搬运次数少,可直接将产品从产地运到消费地,尤其是近距离、小运输量时,成本则较低。不同运输汽车的特点和用途详见表 8-9。

表 8-9　园艺产品运输汽车的类型、特点和用途

汽车类型	特　点	用　途
常温车	没有任何隔热和制冷设备,产品受外界气温影响大,产品在运输途中逐渐升温	常温运输,一般用于近距离和短时间运输。也用于秋季远距离运输
冷却车	有隔热和强度很大的制冷设备。产品的预冷效果主要受制冷装置的制冷负荷以及产品的量和摆放方式的影响	冷却运输,用于运输未经预冷的产品,即在运输的同时将产品预冷降温

续表8-9

汽车类型	特　点	用　途
保温车	有隔热设备,产品受外界气温的影响小,产品因呼吸发热而逐渐升温	保冷运输,通常使用中小型车辆,特定场合采用大型车辆,运输前必须进行预冷
冷藏车	有隔热和制冷设备	低温运输,将经过预冷的产品在维持低温的情况下进行运输,又称冷链运输
特殊功能冷藏车	隔热、制冷以及其他特殊功能如气调、辐射等	低温特殊功能运输,在低温的基础上结合气调、辐射等处理,极大地提高了产品的运输质量

注:引自《观赏植物采后生理与技术》,中国农业大学出版社,2002。

2.火车运输　火车运输根据运输工具的不同分为:专门的冷藏集装箱型、客车车厢或邮政车厢型。冷藏集装箱具有可控且稳定的温湿度,运输效果好;客车车厢或邮政车厢运输蓄冷和保冷差,且温度往往较高,即使有空调温度也在 20～25℃,因此产品装箱前应充分预冷,采用隔热性能良好的聚苯乙烯膜包装,并放置蓄冷剂等控制温度。火车运输的运输量大、长距离运输时成本低,且振动小,机械损伤少,但需要汽车运输辅助。

二、水路运输

水路运输又称海运,多采用冷藏集装箱运输。常用的有 Reefer 集装箱和 Climatainer 集装箱,它们都具有调节温度、空气循环和调节 O_2 的功能;此外,Grumman Dormavac 低压贮藏真空集装箱可以调节温湿度、空气流通、O_2 浓度和真空度;Nitrol 集装箱可以调节温度、空气循环及 O_2 和 N_2 的水平。

水路运输主要用于附加值较低和质量型产品的远距离运输,如香蕉、质量型切花、盆栽观赏植物等。陆地运输受环境影响较大,而海运温湿度稳定且振动小,配合性能优良的集装箱,具有理想的运输效果。通常海运需要以公路作为辅助工具,且运输时间长,因此它的应用极大地受到了限制。

三、航空运输

航空运输主要用于附加值高、保鲜非常困难、时令性强且质量轻的园艺产品,如高档礼品盆栽花卉和鲜切花等。航空运输的最大优势是速度快、机械损伤少,但运输量小、成本高,需要汽车辅助运输,并且装机、进出港等过程均需保障设施维持一定的环境条件。

思考题

1.园艺植物采收成熟度确定的基本原则和基本方法有哪些?

2.分级的定义是什么?分级的方法有哪些?

3.试分析包装的作用和材料选择要求是什么?

4.简述园艺植物常用的预冷方式,并比较各自的优缺点。

5.机械冷藏的要点有哪些?

6.试比较园艺产品几种运输方式的优缺点。

参考文献

[1]章镇,王秀峰.园艺学总论.北京:中国农业出版社,2003.

[2]范双喜,李光晨.园艺植物栽培学.2版.北京:中国农业大学出版社,2014.

[3]程智慧.蔬菜栽培学总论.2版.北京:科学出版社,2019.

[4]高俊平.观赏植物采后生理与技术.北京:中国农业大学出版社,2002.

[5]朱昌锋.切花运输包装技术.包装工程,2005,26(12):22-23.

附　　录

附录一　主要园艺植物中文名称、拉丁文学名与英文名称

中文名称	拉丁文学名	英文名称
	果树	
苹果	*Malus pumila* Mill.	apple
山定子	*M. baccata*（L.）Borkh.	crab apple
梨	*Pyrus* spp.	pear
秋子梨	*P. ussuriensis* Maxim.	ussurian pear
山楂	*Crataegus pinnatifida* Bge.	hawthorn
桃	*Prunus persica*（L.）Batsch.	peach
扁桃（巴旦杏）	*P. amygdalus* Stokes.	almond
杏	*P. armeniaca* L.	apricot
李	*Prunus* spp.	plum
中国樱桃	*P. pseudocerasus* Lindl.	cherry
梅	*P. mume* Sieb. *et* Zucc.	mume
核桃	*Juglans regia* L.	walnut
板栗	*Castanea mollissima* Bl.	Chinese chestnut
银杏（白果）	*Ginkgo biloba* L.	maiden-hair tree
阿月浑子	*Pistacia vera* L.	pistachio
榛	*Corylus heterophylla* Fisch.	siberian filbert
葡萄	*Vitis* spp.	grape
草莓	*Fragaria ananassa* Duch.	strawberry
醋栗	*Ribes* spp.	gooseberry,currant
穗醋栗	*R. sativum* syme	currant

续表附录一

中文名称	拉丁文学名	英文名称
猕猴桃	*Actinidia* spp.	actinidia, kiwifruit
树莓	*Rubus* spp.	raspberry
沙棘	*Hippophae rhamnoides* L.	seabuckthorn
柿	*Diospyros kaki* L.	persimmon
君迁子(黑枣)	*D. lotus* L.	black sapote, Date-plum
枣	*Zizyphus jujuba* Mill.	Chinese date, Jujube
石榴	*Punica granatum* L.	pomegranate
无花果	*Ficus carica* L.	fig
柑橘	*Citrus* L.	citrus orange
温州蜜柑	*C. unshiu* Marcov.	satsuma, unshiu orange
柚(文旦)	*C. grandis* (L.) Osbeck.	pummelo, shaddock, forbidden
甜橙	*C. sinensis* (L.) Osbeck.	sweet orange, tight skin orange
柠檬	*C. limon* (L.) Burm. F.	lemon
黄皮	*C. lansium* (Lour.) Skeels	wampee
枳	*Poncirus trifoliata* (L.) Raf.	trifoliate orange
阳桃	*Averrhoa carambola* L.	star fruit, country gooseberry
蒲桃	*Syzygium jambos* Alston.	rose-apple, Malay apple
莲雾	*S. samarangense* (Bl.) Merr. et Perry.	wax apple
人心果	*Achras sapota* L.	sapodilla
番石榴	*Psidium guajava* L.	guava
番木瓜	*Carica papaya* L.	papaya, pawpaw, tree melon
刺梨	*Rosa roxburghii* Tratt.	roxburgh rose
枇杷	*Eriobotrya japonica* (Thunb.) Lindl.	loquat
荔枝	*Litchi chinensis* Sonn.	litchi
龙眼	*Dimocarpus longana* Lour.	longan
苕子(红毛丹)	*Nephelium bassocense* Pierre.	rambutan
橄榄	*Canarium album* (Lour.) Raeusch.	Chinese olive
乌榄	*C. pimela*. Koenig.	black chinese olive
杧果	*Mangifera indica* L.	mango
杨梅	*Myrica rubra* Sieb. et Zucc.	Chinese strawberry tree
余甘子	*Phyllanthus emblica* L.	phyllanthus
腰果	*Anacardlum occidentale* L.	cashew nut
椰子	*Cocos nucifera* L.	coconut
香榧	*Torreya grandis* Fort.	Chinese torreya
巴西坚果	*Bertholletia excelsa* H. B. K.	Brazil nut

续表附录一

中文名称	拉丁文学名	英文名称
澳洲坚果	*Macadamia integrifolia* Maiden. et Betche.	macadamia nut
榴梿	*Durio zibethinus*（L.）Murr.	durian,civet fruit
苹婆	*Sterculia nobilis* Smith.	bimpon,noble bottle tree
树菠萝（菠萝蜜）	*Artoarpus heterophyllus* Lam.	jackfruit
面包树	*A. altilis* Fosberg.	breadfruit
番荔枝	*Annona squamosa* L.	sugar-apple
香蕉	*Musa balbisiana* Colla	wild banana
菠萝	*Ananas comosus*（L.）Merr.	pineapple
西番莲	*Passiflora alata* Ait.	passion-fruit
蔬菜		
大白菜	*Brassica campestris* spp. *pekinensis*（Lour.）Olsson.	Chinese cabbage
小白菜	*B. campestris* spp. *chinensis*（L.）Makino.	Chinese cabbage
普通白菜	*B. campestris* spp. *chinensis* var. communis Tsen. et Lee.	pak-choi
乌塌菜	*B. campestris* ssp. *chinensis* var. *rasularis* Tsen. et Lee.	savoy,wuta-tsai
菜薹	*B. campestris* . ssp. *chinessis* var. *utilis* Tsen. et Lee.	flowering chinese cabbage
薹菜	*B. campestris* ssp. *chinensis* var. *tai-tsai* Hort.	rape
芥菜	*B. juncea* Coss.	mustard
甘蓝	*B. oleracea* L.	cabbage
结球甘蓝	*B. oleracea* var. *Capitata* L.	cabbage
花椰菜	*B. oleracea* var. *botrytis* D.C.	cauliflower
芜菁	*B. campestris* var. *rapa* L.	turnip
萝卜	*Raphanus sativus* L.	radish
胡萝卜	*Daucus carota* L.	carrot
美洲防风	*Pastinaca sativa* L.	parsnip
牛蒡	*Arctium lappa* L.	edible burdock
婆罗门参	*Tragopogon porrifolius* L.	salsify
菊牛蒡	*Scorzonera hispanica* L.	black salsify
茄子	*Solanum melongena* L.	egg-plant
番茄	*Lycopersicon esculentum* Miller.	tomato
辣椒	*Capsicum frutescens* L.	red pepper
黄瓜	*Cucumis sativus* L.	cucumber
甜瓜	*C. melo* L.	melon
冬瓜	*Benincasa hispida* Cogn.	Chinese waxgourd

续表附录一

中文名称	拉丁文学名	英文名称
南瓜	*Cucurbita moschata* Duch.	cushaw squash
西葫芦	*C. pepo* L.	summer squash
笋瓜(北瓜)	*C. maxima* Duch.	winter suash
西瓜	*Citrullus lanatus* Mansfeld.	water melon
丝瓜	*Luffa cylindrica* Roemer.	vegetable sponge
苦瓜	*Momordica charantia* L.	balsam pear
瓠瓜	*Lagenaria leucantha* Rusby.	bottle gourd
佛手瓜	*Sechium edule* Swartz.	chayote
蛇瓜	*Trichosanthes anguina* L.	snake-gourd
菜豆	*Phaseolus vulgaris* L.	kidney bean
豇豆	*Vigna sesquipedalis* Wight.	asparagus bean
毛豆	*Glycine max* Merr.	soybean
豌豆	*Pisum sativum* L.	garden pea
蚕豆	*Vicia faba* L.	broad bean
扁豆	*Dolichos lablab* L.	lablab(hyacinth bean)
刀豆	*Canavalia glabiata* D. C.	sword bean
四棱豆	*Psophocarpus tetragonolobus* D. C.	winged bean
大葱	*Allium fistulosum* L.	welsh onion
洋葱	*A. cepa* L.	onion
大蒜	*A. sativum* L.	garlic
韭菜	*A. tuberosum* Rottler. ex Prengel.	Chinese chive
韭葱	*Allium porrum* L.	leek
芹菜	*Apium graveolens* L.	celery
茼蒿	*Chrysanthemum coronarium* L.	garland chrysanthemum
莴苣	*Lactvca sativa* L.	lettuce
苋菜	*Amaranthus tricolor* Linn.	edible amaranth
蕹菜	*Ipomoea aquatica* Forsk.	water spinach
冬寒菜	*Malva verticillata* L.	curly mallow
落葵(红花落葵)	*Basella rubra* L.	white malabar nightshade
菠菜	*Spinacia oleracea* L.	spinach
芫荽	*Coriandrum sativum* L.	coriander
茴香	*Foeniculum valgare* Mill.	common fennel
苦苣	*Cichorium endivia* L.	endive
菊花脑	*Chrysanthemum nankingensis* H. M.	vegetable chrysanthemum
紫背天葵	*Gynura bicolor* D. C.	suizen jina,gynura
罗勒	*Ocimun basilioum* L. var. *pilosum*(Will.)Benth.	basil
马铃薯	*Solanum tuberosm* L.	potato

续表附录一

中文名称	拉丁文学名	英文名称
芋头	*Colocasia esculenta* Schott.	taro
山药	*Dioscorea batatas* Decne.	chinese yam
姜	*Zingiber officinale* Ros.	ginger
豆薯	*Pachyrrhizus erosus* Urb.	yambean
魔芋	*Amorphophallus rivieri* Durieu.	elephant foot yam
葛	*Pueraria hirsuta* Schnid.	thunberg kudzubean
菊芋	*Helianthus tuberosus* L.	girasole,sunchoke
草石蚕（螺丝菜）	*Stachys sieboldii* Miquel.	Chinese artichoke
藕	*Nelumbo nucifera* Gaertn.	Lotus root
茭白	*Zizania caduciflora* Hand-Mozz.	water bamboo
慈姑	*Sagittaria sagittifolia* L.	Chinese arrowhead
荸荠	*Eleocharis tuberosa* Roem. et Schult.	Chinese water chesnut
菱	*Trapa biconis* Osbeck.	water caltrop
芡实	*Euryale ferax* Salisb.	cordon eurgale
水芹	*Oenanthe stolonifera* D. C.	water dropwort
莼菜	*Brasenia schreberi* Gmel.	water shield
豆瓣菜	*Nasturtium officnale* A. Br.	watercress
蒲菜	*Typha latifolia* L.	common cattail
金针菜	*Hemerocallis flava* L.	common yellow day lily
石刁柏	*Asparagus officinalis* L.	asparagus
毛竹笋	*Phyllostachys pubescens* Mazel	bamboo shoots
百合	*Lilum* spp.	goldband lily
香椿	*Cedrela sinensis* Juss.	Chinese toon
枸杞	*Lycium chinense* Miller.	Chinese wolfberry
黄秋葵	*Hibiscus esculextus* L.	okra
朝鲜蓟	*Cynara scolymus* L.	globe artichoke
辣根	*Armoracia rusticana* Gaertn.	horse-radish
蘑菇	*Agricus bisporus* (Lange.) Sing.	mushroom
黑木耳	*Auricularia auricula* Underw.	jew's-ear
银耳	*Tremella fuciformis* Berk.	jelly fungi
竹荪	*Dictyophora indusiata* Fisch.	dictyophora
猴头	*Hericium caput-medusae* (Bull. ex Fr.)Pers.	madusa fungi,hericium
观赏植物		
凤仙花	*Impatiens balsamina*	garden balsam,touch-me-not
鸡冠花	*Celosia cristata* L.	cockscomb,common cockscomb
一串红	*Salvia splendens*	scarlet sage
千日红	*Gomphrena globosa* L.	globe amaranth,bachelor's button

续表附录一

中文名称	拉丁文学名	英文名称
翠菊	*Callistephus chinensis*（L.）Nees.	China aster, common China-aster
万寿菊	*Tagetes erecta* L.	African marigold
金盏菊	*Calendula officinalis* L.	common marigold, potmarigold calendula
蒲包花	*Calceolaria herbeo hybrida*	pocketbook plant
半枝莲	*Portulaca grandiflora*	ross-moss, sun plant
牵牛花类	*Pharbitis*	pharbitis
红叶苋	*Iresine herbstii* Hook.	herbst bold-leaf
三色堇	*Viola tricolor* L.	johnny-jump-up, wild pansy
大花三色堇	*Viola × wittrockiana*	pansy, garden pansy
雏菊	*Bellis perennis* L.	English daisy, true daisy
金鱼草	*Antirrhinum majus* L.	snapdragon, dragon's month
矢车菊	*Centaurea cyanus* L.	cornflower, bachelors buttons
虞美人	*Papaver rhoeas* L.	corn poppy
石竹	*Dianthus chinensis* L.	China pink, rainbow pink
倒挂金钟	*Fuchsia hybrida*	common fuchsia
福禄考	*Phlox nivalis*	phlox
瓜叶菊	*Cineraria cruenta*	florists cineraria
彩叶草	*Coleus blumei*	coleus, flame nettle
美女樱	*Verbena × hybrida*	garden verbena, verbena
紫罗兰	*Matthiola incana*	common stock violet, gilli-flower
旱金莲	*Tropaeolum majus* L.	garden nasturtium
六月雪	*Serissa japonica*	snow-in-summer, serissa
菊花	*Chrysanthemum moriflolium*	common chrysanthemum, garden mum, mum
芍药	*Paeonia laciflora*	Chinese herbaceous peony, peony, common garden peony
玉簪	*Hosta plantaginea*	white plantain-lily, fragrant plantain lily
款冬	*Tussilago farfara* L.	coltsfoot
万年青	*Rohdea japonica*	omato nippon lily
萱草	*Hemerocallis fulva* L.	daylily
大花君子兰	*Clivia miniata* Regel.	scarlet kaffirlily
龙舌兰	*Agave americana* L.	century plant, American aloe
朱蕉	*Cordyline terminalis*（*Cordyline fruticosa*）	fruticosa dracaena, tree of kings
虎尾兰	*Sansevieria trifasciata*	snake sansevieria, snake plant, good luck plant
非洲菊	*Gerbera jamesonii*	flameray gerbera, gerbera
铁线蕨	*Adiantum capillus-veneris* L.	maidenfair, southern maidenfair fern
芦荟	*Aloe vera* var. *chinensis*	Chinese aloe
小苍兰	*Freesia refracta*	common freesia

续表附录一

中文名称	拉丁文学名	英文名称
中国水仙	*Narcissus tazetta* var. *chinensis*	Chinese narcissus
风信子	*Hyacinthus orientalis* L.	common hyacinth
朱顶红	*Amaryllis vittata*（*Amaryllis vittatum*）	amaryllis
郁金香	*Tulipa gesneriana* L.	tulip
唐菖蒲	*Gladiolus gandavensis*	gladiolus
百合	*Lilium* spp.	brown lily, Hongkong lily
卷丹	*L. tigrinum*	lanceleaf lily, tiger lily
花叶芋	*Caladium bicolor*	caladium
马蹄莲	*Zantedeschia aethiopica*	calla lily
文竹	*Asparagus seraceus*	asparagus fern
吊兰	*Chlorophytum comosum*	tufted basket plant, spider plant
石莲花	*Echereria glauca*	gray echeveria
落地生根	*Kalanchoe pinnata*	air plant, life plant, folppers
景天	*Sedum spectabile*	common stonecrop
香雪球	*Lobularia maritima*	sweet alyssum
绣球花	*Hydrangea macrophylla*	big-leaf hydrangea
中华常春藤	*Hedera nepalensis* var. *sinensis*	ivy
西洋常春藤	*Hedera helix*	English ivy
夜来香	*Telosma cordata*	night fragrant flower
晚香玉	*Polianther tuberosa* L.	tuberose
秋海棠	*Begonia* spp.	begonia
仙客来	*Cyclamen persicum*	florist's cyclamen, sowbread
美人蕉	*Canna indica* L.	India canna
报春花	*Primula marginata* Curt.	fairy primrose
鸢尾	*Iris tectorum*	roof iris
射干	*Belamcanda chinensi*	blackberry lily
大丽花	*Dahlia hybrids*	common dahlia, garden dahlia
春兰	*Cymbidium goeringii*	spring cymbidium goering cymbidium
惠兰	*C. floribundum*	faber cymbidium
石斛	*Dendrobium nobile* Lindl.	dendrobium, common epiphytic dendrobium
荷花	*Nelumbo nucifera*	east Indian lotus, hindu lotus
王莲	*Victoria amaznica*（Poepp.）Sowerby	amazon lotus, royal water lily
睡莲	*Nymphaea tetragona*	pygmy water lily
凤眼莲	*Eichhornia crassipes*	common water-hyacinth
千屈菜	*Lythrum salicaria* L.	purple loosestrife, spiked loosestrife
水葱	*Scirpus tabernaemontani*	tabernaemontanus bulrush
肾蕨	*Nephrolepis cordifolia*（*Nephrolepis auriculata*）	tuberrous sword fern, pigmy sword fern

续表附录一

中文名称	拉丁文学名	英文名称
贯众	*Cyrtamium falcatum*	holly fern
紫萁	*Osmunda japonica*	osmunda
卷柏	*Selaginella uncinata*	creeping moss-plant, selaginella
白头翁	*Pulsatilla chinensis*	Chinese pulsatilla, old mans cactus
霸王鞭	*Epiphyllum hybridus*	leafy cactus
昙花	*Epiphyllum oxypetalum*	dutchman's pipe, cactus, queen of the night
令箭荷花	*Nopalxochia achermannii*	red orchid cactus, ackermann nopalxochia
仙人掌	*Opuntia compressa*	pickly pear, cholla
蟹爪兰	*Zygocactus truncactus*	crab cactus, claw cactus, yoke cactus
一品红	*Euphorbia pulcherrima*	common poinsettia, christmas flower
杜鹃花(映山红)	*Rhododendron simsii*	Sims' azalea, red azalea
苏铁	*Cycas revoluta*	sago cycas, fern palm
棕竹	*Rhapis excelsa*	broad-leaf lady palm, bamboo palm
龟背竹	*Monstera deliciosa*	monstera, ceriman
鱼尾葵	*Caryota ochlandra*	fish-tail palm
天竺葵	*Pelargonium × hortorum* Bailey.	fish peranium, zonalgeranium, House geranium
月季	*Rosa chinensis*	Chinese monthly rose, China rose
玫瑰	*Rosa. rugosa.*	turkestan rose, rugose rose
蔷薇	*R. pimpinellifolia*	barnet rose, rosa multiflora
牡丹	*Paeonia suffruticosa*	moutan, tree peony
蜡梅	*Chimonanthus praecox*	winter sweet
紫薇	*Lagerstroemia indica* L.	crape myrtle
榆叶梅	*Prunus triloba*	flowering plum, flowering almond
樱花	*Prunus serrulata*	Japanese flowering cherry, underbrown Japanese cherry
白玉兰	*Magnolia dennudata*	yulan magnolia, yulan
广玉兰	*Magnolia grandiflora* L.	southern magnolia, evergreen magnolia, laucel magnolia
紫丁香	*Syringa oblata* L.	broadleaved lilac, early lilac
夹竹桃	*Nerium indicum*	oleander
爬山虎	*Parthenocissus tricuspidata*	boston ivy, Japanese creeper
凌霄	*Campsis grandiflora*	Chinese trumpetvine, Chinese trumpet creeper
西府海棠	*Malus micromalus*	kaido crabapple, midget crabapple
梅花	*Prunus mume*	mei-tree, mei-flower, mume plant
碧桃	*Prunus persica*	flowering peach
合欢	*Albizzia julibrissin* Durazz.	pink siris, silk tree
木槿	*Hibiscus syriacus* L.	rose of sharon, shrub-althea

续表附录一

中文名称	拉丁文学名	英文名称
茉莉	*Jasminum sambac*	arabian jasmine
迎春	*Jasminum nudiflorum*	winter jasmine
桂花	*Osmanthus fragrans*	sweet osmanthus, cinnamon flower, osmanthus fragrans
山茶花	*Camellia japonica* L.	Japanese camellia, common camellia
连翘	*Forsythia suspersa*	golden bells, forsythia, weeping forsythia
黄栌	*Cotinus coggygria*	smoke tree
大叶黄杨	*Euonymus japonica*	spindle tree, evergreen euonymus
小檗	*Berberis thunbergii*	Japanese barberry
垂柳	*Salix babylonica* L.	weeping willow
白杨	*Populus lasiocarpa*	poplar
雪松	*Cedrus deodara*	deodar cedar
罗汉松	*Podocarpus macrophyllus*	buddhist pine, podocarpus
黄山松	*Pinus taiwanensis*(*Pinus hwangshanensis*)	Taiwan pine, Huangshan pine
白皮松	*Pinus bungeana*	lace-bark pine, white bark pine
侧柏	*Thuja orientalis* L. (*Platycladus orientalis* L., *Biota orientalis* Engl.)	orientalisar borvitae
圆柏	*Sabina chinensis*	Chinese juniper
云杉	*Picea asperata*	Chinese spruce
水杉	*Metasequoia glyptostroboides*	water fir, dawn redwood
梧桐	*Firmiana simplex*	Chinese parasel tree, Phoenix tree
女贞	*Ligustrum lucidum* Ait.	glossy privet
紫竹	*Phyllostachys munro*	black bamboo
箭竹	*Pseudosasa japonica* Makino.	arrow bamboo
日本结缕草	*Zoysia japonica*	Japanese lawn grass
狗牙根	*Cynodon dactylon*	common bermuda grass
雀麦	*Bromus inermis*	brome grass
地毯草	*Axonopus compressus*(Swartz.) Baeuv.	carpet grass
野牛草	*Buchloe dactyloides*(Nutt.) Engelm.	buffalo grass
多年生黑麦草	*Lolium multiforum*	annual ryegrass
草地早熟禾	*Poa pratensis* L.	kentucky bluegrass
羊茅	*Festuca ovina* L.	sheep fescue
冰草	*Agropyron cristatum*(L.) Gaertn.	wheat grass

附录二　部分园艺植物种子的千粒重与播种量

植物名称	千粒重/g	播种量/(kg/hm²)
山定子	4.2～6.8	7.5～22.5
海棠	15.2～23.8	15～45
西府海棠	16.7～25.0	3～30
湖北海棠	8.4～12.5	15.0～22.5
杜梨	14.0～41.7	15～30
山梨(秋子梨)	52.7～71.4	60～75
毛桃	1 250～4 545	300～750
山桃	1 667～4 167	300～750
山杏	555～2 000	375～900
毛樱桃	83.3～125.0	22.5～112.5
榆叶梅	250	112.5
山樱桃	71.4～83.3	52.5～75.0
中国樱桃	90.9～100.0	22.5～37.5
酸樱桃	167～200	45～75
甜樱桃	250	75
山楂	62.5～100.0	187.5～525.0
山葡萄	33.3～50.0	37.5～60.0
山核桃	3 300～4 500	1 125～2 250
薄壳山核桃	4 500	1 500～1 875
核桃	6 250～16 700	1 875～5 025
板栗	3 100～6 000	1 125～2 250
黑枣(君迁子)	140	60～90
番茄	3.25	0.6～0.9
辣椒	5.25	1.2～3.3
茄子	5.25	0.6～1.5
黄瓜	23	3.00～3.75
冬瓜	42～59	2.25～3.00
西葫芦	165	3.75～6.75
南瓜	245	3.75～6.00
西瓜	60～140	1.50～2.25
甜瓜	30～55	1.5
结球甘蓝	3.75	0.45～0.75
球茎甘蓝	3.25	0.45～0.60
花椰菜	3.25	0.45～0.60

续表附录二

植物名称	千粒重/g	播种量/(kg/hm²)
青菜花	3.25	0.45～0.60
大白菜	0.8～3.2	1.875～2.250
芹菜	0.47	2.25～3.75
莴笋	1.20	2.250～0.375
莴苣	0.8～1.2	0.750～1.125
茼蒿	1.65	30～60
菜豆	300～425	37.5～75.0
豌豆	325	52.5～75.0
豇豆	80～120	15.0～22.5
苦瓜	139	30～45
丝瓜	100	1.5～1.8
蕹菜	38.4	45～90
萝卜	7～8	3.00～3.75
胡萝卜	1.0～1.1	22.5～30.0
菠菜	8～11	45～75
芫荽	6.85	37.5～45.0
冬寒菜	3.67	0.75～1.50
洋葱	2.8～3.7	3.75～5.25
韭菜	3.45	75
大葱	3.0～3.5	4.5
小茴香	5.2	30.0～37.5
落葵	23.11	4.5～9.0
叶用甜菜	13.0	1.5～3.0
油松	33.9～49.2	30.0～37.5
侧柏	21～22	30.0～45.0
银杏	2 500～3 300	750～1 500
香椿	14～17	7.5～22.5
刺槐	20～22	15.0～22.5
悬铃木	4.9	
枫杨	70	27～54
臭椿	32	15.0～22.5
白蜡	28～29	15～30
紫穗槐	9～12	7.5～22.5
黄栌	3.6	7.5～15.0
桑	1.48	4.5～7.5

附录三　专业术语中英文对照表

中文名称	英文名称
矮密栽培	dwarfing compacting culture
半直立茎	semi-erect stem
包装	packing
孢子繁殖	spore propagation
变态根	modified root
玻璃温室	glass greenhouse
不定根	adventitious root
不定芽	adventitious bud
不完全花	incomplete flower
不完全叶	incomplete leaf
草本植物	herbaceous
侧根	lateral root
侧芽	lateral bud
缠绕茎	twining stem
成花诱导	floral induction
成枝力	branching ability
初生根	primary root
除萌	removal shoot
春化作用	vernalization
雌花	pistillate flower
雌蕊群	gynoecium
雌雄同株	monoecius
雌雄异株	dioecius
促成栽培	forcing culture
打杈	pruning
单果	simple fruit
单花	simple flower
单性花	unisexual flower
单性结实	parthenocarpy
单芽	simple bud
单叶	single leaf
倒贴皮	back inversion
底肥	base fertilizer
地膜覆盖	plastic mulching
顶端优势	apical dominance

续表附录三

中文名称	英文名称
顶芽	terminal bud
定干	headed trunk
定根	normal root
定芽	normal bud
定植	planting to field
冬剪	winter pruning
都市农业	urban agriculture
短截	heading back
短日照植物	short day plant, SDP
短缩茎	condensed stem
堆藏	piled storage
萼片	sepals
二年生花卉	biennials
防虫网	insect-preventing net
肥大直根	fleshy tap root
分级	grading
分生繁殖	distinction propagation
风障畦	windbreak bed
复果	multiple fruit
复芽	compound bud
复叶	compound leaf
覆盖法	mulch
根插	root cutting
根接	root grafting
根蘖根系	layering root system
根外追肥	foliage top-dressing
根状茎	rhizome
沟藏	storage in ditch
观光农业	sightseeing agriculture
光周期	photoperiod
旱生植物	xerophyte
旱作	dry cultivation
呼吸根	respiratory root
花瓣	petals
花被	perianth
花萼	calyx
花粉囊	pollen sac

续表附录三

中文名称	英文名称
花梗	pedicel
花冠	corolla
花丝	filament
花托	receptacle
花芽	flower bud
花芽分化	flower bud differentiation
花药	anther
花柱	style
环状剥皮	ringing
混合芽	mixed bud
混作	mixed intercropping
活动芽	active bud
机械冷藏	normal storage
机械采收	mechanical picking
寄生根/附生根	parasitic root
假植贮藏	temporary planting storage
嫁接	grafting
嫁接亲和力	graft affinity
间作	intercropping
减压贮藏	low pressure storage
剪梢	pruning shoot
简易贮藏	simple storage
窖藏	cellar storage
结果母枝	fruiting cane
结果枝	fruit bearing branch
茎	stem
茎卷须	stem tendril
茎源根系	cutting root system
聚合果	aggregate fruit
刻伤	notching
块根	root tuber
块茎	stem tuber
拉枝	draw shoot
立体种植	stereo planting
连作	continuous cropping
连作障碍	replant failure
两性花	bisexual flower

续表附录三

中文名称	英文名称
鳞茎	bulbs
鳞芽	scaly bud
轮作	crop rotation
裸芽	naked bud
落花	shedding of flowers
萌芽力	sprouting ability
免耕法	non-tillage
抹芽	removal bud
木本植物	wood plant
年生长周期	yearly growth periodicity
扭梢	twist shoot
攀缘根	climbing root
攀缘茎	climbing stem
皮刺	bark thorm
匍匐茎	stolon
气生根	air root
气调贮藏	controlled atmosphere storage
扦插繁殖	cuttage propagation
强制通风预冷	forced air cooling
清耕法	clean tillage
球根花卉	bulbs
球茎	corm
圈枝	circle shoot
人工采收	artificial picking
日光温室	solar greenhouse
肉质茎	fleshy stem
软化栽培	blanching cultre
设施园艺	protected horticulture
生草法	sward
生命周期	life periodicity
生长势	growth vigor
湿生植物	hygrophyte
实生根系	seedling root system
实生苗	seedling
室内预冷	room cooling
受精	fertilization
疏剪	thinning out

续表附录三

中文名称	英文名称
束痕	bundle
束叶	bind leaves
水冷	hydrocooling
塑料大棚	plastic greenhouse
塑料拱棚	plastic tunnel
塑料温室	plastic greenhouse
缩剪	cut back
套作	relay itercropping
通风库贮藏	ventilated storage
童期	juvenile phase
土壤改良	soil amendment
土壤管理	soil management
土壤施肥	soil fertilization
土壤消毒	soil disinfection
囤苗	blocking plants
托叶	stipule
完全花	complete flower
完全叶	complete leaf
微体繁殖	Micropropagation
微型栽培	microculture
萎蔫	wilt
温床	hot bed
无土栽培	soilless culture
无限花序	indefinite inflorescence
无性繁殖	asexual propagation
无性花	neutral flower
物候期	phenological period
夏剪	summer pruning
小叶片	leaflet
雄花	staminate flower
雄蕊群	androecium
休眠期	dormant period
休眠期修剪	dormant pruning
休眠芽	dormant bud
休闲轮作	fallow rotation
宿根花卉	perennials
须根系	fibrous root system

续表附录三

中文名称	英文名称
压蔓	pressing the vine
压条	layerage
芽的异质性	heterogeneity
芽接	bud grafting
芽鳞痕	bud scale scar
延后栽培	retarding culture
阳生植物	heliophyte
叶柄	petiole
叶插	leaf cutting
叶痕	leaf scar
叶片	leaf blade
叶序	phyllotaxy
叶芽	leaf bud
叶原基	leaf primodium
叶状茎	leafy stem
腋芽	axillary bud
一年生花卉	annuals
异花授粉	cross pollination
阴生植物	sciophyte
营养器官繁殖	nutrition organ propagation
营养诊断	nutrition diagnose
营养枝	vegetative shoot
永久萎蔫	permanent wilt
有限花序	definite inflorescence
有性繁殖	sexual propagation
育苗	seedling nursery/raise seedling
园艺	horticulture
园艺学	horticultural science
园艺业	horticulture industry
园艺植物	horticultural plants
园艺植物栽培学	horticultural plant cultivation
早熟性芽	early maturity bud
摘心	pinching
摘叶	defoliating
长日照植物	long day plant，LDP
遮阳网	shading screen
真空预冷	vacuum cooling

续表附录三

中文名称	英文名称
整地	farmland preparation
支架	frame
支柱根	prop root
枝（茎）插	stem cutting
枝刺	stem thorm
枝痕	branch scar
枝接	stem grafting
枝条	branch
枝芽	branch bud
直根系	tap root system
直立茎	erect stem
植物工厂	plant factory
植物激素	phytohormones
植物生长调节剂	plant growth regulators
植物修复	phytoremediation
植物组织培养	tissue culture propagation
植株调整	plant regulation
中生植物	mesophyte
中性植物	day neutral plant，DNP
种子繁殖	seed propagation
昼夜周期	diurnal periodicity
主根	main root
柱头	stigma
追肥	top application
子房	ovary
自花授粉	self pollination
自然预冷	natural precooling